AF825870

Verbündete in der Forschung

Internationale Reihe
des Zentralinstituts für Geschichte der Akademie
der Wissenschaften der DDR

Materialien eines Kolloquiums
des Forschungsbereiches Gesellschaftswissenschaften
der Akademie der Wissenschaften der DDR und der Kommission
der Historiker der DDR und der UdSSR

4.–5. Juni 1975 in Berlin

Herausgegeben von
Horst Bartel, Werner Kalweit und Günter Kröber

Verbündete in der Forschung

Traditionen der
deutsch-sowjetischen Wissenschaftsbeziehungen
und die wissenschaftliche Zusammenarbeit
zwischen der
Akademie der Wissenschaften der UdSSR
und der
Akademie der Wissenschaften der DDR

Wissenschaftliche Redaktion:
Peter Altner, Wolfgang Büttner
und Conrad Grau (Leitung)

Akademie-Verlag · Berlin
1976

Erschienen im Akademie-Verlag, 108 Berlin,
Leipziger Str. 3–4
© Akademie-Verlag, Berlin 1976
Lizenznummer: 202 · 100/371/76
Karte: P 64/76
Gesamtherstellung: IV/2/14 VEB Druckerei
»Gottfried Wilhelm Leibniz«,
445 Gräfenhainichen · 4760
Einbandgestaltung: R. Kunze
Bestellnummer: 753 059 4 (2169/3) · LSV 0245
Printed in GDR
DDR 30,– M

Inhaltsverzeichnis

Vorwort

Lassen Sie mich, lieber Herr Stern, das Vorwort zu diesem Sammelband, der Ihnen zum 75. Geburtstag gewidmet ist, mit einem Bekenntnis beginnen. Einiges von dem, was ich hier schreibe, habe ich Ihnen zur Feier Ihres 70. Geburtstages schon einmal gesagt. Wenn ich mich wiederhole, habe ich dafür zwei Gründe: Da ich kein Historiker bin, konnte ich kein „historisch einwandfreies" Vorwort schreiben, und als Widmung für Sie fiel mir nichts Besseres ein als das schon einmal Ausgesprochene (aber nicht Gedruckte). Ich hoffe, Sie werden mir das ebensowenig wie die Leser verübeln.

Es gibt verständlicherweise einige Mitglieder in unserer Akademie, mit denen mich mehr verbindet als nur die Zugehörigkeit und die Gemeinsamkeiten dieser wissenschaftlichen Institution. Sie gehören zu diesen Wenigen nicht deshalb, weil wir eine Zeitlang, Sie als Gesellschaftswissenschaftler, die früher organisatorisch zusammengefaßten zwei großen Forschungsgemeinschaften unserer Akademie leiteten und daher viele dienstliche Berührungsflächen hatten, sondern weil Sie mir in der Ihnen eigenen freundschaftlich-menschlichen, aber auch bisweilen robusten Art Lebenserfahrungen, politische und historische Erkenntnisse vermittelten, die mir, dem Jüngeren, fehlten. Sie haben — ohne es mich fühlen zu lassen — meine Wissens-Lücken entdeckt, vorhandene Unsicherheiten erkannt und mir mit gutem, freundschaftlichem Rat geholfen; nicht mit der kühlen Überlegenheit des Wissenden, sondern mit der Wärme eines Menschen, der selbst den stets lauernden Zweifel an der Richtigkeit des eigenen Tuns kennt, wenn man eine Entscheidung nicht durch logische Beweisführung fällen kann, sondern wenn diese zu einer Ermessensfrage wird. Ich habe Ihnen dafür herzlich zu danken, und das möchte ich hier und heute nochmals tun.

Sie haben sich große Verdienste um die Akademie erworben. Sie haben ihr viel gegeben: Ihre Kraft, Ihre Begeisterung für die Wissenschaft und deren sozialistische Gestaltung, Ihre Erfahrung, Ihr organisatorisches Talent. Die Geschichte unserer Akademie in den vergangenen 90 Jahren wäre nicht geschrieben worden und würde nicht geschrieben, hätten Sie sich dafür nicht eingesetzt und hätten Sie dies Werk nicht in Ihre Hände genommen. Ein Ausschnitt – und kein unbedeutender – dieser Akademie-Geschichte ist der Inhalt dieses Bandes, der den Traditionen der Wissenschaftsbeziehungen zwischen der sowjetischen Akademie und unserer Akademie gewidmet ist, zu dem Sie wieder ein aufschlußreiches Kapitel beisteuerten.

Lassen Sie mich Ihnen darum, lieber Herr Stern, an dieser Stelle und im Namen der Akademie der Wissenschaften der DDR danken für alles, was Sie für diese ehrwürdige und auf neuen Wegen befindliche Institution taten und noch immer tun; tun Sie es noch viele Jahre, Ihnen zur Freude und uns allen zum Gewinn.

Piešt'any/ČSSR, 26. März 1976 Hermann Klare

Werner Kalweit

Einleitung

Die Akademie der Wissenschaften der DDR beging am 11. Juli 1975 ihren 275. Gründungstag. Am 7. Oktober 1975 feierte ihre große Schwester, die 1724 gegründete Akademie der Wissenschaften der UdSSR, das Jubiläum des Beginns ihrer Arbeiten vor 250 Jahren. Das Zusammentreffen beider Ereignisse und die tiefe Freundschaft, die die DDR und die UdSSR und die Akademien der Wissenschaften unserer sozialistischen Länder heute miteinander verbinden, ließen die Idee reifen, aus diesem Anlaß ein wissenschaftliches Kolloquium durchzuführen. Sein Thema war: „Traditionen der deutsch-sowjetischen Wissenschaftsbeziehungen und die wissenschaftliche Zusammenarbeit zwischen der Akademie der Wissenschaften der UdSSR und der Akademie der Wissenschaften der DDR in der Gegenwart."

Veranstalter des Kolloquiums waren der Forschungsbereich Gesellschaftswissenschaften der Akademie der Wissenschaften der DDR und die Kommission der Historiker der DDR und der UdSSR, die damit ihren wissenschaftlichen Beitrag zu den Jubiläumsfeierlichkeiten des Jahres 1975 leisteten. Im Rahmen des Kolloquiums fanden Plenarveranstaltungen und Tagungen in zwei Arbeitskreisen statt, die die Herausgeber dieses Bandes geleitet haben.

Ebenso wie während des Kolloquiums selbst machte die Gliederung des vielfältigen Stoffes auch im vorliegenden Sammelband einige Schwierigkeiten. Durchaus im Bewußtsein, daß auch andere Möglichkeiten denkbar wären, wurde beschlossen, im Anschluß an die einleitenden Vorträge die Diskussionsbeiträge einschließlich der schriftlich eingereichten und aus verschiedenen Gründen nicht vorgetragenen in chronologischer Folge ohne Berücksichtigung der Reihenfolge des Vortrages vorzulegen. Die Beiträge über die Zeit seit 1945 wurden geordnet nach: übergreifende Probleme, Mathematik, Physik, Chemie, Medizin, Geowissenschaften, Technik, Gesellschaftswissenschaften, Geschichtswissenschaft, Philosophie, Wirtschaftswissenschaft, Staat und Recht, Literaturwissenschaft, Sprachwissenschaft. Diese aus Zweckmäßigkeit vorgenommene Gliederung drückt so wenig eine Wertung des Beitrages der einzelnen Disziplinen zum behandelten Thema aus wie sie den bei einer solchen breiten Anlage des Kolloquiums notwendigerweise unterschiedlichen Wert der einzelnen Beiträge auszugleichen vermag. Insgesamt ist der Band zugleich Bestandsaufnahme der Forschungen über Gemeinsames in der Wissenschaftsgeschichte und Hinweis auf zu bearbeitende Themen aus dem großen Umkreis der für die Geschichte beider Akademien bedeutsamen Zusammenarbeit.

Die gemeinsamen Traditionen der Berliner und der Petersburger Akademie reichen bis in ihre Gründerjahre zurück. Beide Einrichtungen des wissenschaftlichen Lebens entstanden mit dem Aufschwung der Produktivkräfte in der sich ausbreitenden kapitalistischen Produktionsweise und im Geiste der frühen Aufklärung. Diese dem Fortschritt der produktiven und geistigen Bedingungen der Gesellschaft verpflichtete Orientierung der Wissenschaft ist zu einer der wesentlichen Traditionslinien beider Akademien und ihrer Beziehungen geworden. Sie zu verfolgen und aufzudecken, einen bedeutenden Aspekt des Erbes der Wissenschaftsgeschichte zu erschließen, war das erste Anliegen des Kolloquiums. Dabei kann nicht übersehen werden, daß auch die Geschichte der Wissenschaft und der Akademiebeziehungen der historischen Gesetzmäßigkeit der Gesellschaftsentwicklung verhaftet blieb und in den Sog der reaktionären Interessen und Bestrebungen der ehemals herrschenden Ausbeuterklassen geriet. Dennoch ist das humanistische und revolutionäre Wesen und Anliegen der Wissenschaft in den Aktivitäten und gegenseitigen Beziehungen der Akademien, besonders in den Naturwissenschaften und auf einigen Gebieten der Geisteswissenschaften, immer wieder hervorgetreten und hat sich schließlich behauptet.

Es ist auch nicht zu übersehen, daß sich die wissenschaftliche Erkenntnis der die Gesellschaft bewegenden ökonomischen und sozialen Gesetzmäßigkeiten seit dem Aufkommen der Arbeiterbewegung infolge der Bindung der Akademien an den feudalen und kapitalistischen Staat zunächst außerhalb ihrer Mauern vollzog. Erst als die Große Sozialistische Oktoberrevolution das Tor zur wahren Menschheitsgeschichte aufbrach und damit auch die soziale Befreiung der Wissenschaft verwirklichte, begann für die russische Akademie eine neue Epoche, in der die Wissenschaft in ihrer Ganzheit aufblühte und die sowjetische Akademie der Wissenschaften in ihrer heutigen Weltgeltung entstand. Für die Berliner Akademie begann die neue Zeit erst nach der historischen Befreiungstat der UdSSR, die durch die militärische, politische und ideologische Vernichtung des Faschismus unserem Volk den Weg bahnte, um die Fesseln der kapitalistischen Ordnung zu sprengen. Drei Jahrzehnte nach dem Sieg über den Faschismus stellen wir dankbar und freudig fest, daß auch unsere Akademie fest an der Seite der Sowjetwissenschaft und ihrer Akademie in ihre neue gesellschaftliche Verantwortung hineingewachsen ist. Im Staat der Arbeiter und Bauern hat sich die traditionsreiche Berliner Akademie unter der Führung der Sozialistischen Einheitspartei Deutschlands zur sozialistischen Forschungsakademie der DDR entwickelt. Dieser Prozeß ist nicht zu begreifen ohne die und nicht zu trennen von den vielfältigen freundschaftlichen Beziehungen zu unserer sowjetischen Schwesterakademie. Viele effektive Formen der Kooperation in Natur- und Gesellschaftswissenschaften haben sich entwickelt, durch die die Wirksamkeit der Wissenschaft in der Gesellschaft und besonders der Grundlagenforschung erhöht wird. Damit ergab sich logisch das zweite Anliegen des Kolloquiums: gewonnene Erfahrungen darzustellen und zu verallgemeinern, den wachsenden Ansprüchen an die Wissenschaft in der entwickelten sozialistischen Gesellschaft und beim kommunistischen Aufbau auch mit den Mitteln beziehungsgeschichtlicher Forschung Rechnung zu tragen und zu verdeutlichen, wie die Forschungskooperation zwischen unseren Akademien zur Erhöhung der Effektivität der Wissenschaft in der Produktion und im geistigen Leben beitragen kann.

Die hiermit der Öffentlichkeit vorgelegten Ergebnisse des Kolloquiums sind selbst Teil dieser Forschungskooperation, wenngleich sie trotz der Vielfalt der behandelten Themen den außerordentlich weiten Umkreis dieses Arbeitsbereiches nur anzudeuten vermögen. Dank gebührt allen, die von der Vorbereitung des Kolloquiums bis zur Drucklegung der Ergebnisse als Autoren und Organisatoren mitgewirkt haben, vor allem aber unseren sowjetischen Freunden.

Möge das Buch als Markzeichen wissenschaftlicher Kooperation zwischen der DDR und der UdSSR im Jahre des IX. Parteitages der Sozialistischen Einheitspartei Deutschlands erinnern an jenen 1. Juli 1946, den 300. Geburtstag unseres Akademiegründers Gottfried Wilhelm Leibniz, als die Wiedereröffnung der Berliner Akademie verkündet wurde, und an die 30. Wiederkehr des 1. August 1946, als die Akademie die Aufnahme ihrer Arbeit unter neuen Bedingungen mit Ansprachen des Vorsitzenden der SED, Wilhelm Pieck, und des Präsidenten der Akademie, Johannes Stroux, offiziell begann.

Aleksej M. Rumjancev

Grußansprache

Wir sind der Akademie der Wissenschaften der DDR sehr dankbar für die freundliche Einladung zu diesem auf besondere Art bedeutsamen Kolloquium. Seine Bedeutung besteht darin, daß es mit gewichtigen Daten verknüpft ist – mit der Gründung der Akademie der Wissenschaften in Berlin vor 275 Jahren und mit dem 250. Jahrestag der Gründung der Akademie der Wissenschaften in St. Petersburg. Wir begehen diese genannten Daten deshalb, weil sie historische Ausgangspunkte für die Akademien der Wissenschaften unserer beiden sozialistischen Länder sind; wir feiern sie deshalb, weil sich in dieser tiefgreifenden gesetzmäßigen Wandlung das wirkliche Fundament und die Aufgaben der Wissenschaft objektiv widerspiegeln.

Ungeachtet dessen, daß die Ausbeuterklassen immer bestrebt waren und bestrebt sind, die Errungenschaften von Wissenschaft und Technik allein in ihrem Interesse und damit gegen die werktätigen Massen zu nutzen, wurde die Wissenschaft geboren aus den Bedürfnissen der Arbeit, aus den Bedürfnissen der Gesellschaft; sie entstand durch die Gesellschaft und für die Gesellschaft. Ein Kind der Arbeit, ist die Wissenschaft zu recht Besitz des werktätigen Volkes. Mit den Interessen der Massen verbunden, wird sie zur unüberwindlichen Kraft in der vorwärtsschreitenden Menschheitsentwicklung. Keine Kraft der Finsternis, so sagte W. I. Lenin, vermag dem Bund von Arbeit und Wissenschaft zu widerstehen. Die Wissenschaft wurde zur Grundlage jener gewaltigen Bewegung des Proletariats, die es zur Eroberung der Macht und zur Verwirklichung des uralten Traums der werktätigen Massen führte – zur Errichtung des Sozialismus.

Sozialismus ist nicht denkbar ohne Wissenschaft, ohne wissenschaftliche Voraussicht der Zukunft, ohne wirkliche Herrschaft der arbeitenden Menschen über die Gesetze der Natur und der Gesellschaft.

Wir begehen die Jubiläen unserer Akademien unter den Bedingungen des siegreichen Vormarsches des Weltsozialismus, unter den Bedingungen der friedlichen Koexistenz zweier gegensätzlicher sozialökonomischer Systeme, unter den Bedingungen der sich entfaltenden wissenschaftlich-technischen Revolution. Die gegenwärtige wissenschaftlich-technische Revolution ist eng verbunden mit den sozialistischen Forderungen der ganzen progressiven Menschheit, ist doch für ihre Verwirklichung und Vollendung die vollständige Vergesellschaftung der Produktionsmittel unerläßlich. Diese Möglichkeit gibt der Gesellschaft nur der Sozialismus. Wie groß die Errungenschaften der kapitalistischen Länder auf dem Gebiet der Wissenschaft und Technik auch sein mögen – die wissenschaftlich-technische Revolution zu vollenden ist der Kapitalismus nicht imstande. Selbst der staatsmonopolistische Kapitalismus kann die vollständige Vergesellschaftung der Produktionsmittel nicht verwirklichen, weil das die Beseitigung der Herrschaft des Privateigentums, d. h. folglich des Kapitalismus selbst bedeuten würde.

Unter dem Blickwinkel der großen historischen Perspektive gesehen hindert der Kapitalismus die Mobilisierung aller Kräfte und Mittel unseres Planeten, die für die Erhaltung der Weltzivilisation und ihre unbegrenzte Entwicklung erforderlich sind.

Gerade deshalb liegt die Aufgabe des Fortschritts in der wissenschaftlich-technischen Revolution im Interesse der ganzen Menschheit auf den Schultern des Sozialismus. Gerade deshalb muß der Sozialismus im Rahmen der friedlichen Koexistenz und der wissenschaftlich-technischen sowie ökonomischen Beziehungen zwischen beiden Weltsystemen an die Spitze der Bewegung aller progressiven Kräfte der Welt für eine wahrhaft menschliche Lösung der Aufgaben der wissenschaftlich-technischen Revolution, für die Nutzung ihrer Errungenschaften zum Wohle aller arbeitenden Menschen treten, weil diese Errungenschaft bekanntlich von den reaktionären imperialistischen Kräften zum Schaden der ganzen Menschheit, letztendlich gar zur Vernichtung der Weltzivilisation benutzt werden können.

Eine der unverzichtbaren Bedingungen in diesem Wettstreit ist die Erhaltung des Friedens auf der ganzen Erde. Die Politik der friedlichen Koexistenz ist Leninsche Politik. Sie findet ihren Ausdruck in dem vom XXIV. Parteitag der KPdSU angenommenen Friedensprogramm, das vom ZK der KPdSU mit Genossen L. I. Breshnew an der Spitze und von der Sowjetregierung erfolgreich verwirklicht wird. Sie ist leuchtender Ausdruck der friedliebenden Politik der ganzen sozialistischen Staatengemeinschaft und wird von allen progressiven Kräften der ganzen Welt heißen Herzens unterstützt. Die Politik des Friedens, der Kampf für die Sicherheit der Völker festigt die Autorität des Weltsozialismus. Millionen Menschen guten Willens vertrauen darauf und wissen, daß die Sache des Friedens und des Fortschritts in treuen Händen liegt und siegen wird.

Auf diesem Kolloquium untersuchen wir Fragen der wissenschaftlichen Zusammenarbeit unserer brüderlich verbundenen Länder. Diese Zusammenarbeit ist ein wichtiges Kettenglied in den gegenseitigen Beziehungen zwischen allen Ländern der sozialistischen Staatengemeinschaft. An der Spitze dieser Zusammenarbeit stehen unsere Parteien.

Mit vollem Recht sagte unlängst Genosse Erich Honecker, daß unsere Parteien gemeinsam an den Problemen der Erhöhung der Effektivität der gesellschaftlichen Arbeit, der Verbindung des wissenschaftlich-technischen Fortschritts mit den Vorzügen der sozialistischen Gesellschaftsordnung arbeiten. Die Führer der KPdSU und der SED, die Regierungen unserer Länder haben wiederholt unterstrichen, daß die Treue zum Marxismus-Leninismus, die Vertiefung und Ausweitung der brüderlichen Freundschaft und Zusammenarbeit die Garanten für den vollen Sieg des Sozialismus sind. Sie sind eine Garantie auch für den vollständigen Sieg des Sozialismus in der Deutschen Demokratischen Republik, für die weitere Festigung ihrer internationalen Positionen, die heute so fest sind wie niemals zuvor.

Die Arbeit unseres Kolloquiums vollzieht sich im Jahre der 30. Wiederkehr des Sieges über den Faschismus, den die ganze progressive Menschheit feierlich beging.

Dieser Sieg der Sowjetunion und aller freiheitliebenden Völker markierte eine grundlegende Wende in der Weltgeschichte. Die Zerschlagung des Faschismus wurde zu einem Triumph des Sozialismus und der Demokratie.

Der 9. Mai 1945 war der Beginn einer neuen Etappe auf dem Wege des Übergangs der Menschheit vom Kapitalismus zum Sozialismus. Die Herausbildung des sozialistischen Weltsystems bezeichnete den Beginn einer neuen, höheren Stufe des revolutionären Weltprozesses.

Der 30. Jahrestag des Sieges über den Faschismus wurde im Zeichen der historischen Errungenschaften der sozialistischen Staatengemeinschaft begangen. Der Sozialismus ist heute die entscheidende progressive Kraft unserer Epoche, eine mächtige Bastion im Kampf gegen die aggressive Politik des Imperialismus.

Die Geschichte unserer Beziehungen in den vergangenen 30 Jahren ist erfüllt von unzähligen lehrreichen Beispielen des gemeinsamen Kampfes unserer Parteien, unserer Völker für die Entwicklung des Sozialismus. Fast sofort nach der Niederwerfung des Faschismus wurde der Austausch wissenschaftlicher Produktionserfahrungen zur Regel und zwar nicht nur zwischen Wissenschaftlern, wissenschaftlich-technischen Kadern und Wirtschaftsfunktionären, sondern auch auf der Ebene der Massenberufe. Am 30. Januar 1958 wurde der Vertrag über die systematische Zusammenarbeit zwischen den Akademien der DDR und der UdSSR unterzeichnet, der zu einem wichtigen Element der allgemeinen Zusammenarbeit der Bruderstaaten des Sozialismus wurde. Die Werktätigen unserer Länder schätzen ihn hoch ein.

Über diese Zusammenarbeit sprach der Generalsekretär des ZK der KPdSU, Genosse L. I. Breshnew in eindrucksvollen Worten. „Schauen Sie, wie viele gemeinsame Beratungen aktueller theoretischer Probleme gegenwärtig stattfinden, wie viele wissenschaftliche Arbeiten erscheinen, die von Autorenkollektiven aus verschiedenen sozialistischen Ländern geschaffen sind. Immer aktiver wird die Zusammenarbeit der Akademien der Wissenschaften der sozialistischen Staaten auf dem Gebiet der Geschichte und der Philosophie, der Ökonomie, des Rechts und in den anderen Zweigen der Gesellschaftswissenschaften" – sagte kürzlich L. I. Breshnew in seiner Rede auf dem XI. Parteitag der Ungarischen Sozialistischen Arbeiterpartei. „Immer umfassender, reicher und interessanter werden die kulturellen Beziehungen zwischen den Ländern des Sozialismus."[1] Das Zentralkomitee der KPdSU schätzte in seinem Beschluß zum 250. Jahrestag der Gründung der Akademie der Wissenschaften der UdSSR deren Tätigkeit und internationale Kontakte hoch ein. Das Mitglied des Politbüros des ZK der KPdSU und Sekretär des ZK der KPdSU M. A. Suslow führte in seiner Rede auf der Plenartagung der Akademie der Wissenschaften der UdSSR am 19. Mai dieses Jahres aus: „Die Akademie der Wissenschaften ist das führende Organ der sowjetischen Wissenschaft. Das vieltausendköpfige Kollektiv von Wissenschaftlern der Akademie beteiligt sich aktiv an der Lösung der Aufgaben des kommunistischen Aufbaus, an der Sicherung der ökonomischen Stärke unseres Landes, an der Festigung der Verteidigungsfähigkeit, an der Erhöhung des materiellen Wohlstands, an der Entwicklung der Bildung und der Kultur des sowjetischen Volkes. Die Akademie der Wissenschaften der UdSSR ist ein bedeutendes Zentrum der Entwicklung der Grundlagenforschung auf dem Gebiet der Natur- und Gesellschaftswissenschaften.

[1] Neues Deutschland, 19. 3. 1975.

Sie bestimmt die Forschungsstrategie, vereint die Anstrengungen der sowjetischen Wissenschaftler auf die wichtigsten Richtungen der Entwicklung der modernen Wissenschaften und beeinflußt immer stärker den technischen Fortschritt, das Wachstumstempo und die Struktur der Volkswirtschaft. Einen großen Beitrag zur Entwicklung der Wirtschaft und des geistigen Lebens des Landes, zur Herausbildung der marxistisch-leninistischen Weltanschauung der Werktätigen leisten die Gesellschaftswissenschaften. Die Wissenschaft der entwickelten sozialistischen Gesellschaft befindet sich an vorderster Front der Weltwissenschaft und erhielt breite internationale Anerkennung."[2]

Die internationalen Beziehungen der Akademie sind heute, verglichen mit früheren, wesentlich umfangreicher, zeichnen sich durch eine Vielfalt der Formen und durch einen qualitativ neuen wissenschaftlichen Inhalt aus. Mehr als 6000 Wissenschaftler der Akademie fahren jährlich in andere Länder, über 8000 ausländische Wissenschaftler besuchen in jedem Jahr die wissenschaftlichen Einrichtungen der Akademie der Wissenschaften der UdSSR oder nehmen an ihren Veranstaltungen teil. Die Akademie der Wissenschaften arbeitet mit 250 internationalen wissenschaftlichen Organisationen zusammen und unternimmt gemeinsame Forschungen zu Dutzenden wichtiger Programme. In der Sowjetunion finden jährlich mehr als 100 internationale Kongresse und andere große wissenschaftliche Veranstaltungen statt. Besonders große Bedeutung mißt die Akademie der wissenschaftlichen Zusammenarbeit mit den Akademien der Wissenschaften der sozialistischen Länder bei. Die gemeinsamen Forschungen umfassen etwa 500 Themen. Die Zusammenarbeit unserer Akademien trägt bei zu einer Erhöhung des wissenschaftlichen Potentials der Länder der sozialistischen Gemeinschaft, zum Zusammenschluß ihrer materiellen und geistigen Ressourcen und zur Entwicklung der sozialistischen ökonomischen Integration. Die wissenschaftlichen Kontakte tragen bekanntlich sowohl bilateralen als auch multilateralen Charakter. Die systematische Zusammenarbeit zwischen den Akademien der Sowjetunion und der DDR ist unzweifelhaft von großer Bedeutung für die Entwicklung der Wirtschaft und der Wissenschaft beider Länder.

Die unsterblichen Leninschen Ideen, die Ideen des proletarischen Internationalismus durchdringen die brüderliche unzerstörbare Freundschaft zwischen den Völkern der Sowjetunion und der Deutschen Demokratischen Republik. Diese Freundschaft ist eine der bedeutendsten historischen Erscheinungen unserer Epoche. Sie basiert auf dem unverbrüchlichen Bund zweier marxistisch-leninistischer Parteien – der KPdSU und der SED, auf den festen politischen und kulturellen Beziehungen beider Länder und auf der Gemeinsamkeit der sozialistischen Ideologie der beiden Völker. Sie dient der Festigung des Sozialismus, dem Frieden und der Sicherheit in Europa und in der ganzen Welt.

Im Auftrage des Präsidiums der Akademie der Wissenschaften der UdSSR verlese ich Ihnen eine Grußadresse an die Teilnehmer dieses hohen Forums:

„An die Teilnehmer des gemeinsamen Kolloquiums der Akademie der Wissenschaften der DDR und der Akademie der Wissenschaften der UdSSR.

Im Namen des Präsidiums der Akademie der Wissenschaften der UdSSR begrüße

[2] Pravda, 20. 5. 1975.

ich herzlich die Teilnehmer des Kolloquiums, das Problemen der wissenschaftlichen Zusammenarbeit der beiden brüderlich verbundenen Akademien der Wissenschaften gewidmet ist.

Die Wiedereröffnung der Deutschen Akademie der Wissenschaften zu Berlin im Resultat der Zerschlagung des Faschismus und des Sieges der sozialistischen Ordnung auf deutschem Boden war ein historischer Markstein für die Herausbildung und Entwicklung einer neuen Wissenschaft, die fortan den Interessen des werktätigen Volkes, der Sache des Fortschritts und des Schöpfertums dient.

Die wissenschaftlichen Beziehungen zwischen den Wissenschaftlern unserer beiden Länder besitzen eine lange Tradition, aber niemals in der Vergangenheit waren sie so eng und so vielgestaltig wie in der gegenwärtigen Periode.

Das auf Initiative der Kommission der Historiker der DDR und der UdSSR am Vorabend des 275. Jahrestages der Gründung der Akademie der Wissenschaften der DDR und nach Vollendung des 250. Jahrestages der Gründung der Akademie der Wissenschaften der UdSSR einberufene Kolloquium dient zweifellos der weiteren Entwicklung der brüderlichen Zusammenarbeit der Wissenschaftler unserer Länder.

Ich wünsche den Teilnehmern des Kolloquiums große Erfolge in ihrer schöpferischen Arbeit zum Wohle der sozialistischen Wissenschaft.

Akademiemitglied P. N. Fedoseev
Vizepräsident der Akademie der
Wissenschaften der UdSSR"

Leo Stern

Kontinuität und Wandel in der Geschichte der Beziehungen zwischen den Akademien der Wissenschaften der DDR und der UdSSR

Das Problem der Kontinuität und des Wandels in den Wissenschaftsbeziehungen beider Akademien läßt sich mit unterschiedlicher Intensität von den Anfängen ihrer Existenz durch die verschiedenen Gesellschaftsformationen bis zum heutigen Tag nachweisen. Die Anfänge der feudalabsolutistischen Umwelt beider Akademien standen auch in Rußland im Zeichen der vordringenden Aufklärung. Diese Beziehungen wurden im 19. und 20. Jahrhundert durch den Übergang vom Konkurrenz- zum Monopolkapitalismus und die dadurch bedingten sozialen und politischen Prozesse, durch die Revolutionen und die beiden imperialistischen Kriege mitgeprägt. Erst mit dem weltgeschichtlichen Sieg der Großen Sozialistischen Oktoberrevolution 1917 in Rußland, durch den grandiosen Sieg der Sowjetarmee und ihrer Verbündeten über den Hitlerfaschismus, durch die Entstehung und Entwicklung der sozialistischen DDR ist der Gleichklang in den Wissenschaftsbeziehungen beider Akademien auf allen Gebieten erreicht worden.

Bei der Darlegung von Kontinuität und Wandel in den Beziehungen zwischen beiden Akademien kann es sich daher nicht um eine pedantische chronologische Parallelität von Entwicklungen in der Wissenschaftsgeschichte beider Akademien handeln, sondern nur um die Heraushebung der wichtigsten Tatsachen und Probleme, an denen sich die Kategorien „Kontinuität und Wandel" überzeugend manifestieren lassen.

1. Gottfried Wilhelm Leibniz und Peter I.

In mehreren Begegnungen mit Peter I. hatte G. W. Leibniz Gelegenheit, diesem und seinen aufgeklärten Ratgebern seine Vorstellungen über die Um- und Neugestaltung des Schulwesens in Rußland, seine Pläne zur Gründung von technischen Fachschulen und Universitäten vorzutragen, deren Krönung die zu gründende Akademie sein sollte. Leibniz' Briefwechsel mit Huyssen, Bruce, Kurakin, Golovkin, Matveev, Šafirov, Trubetskoj u. a. war vornehmlich von diesen Plänen gekennzeichnet, aber auch durch verschiedene kühne Projekte, das ungeheuer weite Land durch umfassend ausgerüstete Expeditionen nach geographischen, astronomischen, geologischen, meteorologischen, ethnographischen, historischen, politischen und ökonomischen Gesichtspunkten zu erschließen.

Zar Peter I., der die Anregungen und Ratschläge des Universalgelehrten Leibniz stets mit großer Aufmerksamkeit prüfte, konnte sie allerdings nur im Rahmen der in

Rußland zu Beginn des 18. Jahrhunderts gegebenen historisch-konkreten Bedürfnisse und Möglichkeiten verwirklichen. Zwar war in Rußland im Ural auf feudalwirtschaftlicher Grundlage eine auch nach westeuropäischen Maßstäben beachtliche Bergbaumanufaktur entstanden, ebenso Gießereien, Werkzeug- und Waffenschmieden sowie verschiedene Handelszentren[1], die in den Türkenkriegen und im Nordischen Krieg eine bedeutende Rolle spielten. Aber der Nordische Krieg zwang Peter I. vorerst zum forcierten Ausbau einer Ostseeflotte, wofür verschiedene Techniker, Schiffbauer, Nautiker, Astronomen, Geodäten, Kartographen, Bauarbeiter, Feinmechaniker und dementsprechende Ausbilder aus dem Ausland herangezogen werden mußten. Obwohl in Archangelsk bereits ein für Fischereizwecke eigenständiger Schiffsbau entstanden war, wobei die Seetüchtigkeit der Schiffe von den Norwegern und Engländern voll anerkannt wurde[2], unternahm Peter I. verschiedene Reisen nach Holland, Dänemark, England, Frankreich, Österreich, Preußen, Sachsen und Polen, um die notwendigen Fachleute direkt oder durch seine Gesandten auf Zeit oder Dauer für die Verwirklichung seiner großen Pläne zu gewinnen. Daher legte Peter I. in den fraglichen Disziplinen den Akzent vornehmlich auf die Praxis, d. h. auf den Ausbau der Naturwissenschaften, weshalb die russische Akademie von Anfang an sich grundlegend von den sogenannten „Gelehrten Sozietäten" Westeuropas unterschied. Diesen Charakter hat die Petersburger Akademie durch die Gründung einer Reihe von Spezialinstituten bis auf den heutigen Tag vorbildlich verwirklicht und insbesondere für die Berliner Akademie ein Beispiel gegeben, das allerdings erst in der Akademie der Wissenschaften der DDR verwirklicht werden sollte.

Leibniz, der Rußland nie besucht hatte, aber über dieses Land alles wußte, was sich aus verschiedenen zeitgenössischen Quellen entnehmen ließ, war über dessen Macht und gleichzeitige ökonomisch-technische Rückständigkeit gut unterrichtet. Von der großen Zukunft Rußlands fest überzeugt, erblickte er im Fortschritt dieses Landes einen wesentlichen Beitrag zum Fortschritt der ganzen Menschheit – wenn dessen reiche Bodenschätze gehoben, wenn Handel und Gewerbe blühten, wenn die Schulbildung von den Grund- und Fachschulen gewährleistet, wenn Hochschulen gegründet, wenn an deren Spitze eine die verschiedenen Wissenschaftsdisziplinen umfassende Akademie mit internationalen Verbindungen errichtet würde. Kein Wunder, daß Peter I. in Leibniz einen echten Freund Rußlands erblickte, den er mit dem zu Karlsbad gegebenen Erlaß vom 1. November 1712 als Geheimen Justizrat in den russischen Staatsdienst übernahm.

[1] Vgl. K. Marx, Das Kapital, in: K. Marx, F. Engels, Werke Bd. 23, Berlin 1962, S. 368f; ferner V. G. Kuznecov, Razvitie naučnogo mirovozrenija v fizike XVII i XVIII vekov, Moskau 1955, S. 356; A. S. Čerkasova, Gornaja manufaktura i process vozniknovenija gorodov v Rossii v XVIII veke, in: Istoričeskie zapiski, Moskau 1974, Nr. 93, S. 304ff., und Ju. Ch. Kopelevič, Vozniknovenie naučnych akademij. Seredina XVII – seredina XVIII veka, Leningrad 1974, worin kurz auf die Geschichte der europäischen Akademien eingegangen wird.

[2] V. G. Kuznecov, Tvorčeskij put' Lomonosova, Moskau 1961, S. 6f.

2. Die autochthone Kulturentwicklung Rußlands und die pseudowissenschaftliche bürgerliche Lehre vom „West-Ost-Gefälle“ in Fragen der Technik, Wissenschaft und Kultur

Die Befreiung von mittelalterlichem Dogmatismus und der Scholastik war um die Wende vom 17. zum 18. Jahrhundert in Rußland erfolgt. Es sei hier nur auf die bedeutenden russischen Aufklärer dieser Zeit wie auf Theophan Prokopovič, auf Posoškov, Saltikov, Tatiščev, Šafirov, Kraŝeninnikov u. a. verwiesen und — last not least — auf den genialen Michail V. Lomonosov, mit dem nicht nur die Gründung der nach ihm benannten Moskauer Universität verbunden ist, sondern auch eine neue Ära in der Entwicklung sowohl der russischen Akademie als auch der russischen Gesamtkultur begann.[3] Im ersten Viertel des 18. Jahrhunderts hatten die Mathematische Navigationsschule in Moskau und die Marineakademie in Petersburg bereits die ersten russischen Geodäten, Mineralogen, Topographen, Geologen, Astronomen, Kartographen und Ethnologen ausgebildet, die sich insbesondere in der geographischen Erschließung bestimmter Teile des weiten Landes ausgezeichnet haben. Die bald erfolgenden beiden Kamtschatka-Expeditionen hatten so reiche wissenschaftliche Erträge gebracht, daß sie die westliche Welt aufhorchen ließen und dort das wissenschaftliche Interesse für Rußland außerordentlich verstärkten. Der eigentliche Durchbruch auf allen diesen Gebieten ist mit dem Namen des großen russischen Forschers und Universalgelehrten M. V. Lomonosov verbunden.[4]

Hier muß eine bewußte Verfälschung der Tatsachen, namentlich durch die nationalchauvinistische deutsche Geschichtsschreibung von einem „West-Ost-Kulturgefälle“, entschieden zurückgewiesen werden, die den deutschen Anteil bei der wissenschaftlich-technischen Erschließung und Entwicklung Rußlands über Gebühr betont und die autochthone kulturelle Entwicklung Rußlands leugnet. Seit den Tagen eines Heinrich von Treitschke, des engagierten Propagandisten der „Drang-nach-Osten“-Politik und des wilhelminischen Expansionismus bis zu den heutigen Ostforschern und Politologen in der BRD (wie H. Rothfels, W. Conze, Th. Schieder, W. Besson, G. v. Rauch, H. G. Marzian, I. V. Braun, G. Rhode u. a.) wird in verschiedenen Abwandlungen der Gedanke von der „grundsätzlichen Andersartigkeit“ der geschichtlichen Entwicklung Rußlands im Vergleich zum „Abendland“ vertreten.[5] Dabei ergeht es Rußland ebenso wie seinerzeit Deutschland, das noch im 16. Jahrhundert von den griechisch-italienischen Gelehrten der Renaissancezeit als ein barbarisches und unwirtliches Land mit niederer Kultur hingestellt wurde.

In Rußland, das durch das mongolisch-tatarische Joch in seiner Entwicklung um Jahrhunderte zurückgeworfen worden war, war schon lange vor Peter I. unter dem Zaren Boris Godunov (Wende vom 16. zum 17. Jahrhundert) der Gedanke aufgetaucht, in Moskau eine Universität zu errichten und zu diesem Zweck ausländische Gelehrte

[3] Vgl. Istorija Akademii nauk SSSR, Bd. 1 (1724—1803), Moskau, Leningrad 1958, S. 9.

[4] Vgl. G. A. Knjazev, A. V. Kol'cov, Kratkij očerk istorii Akademii nauk SSSR, Moskau, Leningrad 1964, S. 20f.

[5] Vgl. L. Stern, Der Antikommunismus als politische Hauptdoktrin des deutschen Imperialismus, Berlin 1964, S. 61ff.

heranzuziehen. Zugleich wurden von ihm begabte junge Russen zum Studium vornehmlich nach England geschickt. Im 17. Jahrhundert entwickelte sich zwischen Rußland und Deutschland im Bereich der praktischen und technischen Chemie eine enge Verbindung auf den Gebieten des Gießereiwesens, der Pulverherstellung, der Glasmanufakturen, der Expeditionen in metall- und mineralreiche Gebiete Rußlands, der Zusammenarbeit von deutschen und russischen Ärzten und Apothekern im Rahmen des „Aptekarskij prikaz", einer staatlichen Verwaltungsbehörde für Gesundheitswesen, die über Apotheken, Laboratorien für Analysen, Medikamente und Chemikalien etc. verfügte.[6]

Die deutschen Ärzte und Apotheker hatten nach und nach die vordem angesiedelten englischen und holländischen Ärzte fast völlig verdrängt. 1667 wurde der deutsche Arzt Laurentius Blumentrost nach Moskau berufen, der bis zu seinem Tode 1705 Leibarzt Peters I. war. Sein zweiter Sohn, ebenfalls Laurentius genannt, wurde nach einer vorzüglichen Ausbildung in Moskau, Halle und Leyden 1718 ebenfalls Leibarzt Peters I. und 1724 zum ersten Präsidenten der eben gegründeten Petersburger Akademie ernannt. Schon im 17. Jahrhundert waren in Kiev und Moskau sogenannte Lehrakademien entstanden, die sich um die Vermittlung von Grundwissen und höherer Bildung bemühten, ebenso bestand eine deutsche Universität im damals schwedischen Dorpat (heute Tartu), wo vornehmlich der deutschsprechende baltische Adel studierte, um oft anschließend in Berlin, Göttingen, Leipzig, Halle, Marburg u. a. deutschen Universitäten bestimmte Spezialstudien fortzusetzen. Als Ärzte, Mathematiker, Chemiker, Botaniker, Geographen etc. nach Rußland zurückgekehrt, begannen sie ihr Wissen praktisch anzuwenden. Die von ihnen angeknüpften persönlichen Verbindungen mit manchen Gelehrten und jungen Wissenschaftlern im Ausland waren oft Anlaß, diese für eine ihnen zusagende gut dotierte Arbeit in Rußland zu gewinnen. Ähnlich war es mit der Heranziehung von Engländern, Holländern, Dänen, Franzosen, Schweizern, Italienern und Österreichern durch Peter I. und seine Nachfolger. Im besonderen stellten die 1671 gegründete Kiever Akademie und die 1682 geschaffene Slawisch-Griechisch-Lateinische Akademie in Moskau, an der der junge Lomonosov studierte, bedeutende Bildungszentren dar, die nicht mehr allein den Bedürfnissen der Kirche dienten, sondern auch weltlichen Interessen im Sinne der forcierten russischen Aufklärung.

3. Die deutsch-russischen Wissenschaftsbeziehungen im 18. Jahrhundert

Der Gedanke Peters I., in Rußland eine Akademie zu errichten, war ihm schon während seiner „Großen Reise", insbesondere in Paris, gekommen, wo er sich für alles, aber besonders für ihre wissenschaftliche Aufgabenstellung, Organisation und ihre Leistungen interessierte und von der Akademie zu ihrem Mitglied gewählt wurde. Eine große Rolle bei der Konkretisierung dieses Gedankens spielte außer seiner Begegnung

[6] Vgl. N. Figurovskij, Die russisch-deutsche Zusammenarbeit bei der chemischen Erforschung der Naturschätze Rußlands im 18. Jahrhundert, in: Jahrbuch für Geschichte der UdSSR und der volksdemokratischen Länder Europas, Bd. 7, Berlin 1963, S. 335/36.

mit Leibniz seine langjährige Korrespondenz mit dem Physiker, Mathematiker und Philosophen Christian Wolff aus Halle. Beide, Leibniz und Wolff, haben viel dazu beigetragen, daß junge und vielversprechende deutsche Wissenschaftler nach Rußland empfohlen wurden, so vor allem Mathematiker, Astronomen, Geologen u. a., um das ungeheuer weite Land geographisch zu erschließen. So war H. W. Ludolf, ein Neffe des Afrikaforschers J. Ludolf, schon 1692 nach Rußland aufgebrochen, dessen Forschungsergebnissen Leibniz mit großer Spannung entgegensah.

In intellektuellen Kreisen waren unter den Bedingungen der deutschen Kleinstaaterei die Erwartungen und die Sympathien, die sie an das aufsteigende Rußland, das „Paradies der Gelehrten", wie Christian Wolff 1726 an Euler schrieb, knüpften, allgemein. Im 17. und 18. Jahrhundert lebten und wirkten in Rußland bereits verschiedene Gelehrte deutscher Herkunft, die auf Zeit oder Dauer in russische Dienste getreten waren, weil sie den Launen und der sie beleidigenden Verständnislosigkeit deutscher Duodezfürsten entgehen wollten.[7]

Während der überwiegend kleinstaatliche Feudalabsolutismus in Deutschland die Entwicklung der Produktivkräfte überall hemmte, zeigten sich im aufstrebenden Rußland tiefgreifende Veränderungen auf allen Gebieten, die das Interesse vieler Vertreter der deutschen Intelligenz ungemein fesselten. Dies ungeachtet des „Unrath(s) von den ungereimtesten Irrthümern und den allergröbsten Unwahrheiten", die „in einer unzähligen Menge deutscher, französischer, englischer und schwedischer Schriften verbreitet" wurden, wie sich der Historiker und Rußlandforscher A. L. Schlözer über diese Art von „Rußland-Kennern" ausdrückte.[8]

Julia Moškovskaja, eine ausgezeichnete Kennerin der deutschen Literaturgeschichte, schreibt dazu: „Die Tyrannei der als ‚Mäzene' auftretenden Fürsten, die ständische Abgeschlossenheit, die stickige Atmosphäre der Zwergresidenzen und Reichsstädte, in denen neues Gedankengut sich nur mit Mühe Bahn brach: All das zwang viele hervorragende Persönlichkeiten der deutschen Aufklärung, aus Deutschland zu fliehen."[9]

Infolge des ökonomischen Niedergangs und der politischen Zersplitterung Deutschlands nach dem 30jährigen Krieg war eine große Zahl von kleinen Residenzstädten, Hochschulen und kulturellen Zentren entstanden, so daß viele Wissenschaftler in der Heimat nur unter Schwierigkeiten ein berufliches Fortkommen finden konnten. Rußland wurde daher für viele Gelehrte zum Hauptanziehungspunkt, denn hier harrten gewaltige wissenschaftliche Aufgaben ihrer Lösung durch Naturforscher, Techniker, Mediziner, Mineralogen, Geographen, Botaniker, Zoologen, Bergleute, Metallurgen und Vertreter anderer Wissenszweige. Dazu kamen die ausgezeichneten materiellen Bedingungen, die sie in Rußland vorfanden.

Um Mittel- und Westeuropa in technisch-ökonomischer Hinsicht einzuholen, mußten in kurzer Zeit die wirtschaftlichen Ressourcen des Landes erforscht und dazu gediegene Fachleute herangebildet werden. Wie bereits erwähnt, hatte man im ersten

[7] Vgl. F. Mehring, Zur deutschen Geschichte bis zur Zeit der Französischen Revolution 1789, in: Gesammelte Schriften, Bd. 5, Berlin 1964, S. 59ff.

[8] Zitiert nach: H. Mohrmann, Studien über russisch-deutsche Begegnungen in der Wirtschaftswissenschaft (1750–1825), Berlin 1959, S. 12.

[9] Zitiert nach: E. Družinina, Die russisch-deutschen Wissenschaftsbeziehungen und die Erforschung der Ukraine gegen Ende des 18. Jahrhunderts, in: Jahrbuch für Geschichte der UdSSR . . ., Bd. 10, Berlin 1967, S. 220.

Viertel des 18. Jahrhunderts in Rußland in der Mathematischen Navigationsschule in Moskau und in der Marineakademie in Petersburg nicht nur damit begonnen, die ersten russischen Kader auf diesen Gebieten systematisch heranzubilden, sondern auch mit ihnen zum überwiegenden Teil die beiden wissenschaftlich bedeutenden Kamtschatka-Expeditionen durchgeführt.

Bereits 1719 reiste Daniel Gottlieb Messerschmidt im Auftrag Peters I. nach Sibirien, wo er bis 1727 verblieb und durch seine umfangreichen Forschungen über die Fauna und Flora sowie über die Einwohner Sibiriens der wissenschaftlichen Welt aufsehenerregende Ergebnisse vorlegte. Wilhelm Steller und der russische Gelehrte Kraševinnikov waren Teilnehmer der großen Bering-Expedition: zusammen haben sie als erste Kamtschatka und einige Inseln vor Alaska erforscht. Ihre Veröffentlichungen stellen die ersten bahnbrechenden russisch-deutschen Gemeinschaftswerke dar. In die gleiche Kategorie gehören die Arbeiten, deren Anreger und Initiator M. V. Lomonosov war. Lomonosov, der wie viele andere aufgeklärte Russen Christian Wolff wegen seiner pädagogisch-klaren Darlegung der Mathematik und Physik, Chemie und anderer praktischer Disziplinen, weniger wegen seiner Vernunftphilosophie sehr verehrte, hatte bereits in den chemischen Laboratorien in Freiberg in Sachsen gearbeitet. 1736 war er zu Wolff nach Marburg geschickt worden. Von Wolff wegen seiner Begabung hochgeschätzt, war Lomonosov 1741 nach Rußland zurückgekehrt, wo er zunächst als Adjunkt, seit 1745 als Ordentliches Mitglied für Chemie in die Akademie aufgenommen worden war. Ein Zeichen des wachsenden bürgerlich-russischen Nationalbewußtseins war der Streit Lomonosovs mit dem in Rußland wirkenden deutschen Historiker A. L. Schlözer, dem Lomonosov verschiedene Fehleinschätzungen und Entstellungen der russischen Geschichte nachwies.[10]

Erst nach Beendigung des 20jährigen Krieges mit Schweden konnte Peter I. an die Verwirklichung seines Akademieplanes gehen; an sie wurden zwei Lehranstalten angeschlossen – eine Universität und ein Gymnasium –, die als Stätten der Ausbildung für die lernbegierige russische Jugend gedacht waren, aus denen zu gegebener Zeit die Akademie ihren eigenen Nachwuchs schöpfen konnte. Der Präsident der Akademie, L. Blumentrost, ein Schüler Christian Wolffs, hatte hervorragende ausländische Gelehrte wie Daniel Bernoulli, Jakob Hermann, Leonhard Euler, Bernhard Bülfinger, Georg Leutmann u. a. herangezogen. Christian Wolff hatte seine 1723 erschienene „Physik" Peter I. gewidmet, der ihn gerne als Vizepräsidenten der russischen Akademie gesehen hätte. Wolff, den sachliche und persönliche Gründe daran hinderten, die Berufung anzunehmen, hat die Akademie jedoch tatkräftig unterstützt, so durch Vermittlung bedeutender Fachleute, wie des namhaften Mathematikers Christian Goldbach, der 1725 Ständiger Sekretär der Akademie wurde. In dieser Eigenschaft stand Goldbach mit allen bedeutenden Mathematikern Westeuropas in Verbindung, wobei es ihm gelang, die Schweizer Brüder Nikolaus und Daniel Bernoulli für Peters-

[10] Vgl. A. A. Zimin, Schlözer und die russische Chronistik, in: Lomonosov-Schlözer-Pallas. Deutsch-russische Wissenschaftsbeziehungen im 18. Jahrhundert, Berlin 1962, S. 136. Er verweist darauf, daß sich an diesem Streit von den russischen Historikern S. M. Solov'ev, K. N. Bestužev-Rjumin, V. O. Klučevskij, Tatiščev u. a. unter verschiedenen Gesichtspunkten beteiligten. Vgl. ferner C. Grau, Zur Stellung Tatiščevs, Lomonosovs und Schlözers in der russischen Geschichtsschreibung, ebd., S. 150ff. und A. A. Morosow, Michail Wassiljewitsch Lomonossow, Berlin 1954, S. 472f.

burg zu gewinnen. Durch Daniel Bernoulli war auch der schon in seiner Jugend berühmte Schweizer Mathematiker Leonhard Euler nach Petersburg gekommen. L. Euler hat wohl am nachhaltigsten zur Entwicklung der deutsch-russischen Beziehungen auf dem Gebiet der Mathematik beigetragen, sei es durch wissenschaftliche Beiträge in Petersburg oder aus Berlin, wohin er zeitweilig zurückgekehrt war und als Leiter der mathematischen Klasse wirkte, sei es als Lehrer junger russischer Mathematiker wie S. K. Kotel'nikov, M. Sofronov, S. J. Rumovskij, die sich zu bedeutenden Fachleuten heranbildeten.[11]

1766 von Katharina II. aus Berlin zurückberufen, hat L. Euler trotz seiner Erblindung, unterstützt von seinen Sekretären und Schülern, während seines zweiten Petersburger Aufenthaltes etwa 400 bedeutende Arbeiten veröffentlicht.

Es ist unzweifelhaft das Verdienst unseres Akademiemitgliedes Eduard Winter und seines Schülerkreises, zusammen mit sowjetischen Wissenschaftshistorikern, den Professoren A. P. Juškevič, N. A. Figurovskij u. a. die Wissenschaftsbeziehungen beider Akademien im 18. Jahrhundert ausgeleuchtet zu haben. Dabei sind die gemeinsame Herausgabe des umfangreichen Briefwechsels Leonhard Eulers sowie die Publikationen über Messerschmidt besonders hervorzuheben.

Aus der großen Zahl von deutschen Gelehrten, die in Rußland hervorragend tätig waren, seien noch besonders Peter Simon Pallas, Johann Güldenstädt, der Tübinger Chemiker Samuel Gottlieb Gmelin genannt, die vom weitsichtigen Lomonosov vielseitig gefördert wurden. Peter Simon Pallas, der in Berlin, Göttingen, Leyden und London studiert hatte und in der wissenschaftlichen Welt durch seine Forschungen schon frühzeitig bekannt war, hatte nirgends eine seinen großangelegten Interessen zusagende Anstellung gefunden. Eine ähnliche Entwicklung hatte Güldenstädt aufzuweisen, der als angesehener Arzt und Naturforscher nach Rußland kam. Beide Namen sind mit den berühmten Expeditionen nach dem Osten (Pallas) und Süden (Güldenstädt) Rußlands verbunden, die sie zusammen mit den später berühmten jungen russischen Naturforschern V. F. Zuev und I. I. Lepechin unternahmen. Der Bericht, den Pallas über seine vom Juni 1768 bis Juli 1774 dauernde Forschungsreise in den Ural und nach Sibirien erstattete, gehört zu den klassischen Dokumenten für die allseitige Kenntnis dieser Regionen Rußlands in der zweiten Hälfte des 18. Jahrhunderts.[12]

Zwanzig Jahre nach seiner Ural- und Sibirienexpedition bricht Pallas 1793 nach dem Süden auf (Wolgagebiet), um insbesondere die Halbinsel Krim zu erforschen, wo er nach bewährter Art geologische, botanische, zoologische, geographische, ethnographische, archäologische und philologische Untersuchungen betrieb.[13]

Beide, Pallas wie Güldenstädt, hatten auf dem Gebiete der landschaftlichen Erforschung der Flora und Fauna und der sozialökonomischen Verhältnisse auch im internationalen Maßstab Bahnbrechendes geleistet. Der Wunsch von Pallas, der in Berlin starb, daß auf dem Denkmal seines Grabes die Namen beider Akademien – der

[11] Vgl. M. Miller, Deutsch-russische Wissenschaftsbeziehungen in der Mathematik im 18. Jahrhundert, in: Jahrbuch für Geschichte der UdSSR ..., Bd. 7, Berlin 1963, S. 365f.

[12] Vgl. E. Stresemann, Leben und Werk von Peter Simon Pallas, in: Lomonosov-Schlözer-Pallas. Deutsch-russische Wissenschaftsbeziehungen im 18. Jahrhundert, Berlin 1962, S. 247ff.

[13] E. Družinina, Pallas auf der Krim, in: Lomonosov-Schlözer-Pallas. Deutsch-russische Wissenschaftsbeziehungen im 18. Jahrhundert, Berlin 1962, S. 287ff.

Petersburger und der Berliner Akademie – gewissermaßen als „Schwestern, die einander die Hände reichen“ [14], eingemeißelt würden, wurde dann auch von beiden Akademien 1854 erfüllt. Der 150. Todestag von Pallas (1961) wurde in Berlin unter Teilnahme sowjetischer Gelehrter auf einem Symposium der Akademie der Wissenschaften der DDR festlich begangen.[15]

Gewissermaßen an die Adresse der chauvinistischen Vertreter des „West-Ost-Kulturgefälles“ gerichtet, heißt es in der „Geschichte der Akademie der Wissenschaften der UdSSR“ treffend: „Die Tatsache, daß die *russische* Akademie am Anfang ausschließlich aus Ausländern bestand, war durch die historischen Umstände der Epoche bedingt. Auch in den anderen Akademien des 18. Jahrhunderts haben die Ausländer eine beherrschende Stellung eingenommen. In der Berliner Akademie, z. B. unter Friedrich II., d. h. fünfzig Jahre nach ihrer Gründung, waren bei weitem nicht alle Akademiemitglieder Deutsche.“ [16]

Neben der überwiegenden Anzahl deutscher Gelehrter, die ihre Aufgaben gewissenhaft erfüllten und Hervorragendes leisteten, gab es auch verschiedene „Hochstapler, ausgesprochene Nichtstuer und Abenteurer“ [17], die innerhalb und außerhalb der Akademie die Zusammenarbeit mit den russischen Mitarbeitern störten. Schon in der zweiten Hälfte des 18. Jahrhunderts waren mit Lomonosov einige russische Kader entstanden, die der weiteren Entwicklung der Akademie im 19. und 20. Jahrhundert ihr Gepräge gaben, so die Mathematiker J. Fuß, S. Kotel'nikov, M. Sofronov, der Physiker A. Kononov, die Astronomen A. Krasil'nikov und P. Inochodcev, die Naturforscher S. Krašeninnikov, I. I. Lepechin, N. Osereckovskij und V. Zuev, der Mineraloge V. Severgin, der Literaturwissenschaftler V. Trediakovskij u. a. Doch trotz des glänzenden Aufstiegs der russischen Wissenschaft trat in der Entwicklung der Akademie in den letzten zwei Jahrzehnten des 18. Jahrhunderts eine Periode der Reaktion und des Verfalls ein. Dies stand im Zusammenhang mit der französischen bürgerlichen Revolution, die Katharina II. und Paul I. und mit ihnen die reaktionären Kreise in Rußland aufgeschreckt hatte – eine Tatsache, die auch auf die Akademie sich äußerst negativ auswirkte.

4. Das Problem der Kontinuität und des Wandels in den Wissenschaftsbeziehungen beider Akademien im 19. und 20. Jahrhundert

Die Siege der französischen Revolutionsarmeen unter Napoleon förderten den Zerfall des feudalen Absolutismus. Während Deutschland den Weg bürgerlicher Reformen und der Entwicklung kapitalistischer Verhältnisse beschritt, stemmte sich der russische feudalabsolutistische Staat sowohl gegen die hereinströmenden revolutionären

[14] Zitiert nach: E. Družinina, Die russisch-deutschen Wissenschaftsbeziehungen ..., a. a. O., S. 245.

[15] Die Verbindung des Gedenktages Pallas' mit den Jubiläen von Lomonosov und Schlözer hat ihren Niederschlag in dem von Eduard Winter herausgegebenen Sammelband „Lomonosov-Schlözer-Pallas“ gefunden.

[16] Istorija Akademii nauk, a. a. O., S. 36.

[17] Ebenda.

Ideen als auch gegen die Entwicklung kapitalistischer Verhältnisse. Die in Rußland herrschende Reaktion hatte auch auf die Akademie ihre Auswirkungen.[18]

Doch seit der ersten Hälfte des 19. Jahrhunderts, insbesondere nach dem Krimkrieg (1853–1856), zerfällt mit dem Vordringen der kapitalistischen Produktionsverhältnisse auch in Rußland die feudalleibeigenschaftliche Ordnung (Aufhebung der Leibeigenschaft 1861). Die Bedürfnisse der ökonomischen Entwicklung führen zur Gründung neuer Universitäten in Tartu, Kazan', Char'kov, Petersburg, Moskau sowie wissenschaftlicher Gesellschaften bei den Universitäten, so der Gesellschaft der Naturforscher, der Gesellschaft der Mathematiker, der Gesellschaft für Geschichte und russische Altertümer, der Geographischen Gesellschaft, der Mineralogischen Gesellschaft u. a.

Das ausgehende 19. Jahrhundert war sowohl in Deutschland als auch in Rußland bereits durch den Übergang zum Imperialismus gekennzeichnet. Doch im Unterschied zu Deutschland, wo nach der kurzen Blüte des demokratischen Gedankens im Vormärz 1848 die deutsche Reaktion auf der ganzen Linie siegte und die Mehrzahl der Wissenschaftler politisch den kleindeutsch-preußischen Weg einschlug, den 1871 Bismarck zur Reichseinigung von oben führte, waren die russischen Universitäten im wesentlichen demokratisch gesinnt und sind es während der ganzen Zeit bis zum ersten Weltkrieg geblieben. Die Tendenz der russischen Akademie hingegen lag insbesondere unter dem Einfluß ihres Ständigen Sekretärs K. S. Veselovskij und seiner reaktionären Grundhaltung (1857–1890) in der Hinwendung zur sogenannten „reinen Wissenschaft", was ihr von seiten der Universitäten und der interessierten russischen Öffentlichkeit die schärfste Kritik eintrug. So wurden auf das Betreiben von K. S. Veselovskij und seiner Anhänger z. B. die großen fortschrittlich eingestellten russischen Wissenschaftler, der Chemiker Mendeleev, der Mathematiker N. T. Lobačevskij, der Physiologe I. M. Sečenov, der Botaniker K. A. Timirjazev und der Physiker A. G. Stoletov, nicht zu ihren Mitgliedern gewählt. Doch auch in dieser reaktionären Phase der Akademie war das wissenschaftliche Leben erfolgreich weitergegangen. „Immer größer wurde das Kontingent von Gelehrten, die ihre Ausbildung an den russischen Universitäten erhielten, die eine große pädagogische Erfahrung hatten, die stets mit einem lebhaft interessierten Auditorium zu tun hatten und die Anforderungen des Lebens kannten."[19]

Unter diesen Umständen konnte die russische Akademie auf Grund der bei ihr von Anfang an vorhandenen Institute und Einrichtungen ihre zentrale Stellung in der Wissenschaft behalten.

Praktisch hat die Berliner Akademie eine ähnliche Entwicklung zur „reinen Wissenschaft" genommen. Hier wurde im Sinne W. von Humboldts in den Kommissionen auf philologisch-historisch-archäologische Forschungen Kurs genommen, während die Forschungen auf naturwissenschaftlichem Gebiet hauptsächlich an den Universitäten betrieben wurden. Weil die Forschungsinstitute an den Universitäten den im Imperialismus gewachsenen Anforderungen an die Naturwissenschaften nicht mehr entsprachen, wurde im Jahre 1911 die Kaiser-Wilhelm-Gesellschaft gegründet, die nur personell mit der Akademie verbunden war. In Deutschland waren die Universitäten, insbesondere die durch das Akademie-Statut privilegierte Berliner Universität, an die ein an einer

[18] Vgl. ebenda, S. 322ff.

[19] G. A. Knjazev, A. V. Kol'cov, a. a. O., S. 39.

Provinzuniversität wirkender Professor vorerst berufen werden mußte, um Ordentliches Mitglied der Berliner Akademie zu werden, wichtige Arbeitsstätten der Wissenschaftler.

Unter den bedeutenden Mitgliedern der Berliner Akademie waren der Naturforscher Alexander von Humboldt, der Mathematiker K. Weierstraß, die Physiker H. von Helmholtz, Max Planck, W. Nernst und Albert Einstein, die Astronomen J. Encke und Karl Schwarzschild, die Chemiker F. Mitscherlich und E. Fischer, der Anatom R. Virchow, der Geograph K. Ritter, die Philologen Wilhelm von Humboldt, Jakob und Wilhelm Grimm, H. Diels und U. von Wilamowitz-Moellendorff, die Historiker Leopold von Ranke, Th. Mommsen, A. von Harnack, die Orientalisten R. Lepsius und A. Erman u. v. a., die den Weltruf der Berliner Akademie begründeten.

Auf der anderen Seite konnte Rußland zu gleicher Zeit solche Koryphäen der Wissenschaft herausstellen wie die Physiker V. Petrov, G. F. Lenz, M. Jacobi, B. Golicyn und P. Lazarev, die Astronomen F. G. Struve und V. Višnevskij (Observatorium in Pulkovo), die Chemiker A. Butlerov, N. Zinin, N. Beketov, N. Kurnakov, den Begründer der Geochemie V. Vernadskij, die Mathematiker M. Ostrogradskij, P. Čebyšev und V. Steklov, die Biologen K. E. von Baer und A. Kovalevskij, den Physiologen I. Pavlov, die Orientalisten V. Bartol'd und S. Ol'denburg, den Philologen A. Šachmatov, die Historiker S. Solov'ev und V. Ključevskij, den Literaturwissenschaftler A. Veselovskij u. a.

Die wissenschaftlichen Kontakte zwischen den Akademien in Berlin und in Petersburg reduzierten sich auf offiziellen und persönlichen Schriftwechsel, auf den regelmäßigen Austausch von wissenschaftlichen Informationen und auf Begegnungen auf internationalen Kongressen. Zu den herausragenden Beziehungen zwischen beiden Akademien gehört die Korrespondenz A. von Humboldts, die er mehr als ein halbes Jahrhundert mit russischen Wissenschaftlern führte. Der Embryologe, Naturforscher und Geograph K. E. von Baer wirkte als ein hervorragender Mittler zwischen deutscher und russischer Wissenschaft und Kultur. Die Arbeiten Alexander von Humboldts wurden bald nach ihrem Erscheinen ins Russische übersetzt. Seit 1818 Ehrenmitglied der Akademie, wurde er, insbesondere seit seiner berühmten Forschungsreise durch Rußland im Jahre 1829 und seinem Vortrag an der Petersburger Akademie vom 29. April 1829, zu einem der angesehensten ausländischen Mitglieder der Petersburger Akademie.

Die Verbindungen zwischen den beiden Akademien beruhten bis zum ersten imperialistischen Weltkrieg im wesentlichen auf Schriftenaustausch, persönlichen Kontakten und gegenseitigen Wahlen von Korrespondierenden Mitgliedern. In der Zeit von 1830 bis 1914 wurden etwa 25 russische Wissenschaftler zu Korrespondierenden Mitgliedern der Berliner Akademie gewählt. Umgekehrt wurden außer Alexander von Humboldt K. F. Gauß, F. W. Herschel, B. Niebuhr, August Wilhelm Schlegel, Johann Wolfgang v. Goethe, R. Virchow, H. v. Helmholtz, Albert Einstein u. a. gewählt.

Ohne auf Einzelheiten einzugehen, muß die Divergenz zwischen den sozialen und politischen Grundauffassungen der deutschen Universitätsprofessoren und Akademiemitglieder im Unterschied zu den russischen Gelehrten besonders hervorgehoben werden. Die um die Jahrhundertwende im zaristischen Rußland heranreifende erste Volksrevolution in der Epoche des Imperialismus, die Revolution von 1905–1907, hatte an den Universitäten und bei der fortschrittlichen Intelligenz weitgehende Unterstützung und Sympathien gefunden. Die führende Kraft der Revolution, das russische Proletariat, das von der Partei der Bolschewiki mit Lenin an der Spitze geführt wurde, konnte auch mit den fortschrittlichen revolutionär-demokratischen Stimmungen an den Universitäten und zum Teil sogar an der Akademie rechnen. In der Petersburger Akademie war um die Jahrhundertwende durch Neuwahlen das demokratische Element gewachsen, das von der reaktionären Leitung der Akademie nur mit Mühe unterdrückt werden konnte. Weithin bekannt wurde die „Denkschrift der 342 Wissenschaftler" vom Januar 1905, in welcher die Nöte und die Unzulänglichkeiten der Volksbildung kritisiert wurden. Der Versuch des Präsidenten der Akademie, des Großfürsten K. K. Romanov, eines nahen Anverwandten des Zaren Nikolaus II., die Teilnahme von Akademiemitgliedern an dieser Denkschrift mit strengen Androhungen (Gehaltsentzug, Einführung einer Vorzensur etc.) zu untersagen, wurde von den Akademiemitgliedern B. Zalenskij, A. Šachmatov, A. Markov u. a. entschieden zurückgewiesen.[20] So schrieb A. Šachmatov an den Präsidenten Romanov in seiner Eingabe vom 5. Februar 1905: „Das Geld für unseren Unterhalt gibt das Volk, und die Regierung verteilt es nur. Für besondere Dienste an der Regierung habe ich niemals Geld bekommen. Das Gehalt bekommen wir nicht dafür, um die Regierung nicht zu kritisieren, sondern um für das Wohl des russischen Volkes und des russischen Staates zu arbeiten."[21]

Wie ungleich anders hatten sich bis auf wenige Ausnahmen die deutschen Professoren an den Universitäten und an der Akademie verhalten! Seit der Bismarckschen Reichseinigung im Geiste des reaktionären Preußentums, des Alldeutschtums und der Machtstaats-Politik erzogen, hatten sie schon vor dem Kriegsausbruch die wilhelminische Welteroberungspolitik gutgeheißen. Das Ergebnis war dann die berüchtigte Denkschrift von 1347 Vertretern der bürgerlichen Intelligenz vom 8. Juli 1915 – unter ihnen 352 Professoren, darunter 46 Wissenschaftler, die damals Mitglieder der Akademie waren oder es später wurden –, in der sie sich mit den wahnwitzigen Kriegszielen des deutschen Imperialismus und Militarismus solidarisch erklärten.[22]

5. Die wissenschaftlichen Beziehungen zwischen beiden Akademien vom ersten bis zum zweiten imperialistischen Weltkrieg

Der Sieg der Großen Sozialistischen Oktoberrevolution 1917 in Rußland hat auf die gesamte imperialistische Welt, darunter auf Deutschland und die deutsche Arbeiterbewegung, einen nachhaltigen Einfluß ausgeübt. Der vom imperialistischen Deutschland entfesselte erste Weltkrieg endete für Deutschland mit einer völligen militärischen Niederlage. Die Novemberrevolution 1918 hat jedoch die Erwartungen der revolutionären Arbeiterklasse, das „russische Beispiel" in Deutschland zu wiederholen, nicht erfüllt. Infolge der Spaltung durch die Opportunisten und Revisionisten und des direkten Verrats von Ebert, Scheidemann, Noske und der anderen Führer der

[20] Ebenda, S. 63–65.
[21] Ebenda, S. 63.
[22] Vgl. Archiv der Akademie der Wissenschaften der DDR, Nachlaß Eduard Meyer, Nr. 132, und S. Grumbach, Das annexionistische Deutschland, Lausanne 1917, S. 123ff.

rechten Sozialdemokratie gelang es der deutschen Großbourgeoisie, ihre alten Machtpositionen im wesentlichen ungeschmälert zu erhalten.

Die großbürgerlich-parlamentarische Weimarer Republik von 1919 bis 1933 und ungleich mehr noch der hitlerfaschistische Staat von 1933 bis 1945 waren der soziale, politische und ideologische Rahmen, in welchem die herrschenden Klassen in Deutschland mit allen Mitteln, insbesondere mit Hilfe der Wissenschaft, die 1918 verlorenen Positionen durch einen revanchistischen Raubkrieg wieder zu gewinnen und zugleich maßlos zu erweitern suchten. Die politische und ideologische Voraussetzung für diesen ungeheuerlichen revanchistischen Raubkrieg war die Niederwerfung der revolutionären Arbeiterklasse und aller fortschrittlichen Kräfte in Deutschland. Dabei sollte der vom Hitlerfaschismus entfesselte Raubkrieg durch die kannibalische Lehre von den angeblichen Hoch- und Niederrassen ideologisch gerechtfertigt werden. Dieser Geist wurde durch nazistische pseudowissenschaftliche Historiker, Völkerkundler, Philosophen, Soziologen, Rassenforscher, Geopolitiker etc. schon in den letzten Jahren der Weimarer Republik in die Köpfe der deutschen Jugend eingehämmert.

Es erübrigt sich, in diesem Kreise auf die sozialökonomische und politische Problematik der Weimarer Republik und auf die Geschichte des von Hitlerdeutschland entfesselten zweiten imperialistischen Weltkrieges näher einzugehen, weil sich die marxistisch-leninistische Geschichtsforschung mit diesem Fragenkomplex eingehend beschäftigt hat und darüber bereits eine Reihe von gewichtigen Monographien und Aufsätzen in deutscher und russischer Sprache veröffentlicht wurden. Im besonderen ist es die Aufgabe der vom Präsidium der Akademie der Wissenschaften 1968 gegründeten „Forschungsstelle für Akademiegeschichte", die in die Zeit von 1900 bis 1945 gehörende Problematik der Wissenschaftsbeziehungen zwischen der Berliner Akademie und der Akademie der Wissenschaften der UdSSR mit aller gebotenen Akribie zu behandeln. Der Band 1 (von der Jahrhundertwende bis 1917) und Band 2 (1917–1933) werden zum Jubiläum unserer Akademie erscheinen, Band 3 (1933–1945) wird später folgen.

Natürlich wäre es verfehlt, die Professoren der deutschen Hochschulen und Akademien, insbesondere der Berliner Akademie, als eine „einheitlich reaktionäre Masse" hinzustellen. Auch in den dunkelsten Zeiten der Weimarer Republik und des Hitlerregimes hat es an den Hochschulen und Akademien demokratisch denkende und handelnde Menschen gegeben, die sich trotz der größten antikommunistischen und antisowjetischen Hetze ihr eigenes Urteil nicht trüben ließen, so vor allem Albert Einstein, Max Planck, Max von Laue u. a. Doch die überwiegende Mehrzahl war konservativ, deutschnational, monarchisch gesinnt oder einfach bürgerlich-klassengebunden – eine Grundhaltung, die sie vielfach mit „wissenschaftlicher Objektivität", mit „Wertfreiheit" und „politischer Neutralität" verschleierten.

Die Aufnahme wissenschaftlicher und kultureller Beziehungen zwischen dem jungen Sowjetstaat und dem bürgerlichen Deutschland geht auf W. I. Lenin zurück.[23] Nach der Zerschlagung der weißgardistischen Konterrevolution und der militärischen Inter-

[23] Vgl. W. I. Lenins „Entwurf eines Plans der wissenschaftlich-technischen Arbeiten" (April 1918), der zum Programm der wissenschaftlichen Tätigkeit der Wissenschaftler in der Sowjetunion, insbesondere der Akademie der Wissenschaften, geworden ist. Vgl. M. V. Keldyš, Velikaja Oktjabr'skaja Socialističeskaja revoljucija i naučnyj progress, in: Vestnik Akademii nauk SSSR, Nr. 11, Moskau, November 1967, S. 16.

vention der führenden imperialistischen Mächte war für das revolutionäre Rußland die Zeit gekommen, die ökonomische Blockade und die außenpolitische Isolierung zu durchbrechen. Auch Deutschland wurde durch den Versailler Raubfrieden außenpolitisch isoliert und zunächst von jeder internationalen Zusammenarbeit ausgeschlossen. Die konsequente Leninsche Politik der friedlichen Koexistenz entsprach daher objektiv auch den Interessen der deutschen Großbourgeoisie. Stets trat die revolutionäre deutsche Arbeiterbewegung mit der KPD an der Spitze energisch für eine Verständigung und für eine friedliche Zusammenarbeit mit der Sowjetunion ein. Diese Tatsachen zwangen die weiterblickenden bürgerlichen Politiker in Deutschland, ebenso manche bürgerliche Großunternehmer und Gelehrte, ihre außenpolitischen und wissenschaftspolitischen Vorstellungen über die junge Sowjetmacht neu zu überdenken.[24]

Trotz mancher Widerstände reaktionärer Kreise in Deutschland gelang es der Sowjetunion 1922, durch ihre konsequente Friedenspolitik den Vertrag von Rapallo durchzusetzen, wodurch zugleich eine große Hürde in der Frage der wissenschaftlich-technischen und kulturellen Beziehungen zu Deutschland genommen wurde. In noch stärkerem Maße wirkten in dieser Richtung der sowjetisch-deutsche Wirtschaftsvertrag vom 12. Oktober 1925 und der Berliner Vertrag über Freundschaft und Neutralität vom 24. April 1926. Das politische Ziel der jungen Sowjetmacht bestand darin, durch diese Verträge dem antikommunistischen und antisowjetischen deutschen Westkurs, der sich in der Locarno- und Völkerbundpolitik Gustav Stresemanns manifestierte, entgegenzuwirken.

Der Präsident der sowjetischen Akademie, der international anerkannte Geologe A. P. Karpinskij (1917–1936), und der Orientalist S. F. Ol'denburg als Ständiger Sekretär (1904–1929) hatten durch ihre guten wissenschaftlichen und persönlichen Verbindungen zur Berliner Akademie hervorragende Vorarbeit geleistet. In Berlin waren es in erster Linie Albert Einstein, Max Planck, Walther Nernst und die Historiker Eduard Meyer und Otto Hoetzsch, die nachdrücklich für die wissenschaftliche Zusammenarbeit mit den sowjetischen Gelehrten eintraten. Ab 1922 funktionierte bereits ein regelmäßiger Bücheraustausch zwischen beiden Akademien. Unter den Mitgliedern der Berliner Akademie war es jedoch einzig Albert Einstein, aktives Mitglied der „Deutschen Liga für Menschenrechte", der den 1923 veröffentlichten Gründungsaufruf der „Gesellschaft der Freunde des Neuen Rußland" unterzeichnete. Eine große Rolle in der Festigung der wissenschaftlichen Beziehungen spielte das 200-Jahr-Jubiläum der Akademie der Wissenschaften in Leningrad im September 1925, die aus diesem Anlaß in „Akademie der Wissenschaften der UdSSR" umbenannt wurde. Die Sowjetische Akademie hatte zu diesem Jubiläum die 23 deutschen Universitäten, die Berliner Akademie und die mit ihr kartellierten Akademien eingeladen. Die Vorbereitungen der Reise nach Leningrad oblagen vor allem Max Planck, der als Vorsitzender Sekretar der Akademie amtierte. Er war auch der Verfasser der Glückwunschadresse, worin er auf die auf Leibniz und Leonhard Euler zurückgehenden guten Beziehungen zwischen beiden Akademien verwies. Nach der Rückkehr aus So-

[24] Vgl. I. K. Kobljakov, Zu den Anfängen der wissenschaftlichen Zusammenarbeit zwischen der Sowjetunion und Deutschland, in: Deutschland-Sowjetunion. Aus fünf Jahrzehnten kultureller Zusammenarbeit, Berlin 1966, S. 46f.

wjetrußland berichteten Max Planck, Heinrich Lüders und Eduard Meyer mit großer Aufgeschlossenheit von den wissenschaftlichen Leistungen der Leningrader Akademie und von der außerordentlichen Gastfreundschaft, die ihnen und allen ausländischen Gästen zuteil wurde. Seither wurde die wissenschaftliche Zusammenarbeit weiter vertieft. Der führende deutsche Hirnforscher Oskar Vogt arbeitete in der Sowjetunion. Der Direktor des Preußischen Mineralogischen Instituts Heinrich von Ficker organisierte zusammen mit dem russischen Akademiemitglied E. A. Fersman im Sommer 1928 die bekannte sowjetisch-deutsche Alai-Pamir-Expedition. Schon vorher, in der Zeit vom 19. bis 25. Juli 1927, fand in Berlin die deutsch-sowjetische Naturforscherwoche statt, die deutscherseits von der „Notgemeinschaft der deutschen Wissenschaft" (unter der Leitung von Friedrich Schmidt-Ott) und von der „Gesellschaft zum Studium Osteuropas" (Otto Hoetzsch) getragen wurde. Von den Mitgliedern der sowjetischen Delegation wurden in Berlin vielbeachtete wissenschaftliche Vorträge gehalten. Das gleiche gilt von der vom 7. bis 14. Juli 1928 in Berlin abgehaltenen Historikerwoche, in deren Verlauf sich von sowjetischer Seite der bekannte sowjetische Historiker M. N. Pokrovskij mit den führenden Historikern Deutschlands auseinandersetzte und die marxistisch-leninistischen Positionen in der Geschichtsforschung herausarbeitete.[25]

Von allen Mitgliedern der Berliner Akademie war es jedoch einzig Albert Einstein, ein unversöhnlicher Gegner des reaktionären Preußentums, der seine sowjetfreundliche Haltung bei verschiedenen Anlässen offen dokumentierte, so z. B. durch Vorträge in der „Marxistischen Arbeiterschule" (MASCH). Seit 1922 Korrespondierendes, seit 1928 Ehrenmitglied der Sowjetischen Akademie, unterstrich er stets die Bedeutung, die er dem Aufbau der sozialistischen Gesellschaft in Rußland beimaß.[26]

Der konsequente Kurs der KPD und der revolutionären Massenorganisationen, die Tätigkeit der „Gesellschaft der Freunde des Neuen Rußland" und das Wirken des 1928 gegründeten „Bundes der Freunde der Sowjetunion", die Verständigung und Zusammenarbeit mit der Sowjetunion forderten, führten zu einer Intensivierung der Zusammenarbeit auf dem Gebiet der Mathematik, Physik, Chemie und Technik. Die „Woche der deutschen Technik" in der Sowjetunion vom Januar 1928 wurde von der Sowjetischen Gesellschaft „Kultur und Technik" durchgeführt, in der die sowjetischen Akademiemitglieder S. I. Vavilov, G. M. Kržižanovskij, V. A. Steklov, A. J. Joffé u. a. mit deutschen Wissenschaftlern wie Albert Einstein, Ludwig Prandtl u. a. gemeinsam wirkten. Eine gute Zusammenarbeit gab es in diesen Jahren zwischen beiden Akademien auch auf dem Gebiet der Archäologie, der Kunstgeschichte und der Altertumswissenschaft.

Im Jahre 1929 in die Erfüllung des ersten Fünfjahrplanes einbezogen, erhielt die sowjetische Akademie 1930 ein neues Statut und wurde 1934 dem Rat der Volks-

[25] Vgl. G. Lozek, G. Voigt, Zu einigen Problemen der Auswirkung der Großen Sozialistischen Oktoberrevolution auf die deutsche bürgerliche Geschichtswissenschaft, in: Die Große Sozialistische Oktoberrevolution und Deutschland, Bd. 1, S. 515ff., und J. Irmscher, Begegnungen zwischen deutscher und sowjetischer Altertumswissenschaft in der Weimarer Zeit, in: Oktoberrevolution und Wissenschaft. Hrsg. vom Präsidium der Deutschen Akademie der Wissenschaften zu Berlin aus Anlaß des 50. Jahrestages der Großen Sozialistischen Oktoberrevolution, Berlin 1967, S. 77ff.

[26] Vgl. Das Neue Rußland, Jg. 8/1931, H. 8/9, S. 40.

kommissare unterstellt. Die grundlegenden organisatorischen Veränderungen in der Wissenschaftsorganisation, die Verdoppelung der Zahl der Akademiemitglieder von bisher 42 auf 84 im Jahre 1934, die Einbeziehung von anerkannten kommunistischen Gelehrten in die Akademie, die Angliederung von Instituten, Kommissionen, Laboratorien, Museen, Filialen und Basen in verschiedenen Teilen der UdSSR — das alles hatte die Struktur der Akademie, ihre wissenschaftliche Effektivität und ihre Auswirkung auf die Produktion im Rahmen der Fünfjahrpläne grundlegend geändert.

Die Akademie der Wissenschaften der UdSSR hatte auf der Grundlage von Lenins Planentwurf zur Mobilisierung der Wissenschaft zugunsten der Volkswirtschaft der Sowjetunion beigetragen, und in der Zeit bis zum verbrecherischen Überfall Hitlerdeutschlands auf die Sowjetunion, während des Großen Vaterländischen Krieges und in den ersten Nachkriegsjahren so hervorragende Wissenschaftler hervorgebracht wie P. L. Kapica, A. N. Kolmogorov, V. A. Fok, S. L. Sobolev, den Biologen N. I. Vavilov, S. I. Vavilov, J. E. Tamm, B. V. Kurčatov, L. A. Orbeli, A. V. Blagonravov, D. N. Skobelcyn, J. D. Landau, N. N. Semenov, S. A. Čaplygin, L. J. Mandelštam, V. P. Volgin, A. V. Lunačarskij, N. D. Zelinskij, N. V. Palladin, A. N. Nesmejanov, N. N. Bogoljubov, M. A. Lavrent'ev, M. D. Millionščikov, A. N. Tupolev, M. V. Keldyš, L. J. Sedov, V. A. Ambarcumjan u. v. a., die die Weltgeltung der sowjetischen Wissenschaft begründeten. Wurde vor dem ersten Weltkrieg I. P. Pavlov und J. J. Mečnikov der Nobelpreis zuerkannt, so nach dem zweiten Weltkrieg den Gelehrten A. A. Čerenkov, J. E. Tamm, J. B. Landau, I. M. Frank, N. G. Basov u. a.

Die außerordentlichen Leistungen der Sowjetwissenschaft in den 50 Jahren seit dem Sieg der Oktoberrevolution 1917 hat der seinerzeitige Präsident der Akademie, M. V. Keldyš, in einem umfassenden Referat auf der am 24. Oktober 1967 abgehaltenen Festveranstaltung gewürdigt[27], wobei er die Errungenschaften auf dem Gebiet der Kernenergie, der Mathematik, Physik, Chemie und der wissenschaftlichen Eroberung des Kosmos besonders herausstellte. Er schloß seine Ausführungen mit den Worten: „Die Gelehrten der Sowjetunion fühlen ihre große Verantwortung für das, was sie für den kommunistischen Aufbau tun, und für den Beitrag, den unser erstes sozialistisches Land in der Welt für die Weltwissenschaft leistet. Die Oktoberrevolution und die grandiosen Erfolge des Sozialismus auf unserem Planeten während der vergangenen fünfzig Jahre, die eine neue Epoche in der Geschichte der Menschheit bedeuten, wurden zugleich zum größten Triumph der Wissenschaft. Die revolutionäre marxistisch-leninistische Lehre erleuchtet uns den Weg zum kommenden Sieg des Kommunismus."[28]

Die Berliner Akademie dagegen blieb auch in der Weimarer Zeit weiterhin eine Repräsentationsstätte bürgerlicher deutscher Wissenschaft in den für sie charakteristischen, durch objektiven und subjektiven Idealismus gesetzten Grenzen. Nur in der theoretischen Physik haben Gelehrte wie Max Planck, Albert Einstein, Max von Laue, Erwin Schrödinger u. a. neue Wege gewiesen. Wesentlich für die Organisation der Wissenschaft im Interesse des deutschen Monopolkapitals waren die bereits erwähnte Gründung der „Kaiser-Wilhelm-Gesellschaft" (1911) und die 1920 geschaffene „Notgemeinschaft der deutschen Wissenschaft" unter Vorsitz von Schmidt-Ott, die nur indirekt durch Zugehörigkeit ihrer wichtigsten Vertreter mit der Berliner Akademie verbunden war.

27 Vgl. M. V. Keldyš, a. a. O., S. 14ff.

28 Ebenda, S. 40.

Mit der Machtergreifung des Hitlerfaschismus hatte die verbrecherische Propaganda des Antikommunismus, des Antisowjetismus und der Aggression nach innen und außen mit aller Vehemenz eingesetzt. Wissenschaften, die nicht unmittelbar diesen Zielen dienten, wurden eingeschränkt oder ganz eingestellt. Namhafte Wissenschaftler wurden aus politischen und rassischen Gründen von den Universitäten und Akademien verjagt und in die Emigration gezwungen. Nur die Naturwissenschaften, soweit sie der aggressiven Kriegspolitik dienten, wurden gefördert. Hier sei vor allem auf Fritz Haber verwiesen, dem es im ersten Weltkrieg gelungen war, durch Gewinnung von Salpeter aus der Luft den Krieg außerordentlich zu verlängern. Doch obwohl Haber in der Weimarer Republik noch manche kriegswirtschaftliche Erfindung gemacht hat, mußte er als Jude die Akademie verlassen. Die sogenannten „Geisteswissenschaften" wurden weitgehend zur Nazipropaganda degradiert.

Mit dem Machtantritt des Hitlerfaschismus wurden die Beziehungen Deutschlands zum Ausland, insbesondere zur Sowjetunion, behindert. Anfang 1937 wurde jeder wissenschaftliche Schriftverkehr deutscher Professoren mit wissenschaftlichen Stellen oder Gelehrten der Sowjetunion verboten. Mit dem Statut der Berliner Akademie von 1939 wurde ein faschistischer Präsident eingesetzt, dessen Anordnungen — dies sei zur Ehre der Berliner Akademie gesagt — Männer wie Max Planck, Max von Laue, Johannes Stroux u. a. mit passiver Resistenz und einer dilatorischen Politik begegneten. Geradezu grotesk war die Haltung der engagierten Nazi-Akademiker Ludwig Bieberbach, Philipp Lenard, Karl Theodor Vahlen, die von einer „deutschen Mathematik" und „deutscher Physik" faselten und die Berliner Akademie in der ganzen wissenschaftlichen Welt kompromittierten.

Der historische Sieg der Sowjetunion und der anderen mit ihr in der Antihitler-Koalition verbündeten Mächte, der zur Befreiung Deutschlands vom Hitlerfaschismus führte, war auch für die Entwicklung der Wissenschaft von grundlegender Bedeutung. Mit der Entfernung der prononcierten Repräsentanten des „Dritten Reiches" aus allen wissenschaftlichen Institutionen war eine entscheidende Voraussetzung für die Wiederaufnahme der wissenschaftlichen Tätigkeit an Universitäten, Hochschulen und auch an der Akademie der Wissenschaften zu Berlin gegeben.

Wie auf allen Gebieten des gesellschaftlichen Lebens, so leistete die sowjetische Militäradministration in der damaligen sowjetischen Besatzungszone eine nicht hoch genug einzuschätzende Aufbauhilfe auf dem Gebiete der Wissenschaft.

Die mit Unterstützung der Sowjetunion erfolgte schrittweise Errichtung einer demokratischen Ordnung schuf die entscheidenden Voraussetzungen für die Entwicklung der Wissenschaft im humanistischen Geiste des Begründers der Akademie, Gottfried Wilhelm Leibniz, in enger Verbindung mit den Bedürfnissen der Gesellschaft. In diesem Sinne wurde die Wiedereröffnung der Akademie der Wissenschaften vorbereitet. Nur wenige Monate nach der Zerschlagung des Faschismus fanden bereits erste direkte Begegnungen zwischen sowjetischen und deutschen Akademiemitgliedern statt. Am 6. Juni 1945 versammelten sich unter dem Vorsitz des späteren Präsidenten der Akademie, Johannes Stroux, erstmals wieder die in Berlin befindlichen Mitglieder der Preußischen Akademie der Wissenschaften. Am 1. Juli 1946 erließ der Oberkommandierende der Sowjetischen Besatzungszone Deutschlands, Marschall der Sowjetunion Sokolovskij, den denkwürdigen Befehl, der die Eröffnung der Akademie bestätigte. Damit begann ein grundlegend neuer Abschnitt in der Geschichte der Akademie. Unter Nutzung sowjetischer Erfahrungen, mit Hilfe sowjetischer Freunde, wurden die ersten Schritte getan und auch erste Erfolge erreicht.

In dem Bericht, den die Deutsche Akademie der Wissenschaften über ihre Tätigkeit in den Jahren 1946 bis 1949 vorlegte, hieß es mit vollem Recht: „Ohne die Hilfe der Sowjetunion und ihrer Vertreter in Deutschland und ihr Verständnis für alle wissenschaftlichen Angelegenheiten hätte das Vorstehende über die in der Akademie geleisteten Arbeiten zumeist nicht berichtet werden können."[29]

Bei der Darlegung und Konfrontation der 275jährigen Geschichte der Berliner Akademie und der der 250 Jahre bestehenden Russischen bzw. Sowjetischen Akademie der Wissenschaften wurde der Versuch unternommen, in gedrängtem Umriß die Kontinuität und den Wandel in der Geschichte der Wissenschaftsbeziehungen herauszuarbeiten. Es ist klar, daß bei dem ökonomischen, politischen und wissenschaftlichen Auf und Ab in den nahezu drei Jahrhunderten nur bedingt von einer bruchlosen Kontinuität, wohl aber von einem zeitweiligen Wandel in den Wissenschaftsbeziehungen beider Akademien gesprochen werden kann.[30] Von einer ungebrochenen Kontinuität kann im 18. Jahrhundert, dem Jahrhundert des Rationalismus, gesprochen werden, repräsentiert durch G. W. Leibniz und Peter I., den Gründern beider Akademien. Diese Kontinuität wurde ferner repräsentiert von den fortschrittlichen Männern in Rußland wie Dmitrij Kantemir, Theophan Prokopovič, Tatiščev, Krašeninnikov, hervorragend durch M. V. Lomonosov und nicht zuletzt durch die deutschen Gelehrten Christian Wolff, Leonhard und Johann Albrecht Euler, Peter Simon Pallas, Johann Güldenstädt u. a.

Die napoleonischen Kriege und die nach dem Sieg über Napoleon folgende Ära der Reaktion in Preußen und Rußland bringen zwar in den zwanziger und dreißiger Jahren im Zusammenhang mit Alexander von Humboldt noch einmal eine bedeutsame Annäherung, die aber nicht lange vorhielt. Mit dem Vordringen der Konterrevolution in Preußen nach 1815 und ihrem Sieg in der 48er Revolution, mit Preußens Kurs auf den Krieg gegen Dänemark 1864, gegen Österreich 1866, gegen Frankreich 1870/71 und schließlich mit der Bismarckschen Reichseinigung von oben begannen sich die Beziehungen zwischen den Akademien abzukühlen. Andererseits hatte der 1853 ausgebrochene Krimkrieg nach Lenin „die ganze Fäulnis und Ohnmacht des Rußlands der Leibeigenschaft gezeigt".[31] Die Niederlage Rußlands im Krimkrieg war für das zaristische Rußland gleichermaßen ernüchternd wie für Preußen die Niederlage von Jena und Auerstädt. Die Leibeigenschaft mußte fallen, aber sie wurde in Rußland nicht durch eine Volksrevolution hinweggefegt, sondern durch eine „Reform von oben" beseitigt.[32] Gewiß bestanden zwischen den Wissenschaftlern der Petersburger und der

29 Jahrbuch der Deutschen Akademie der Wissenschaften zu Berlin 1946–1949, Berlin 1950, S. 120.

30 Vgl. N. M. Družinin, Besonderheiten der Genesis des Kapitalismus in Rußland; E. I. Družinina, Die Entwicklung kapitalistischer Verhältnisse in den südlichen und südöstlichen Gebieten des europäischen Rußlands, in: Genesis und Entwicklung des Kapitalismus in Rußland, Studien und Beiträge, Berlin 1973, S. 26ff. 178ff.

31 W. I. Lenin, Die „Bauernreform" und die proletarisch-bäuerliche Revolution, in: Werke, Bd. 17, S. 105.

32 Vgl. N. M. Družinin, Besonderheiten der Genesis des Kapitalismus in Rußland, a. a. O., S. 53.

Berliner Akademie auch in dieser Zeit Beziehungen durch wissenschaftliche Mitteilungen, Bücher- und Zeitschriftentausch sowie durch offizielle Korrespondenz etc., aber sie bewegten sich in sehr beengtem Rahmen infolge der politischen Verhältnisse, die praktisch bis zur Großen Sozialistischen Oktoberrevolution 1917 in Rußland andauerten.

Die Annäherung in der Zusammenarbeit beider Akademien erfolgte erst im Zusammenhang mit der außenpolitischen und wissenschaftlichen Isolierung des imperialistischen Deutschlands (Versailler Vertrag) und des revolutionären Rußlands nach der Niederwerfung der Konterrevolution im Innern und der Intervention der vierzehn ausländischen Mächte. Die Initiatoren dieser Annäherung waren der Präsident der Akademie der Wissenschaften der UdSSR, A. P. Karpinskij, und der Ständige Sekretär S. F. Ol'denburg, die die Weisungen W. I. Lenins in die Tat umsetzten. In der Weimarer Republik waren es Albert Einstein, Max Planck, Walther Nernst u. a., die die Brücken zur Sowjetwissenschaft wiederherzustellen suchten. Über die verbrecherische Rolle des Hitlerfaschismus bei der Zerschlagung dieser Beziehungen ist bereits gesprochen worden.

Erst mit dem grandiosen Sieg der Sowjetunion und der Antihitler-Koalition über den Hitlerfaschismus wurden seit 1945 zunächst in der Sowjetischen Besatzungszone und besonders nach der Gründung der DDR 1949 die Voraussetzungen geschaffen für eine integrale Zusammenarbeit der Akademie der Wissenschaften der DDR und der Akademie der Wissenschaften der UdSSR und denen der anderen sozialistischen Länder auf allen wichtigen Gebieten der modernen Wissenschaft.

Die Jubiläen der Akademien der Wissenschaften der DDR und der UdSSR gehen heute nicht mehr wie seinerzeit unter feudalabsolutistischen oder parlamentarisch-demokratisch verbrämten feudal-bourgeoisen Bedingungen vor sich, sondern unter sozialistischen bzw. kommunistischen Verhältnissen. Erst hier und jetzt wird das Problem der Kontinuität der wissenschaftlichen Zusammenarbeit historisch gelöst und integral verwirklicht im Sinne des großen Gedankens von G. W. Leibniz, „Theoriam cum praxi zu vereinigen“ – zum Nutzen und Wohl des ganzen Volkes.

Semen R. Mikulinskij

Die Entwicklung der wissenschaftlichen Zusammenarbeit zwischen den Akademien der Wissenschaften der UdSSR und der DDR

In diesem Jahr feiern unsere Länder das 250jährige Jubiläum der Akademie der Wissenschaften der UdSSR und das 275jährige Jubiläum der Akademie der Wissenschaften der DDR. Es war eine glückliche Idee, anläßlich dieser beiden Gedenktage eine gemeinsame wissenschaftliche Tagung durchzuführen. Natürlich geht es dabei nicht einfach um ein Zusammenfallen der Jubiläen der größten wissenschaftlichen Institutionen in unseren beiden Bruderländern, sondern um etwas wesentlich Bedeutenderes – um eine Analyse des Prozesses der Wissenschaftsentwicklung in unseren Ländern, der eine traditionsreiche und fruchtbare Geschichte hat und einen großen Einfluß auf die Entwicklung der europäischen und der Weltwissenschaft ausgeübt hat. Es geht um eine Leistungsschau der wissenschaftlichen Errungenschaften unserer Länder. Wir betrachten die Jubiläen nicht als eine Gelegenheit, Festreden zu halten, sondern in erster Linie als Anlaß, den beschrittenen Weg zu analysieren, daraus Erfahrungen und Lehren für die Zukunft abzuleiten, als Anlaß, die Aufmerksamkeit auf die vorläufig noch nicht gelösten Fragen zu lenken und klarer und deutlicher die Perspektiven der weiteren Entwicklung aufzuzeigen.

Für ein jedes Land ist das Jubiläum seiner Akademie ein bedeutendes Ereignis. In den sozialistischen Ländern wird ihm jedoch eine besondere Bedeutung beigemessen. Es wird nicht nur als ein Fest der Akademie oder aller Wissenschaftler, sondern als Fest des ganzen Volkes, als Fest der Werktätigen gefeiert. Darin kommt ein Wesensmerkmal der sozialistischen Gesellschaftsordnung zum Ausdruck, eine den Akademien der Wissenschaften der sozialistischen Länder eigene Besonderheit. Der Sozialismus ist mit der Wissenschaft untrennbar verbunden. Zum ersten Male in der Weltgeschichte hat er alle Reichtümer des menschlichen Genius, der Wissenschaft, der Technik und Kultur, die vom Kapitalismus zum Zwecke der Unterdrückung und Ausbeutung genutzt wurden, in den Dienst der Interessen des ganzen Volkes und aller Werktätigen gestellt. Die Entwicklung von Wissenschaft, Technik und Kultur wurde im Sozialismus zur ureigensten Sache aller Werktätigen. Der wissenschaftlich-technische Fortschritt ist im Sozialismus aus einem Mittel der Ausbeutung zum wichtigsten Instrument für den Aufbau der materiell-technischen Basis des Kommunismus, für die Hebung des materiellen Wohlstandes und der Kultur des ganzen Volkes, zur Voraussetzung für die allseitige Entwicklung der Persönlichkeit geworden. Diese großen, edlen und humanen Ziele wurden zum Hauptstimulus für die Tätigkeit unserer Wissenschaftler. Die Wissenschaftler und Ingenieure in unseren Ländern stehen an der Spitze im Ringen für den wissenschaftlich-technischen Fortschritt, der berufen ist, die gesellschaftliche Produktion, die Arbeit und Lebensweise des Volkes auf ein neues Niveau zu heben. Eben aus diesem Grunde werden die Jubiläen der Akademien der Wissenschaften in unseren Ländern als Feste des ganzen Volkes gefeiert.

Die Akademie der Wissenschaften der DDR ist die Nachfolgerin der am 11. Juli 1700 gegründeten Brandenburgischen Sozietät der Wissenschaften. Wir begehen diesen Gründungstag nicht nur deshalb, weil sich die Akademie in Berlin befindet und unmittelbar die Existenz einer der ältesten Akademien fortsetzt, sondern auch, weil die Akademie der Wissenschaften der DDR in ihrer Tätigkeit die besten Traditionen und die höchsten Ideale der fortschrittlichen Kultur in der Geschichte des deutschen Volkes, die Ideale der großen deutschen Wissenschaftler und Gelehrten verkörpert, die die Welt durch hervorragende Werke des menschlichen Genius bereicherten.

Die Gründung von Akademien der Wissenschaften Ende des 17./Anfang des 18. Jahrhunderts war sowohl von den Bedürfnissen der wirtschaftlichen Entwicklung als auch von der Logik der Wissenschaftsentwicklung diktiert.

Initiator der Gründung der Brandenburgischen Sozietät war der große deutsche Enzyklopädist und Philosoph Gottfried Wilhelm Leibniz. Er war zugleich einer derer, die mit ihren Ratschlägen zur Ausarbeitung des Entwurfs der Petersburger Akademie der Wissenschaften beigetragen haben.

Unsere wissenschaftliche Zusammenarbeit begann deshalb im Grunde genommen bereits vor der Gründung der Akademie und wurde nach ihrer Gründung wesentlich erweitert und verstärkt, was seinerseits in bedeutendem Maße zur Entwicklung und Bereicherung der Wissenschaft sowohl in Rußland als auch in Deutschland beigetragen hat.

Die Gründung der Akademien wurde von den größten Wissenschaftlern jener Zeit im vollen Bewußtsein dessen vorbereitet, daß die wirtschaftliche Entwicklung des Landes immer mehr dadurch bestimmt wird, wie der größte Reichtum des Landes – das Talent seiner arbeitenden Menschen – erhalten und genutzt wird. Bereits 1670 begründete Leibniz die Notwendigkeit der Schaffung einer staatlichen wissenschaftlichen Gesellschaft und sah das Charakteristische der Situation im damaligen Deutschland darin, daß die deutschen Universitäten viele begabte Leute haben, es genügend Mechaniker, Künstler und Laboranten gibt, diese aber dahinvegetieren und sich mit Mühe und Not ihren Lebensunterhalt verdienen. Er beklagte, daß man sie für Alchimisten und Scharlatane hält, daß viele ihre Heimat verlassen, wobei doch die Ausfuhr von Genies noch verbrecherischer als die Ausfuhr von Gold, Eisen und Waffen sei.[1]

In der Akademie sah Leibniz die Institution, welche die Wissenschaftler vereinigen und ihnen die Möglichkeit bieten kann, ihr Talent zum Nutzen ihres Vaterlandes, zur Hebung seines Wohlstandes und seiner Kultur einzusetzen, statt ihr Glück im Ausland zu suchen.

Wie gesagt, war die Gründung der Akademien nicht nur durch wirtschaftliche Bedürfnisse der Gesellschaft, sondern auch durch die Logik der Wissenschaftsentwicklung diktiert. Diese Seite wurde von einem der Gründer der Brandenburgischen Sozietät der Wissenschaften, D. E. Jablonski, einem Enkel des großen tschechischen Gelehr-

[1] Vgl. A. Harnack, Geschichte der Königlich Preußischen Akademie der Wissenschaften zu Berlin, Berlin 1900, Bd. 2, S. 23.

ten und Begründers der wissenschaftlichen Pädagogik, Jan Amos Komenský unterstrichen. Jablonski schrieb:
„Die Menschen teilen sich in die Sorge um die Erforschung der Natur, da keiner von ihnen alles allein erfassen kann. Der eine zeichnet sich durch seinen Scharfsinn aus, der andere durch Reife des Urteils, der dritte durch seine Belesenheit, der vierte führt die wissenschaftliche Korrespondenz. Jeder hat seine Talente und Vorzüge. In einer Gesellschaft, die eine Korporation darstellt, wird alles, was dem einen fehlt, von einem anderen ersetzt."[2]

Diese Ideen lagen auch der Gründung der Petersburger Akademie zugrunde. Sie war ein Bestandteil der Maßnahmen Peters I., die auf die wirtschaftliche, politische und kulturelle Umgestaltung Rußlands gerichtet waren. Seiner Idee zufolge wurde die Petersburger Akademie im Unterschied zu den anderen Akademien von Anfang an nicht als „societé de science", sondern als staatliche Institution errichtet, die nicht nur für die Entwicklung der Wissenschaft, sondern auch für die Befriedigung der wissenschaftlichen, technischen und ökonomischen Bedürfnisse des Landes, für die Organisation der Wissenschaft und Bildung zuständig sein sollte.

Es wäre falsch und naiv, sei es auch in einem Jubiläumsvortrag, die Entwicklung unserer Akademien in jenen Jahren nur in rosigem Licht darzustellen. Die Realisierung der ihrem Wesen nach fortschrittlichen Ideen stieß auf große Schwierigkeiten. Jeder Schritt zog sich über Jahrzehnte hin, und die Entwürfe selbst wurden nie in vollem Maße verwirklicht. Gestatten Sie mir, mich auf die Meinung des großen Physiologen Emil Du Bois-Reymond zu berufen, der seit 1867 Ständiger Sekretär der Berliner Akademie der Wissenschaften war. Vor kurzem gelang es mir in Genf, in den Unterlagen des hervorragenden Schweizer Botanikers Alphonse de Candolle einige Briefe von Du Bois-Reymond ausfindig zu machen, die sich auf das Jahr 1873 beziehen. In diesen Briefen schreibt er, daß die Brandenburgische Sozietät zur Zeit Friedrichs des Zweiten „sich mit Mühe und Not durchschlug", bis sie 1744 zur Akademie umgestaltet wurde. Seine Beschreibung der Lage ist durch Bitterkeit und traurigen Sarkasmus der deutschen Wissenschaftler nach dem Deutsch-Französischen Krieg 1871 gekennzeichnet. „Sie werden sich, ohne Zweifel, sehr wundern, "schrieb er, „daß ich meinen Platz verlassen will, obwohl ich mich auf dem Gipfel meiner wissenschaftlichen Laufbahn in der Hauptstadt des neuen Deutschen Reiches befinde . . . aber Sie können sich nicht vorstellen, was das für ein Leben in Berlin ist. Die Regierung, schwimmend in den Milliarden französischen Goldes, ist kleinlich und in allem beschränkt, was nicht zu Gewehren oder Kanonen gehört . . . Was helfen mir die Einladungen an den Hof, Auszeichnungen und übrigen Ehren, wenn ich durch rein administrative Pflichten, Examina usw. überlastet bin. Eine lange Zeit hielt ich die Gründung eines physiologischen Labors, wo ich arbeiten könnte, für den einzigen Ausweg. Mit großer Sorgfalt habe ich den Plan dieses Labors entworfen, aber der Finanzminister widersetzte sich meinem Plan, er hat ihn einfach gestrichen . . . Es ist möglich, daß ich das nicht aushalte". So war die Lage des hervorragenden Wissenschaftlers, eines Menschen, dem die Welt für die Schaffung der Grundlagen der modernen Elektrophysiologie verpflichtet ist. Die Wissenschaftler durften zur Dekoration an den kaiserlichen Hof eingeladen und mit Orden geschmückt werden, aber die von Hochmut und den geraubten Reichtümern

[2] J. H. S. Formey, Histoire de l'Académie Royale des Sciences et Belles Lettres, depuis son origine jusqu'á présent. Avec les pièces originales, Berlin 1750, S. 43.

aufgeblähte kaiserliche Regierung war gleichgültig gegenüber den Nöten der Wissenschaft.

Ähnlich, wenn nicht noch schlimmer, stand es mit der Wissenschaft im zaristischen Rußland. Nichtsdestotrotz waren die besten Wissenschaftler beider Akademien von fortschrittlichen Ideen inspiriert, die ihnen als Wegweiser und Stimulus in ihrer Arbeit dienten. Diese Ideen bestimmten auch den Inhalt der internationalen Wissenschaftsbeziehungen unserer Länder. Er würde zu viel Zeit erfordern, alle konkreten Kontakte in der Geschichte unserer Akademien aufzuzählen, zumal die These von der engen Verbindung zwischen unseren Einrichtungen vor diesem Auditorium kaum einer ausführlicheren Argumentation bedarf. Die Namen von Euler und Alexander von Humboldt, Lomonosov und Helmholtz, Liebig und Mendeleev, Ludwig und Sečenov, Haekkel und Kovalevskij und vielen anderen erinnern uns sofort an die engen Beziehungen zwischen der russischen und der deutschen Wissenschaft.

Es ist dem Gedächtnis der sowjetischen Menschen nicht entschwunden, daß es deutsche Wissenschaftler waren, die als erste nach der Großen Sozialistischen Oktoberrevolution, die eine neue Epoche in der Geschichte der Menschheit eröffnet hat, in jener schweren Zeit, als die Imperialisten der ganzen Welt die junge Sowjetrepublik durch Blockade zu erwürgen suchten, begannen, die Verbindungen mit unserem Land wiederherzustellen. Dieser Schritt wurde von Albert Einstein im Jahre 1921 als eine „heilige Pflicht" aller Wissenschaftler bezeichnet.[3]

1922 wählte unsere Akademie die Physiker Albert Einstein, Max Born, Max von Laue, Walther Nernst, die Chemiker Willstätter, Haber, den Botaniker Haberland und andere zu ihren Mitgliedern. Nach dem Rapallo-Vertrag zwischen der Sowjetrepublik und Deutschland, der 1922 die imperialistische Blockade des Sowjetstaates praktisch zum Scheitern brachte, erhielten die wissenschaftlichen Verbindungen zwischen der UdSSR und Deutschland systematischen Charakter. Eine aktive Tätigkeit entfaltete die „Gesellschaft der Freunde des neuen Rußlands" (1923–1933), die sowjetisch-deutsche Gesellschaft „Kultur und Technik" (1923–1933) und die „Notgemeinschaft der deutschen Wissenschaft" (seit 1920).

Für uns hat diese Tätigkeit einen besonderen Wert, denn die fortschrittlichen Vertreter der deutschen Wissenschaft und Kultur haben diese Schritte trotz der Politik der herrschenden Kreise des bürgerlichen Deutschlands unternommen, wobei sie oft das Risiko von Verfolgungen eingingen. Die Wissenschaftler verstanden die Bedeutung dieser ihrer Haltung sehr gut. So schrieb z. B. A. Einstein, daß die Zusammenarbeit immer die zuverlässigste Grundlage der freundschaftlichen Beziehungen zwischen Völkern sei.[4]

Max Planck maß der Zusammenarbeit zwischen den sowjetischen und den deutschen Wissenschaftlern große Bedeutung bei. Als er 1925 an der Spitze der deutschen Delegation zur 200-Jahr-Feier der Akademie der Wissenschaften der UdSSR in Leningrad weilte, sagte er: „Die russischen Wissenschaftler haben vieles von uns gelernt, so wie wir unsererseits von den russischen Wissenschaftlern gelernt haben. Mögen diese

[3] Izvestija, Nr. 17, 27. Januar 1921. Dieser Brief ist in deutscher Sprache veröffentlicht in: Sowjetmacht und Wissenschaft. Hrsg. von G. Kröber und B. Lange, Berlin 1975, S. 176f.

[4] Vgl. Russko-germanskij vestnik nauki i techniki, 1929, Nr. 1, S. 3.

engen Beziehungen auch künftig im Interesse des Fortschritts der Wissenschaft fortdauern."[5]

Der Machtantritt des reaktionärsten vom Imperialismus hervorgebrachten Regimes, die faschistische Diktatur, die eine nationale Tragödie des deutschen Volkes bedeutete, hat nicht nur die traditionellen Beziehungen zwischen der sowjetischen und der deutschen Wissenschaft bis auf den Grund zerstört, sondern auch die gesamte Wissenschaftsstruktur in Deutschland deformiert. Sie fügte der Entwicklung der deutschen Wissenschaft und Kultur einen kolossalen Schaden zu. Unvergessen bleibt jedoch auch die Tatsache, daß es den faschistischen Kräften bei aller Gleichschaltungspolitik nicht gelang, die humanistischen Bestrebungen völlig zu unterdrücken, so zum Beispiel auch nicht in der Berliner Akademie der Wissenschaften. Das erleichterte zweifellos den Neubeginn nach dem Sieg über den Faschismus.

Qualitativ neue Beziehungen zwischen unseren Akademien eröffneten die letzten dreißig Jahre ihrer Geschichte. Nicht zufällig kam gerade in den Vorstellungen über die weiteren Wege der deutschen Wissenschaft, über ihre Nachkriegsentwicklung, der Grundunterschied in der Betrachtung der Zukunft des Landes, der Perspektiven des Nachkriegsdeutschlands seitens der Vertreter der zwei gegensätzlichen sozialen Systeme besonders klar zum Ausdruck.

Noch vor dem Kriegsende nahmen westliche Politiker nicht Kurs auf die Demokratisierung Deutschlands, nicht auf die Ausrottung der Wurzeln des deutschen Militarismus und die Vernichtung des militärisch-industriellen Komplexes, mit dem die Weltmonopole durch zahlreiche Bande verbunden waren, sondern auf die Ausnutzung Deutschlands als Stoßkeil in ihrem Kampf gegen die progressiven Bestrebungen der europäischen Völker, insbesondere auch gegen das deutsche Volk selbst. In den Nachkriegsjahren bestand ihre „Fürsorge" um die Wissenschaft ausschließlich darin, soviel wie möglich deutsche Wissenschaftler abzuwerben. Heutzutage ist der „brain-drain" zu einer Art Industrie geworden und fast in den Rang einer offiziellen Staatspolitik der Westmächte, darunter auch der Regierung der Bundesrepublik, erhoben worden.

Direkt entgegengesetzten Charakter trug die Politik der UdSSR und der marxistisch-leninistischen Partei der Arbeiterklasse in Deutschland gegenüber der deutschen Wissenschaft; sie sahen in der Renaissance der Wissenschaft und der Berliner Akademie eine wichtige, keinen Aufschub duldende Aufgabe beim Aufbau des neuen demokratischen Deutschlands. In dem noch von der Glut der letzten Schlacht gegen den Faschismus gezeichneten Berlin unterstützte die sowjetische Militäradministration die fortschrittlichen Kräfte des deutschen Volkes beim demokratischen Aufbau des wissenschaftlichen und kulturellen Lebens, bei der Wiedererrichtung der Akademie der Wissenschaften zu Berlin und bei der Sicherung der Versorgung der deutschen Wissenschaftler mit dem für ihr Leben und ihre Arbeit notwendigen Minimum (was in jenen Monaten durchaus keine einfache Aufgabe war). Bereits am 21. Juni 1945 wurde nach ausführlichen Konsultationen und Verhandlungen ein Provisorisches Statut der Akademie der Wissenschaften zu Berlin, die die bedeutendste und einzige derartige wissenschaftliche und kulturelle Einrichtung des Landes war, angenommen. Im selben Jahre

[5] H. Vogel, Die Stellung Max Plancks zur Sowjetunion und ihren Wissenschaftlern, dargestellt am Beispiel seiner Reise im Jahre 1925, in: Deutschland–Sowjetunion. Aus fünf Jahrzehnten kultureller Zusammenarbeit, Berlin 1966, S. 469.

1945 – noch vor der formellen Wiedereröffnung der Akademie, die im Jahre 1946 erfolgte – überbrachte der Vertreter der Akademie der Wissenschaften der UdSSR, Akademiemitglied V. S. Kulebakin, auf einem Plenum der Akademie den offiziellen Standpunkt der sowjetischen Wissenschaftler, indem er seine Überzeugung zum Ausdruck brachte, daß „unsere gemeinsamen Arbeiten sich auf ein vollständiges, gegenseitiges Verstehen gründen werden und diese Zusammenarbeit dem Fortschritt der wissenschaftlichen Forschung in der ganzen Welt, sowie dem Erreichen der Ideale, für die die gesamte fortschrittliche Menschheit gekämpft hat, dienen wird."[6]

In der Folgezeit wurden Maßnahmen ergriffen, um die Akademie der Wissenschaften zu Berlin so schnell wie möglich wiederzuerrichten, und es bildeten sich direkte freundschaftliche Beziehungen zwischen sowjetischen und deutschen Wissenschaftlern heraus.

Die wirksame Unterstützung, die die UdSSR gemeinsam mit den deutschen Kommunisten im Geiste des proletarischen Internationalismus den progressiven Kräften des deutschen Volkes – insbesondere der fortschrittlichen Intelligenz – angedeihen ließ, sowie die große ideologische Arbeit der deutschen Marxisten-Leninisten schufen schon bald nach der Zerschlagung des Hitlerregimes ein festes Fundament für die fruchtbare Zusammenarbeit zwischen beiden Akademien. Einen neuen Impuls erhielt die wissenschaftliche Zusammenarbeit durch die Verhandlungen der Präsidenten unserer Akademien in Moskau im Frühjahr 1949. Die Gründung der Deutschen Demokratischen Republik im Oktober 1949 bedeutete eine neue Etappe in der Entwicklung der Akademie der Wissenschaften zu Berlin. Aus einer traditionellen, nach dem Typ einer wissenschaftlichen Sozietät organisierten Akademie wurde sie zu einer leistungsfähigen wissenschaftlichen Institution, die über eine eigene Forschungsbasis verfügt und Grundlagen- sowie angewandte Forschung auf der ganzen Breite der Natur-, Gesellschafts- und technischen Wissenschaften betreibt. Die Akademie erhielt dadurch die Möglichkeit, in der Wissenschaft der DDR eine führende Position einzunehmen, aktiv zur Ausbildung hochqualifizierter Forschungskader beizutragen und enge Beziehungen zu den Universitäten und zur Produktion herzustellen. Aktiv einbezogen in den Aufbau der materiell-technischen Basis der entwickelten sozialistischen Gesellschaft in der DDR erhält die Akademie der Wissenschaften ständige und allseitige Unterstützung durch die SED und die Regierung der DDR bei der weiteren Entwicklung von Wissenschaft und Kultur der DDR. Schon zu Beginn des Jahres 1948 sagte Genosse Otto Grotewohl: „Die Einbeziehung des ganzen Volkes in den kulturellen Neuaufbau erfordert eine in der deutschen Geschichte nie gekannte Ausbreitung und Vertiefung dieser Wissenschaften."[7] Ein deutlicher Beweis dafür, welchen Platz die Wissenschaft in der DDR einnimmt, ist allein die Tatsache, daß die Probleme der Wissenschaftsentwicklung als spezieller Artikel in die Verfassung des ersten deutschen Arbeiter- und-Bauern-Staates aufgenommen wurden.

Die Regierungen der kapitalistischen Länder haben lange Zeit versucht, die DDR zu isolieren, sie zu ignorieren, so zu tun, als existiere dieser Staat nicht. Das hatte natür-

[6] Zentrales Archiv der Akademie der Wissenschaften der DDR, III, 100/1. Bd. 1, S. 144.
[7] O. Grotewohl, Die geistige Situation der Gegenwart und der Marxismus, Berlin 1948, S. 45.

lich auch für die Akademie der Wissenschaften der DDR gewisse Schwierigkeiten zur Folge. Die Politik der Isolierung der DDR hat den kapitalistischen Ländern mehr geschadet als der DDR. Die DDR wurde immer fester und stärker, indem sie sich auf den unerschütterlichen Bruderbund der sozialistischen Länder stützte, der das Kräfteverhältnis in der Weltarena für immer zugunsten des Sozialismus verändert hat.

Zusammen mit ihrem Staat wuchs auch die Akademie der Wissenschaften der DDR und festigte ihre Positionen. Sie wurde nicht nur zur führenden wissenschaftlichen Institution der DDR, sondern gewann durch ihre wissenschaftlichen Errungenschaften internationale Autorität.

Ich glaube mich nicht zu irren, wenn ich feststelle, daß die größte Errungenschaft der Akademie der Wissenschaften der DDR, die Gewähr ihrer weiteren Entwicklung darin besteht, daß sie zum ersten Male in ihrer fast dreihundertjährigen Geschichte das Vertrauen des Volkes gewann und von den Werktätigen der DDR als *ihre* Akademie anerkannt wurde.

Unter den schwierigen Bedingungen der ersten Jahre der proletarischen Revolution, unter Bedingungen, die man sich heutzutage nur schwer vorstellen kann, sagte W. I. Lenin: „Dem Bündnis von Wissenschaft, Proletariat und Technik wird keine noch so finstere Gewalt widerstehen können."[8] Die Geschichte bestätigte die Richtigkeit dieser Worte – der Einigkeit und Geschlossenheit des Sowjetvolkes konnte keine noch so finstere Gewalt widerstehen. In der DDR ist das feste Bündnis zwischen der Arbeiterklasse, mit ihrer bewährten Avantgarde – der SED – an der Spitze, und der Intelligenz verwirklicht. Das ist eine große Errungenschaft der sozialistischen DDR. In diesem Bündnis liegt ein Kraftquell der DDR, eine Bedingung für den weiteren Aufschwung ihrer Wissenschaft und Kultur.

Ich kann nicht umhin, hier an die Worte des großen russischen Wissenschaftlers K. A. Timirjazev zu erinnern, der die Große Sozialistische Oktoberrevolution in seinem 74. Lebensjahr erlebte und in dem schweren Jahr 1919 schrieb: „Nur Wissenschaft und Demokratie, Wissen und Arbeit werden – im freien und auf gegenseitigem Verständnis gegründeten Bündnis miteinander und vom gemeinsamen roten Banner, dem Symbol der ganzen Welt umweht – alles überwinden, alles zum Wohle der Menschheit umgestalten."[9]

Die Geschichte der Akademie der Wissenschaften der DDR und ihre Erfolge sind ein klarer Beweis für den tiefen Zusammenhang zwischen der Wissenschaftsentwicklung und dem sozialen Fortschritt, für die Vorzüge des Sozialismus im Hinblick auf die Wissenschaftsentwicklung. Eine wichtige Rolle bei der Entwicklung von Wissenschaft und Kultur sowie für die wachsende Rolle der Akademie der Wissenschaften und ihre Bedeutung in der sozialistischen DDR haben die Beschlüsse des VIII. Parteitages der SED. Sie inspirieren die Wissenschaftler und die gesamte Intelligenz, um neue große Taten zum Wohle des Volkes zu vollbringen.

Im Sozialismus kommt erstmalig in vollem Umfang das humanistische Wesen der Wissenschaft zum Tragen.

Der proletarische Internationalismus und Humanismus, die Gemeinsamkeit der

[8] W. I. Lenin, Rede auf dem II. Gesamtrussischen Verbandstag des medizinischen und Sanitätspersonals, in: Werke, Bd. 30, S. 394.

[9] K. A. Timirjazev, Nauka i demokratija, Moskau 1939, S. 19.

Interessen bilden die Basis für die wissenschaftlich-technische Zusammenarbeit der sozialistischen Länder, die es im Kapitalismus nie gegeben hat und nie geben wird.

Die wissenschaftlich-technische Zusammenarbeit zwischen den Akademien der Wissenschaften der UdSSR und der DDR ist ein untrennbarer Bestandteil der allseitigen Beziehungen zwischen den sozialistischen Ländern, die auf den Leninschen Prinzipien des proletarischen Internationalismus, der gegenseitigen Achtung und der brüderlichen gegenseitigen Hilfe beruhen. Diesen Prinzipien folgte unsere Zusammenarbeit in allen Etappen, einschließlich der heutigen Formen der bi- und multilateralen Zusammenarbeit. Auf diese Prinzipien stützte sich auch das Abkommen über die wissenschaftliche Zusammenarbeit zwischen den Akademien der Wissenschaften der UdSSR und der DDR, das am 30. Januar 1958 unterzeichnet und das ergänzt und erweitert, noch heute die Grundlage unserer Zusammenarbeit bildet.

Die Beziehungen zwischen unseren Akademien widerspiegeln die gesellschaftliche Stellung, welche die Wissenschaft im Sozialismus einnimmt. Die Vorzüge des Sozialismus für die Wissenschaftsentwicklung werden besonders deutlich, wenn wir den Charakter der Wissenschaftsentwicklung und den Verlauf der wissenschaftlich-technischen Revolution in den sozialistischen und kapitalistischen Ländern vergleichen.

Die wissenschaftlich-technische Revolution führt zu einer grundlegenden Umgestaltung der Produktivkräfte der Gesellschaft. Die Wissenschaftsentwicklung ist eine unerläßliche Voraussetzung für den ökonomischen Fortschritt, fordert jedoch gleichzeitig den kulturellen und sozialen Fortschritt, den Fortschritt in den gesellschaftlichen Verhältnissen. Während in den kapitalistischen Ländern diese Formen des Fortschritts sich in einem unvereinbaren Gegensatz befinden, wird in den sozialistischen Ländern die harmonische Vereinigung des Fortschritts in Wirtschaft, Wissenschaft, Technik, Kultur und in den gesellschaftlichen Beziehungen, die Befriedigung der wachsenden materiellen und geistigen Bedürfnisse aller Werktätigen zum Hauptziel.

Das bedeutet, daß wir bei der Planung von Wissenschaft und Technik von den sozialen Aufgaben unserer Länder und der sozialistischen Staatengemeinschaft im Ganzen ausgehen müssen.

Die humanistische Funktion der Wissenschaft ist für uns keine propagandistische Losung, sondern eine grundsätzliche Haltung zur Wissenschaftsentwicklung überhaupt, zu einer Entwicklung, die neben materiellen und geistigen Werten zugleich auch einen neuen Menschen schafft.

Die wissenschaftlich-technische Zusammenarbeit der sozialistischen Länder ist ein untrennbarer Bestandteil der sozialistischen ökonomischen Integration.

Die gesamte bisherige Entwicklung der Beziehungen zwischen unseren Akademien veranschaulicht sehr deutlich die genannten Thesen. Die wissenschaftlich-technische Revolution in unseren Ländern vollzieht sich nicht nur als Anwendung neuer Arten der Energie, neuer Materialien, der elektronischen Datenverarbeitung oder gar der komplexen Automatisierung der Produktion; sie bedeutet eine tiefgehende Umgestaltung der gesamten technischen Produktionsbasis, ihrer Organisationsformen und des Charakters der Arbeit, die immer mehr schöpferischen Charakter annimmt. Die Planung der Wissenschaftsentwicklung in unseren Akademien ist in erster Linie auf die Entwicklung der Basis des wissenschaftlich-technischen Fortschritts – die Grundlagenforschung – gerichtet. Schwerpunkte dabei sind:

erstens, die richtige Bestimmung der perspektivreichsten Forschungsrichtungen;

zweitens, die Bestimmung des rationellen Verhältnisses zwischen Grundlagenforschung, angewandter Forschung und technischer Entwicklung;

drittens, die Sicherung des vorrangigen Entwicklungstempos der führenden Zweige von Wissenschaft und Technik, von denen entscheidende Wandlungen auf dem Gebiet der Wirtschaft, Wissenschaft und der Kultur zu erwarten sind;

viertens, die Sicherung des störungsfreien Funktionierens aller Glieder im Zyklus Grundlagenforschung – Produktion;

fünftens, die Ausbildung wissenschaftlicher Kader unter Berücksichtigung der Entwicklungsperspektiven von Wissenschaft und Technik.

Über die Maßstäbe der gegenwärtigen Zusammenarbeit zwischen unseren Ländern schrieb der Erste Sekretär des ZK der SED, Genosse Erich Honecker, daß in den gemeinschaftlichen Bemühungen die Forderungen der wissenschaftlich-technischen Revolution immer mehr in den Vordergrund treten. Vier Fünftel aller Aufgaben unseres Staatsplanes für Wissenschaft und Technik werden zur Zeit in einer zielstrebigen Zusammenarbeit mit der Sowjetunion erfüllt. An dieser Zusammenarbeit beteiligen sich etwa 15 000 Fachleute unseres Landes. Es sind 30 gemeinsame Forschungskollektive geschaffen worden, die produktiv arbeiten.[10]

Wir können voller Stolz sagen, daß die Wissenschaftler und Institute unserer Akademien eine führende Rolle in der Zusammenarbeit an den aktuellsten fundamentalen Problemen der Wissenschaft spielen. Als Beispiel dieser Zusammenarbeit kann die fast zwanzigjährige Tätigkeit des Vereinigten Instituts für Kernforschung in Dubna genannt werden, eines echten Weltzentrums der theoretischen und experimentellen Physik. Seit 1967 arbeiten Wissenschaftler unserer Länder an einem gemeinsamen Programm zur Erforschung und friedlichen Nutzung des kosmischen Raumes – „Interkosmos". In den vergangenen Jahren wurden entsprechend dem „Interkosmos"-Programm 12 Sputniks und viele geophysikalische und meteorologische Raketen gestartet. Es konnten hochinteressante wissenschaftliche Ergebnisse gewonnen werden. Es werden große gemeinsame Expeditionen durchgeführt. Als eindrucksvollstes Beispiel dafür sei die Zusammenarbeit des Geologischen Instituts der AdW der UdSSR, des Instituts für Geologie und Geophysik der Sibirischen Abteilung der AdW der UdSSR und des Geotektonischen Instituts der AdW der DDR genannt. Es sei hier nur an eines der Ergebnisse dieser Zusammenarbeit erinnert, nämlich an die Arbeiten zur Bestimmung der Perspektiven der Erforschung der Erdöl- und Gasvorkommen in der Kaspi-Senke. Es lassen sich noch andere Beispiele für die Lösung von Problemen anführen, die eine große praktische Bedeutung besitzen und ein Ergebnis unserer Zusammenarbeit darstellen. Darunter sind ein neues Verfahren der strahlungschemischen Bearbeitung von Textilien und der Modifizierung von Polyamidgeweben und Trikotagen; die Entwicklung eines hochproduktiven automatisierten Verfahrens zur Produktion von Polyamidseide durch kontinuierliche Kaprolaktamproduktion; die Entwicklung einer industriellen Anlage für die Gewinnung von Aldehyden und Alkohol durch Oxosynthese; die Arbeiten zu neuen Baumaterialien und viele andere. Eine ganze Reihe dieser in Zusammenarbeit von unseren Spezialisten gewonnenen Resultate wurde in vielen Ländern der Welt patentiert.

[10] Vgl. E. Honecker, Navsegda s Sovetskim Sojuzom, in: Pravda, 1. Mai 1975.

Eine große Anzahl gemeinschaftlicher Forschungsvorhaben wird von unseren Akademien in Zusammenarbeit mit Wissenschaftlern anderer sozialistischer Länder im Rahmen des RGW durchgeführt. Die sozialistischen Länder, die Mitglieder des Rates für gegenseitige Wirtschaftshilfe, erzeugen zur Zeit ein Drittel der Industrieproduktion der Welt, sie übertreffen eine so große ökonomische Allianz wie die Europäische Wirtschaftsgemeinschaft in den wichtigsten ökonomischen Kennziffern bei weitem. Die Jahre des Bestehens des RGW wurden zu Jahren einer ständigen Entwicklung der sozialistischen ökonomischen Integration, zu Jahren der Erfolge und Siege bei ihrer Realisierung.

In der Grußbotschaft des Generalsekretärs des ZK der KPdSU, Genossen L. I. Breshnew, an die Teilnehmer der XXVIII. Jubiläumssession des RGW wird die große Bedeutung hervorgehoben, die die Tätigkeit des RGW für alle Mitgliedsländer dieser Organisation hatte. Darin heißt es: „Hohe stabile Wachstumsraten, der rasche wissenschaftlich-technische Fortschritt, die kontinuierliche Erhöhung des Wohlstandes und der Kultur des Volkes, die allmähliche Angleichung des wirtschaftlichen Entwicklungsstandes — all diese charakteristischen Züge des von unseren Ländern zurückgelegten historischen Weges sind organisch mit der gewaltigen Arbeit der kommunistischen und Arbeiterparteien zur Vertiefung des allseitigen Zusammenwirkens der sozialistischen Staaten verbunden".[11]

Die Akademien der Wissenschaften leisten gemeinsam mit den anderen Zweigen und Institutionen eine große Arbeit zur Bildung internationaler Wissenschafts-Produktions-Vereinigungen; als erste wurden 1972 die Vereinigung „Interatominstrument" und wenig später „Interlabor" geschaffen. Diese Vereinigungen realisieren den gesamten Zyklus „Forschung — Produktion", d. h. die komplexe Forschung, die Projektierung und die Erprobung der neuen Technik bis hin zu deren industrieller Anwendung.

Die wissenschaftlich-technische Zusammenarbeit der Länder der sozialistischen Gemeinschaft durchlief in historisch kurzer Zeit eine Reihe von Etappen: vom Austausch der Forschungsergebnisse über die Koordinierung der Forschungstätigkeit zur unmittelbaren Zusammenarbeit der Wissenschaftler, zur Arbeitsteilung und zur Konzentration der Kräfte und Mittel auf die Lösung der wichtigsten Probleme unter Berücksichtigung der Interessen jedes an der Zusammenarbeit teilnehmenden Landes.

Unter den Bedingungen des entwickelten Sozialismus gewinnen die Gesellschaftswissenschaften und das Zusammenwirken der Natur-, Gesellschafts- und technischen Wissenschaften zunehmend an Bedeutung.

Unter den gesellschaftswissenschaftlichen Problemen, für die die Zusammenarbeit der Vertreter von verschiedenen sozialistischen Ländern besonders wichtig ist, sind die Forschungen zu Problemen der entwickelten sozialistischen Gesellschaft an erster Stelle zu nennen. Diese Probleme verlangen ein komplexes Herangehen und eine interdisziplinäre Erforschung seitens der Gesellschaftswissenschaftler. Viele philosophische Aspekte dieses Problems sind in der 1973 in Moskau und Berlin herausgegebenen Kollektivarbeit „Die entwickelte sozialistische Gesellschaft. Wesen und Kriterien — Kritik revisionistischer Konzeptionen" dargelegt, die von Wissenschaftlern der UdSSR und

[11] L. I. Breshnew, Grußbotschaft an die XXVIII. RGW-Tagung, in: Neues Deutschland, 19. 6. 1974, S. 2.

der DDR unter Mitwirkung von Wissenschaftlern aus anderen sozialistischen Ländern gemeinsam erarbeitet wurde. Diese Arbeit stellt jedoch erst einen Beginn dar. Bei der Erforschung dieser Probleme stehen unsere Wissenschaftler noch vor umfangreichen Aufgaben. Einer ihrer ersten Schritte muß die Verallgemeinerung der Errungenschaften des theoretischen Denkens der kommunistischen und Arbeiterparteien der sozialistischen Länder und der kommunistischen Weltbewegung sein.

Von großer Bedeutung ist die komplexe Untersuchung der Wege zur Erhöhung der sozial-ökonomischen Effektivität der gesellschaftlichen Produktion, zur Vervollkommnung der Leitungsprozesse bei der Entwicklung der sozialistischen Gesellschaft. Auch diese Problemkreise bedürfen zu ihrer Untersuchung eines engen Zusammenwirkens einer großen Zahl gesellschaftswissenschaftlicher Disziplinen. Man kann mit Befriedigung vermerken, daß sich die Zusammenarbeit der Wissenschaftler aus den Instituten der Akademie der Wissenschaften der UdSSR und ihrer Sibirischen Abteilung mit den Kollegen aus Forschungsinstitutionen der DDR auch auf diesem außerordentlich wichtigen Gebiet als fruchtbar erweist.

Einen wichtigen Platz in der Zusammenarbeit unserer Akademien sowie der Akademien der Pädagogischen Wissenschaften nimmt die Arbeit an den Problemen der Erziehung des neuen Menschen, des Schöpfers des Sozialismus und Kommunismus ein; Vorbilder einer tiefen philosophischen Analyse dieser Probleme finden wir in den Werken der Klassiker des Marxismus-Leninismus. Den Gesellschaftswissenschaftlern unserer Länder ist es schon weitgehend gelungen, jene Kluft zu überwinden, die zwischen einer allgemeinen Problemstellung und den in einer konkreten Forschungsrichtung mitunter nur unzulänglich miteinander verbundenen Forschungen der Soziologen, Psychologen, Historiker, Physiologen u. a. besteht und die immer dann zustande kommt, wenn in konkreten Untersuchungen jeweils nur ein ganz spezieller Aspekt des jeweiligen Problems ausgewählt wird.

Zur Zeit werden die Fragen der Erziehung des Menschen der kommunistischen Gesellschaft im Rahmen einiger Komplexthemen untersucht. Hier sind in erster Linie die allseitigen Forschungen zu Problemen der kommunistischen Weltanschauung zu nennen, deren Grundlage der Marxismus-Leninismus bildet. In diesem Zusammenhang ist eine gründliche Kritik bürgerlicher, revisionistischer und linksradikaler Ideologien von größter Wichtigkeit.

Eine große Bedeutung wurde in den letzten Jahren dem komplexen und vielseitigen Thema der Erforschung der sozialistischen Lebensweise beigemessen. Die sozialistische Lebensweise vereinigt in sich die positiven Erfahrungen der Werktätigen, die sie in den langen Jahren des revolutionären Kampfes, des Aufbaus des Sozialismus und Kommunismus gewonnen haben. Auf Grund der verallgemeinerten Erfahrungen im Wettstreit der beiden Gesellschaftssysteme konnte die Richtung des Einflusses der sozialistischen Lebensweise auf den revolutionären Weltprozeß präziser bestimmt werden. Das Studium der Arbeiterbewegung und der nationalen Befreiungsbewegung in den kapitalistischen und Entwicklungsländern zeigt, daß für die Werktätigen dieser Länder die für unsere Lebensweise kennzeichnende Priorität gesellschaftlicher Interessen, die gegenseitige Unterstützung der Mitglieder von Produktionskollektiven, die Solidarität des Volkes bei der Verwirklichung der nationalen Ziele und bei der Ausübung der internationalen Pflicht, der Glaube an die Zukunft, das Nichtvorhandensein von Krisen und Inflationen immer mehr an Anziehungskraft gewinnt. Für unsere

Akademien bedeutet das, neben den Forschungsaufgaben auch der Leitung und Planung unserer Verlage größere Aufmerksamkeit zu widmen und insbesondere die Herausgabe von populärwissenschaftlicher Literatur, die den Problemen der sozialistischen Lebensweise gewidmet ist, zu fördern.

Ich glaube, viele der Anwesenden könnten die Liste der Bereiche, in denen eine erfolgreiche Zusammenarbeit unserer Akademien zu verzeichnen ist, sowie die Liste der in dieser Zusammenarbeit erzielten Ergebnisse wesentlich ergänzen. Die angeführten Beispiele, wie auch mein Vortrag im Ganzen, erheben keinen Anspruch auf Vollständigkeit.

Eine wichtige Tendenz unserer Zusammenarbeit ist der Übergang von der Koordinierung der Forschungen zur Vorbereitung gemeinsamer Arbeiten. Schon die Aufzählung dieser Arbeiten würde zu viel Zeit beanspruchen. Allein das junge Institut für Wissenschaftstheorie und -organisation der Akademie der Wissenschaften der DDR hat in Zusammenarbeit mit dem Institut für Geschichte der Naturwissenschaften und Technik der Akademie der Wissenschaften der UdSSR in den letzten Jahren fünf größere Arbeiten herausgegeben und bereitet zur Zeit zwei kollektive Monographien vor. Gemeinsam mit dem Zentralinstitut für Geschichte haben wir in den letzten Jahren zwei Gemeinschaftsarbeiten fertiggestellt.

Wir betrachten die von unseren Akademien erzielten Erfolge vor allem als Ausgangspunkt für die Lösung neuer perspektivreicher und begeisternder wissenschaftlicher Aufgaben. Die Wissenschaft ist in ihrem Streben nach der Erweiterung der Grenzen unseres Wissens ewig und unerschöpflich in ihren Möglichkeiten.

„Das wesentlichste Merkmal der sozialistischen Gesellschaft ist ihr Streben in die Zukunft“ [12] – sagte der Generalsekretär des Zentralkomitees der Kommunistischen Partei der UdSSR, Genosse L. I. Breshnew, in seiner Rede in Berlin während der Feierlichkeiten anläßlich des 25. Jahrestages der DDR. Und unsere Länder sowie ihre Wissenschaftler und Akademien haben eine Zukunft, der wir mit berechtigtem Optimismus entgegensehen können.

[12] L. I. Breshnew, Fester Bruderbund eint unsere Völker, Berlin 1974, S. 10.

Claus Grote

Zur Zusammenarbeit zwischen den Akademien der Wissenschaften der DDR und der UdSSR

Die sozialistische Welt ist seit einiger Zeit in eine Entwicklungsetappe eingetreten, in der ihre Vorzüge und Möglichkeiten immer wirksamer und umfassender genutzt werden.

Im Hauptdokument der internationalen Beratung der kommunistischen und Arbeiterparteien in Moskau 1969 wurde hervorgehoben: „Eine der wichtigsten Aufgaben der kommunistischen und Arbeiterparteien der sozialistischen Länder besteht darin, die allseitige Zusammenarbeit ihrer Länder zu entwickeln und in den entscheidenden Bereichen des ökonomischen Wettbewerbs der beiden Systeme auf dem Gebiet der Wissenschaft und Technik weitere Erfolge zu gewährleisten".[1]

Die planmäßige Entwicklung der sozialistischen ökonomischen Integration ist gesetzmäßiges Erfordernis und Ergebnis des bisherigen erfolgreichen Aufbaus des Sozialismus und Kommunismus, der Entfaltung von Wirtschaft, Wissenschaft und Technik innerhalb der RGW-Länder und der gesamten sozialistischen Staatengemeinschaft, der Entwicklung der umfassenden wissenschaftlich-technischen und ökonomischen Zusammenarbeit. Für die DDR ist die sozialistische ökonomische Integration deshalb so lebenswichtig, „. . . weil durch die Zusammenfassung der Kräfte der Bruderländer die Vorzüge des Sozialismus zum Wohle der Werktätigen *jedes* sozialistischen Landes und damit auch unserer Deutschen Demokratischen Republik am schnellsten und besten zur Geltung gelangen".[2]

Unmittelbarer Bestandteil des komplexen Prozesses der sozialistischen ökonomischen Integration auf der Grundlage des Komplexprogramms und des allseitigen Zusammenschlusses der Länder der sozialistischen Gemeinschaft ist die ständige Erweiterung und Vertiefung der internationalen sozialistischen Forschungskooperation, insbesondere mit Forschungseinrichtungen der UdSSR.

Bei der Gestaltung aller Entwicklungsprozesse des Sozialismus im Rahmen der sozialistischen ökonomischen Integration nimmt die Rolle der Sowjetunion objektiv, gesetzmäßig zu. Die allseitige Zusammenarbeit jedes Mitgliedslandes des RGW mit der UdSSR ist und wird in steigendem Maße zu einer Kernfrage der sozialistischen ökonomischen Integration.

Diese Feststellung wird durch die bisherige Entwicklung der Wissenschaft der

[1] Internationale Beratung der kommunistischen und Arbeiterparteien. Moskau 1969, Berlin 1969, S. 26f.

[2] Protokoll des VIII. Parteitages der SED, Berlin 1971, S. 40.

DDR und ihrer wissenschaftlichen Zusammenarbeit mit der UdSSR voll bestätigt. Sie ist Grundlage und Ausgangspunkt auch für die zukünftige Entwicklung.

Der 30. Jahrestag der Befreiung des deutschen Volkes vom Hitlerfaschismus durch die Sowjetunion und ihre ruhmreiche Rote Armee, der 250. Jahrestag der Akademie der Wissenschaften der UdSSR und der 275. Jahrestag unserer Akademie sind uns ganz besondere Anlässe, die große, uneigennützige und vielfältige Unterstützung sichtbar zu machen, die uns die UdSSR und ihre Akademie stets gewährt haben. Lassen Sie mich deshalb die Gelegenheit nutzen, um den Vertretern der Sowjetwissenschaft dafür herzlich zu danken.

Die Verbindung unserer Akademie mit der Akademie der Wissenschaften der UdSSR hat eine lange Tradition. In der Vergangenheit war es jedoch einigen weitblickenden Wissenschaftlern und ihrer persönlichen Initiative überlassen, der Bereitschaft zur Verständigung und Zusammenarbeit unmittelbaren Ausdruck zu geben und die Entwicklung der Zusammenarbeit im Rahmen der existenten gesellschaftlichen Verhältnisse und der damit verbundenen begrenzten Möglichkeiten auszufüllen. Das Beispiel von Max Planck, der 1925 die Grüße der Akademie zum 200jährigen Jubiläum der Akademie der UdSSR überbrachte und die großen Leistungen der sowjetischen Akademie würdigte, fand zur damaligen Zeit leider noch keinen breiten Widerhall.

Die historische Wende für die Entwicklung der Wissenschaft und Kultur in der heutigen DDR und damit für die Gestaltung der engen Zusammenarbeit der Akademien beider Länder war die Befreiung vom Hitlerfaschismus.

Anknüpfend an die vielen traditionellen Elemente der Verbindung und Zusammenarbeit der Wissenschaftler beider Länder, gingen von der Sowjetwissenschaft und insbesondere ihrer Akademie die entscheidenden Impulse aus, in Übereinstimmung mit den sich entwickelnden neuen gesellschaftlichen Verhältnissen die Zusammenarbeit auf eine qualitativ neue Stufe zu stellen und inhaltlich auszufüllen. Getragen von der konsequenten Verwirklichung des proletarischen Internationalismus wurde der Akademie in der ersten Phase nach der Zerschlagung des Hitlerregimes alle erdenkliche Hilfe und Unterstützung zuteil, um die grundlegenden Beschlüsse und Maßnahmen der Parteiführung der SED und der Regierung zur Entwicklung der Wissenschaft und ihrer Rolle im Prozeß der gesellschaftlichen Entwicklung in vollem Umfang realisieren zu können.

Nachdem sich die Zusammenarbeit beider Akademien zunächst im Rahmen der 1951 und 1956 abgeschlossenen Regierungsabkommen über kulturelle und wissenschaftliche Zusammenarbeit zwischen beiden Ländern vollzog, wurde im Januar 1958 die erste direkte Vereinbarung zwischen beiden Akademien unterzeichnet. Zusammen mit dem damit vereinbarten Austausch von Dokumentationen sowie der Entsendung von Wissenschaftlern zu Informationszwecken und zur Ausbildung in die UdSSR stieg von Jahr zu Jahr die Zahl der Wissenschaftler, die sich an wissenschaftlichen Veranstaltungen im Partnerland beteiligten. In dieser Phase war die Zusammenarbeit neben der unmittelbaren materiellen Hilfeleistung vor allem gekennzeichnet durch das gegenseitige persönliche Kennenlernen der Wissenschaftler und das Bekanntmachen mit den Aufgaben, die Forschungsgegenstand der einzelnen Partner waren. Auf dieser Grundlage konnte der gezielte Informations- und Dokumentenaustausch entwickelt werden. Immer größere Bedeutung gewann dabei auch die Ausbildung junger DDR-

Wissenschaftler in der UdSSR, die dort mit den fortschrittlichsten wissenschaftlichen Erkenntnissen bekanntgemacht wurden und sich gleichzeitig die umfassenden Erfahrungen der Sowjetwissenschaft darüber aneignen konnten, wie man durch richtige Forschungsorganisation, Planung und Leitung die wissenschaftliche Arbeit effektiv organisieren und ihre Ergebnisse für die Entwicklung des sozialistischen Staates nutzbar machen kann. Auf dieser Basis konnte im Laufe der sechziger Jahre eine immer stärkere Ableitung der Themen der Zusammenarbeit aus den Forschungsplänen der Akademien und deren Konkretisierung in detaillierten Arbeitsplänen erreicht werden.

Die immer tiefergehenden Kontakte zwischen den Wissenschaftlern unserer beiden Akademien führten zusammen mit der zunehmenden Potentialentwicklung unserer Akademie dazu, daß im Januar 1968 eine unbefristete Grundsatzvereinbarung über die Zusammenarbeit beider Akademien abgeschlossen werden konnte.

Die Koordinierung der Forschungen als bestimmende Form der Zusammenarbeit wurde mehr und mehr Kennzeichen der abgestimmten, planmäßigen Forschungskooperation mit der AdW der UdSSR. Es ging jetzt bereits darum, Doppel- und Mehrfachentwicklungen von vornherein zu vermeiden und folgerichtig Methoden der Abstimmung der nationalen Forschungspläne zu entwickeln.

Die entscheidenden Grundlagen für diese Erfolge und unseren Beitrag bei der Entwicklung der Zusammenarbeit verdankt die Akademie der konsequenten Unterstützung und Förderung, die ihr durch die SED und die Regierung der DDR in jeder Phase der Entwicklung gegeben wurde. Die Parteiführung hat in diesem Prozeß von Anbeginn an auf eine enge Zusammenarbeit mit der UdSSR und den anderen sozialistischen Ländern orientiert und die Entwicklung der Zusammenarbeit auf wissenschaftlich-technischem Gebiet jederzeit aktiv unterstützt.

Mit dem sich immer stärker entwickelnden Bewußtsein unserer Wissenschaftler, ihre Aufgaben in der Grundlagenforschung nur lösen zu können, wenn sie die Zusammenarbeit mit ihren sowjetischen Kollegen immer enger gestalten, begann sich parallel zu den bisherigen Formen der Zusammenarbeit die unmittelbare Forschungskooperation zu entwickeln. In dieser höheren Stufe der Kooperation ging es um die Entwicklung erster Formen und Methoden arbeitsteiliger Bewältigung gemeinsamer Forschungsaufgaben.

Die UdSSR hat auf allen Gebieten der Wirtschaft, Wissenschaft und Technik führende Positionen inne. Auf zahlreichen entscheidenden Wissenschaftsgebieten steht sie an der Weltspitze.

Ein erheblicher Teil des gewaltigen Wissenschaftspotentials ist an der AdW der UdSSR und an den Akademien der Unionsrepubliken konzentriert. Hervorragende Leistungen der Volkswirtschaft der UdSSR haben ihren unmittelbaren Ursprung in Arbeiten der sowjetischen Akademie. Beispiele dafür sind die sowjetische Raumforschung, die Rechentechnik und die Kernenergetik.

Es ist immer schon beispielgebend für uns gewesen, wie die Akademie der UdSSR dieser großen Verantwortung der Wissenschaft gegenüber der Gesellschaft als sozialistische Forschungsakademie nachgekommen ist.

Die Akademie der UdSSR hat es hervorragend verstanden, grundlegende Probleme der wissenschaftlichen und gesellschaftlichen Entwicklung aufzugreifen. Sie half beim Aufbau entsprechender Kapazitäten des Bildungswesens, bei der Herstellung der Einheit von Forschung und Lehre und bei der Entwicklung der Zusammenarbeit mit den Anwendern und Nutzern ihrer Forschungsergebnisse. Diese Erfahrungen kennenzulernen und schrittweise unserer eigenen Arbeit zugrunde zu legen, war ein weiteres wichtiges Ergebnis unserer Zusammenarbeit und ist wesentlich für die Feststellung, daß auch jetzt die Akademie der UdSSR für uns ein großes Vorbild darstellt.

Ein weiteres wichtiges Moment der Entwicklung unserer Zusammenarbeit besteht darin, daß es unserer Akademie über die Akademie der UdSSR möglich wurde, auch die Zusammenarbeit mit den Akademien der Unionsrepubliken zielstrebig auszubauen.

Heute kann von uns kein wesentliches Forschungsergebnis ohne planmäßige Zusammenarbeit mit den wissenschaftlichen Einrichtungen der UdSSR erzielt werden. Die DDR könnte schon deshalb, weil sie ein relativ kleines Land ist, den wissenschaftlich-technischen Fortschritt und die mit ihm verbundenen vielfältigen Probleme allein nicht befriedigend lösen. Aber es ist nicht nur und nicht einmal vorwiegend die ökonomisch begründete Zweckmäßigkeit, die die Bedeutung der sozialistischen Forschungskooperation ausmacht. Es ist ihre Rolle im Prozeß der sozialistischen ökonomischen Integration, die die Zusammenarbeit notwendig macht und bestimmt.

Die gesetzmäßige Notwendigkeit der Entwicklung der sozialistischen ökonomischen Integration und ihre Bedeutung für den revolutionären Weltprozeß unserer Gegenwart und Zukunft haben mit den Beschlüssen des XXIV. Parteitages der KPdSU und des VIII. Parteitages der SED konkreten Ausdruck gefunden. Die sozialistische ökonomische Integration wird in immer stärkerem Maße zu einem wichtigen Wachstumsfaktor, der die Gestaltung der entwickelten sozialistischen Gesellschaft maßgeblich beeinflußt.

Die bedeutenden Aufgaben, die der VIII. Parteitag der SED der Wissenschaft der DDR gestellt hat, beruhen darauf, daß die Entwicklung der Wissenschaft und die zielstrebige Überführung ihrer Ergebnisse eine Kernfrage der Gestaltung der entwickelten sozialistischen Gesellschaft ist. Die zunehmende sozialistische ökonomische Integration innerhalb der RGW-Länder ist ein bedeutender Vorzug, aber auch eine wesentliche Bedingung für die Beschleunigung des wissenschaftlich-technischen Fortschritts. Der Entwicklung der Zusammenarbeit auf dem Gebiet der Wissenschaft wurden deshalb mit den Beschlüssen des XXIV. Parteitages der KPdSU und des VIII. Parteitages der SED sowie des Komplexprogramms des RGW wesentliche neue Impulse gegeben.

Mit der Feststellung des Genossen L. I. Breshnew auf dem XXIV. Parteitag, daß die Akademie der Wissenschaften der UdSSR „die Strategie der Grundlagenforschung . . .“ bestimmt und „die aussichtsreichsten, für die Gesellschaft notwendigen Richtungen und Formen der Forschungsarbeiten“ klärt[3], wurden den Akademien als wesentlichen Einrichtungen der Grundlagenforschung und ihrer Zusammenarbeit neue Aufgaben gestellt und ein weiterer Schritt ihrer Entwicklung eingeleitet.

Die ständige Erweiterung und Vertiefung der internationalen sozialistischen Forschungskooperation ist Bestandteil der sozialistischen ökonomischen Integration auf der Grundlage des RGW-Komplexprogramms. Auf dem VIII. Parteitag forderte Genosse E. Honecker, „. . . die wissenschaftlich-technische Revolution organisch mit den Vorzügen des sozialistischen Wirtschaftssystems zu vereinigen und . . . die dem

[3] Rechenschaftsbericht des Zentralkomitees der KPdSU an den XXIV. Parteitag der KPdSU. Referent: L. I. Breshnew, Moskau, Berlin 1971, S. 116.

Sozialismus eigenen Formen des Zusammenschlusses der Wissenschaft mit der Produktion zu entwickeln".[4]

Eine solche neue Qualität wird vor allem darin erkennbar, immer mehr von der Abstimmung der Pläne von Wissenschaft und Technik und der arbeitsteiligen Vereinbarung einzelner Planaufgaben abzukommen und überzugehen zur gemeinsamen und längerfristigen Planerarbeitung. Die große Triebkraft des wissenschaftlich-technischen Fortschritts für die Steigerung der Arbeitsproduktivität macht die Zusammenarbeit auf dem Gebiet von Wissenschaft und Technik zu einem Kardinalproblem für die politische und ökonomische Stärkung der sozialistischen Gemeinschaft als Ganzes und damit auch jedes einzelnen Landes.

Die Zusammenarbeit entwickelte sich deshalb insbesondere nach dem XXIV. Parteitag der KPdSU und dem VIII. Parteitag der SED in den vielfältigsten Formen, in die die Akademien der UdSSR und der DDR voll einbezogen sind. Beispielsweise wurden von seiten der DDR mit der UdSSR und den anderen sozialistischen Ländern über 200 Regierungsabkommen bzw. Ministerabkommen über die Kooperation in Forschung und Produktion abgeschlossen.

Die Forschungseinrichtungen der AdW der DDR sind auf der Basis von zwei- und mehrseitigen Regierungsabkommen an der Bearbeitung solcher Komplexe beteiligt wie Eiweißforschung, Interkosmos, Kernenergetik u. a.

Unter den insgesamt etwa 800 Forschungseinrichtungen der RGW-Länder, die zusammenarbeiten, befinden sich auch 200 Einrichtungen von Akademien.

Im Rahmen von RGW-Vereinbarungen sind sie einbezogen in Forschungskomplexen wie Tieftemperaturphysik, Kristallwachstum, Aufbereitung von Eisen- und Manganerzen usw.

Im RGW-Abkommen „Biophysik" werden 30 von insgesamt 41 Themen von Einrichtungen der AdW der DDR bearbeitet oder mitbearbeitet.

Die direkte bilaterale Zusammenarbeit der beiden Akademien erfolgt auf der Grundlage der Vereinbarungen von 1971 und 1973, in denen die Zusammenarbeit bis 1975 in ihren Zielstellungen und Gebieten fixiert wurde. Dabei wurde ein wesentlicher qualitativer Fortschritt durch die Vereinbarung von 14 Hauptforschungsrichtungen erreicht, auf die die weitere Zusammenarbeit konzentriert wird und die durch Expertenberatungen in 34 Themenkomplexe und 207 Einzelthemen aufgefächert und abgestimmt sind.

Die Expertenberatungen haben dabei eine besondere Bedeutung, denn sie fixieren die Zielstellung für die Forschungskooperation auf einem spezifischen Gebiet entsprechend der Interessenlage und den Möglichkeiten der einzelnen Partner. Sie haben wesentlichen Anteil am Intensivierungsprozeß der Zusammenarbeit und sind zu einem untrennbaren Bestandteil der Forschungskooperation zwischen den Akademien der DDR und UdSSR geworden. Durch die kontinuierliche, in einer kameradschaftlichen, offenen und kritischen Atmosphäre durchgeführte Arbeit dieser Gremien konnte über die Einschätzung der bisherigen Zusammenarbeit und ihrer Ergebnisse sowie Festlegungen hinsichtlich der Fortsetzung der gemeinsamen Arbeiten hinaus vor allem der Meinungsaustausch über langfristige und perspektivische Entwicklungsrich-

[4] Bericht des Zentralkomitees an den VIII. Parteitag der SED. Berichterstatter: Genosse Erich Honecker, Berlin 1971, S. 47.

tungen der Grundlagenforschung organisiert werden. Dies war zugleich ein Beitrag der Akademien für die immer enger werdende Verflechtung der Forschungspotentiale beider Länder. Heute sind neben sämtlichen Zentralinstituten und Instituten unserer Akademie ca. 45 Einrichtungen der Hochschulen und Universitäten sowie 11 Forschungseinrichtungen der Industrie der DDR in die Kooperation mit der sowjetischen Akademie einbezogen. Von 437 konkreten Aufgaben des diesjährigen Planes Wissenschaft und Technik der AdW werden 267 in Zusammenarbeit mit der UdSSR bearbeitet. Allein an dieser Zahl wird erkennbar, daß die Zusammenarbeit bis zur konkreten, detaillierten Forschungsaufgabe abgestimmt und vereinbart ist. Der diesen Prozeß unterstützende Wissenschaftleraustausch wurde verstärkt auf langfristige Aufenthalte und die Realisierung der vereinbarten Schwerpunktthemen konzentriert. Dennoch besuchten allein im vergangenen Jahr über 1200 Wissenschaftler der DDR im Auftrag unserer Akademie wissenschaftliche Einrichtungen oder Konferenzen in der UdSSR.

In den letzten Jahren wurde der Verlauf der Zusammenarbeit durch eine Reihe neuer und wesentlicher Tendenzen charakterisiert, die wir vor allem im Hinblick auf die Weiterentwicklung der Forschungskooperation für sehr bedeutsam halten und die aus unserer Sicht konsequent weiterzuentwickeln sind.

Es ist in erster Linie der Initiative der AdW der UdSSR zu danken, daß diese Entwicklungen theoretisch erarbeitet und begründet wurden und ihre praktische Umsetzung beginnen konnte. Dazu zählen wir die starke Konzentration und Intensivierung auf solche Themenkomplexe und Themen, die gemeinsamen Interessen der beteiligten Einrichtungen entsprechen.

Unmittelbar damit verbunden erhöhte sich der Anteil der arbeitsteiligen Forschungen. Während jedoch zu Beginn dieser Stufe die Zusammenarbeit häufig noch parallel zu gleichen Themen erfolgte und das Ziel ein gegenseitiger Austausch der Forschungsergebnisse war, wird jetzt immer stärker auf eigene Forschungen verzichtet, wenn sich der Partner zu entsprechenden Leistungen verpflichtet. Das erforderte, zur Zusammenarbeit auf der Grundlage fest vereinbarter Arbeitspläne überzugehen und die Leistungen der kooperierenden Einrichtungen vom Inhalt und Termin her kontrollierbar zu gestalten. Daraus leitete sich ein erhöhter Grad der Verbindlichkeit und Zuverlässigkeit für die zu erbringenden Leistungen ab.

Wesentliche Fortschritte wurden bei der Beherrschung der Leitung der internationalen sozialistischen Forschungskooperation erzielt. Dies zeigt sich in einer größeren Wirksamkeit der koordinierenden Einrichtungen beider Seiten und in der zunehmenden Ausrichtung der Zielstellungen der gemeinsamen Forschungen auf eine langfristige Kooperation. Darüber hinaus entwickelten sich zunehmend direkte Kontakte zwischen den kooperierenden Einrichtungen; eine Erscheinung, der aus unserer Sicht gleichfalls wachsende Bedeutung für die zukünftige Zusammenarbeit beigemessen werden muß.

Beispiele einer besonders effektiven Zusammenarbeit entwickelten sich vor allem auf Gebieten, bei denen bereits langjährige Beziehungen bestehen, wo weitgehende oder völlige Übereinstimmung der Interessen der beteiligten Partner hinsichtlich Zielstellung, Etappen der Zusammenarbeit und Terminstellung vorlag, der beiderseitige Einsatz hochqualifizierter Forscherkollektive und -persönlichkeiten möglich war, und wo das persönliche Kennenlernen der Partner die Möglichkeit bot, die

Leistungsfähigkeit der Partner real einzuschätzen und den Plänen der Zusammenarbeit zugrunde zu legen.

Aus Zeitgründen erwähne ich als Beispiele nur

– die in Zusammenarbeit zwischen unserem Zentralinstitut für Festkörperphysik und Werkstofforschung und dem Institut für Metallurgie der AdW der UdSSR entwickelte
  - Technologie für Stahl-Aluminium-Verbunde und
  - die geschaffenen theoretischen Grundlagen für das Verständnis und die gezielte Beeinflussung der mechanischen Eigenschaften von faserverstärkten Verbunden sowie
– die Entwicklung von hochtemperaturstabilen Polymeren durch das Zentralinstitut für organische Chemie und das Institut für Polymerenchemie unserer Akademie und dem Institut für element-organische Verbindungen der AdW der UdSSR.

Auch auf dem Gebiet der Gesellschaftswissenschaften, auf dem Probleme der marxistisch-leninistischen Philosophie, der wissenschaftlich-technischen Revolution, der Erhöhung der Effektivität der Produktion, der sozialistischen ökonomischen Integration, der Staats- und Rechtswissenschaften sowie der Geschichts- und Literaturwissenschaften im Vordergrund der Zusammenarbeit standen, hat sich die Kooperation weiterentwickelt.

Auch hier nenne ich nur einige hervorragende Ergebnisse, z. B. die Gemeinschaftswerke

– methodologische Probleme der Kritik der bürgerlichen Philosophie
– Faktoren und Kriterien der intensiv erweiterten Reproduktion
– Gesetzmäßigkeiten der sozialistischen Akkumulation.

Ein weiteres, ganz entscheidendes Merkmal der qualitativ neuen Stufe der Zusammenarbeit zwischen den beiden Akademien ist dadurch gekennzeichnet, daß die Kooperationsbeziehungen immer stärker auf der Grundlage gemeinsam abgestimmter *langfristiger* Programme geplant und organisiert werden. Die Akademien tragen dabei insoweit eine besondere Verantwortung, als gerade die Grundlagenforschung entscheidende Voraussetzungen für die Entwicklung der Volkswirtschaft schaffen muß. Für die weitere Entwicklung der Forschungskooperation einschließlich der Überführung der gemeinsamen Ergebnisse in die Praxis ist die Aufgabe gestellt, bei der Ausarbeitung und Bestimmung der Forschungsrichtungen bis 1990 von der bloßen Abstimmung auf der Grundlage vorhandener nationaler Pläne überzugehen zur gemeinsamen Erarbeitung, Abstimmung und Koordinierung dieser Hauptrichtungen. Diese Aufgabenstellung ergibt sich für unsere Akademie vor allem auch aus der höheren Verantwortung, die der AdW der DDR in Durchsetzung der Beschlüsse des VIII. Parteitages der SED von der Partei- und Staatsführung übertragen wurde. So wie wir in allen Bereichen der Gesellschaft immer stärker zur langfristigen Planung übergehen, so verstärkten sich auch die Bemühungen der Akademien, die Entwicklung der Grundlagenforschung langfristig zu planen und diese Planung gemeinsam mit den Kooperationspartnern vorzunehmen. Planungszusammenarbeit unter den Bedingungen der sozialistischen ökonomischen Integration heißt für die Forschungskooperation, die Möglichkeiten und Erfordernisse der internationalen Arbeitsteilung zu entscheidenden Größen der nationalen Planansätze zu machen.

Die im Ergebnis dieser intensiven Anstrengungen im Bereich der AdW und des

Hochschulwesens der DDR zur Realisierung einer entsprechenden Aufgabenstellung der Parteiführung und Regierung erarbeitete Konzeption der langfristigen Entwicklung der naturwissenschaftlichen und mathematischen Grundlagenforschung bis 1990 geht von der grundsätzlichen Notwendigkeit aus, die sich aus der sozialistischen ökonomischen Integration ergebenden Aufgaben planmäßig zu erfassen und die umfassende Zusammenarbeit mit den Akademien der UdSSR und der anderen sozialistischen Länder weiter voranzutreiben. Aus dieser festen Einordnung der sozialistischen internationalen Forschungskooperation in den Prozeß der sozialistischen ökonomischen Integration ergeben sich mit der langfristigen Konzeption der Grundlagenforschung neue Fragestellungen. Ihre Lösung erfordert eine gleichfalls längerfristige Orientierung und Planung der Forschungskooperation.

Der erreichte Stand der sozialistischen Forschungskooperation, die allgemeinen Entwicklungstendenzen und Prozesse der sozialistischen ökonomischen Integration und die Anforderungen, die sich aus der langfristigen Planung ergeben, machen es zwingend notwendig, bei der weiteren Gestaltung der sozialistischen Forschungskooperation in erster Linie qualitative Veränderungen herbeizuführen. Für den Plan 1976 bis 1980 heißt das

1. den Konzentrationsgrad und den Grad der Arbeitsteilung zu erhöhen;
2. Schritt für Schritt den Prozeß der Verflechtung von leistungsfähigen Forschungspotentialen voranzutreiben und
3. bei Beibehaltung der bewährten Formen der bilateralen Zusammenarbeit verstärkt die multilaterale Zusammenarbeit zu entwickeln.

Es ist charakteristisch für das in den zurückliegenden 30 Jahren erreichte Niveau unserer Zusammenarbeit, daß die Abstimmungen und Konsultationen mit der Leitung und den Forschungseinrichtungen der AdW der UdSSR im Zusammenhang mit der Ausarbeitung und Beratung unserer langfristigen Konzeption der naturwissenschaftlichen und mathematischen Grundlagenforschung die volle Übereinstimmung der Auffassungen beider Seiten über die Notwendigkeit dieser Orientierung voll bestätigten.

Erlauben Sie mir daher, die besonderen Bemühungen sichtbar zu machen, die die AdW der UdSSR unternimmt, um die Entwicklung der multilateralen Zusammenarbeit in der Grundlagenforschung voranzutreiben. Dieser Prozeß, der durch die Konferenz der Akademien der sozialistischen Länder geleitet wird, ist vor allem in Auswertung der Beschlüsse des XXIV. Parteitages der KPdSU und des VIII. Parteitages der SED in den letzten Jahren stark vorangekommen.

Die Wissenschaftler der sowjetischen Akademie leisten hier einen bedeutenden theoretischen und praktischen Beitrag, der u. a. in der Konzipierung und Bildung von Problemkommissionen, internationalen Zentren und Basislabors seinen sichtbaren Ausdruck findet. Unter ihrer Führung wurden den jeweiligen Entwicklungsbedingungen entsprechende Formen der multilateralen Zusammenarbeit herausgearbeitet und Programme dafür entwickelt.

Möglich und notwendig wurde diese Entwicklung durch die bedeutenden und leistungsfähigen Potentiale der Grundlagenforschung, die in allen sozialistischen Ländern in den letzten Jahren vor allem bei den Akademien geschaffen wurden.

Die multilaterale Zusammenarbeit der Akademien konzentriert sich gegenwärtig auf 16 Problemkommissionen, von denen die Hälfte von der AdW der UdSSR geleitet wird, und 4 gemeinsame internationale Einrichtungen. Die Problemkommissionen koordinieren die konkrete wissenschaftliche Arbeit auf einem entsprechend vereinbarten speziellen Gebiet.

Die bisherige Arbeit der Problemkommissionen zeigt, daß sie besonders erfolgreich sind, wenn

– eine leistungsfähige Institution gewissermaßen als Basis oder Zentrum fungiert,
– konkrete Arbeitspläne und Zielstellungen erarbeitet werden und
– die Arbeiten von der Problemstellung her langfristig und komplex angelegt sind.

Ein weiteres Beispiel für die inhaltlich wesentliche Weiterentwicklung der Zusammenarbeit auf multilateraler Basis ist die Bildung internationaler Zentren auf dem Gebiet der Grundlagenforschung. Diese ergibt sich folgerichtig aus der Notwendigkeit, im Zusammenhang mit den ständig zunehmenden Aufwendungen für die Grundlagenforschung unsere Kräfte auch in internationalem Maßstab zu konzentrieren. Gleichzeitig ist mit der Bildung solcher Zentren eine unmittelbare Internationalisierung der Forschungsarbeit und die Herausbildung internationaler Forscherkollektive verknüpft.

Nach dem im Jahre 1956 gebildeten Vereinigten Institut für Kernforschung(VIK) Dubna wurde im Mai 1968 das Internationale Laboratorium für hohe Magnetfelder und tiefe Temperaturen in Wrocław von vier Akademien gegründet, das 1969 mit seiner Arbeit begann. Im Januar 1972 gründeten sieben sozialistische Akademien das Internationale Mathematische Zentrum „Stefan Banach“ in Warschau, im November 1973 das Internationale Zentrum zur Weiterbildung wissenschaftlicher Kader zum Problem des Wärme- und Stoffaustausches in Minsk. Im März 1975 konnten wir das Internationale Zentrum zur Weiterbildung wissenschaftlicher Kader auf dem Gebiet der Elektronenmikroskopie in Halle bilden.

Es ist ein Zeichen der wachsenden Integration und Leistungsfähigkeit der sozialistischen Länder, wenn sich neben der UdSSR auch die anderen Länder der sozialistischen Gemeinschaft immer stärker um die Bildung solcher internationaler Zentren bemühen. Die VIII. Konferenz der Akademien sozialistischer Länder hat hierzu gründliche Überlegungen angestellt und die Bildung neuer Zentren ins Auge gefaßt. Die Einrichtung solcher Zentren wird in der Perspektive zunehmend Gewicht erlangen. Dabei erscheint es uns wesentlich, bestimmte Unterschiede gegenüber dem VIK Dubna hervorzuheben.

Das VIK Dubna wurde im Jahre 1956, basierend auf den Ausrüstungen und dem Mitarbeiterstab eines sowjetischen Akademieinstitutes, gebildet. Die Beteiligung der Mitbegründerländer erfolgte durch direkte, nach Quoten festgelegte Finanzierung, durch Kader und durch Sitz und Stimme im Wissenschaftlichen Rat. Das Aufgabengebiet ist wissenschaftlich hochinteressant, technisch ungeheuer kostspielig, und die eigentlichen Forschungsergebnisse sind unmittelbar volkswirtschaftlich gegenwärtig nur in geringem Umfang nutzbar. Die Mitarbeit im VIK ermöglichte jedoch den Wissenschaftlern der DDR, ihrer internationalistischen Pflicht nachzukommen und an der Lösung solcher fundamentaler Probleme mitzuarbeiten, die in vorderster Front der heutigen wissenschaftlichen Erkenntnis liegen und sich in besonderem Maße zu einem Feld der weltweiten Auseinandersetzung der beiden Weltsysteme auf dem Gebiet der Wissenschaft entwickelt haben. Damit hatte und hat das VIK Dubna eine besondere Bedeutung als Schule der Zusammenarbeit, der Aus- und Weiterbildung hervorragender Kader. Viele Kader, die in Dubna ihre Aus- und Weiterbildung erhielten, arbeiten heute in verschiedenen Bereichen der DDR einschließlich der Volkswirtschaft in verantwortlichen Funktionen.

Bei den in den letzten Jahren gegründeten Zentren handelt es sich jedoch mehr um internationale Einrichtungen im Rahmen eines bestehenden und weiter existierenden nationalen Instituts, das hervorragende technische Ausrüstungen und wissenschaftlich erfahrene und auf ihrem Gebiet führende Kader besitzt und deren wesentliche Aufgaben vor allem in der Aus- und Weiterbildung wissenschaftlicher Kader im Forschungsprozeß zu sehen ist. Damit erhalten auch hier zahlreiche ausländische Wissenschaftler die Möglichkeit, auf der Grundlage dieser Bedingungen ihre Ideen mit Hilfe eines ganzen internationalen Forscherkollektivs zu verwirklichen und so auf einem meist volkswirtschaftlich wichtigen Gebiet schnell zur Weltspitze vorzustoßen. Besonders bemerkenswert ist dabei, daß dies alles ohne besonderen formellen Aufwand oder administrative Belastung für den einzelnen Wissenschaftler bzw. die entsendende Einrichtung möglich ist. Mit dem Ausbau führender nationaler Institute zu internationalen Zentren ist der Vorteil der kooperativen Bearbeitung und Lösung wichtiger Forschungsaufgaben verbunden. Die gemeinsame Nutzung der erzielten Ergebnisse stellt einen für die Gemeinschaft insgesamt größeren Nutzen dar und forciert den Integrationsprozeß.

Als eine neue, besondere Form der multilateralen Zusammenarbeit entwickeln sich in Auswertung der Erfahrungen, die mit der Einrichtung und Arbeitsweise der internationalen Zentren gemacht wurden, auf Initiative und Vorschlag der AdW der UdSSR leistungsfähige nationale Einrichtungen als Basislaboratorien.

Basislaboratorien sind nationale Einrichtungen, die ebenfalls über moderne Ausrüstungen und ein hochqualifiziertes wissenschaftliches Personal verfügen und zugleich bereit und in der Lage sind, Wissenschaftlern der beteiligten Länder die Durchführung gemeinsamer Untersuchungen und Studienaufenthalte zu ermöglichen, ohne daß es zur formellen Bildung eines internationalen Zentrums kommt. Auch diese Form wird die Bildung von gemeinsamen internationalen Forscherkollektiven unterstützen.

Wir betrachten alle diese Schritte zur Weiterentwicklung der Forschungskooperation als wesentliche Notwendigkeiten, um den Erfordernissen der sozialistischen ökonomischen Integration und des Zusammenschlusses der sozialistischen Staatengemeinschaft auf dem Felde der sozialistischen internationalen Forschungskooperation immer stärker Rechnung zu tragen, womit gleichzeitig die materielle Basis für die Beteiligung an weltweiten Wissenschaftsprogrammen und Projekten geschaffen wird. Damit verbunden wird es zunehmend notwendiger, die Entwicklung der sozialistischen internationalen Forschungskooperation mit der Anwendung adäquater Methoden der Organisierung und Leitung der Zusammenarbeit zu verbinden. Diese Methoden müssen dazu dienen, die neuen Tendenzen in der weiteren Entwicklung der Zusammenarbeit durchzusetzen und weiterzuentwickeln, d. h. also,

– die bilateralen Formen der Zusammenarbeit entsprechend den gemeinsamen Anforderungen und Interessen der Partnerländer weiter zu vertiefen und zu intensivieren,
– die multilateralen Formen der Zusammenarbeit als höhere und perspektivisch auch effektivere Form der sozialistischen internationalen Forschungskooperation in der Grundlagenforschung weiterzuentwickeln,

– auf ausgewählten Gebieten die Arbeitsteiligkeit und den Verflechtungsgrad weiter zu vertiefen,
– die Einheit von Forschungsplanung und Planung der Forschungskooperation schrittweise durchzusetzen und den Verbindlichkeitsgrad der gemeinsam abgestimmten und koordinierten Pläne zu erhöhen,
– den Kaderaustausch zwischen den Akademien der sozialistischen Länder, insbesondere den langfristigen Austausch von Führungskadern, zu vertiefen und stärker mit der Lösung thematisch vereinbarter Aufgaben zu verbinden.

Wir müssen dabei davon ausgehen, daß die sozialistische Forschungskooperation sich vor allem auf solchen Gebieten schnell und wirkungsvoll entwickeln wird, auf denen ein hohes Leistungsniveau in der Forschung bei den beteiligten Partnern erreicht wurde.

Die entscheidende Grundvoraussetzung einer Weiterentwicklung der sozialistischen internationalen Forschungskooperation ist deshalb darin zu sehen, die Leistungsfähigkeit und das Leistungsniveau unserer Forscher und Forscherkollektive zu erhöhen.

Lassen Sie mich abschließend noch einmal die brüderlichen und tiefen Beziehungen hervorheben, die vor allem in den sich in immer stärkerem Maße entwickelnden persönlichen und kollegialen Kontakten und Freundschaften zwischen den Wissenschaftlern der Akademien unserer beiden Länder zum Ausdruck kommen. Es ist für uns erfreulich festzustellen, daß Wissenschaftler unserer Akademie, die längere Zeit im Rahmen der Erfüllung der Forschungskooperation in der UdSSR gearbeitet haben, sich nicht nur hervorragende wissenschaftliche Kenntnisse aneignen konnten, sondern in ihrer ganzen Persönlichkeit gewachsen sind. Sie gehen kritischer an die Aufgabenstellungen heran, sie diskutieren offensiver und stellen höhere Anforderungen an sich selbst und ihre Kollektive.

Es wird in der Entwicklung der Beziehungen immer stärker sichtbar, daß nicht nur unmittelbar zwischen den Wissenschaftlern, sondern auch zwischen den leitenden Funktionären beider Akademien die Periode des Kennenlernens und der Entwicklung des gegenseitigen Vertrauens als abgeschlossen betrachtet und in immer stärkerem Maße zur direkten und unmittelbaren Abwicklung der Arbeitsaufgaben übergegangen werden kann. Darin sehen wir ein ganz wesentliches Moment, das den veränderten, qualitativ fortgeschrittenen Charakter unserer Zusammenarbeit ganz allgemein zum Ausdruck bringt und in besonderem Maße mit die Gewähr dafür bietet, daß sich die Zusammenarbeit auch weiterhin erfolgreich entwickeln kann und wird.

Horst Bartel

Zur Entstehung und Entwicklung sozialistischer wissenschaftlicher Beziehungen zwischen der Akademie der Wissenschaften der DDR und der Akademie der Wissenschaften der UdSSR

In den letzten drei Jahrzehnten, die seit dem Sieg der Sowjetunion über den deutschen Faschismus und der Befreiung des deutschen Volkes vom Faschismus vergangen sind, haben sich die tiefgreifendsten qualitativen Wandlungen in der nunmehr insgesamt 250jährigen Beziehungsgeschichte beider Akademien, der Akademie der UdSSR und der Akademie der DDR, vollzogen. Es gehört zur Thematik unserer Konferenz, diese objektiv vor sich gegangenen Wandlungs- und Entwicklungsprozesse seit 1945 gründlich zu analysieren, wenngleich diese Aufgabe nicht unproblematisch ist.

Trotz bemerkenswerter Ansätze fehlen noch weitgehend größere zusammenfassende Darstellungen über die Geschichte der Beziehungen in dieser Zeit grundlegender Umgestaltungen der Akademie der Wissenschaften in der DDR. Wohl gibt es einzelne Arbeiten über Teilbereiche der akademischen Zusammenarbeit und über das Zusammenwirken einzelner Wissenschaftszweige in verschiedenen Perioden dieser Zeitspanne, persönliche Erinnerungsberichte, Beschlüsse, Referate und Erklärungen leitender Mitarbeiter der Akademie und hoher akademischer Gremien über Grundsätze und Perspektiven des Zusammenwirkens beider Akademien, aber im ganzen sind hier auf diesem äußerst wichtigen Gebiet der Wissenschaftsgeschichte noch große Aufgaben zu bewältigen.[1] Und dies vor allem unter dem Gesichtspunkt des Grundanliegens unserer Konferenz, diese bedeutenden Wissenschaftstraditionen für die weitere Entwicklung der Zusammenarbeit der Akademien nutzbar zu machen.

Jeder Versuch einer zusammenfassenden Wertung der grundlegenden Verände-

[1] Vgl. Die große Sozialistische Oktoberrevolution und Deutschland, Bd. 1, 2, Berlin 1967; Deutschland-Sowjetunion. Aus fünf Jahrzehnten kultureller Zusammenarbeit, Berlin 1966; Oktoberrevolution und Wissenschaft. Hrsg. vom Präsidium der Deutschen Akademie der Wissenschaften zu Berlin aus Anlaß des 50. Jahrestages der Großen Sozialistischen Oktoberrevolution, Berlin 1967, insbesondere darin den Beitrag von H. Bülter, Zur Entstehung und Entwicklung der wissenschaftlichen Kooperation zwischen der Deutschen Akademie der Wissenschaften zu Berlin und der Akademie der Wissenschaften der UdSSR; vgl. auch: Mit der Sowjetunion Sieger der Geschichte. Bilanz und Ausblick, Berlin 1968; Zwei Jahrzehnte deutsch-sowjetische Beziehungen 1945–1965, Berlin 1965; DDR-UdSSR. Aus zwei Jahrzehnten wissenschaftlicher Zusammenarbeit, Berlin 1971. – Zur Zusammenarbeit der beiden Akademien vgl. besonders, I. N. Kiselev, Sotrudničestvo Akademii nauk SSSR s akademijami nauk stran-členov SĖV, Moskau 1974; weiterhin W. Hartkopf, Die Akademie der Wissenschaften der DDR. Ein Beitrag zu ihrer Geschichte, Berlin 1975; G. Komkow, 250 Jahre Akademie der Wissenschaften der UdSSR, Moskau 1974.

rungen in den letzten drei Jahrzehnten, der Erfassung der verschiedenen Stufen der Entwicklung und ihres spezifischen Inhalts, der Periodisierung dieser Wandlungen, der Herausbildung der Zäsuren, von Wende- und Schnittpunkten in diesen Entwicklungsprozessen, muß notwendigerweise von den objektiven Kriterien der gesamtgesellschaftlichen Entwicklung ausgehen, in die die Wissenschaftsgeschichte im allgemeinen und die Geschichte der Akademien im speziellen eingebettet sind. Wie schon Prof. Leo Stern in seinem Hauptreferat betonte und im einzelnen nachwies, bildete den grundlegenden Ausgangspunkt für den revolutionären Wandel in der Geschichte der Akademien die Große Sozialistische Oktoberrevolution, die die Epoche des Übergangs vom Kapitalismus zum Sozialismus im Weltmaßstab einleitete, und die die erste sozialistische Macht der Arbeiter und Bauern schuf. Sie war auch zugleich die Geburtsstunde einer qualitativ völlig neuen Akademie, der sozialistischen Akademie der Wissenschaften in der UdSSR, die entscheidenden Anteil an dem grandiosen Aufschwung der sozialistischen Sowjetwissenschaft hatte. Mit dieser Wissenschaft und ihren weltweiten Leistungen ist die Wissenschaftsentwicklung in der Welt seit nunmehr fast sechs Jahrzehnten untrennbar verbunden.

Mit dem Sieg der Sowjetunion und ihrer Verbündeten über den Faschismus und mit dem Übergang weiterer Länder zum Sozialismus nach dem zweiten Weltkrieg, in dessen Ergebnis der Sozialismus zu einem Weltsystem wurde, eröffnete sich auch dem deutschen Volk die historische Chance, eine grundlegende Wende seiner Geschichte einzuleiten. Es galt, im vollen Einklang mit den historischen Gesetzmäßigkeiten des weltweiten Übergangs vom Kapitalismus zum Sozialismus in Deutschland die Wurzeln der imperialistischen Kriegspolitik ein für allemal zu beseitigen, unter Führung der Arbeiterklasse eine antiimperialistisch-demokratische Umwälzung zu vollziehen und dem Sozialismus den Weg zu bahnen.[2]

Im Prozeß der antiimperialistisch-demokratischen Umwälzung begann auch für die Deutsche Akademie der Wissenschaften mit ihrer Wiedereröffnung 1946 eine qualitativ völlig neue Seite ihrer Geschichte. Von nun an verläuft ihre Entwicklung einerseits als ein integrierender Bestandteil der gesamtgesellschaftlichen Entwicklung im Einklang mit den gesellschaftlichen Erfordernissen der revolutionären Umwandlungen in der DDR und andererseits zugleich als Teil der sich herausbildenden und sich festigenden internationalen wissenschaftlichen Kooperation der sozialistischen Staatengemeinschaft. Dieser in der Rückschau von heute mit Erfolg beschrittene Weg war aber nur möglich dank der uneigennützigen Hilfe der Sowjetunion und namentlich der Zusammenarbeit mit der Akademie der Sowjetunion.

Die Geschichte der Akademie und ihrer Beziehungen zur Akademie der Wissenschaften der UdSSR fügt sich ein in den einheitlichen, kontinuierlichen, sich stetig höherentwickelnden revolutionären Prozeß in der DDR als Teil des revolutionären Weltprozesses, der in zwei Etappen mit spezifischem Inhalt verlief. Die antifaschistisch-demokratische Umwälzung, die etwa von der Befreiung vom Faschismus bis zur Gründung der DDR währte, bildete die erste Etappe. Die zweite Etappe umschließt die sozialistische Umwälzung in der DDR, die im wesentlichen Anfang der 60er Jahre

[2] Vgl. Klassenkampf-Tradition-Sozialismus. Von den Anfängen der Geschichte des deutschen Volkes bis zur Gestaltung der entwickelten sozialistischen Gesellschaft in der Deutschen Demokratischen Republik. Grundriß, Berlin 1974, S. 490.

vollzogen war. Beide Etappen sind untrennbar miteinander verbunden und gingen ineinander über; sie bildeten die Übergangsperiode vom Kapitalismus zum Sozialismus in der DDR. Mit Beginn der sechziger Jahre reifte die Errichtung der entwickelten sozialistischen Gesellschaft heran, wie sie vom VIII. Parteitag als nächstes Ziel der gesellschaftlichen Entwicklung formuliert und ausgearbeitet worden ist. Wenn ich eben feststellte, daß sich die Entwicklung der Akademie und ihre Beziehungen zur Akademie der UdSSR grundsätzlich in Übereinstimmung mit den gesamtgesellschaftlichen Prozessen vollzogen, so bedeutet dies keineswegs volle und totale Identität.

Im Unterschied zur gesamtgesellschaftlichen Entwicklung in der DDR, namentlich in den fünfziger und sechziger Jahren, traten in der Akademie bestimmte Modifikationen, Phasenverschiebungen auf. Hatten sich in der DDR zu Beginn der sechziger Jahre die sozialistischen Produktionsverhältnisse durchgesetzt, hatte die sozialistische Arbeiter-und-Bauern-Macht die große Entscheidungsfrage Wer–Wen zugunsten des Sozialismus unwiderruflich entschieden und hatte auf dem Gebiet der Bildung, Ideologie und Kultur der Sozialismus gesiegt, so war in der Akademie der sozialistische Umgestaltungsprozeß noch voll im Gange. Erst Ende der sechziger Jahre, Anfang der siebziger Jahre vollzog die Akademie endgültig die Umbildung zur sozialistischen Forschungsakademie. Die Ursachen dieser für die Akademie spezifischen Erscheinung liegen einmal darin begründet, daß revolutionäre Prozesse auf dem Gebiet von Wissenschaft und Kultur längere historische Fristen brauchen als politische und sozialökonomische revolutionäre Umwandlungen, sie liegen aber auch darin begründet, daß die weltweite Auseinandersetzung zwischen Sozialismus und Imperialismus auf deutschem Boden in Wissenschaft und Kultur besonders scharfe Formen angenommen hatte, was zwangsläufig auf die Akademie mit ihren Traditionen und ihrer Spezifik nicht ohne Wirkungen blieb. Hinzu kommt einfach die Tatsache, daß der Anspruch, sozialistische Forschungsstätte zu sein, die Herausbildung einer sozialistischen Intelligenz zur Voraussetzung hatte, die nur in einem längeren Prozeß der Entwicklung herangebildet werden konnte.

Die Entwicklung unserer Akademie seit 1946 verlief im ganzen folgerichtig und zielstrebig, wenn auch natürlich nicht ohne die Schwierigkeiten der Ebenen, die wir – wie Bertolt Brecht einmal sagte – zu überwinden hatten, nachdem die Mühen der Gebirge durchgestanden waren. Die Grundlage für die sich über diesen genannten Zeitraum erstreckende Umgestaltung der Akademie, die sich aus einer Gelehrtengesellschaft zur sozialistischen Forschungsakademie entwickelte, bildete die marxistisch-leninistische Wissenschaftspolitik der Sozialistischen Einheitspartei Deutschlands. Diese Politik fand ihren Ausdruck in zahlreichen Dokumenten der SED, angefangen mit der programmatischen Erklärung der KPD vom 11. Juni 1945, der von Wilhelm Pieck unterzeichneten Grußadresse des Parteivorstandes der SED zur Wiedereröffnung der Akademie am 1. August 1946 bis zu den uns allen bekannten grundlegenden Ausführungen des Ersten Sekretärs des ZK der SED, Erich Honecker, über die Aufgaben der Akademie der Wissenschaften auf dem VIII. Parteitag.

Die Wissenschaftspolitik der SED wirkte gleichsam auf zwei Ebenen, die sich gegenseitig durchdrangen: durch ihre prinzipielle Orientierung, Forschung und Leitung bei der antifaschistisch-demokratischen Umwälzung und bei der sozialistischen Revolution auf dem Gebiet von Kultur und Wissenschaften im untrennbaren Zusammenhang mit den allgemeinen gesellschaftlichen Prozessen auf dem Boden der DDR und durch die spezifische Anleitung und Förderung der Akademie.

Von zentraler Bedeutung für die Entwicklung der Berliner Akademie in den letzten drei Jahrzehnten war die Hilfe, die Unterstützung der Sowjetunion und speziell der sowjetischen Akademie und die Zusammenarbeit beider Akademien, der Akademie der UdSSR und der Akademie der DDR. Das, was auf die gesamtgesellschaftliche Entwicklung der DDR zutraf, war auch für die Geschichte der Akademie entscheidend: die enge und freundschaftliche Zusammenarbeit mit der Sowjetunion und ihren Wissenschaftlern und wissenschaftlichen Institutionen.

Wenden wir uns nun der Entwicklung der Akademie und ihren Beziehungen zur sowjetischen Akademie in den einzelnen Etappen der Entwicklung zu, soweit es der Rahmen dieses Vortrages zuläßt. Ohne das herabzumindern oder in Frage zu stellen, was in der mehr als 200jährigen Pflege und Förderung freundschaftlicher und wissenschaftlicher Kontakte zwischen der Petersburger und der Berliner Akademie an alten, weiterführenden Traditionen entstanden war, ist doch wohl für das Jahr 1945 gleichzeitig festzuhalten, daß der faschistische deutsche Imperialismus die Wissenschaft in Deutschland zum Kriegsende auf einen Tiefstand heruntergewirtschaftet hatte. Nationalismus, Chauvinismus und Rassenwahn herrschten nicht nur in den sogenannten Geisteswissenschaften, auch an den sogenannten wertfreien Naturwissenschaften respektive an maßgeblichen ihrer Repräsentanten war dieser Giftkelch nicht vorübergegangen, und so gehörte zwangsläufig zu den verderblichsten Folgen der faschistischen „Wissenschaftspolitik" die internationale Isolierung der deutschen Wissenschaft im ganzen. Das Verbot wissenschaftlicher Kontakte zur Sowjetunion war Ausdruck dieser Isolierung.

So mußten 1945 auch in der Wissenschaft nicht nur materielle, sondern auch moralisch-ideologische Trümmer aus dem Wege geräumt werden, ehe von der Herstellung eines festen und dauerhaften Bündnisses mit der Sowjetwissenschaft überhaupt die Rede sein konnte. Der demokratische Neuaufbau der deutschen Wissenschaft war also nicht nur ein materiell-technisches und organisatorisches, sondern gleichermaßen ein geistig-moralisches, ideologisches Problem.

Aufbauend auf den internationalen Festlegungen zur Demokratisierung auch der deutschen Wissenschaft, gestützt auf die klare Konzeption der Partei der Arbeiterklasse, der KPD, in ihrem Aufruf vom 11. Juni 1945, wurde das wissenschaftliche Leben wieder in Gang gesetzt. In Berlin verbliebene Akademiemitglieder kamen schon im Juni 1945 wieder zusammen, Kontakte wurden zu dem am 19. Mai 1945 gebildeten demokratischen Berliner Magistrat aufgenommen. Von großer Tragweite war im Spätsommer 1945 die Bildung der Deutschen Zentralverwaltung für Volksbildung, in der Genossen der Arbeiterparteien für die Umsetzung und Weiterentwicklung der neuen Wissenschaftspolitik zielstrebig wirkten. Einem Wunsche dieser Zentralverwaltung und des schon 1945 gewählten Präsidenten der Akademie, Johannes Stroux, entsprach die SMAD, als sie am 1. Juli 1946 die Wiedereröffnung der Berliner Akademie als Deutsche Akademie der Wissenschaften zu Berlin (DAW) „zum Zwecke der Heranziehung der Wissenschaft zum Aufbau des demokratischen Deutschlands"[3]

[3] Zit. nach: W. Hartkopf, G. Dunken, Von der Brandenburgischen Sozietät der Wissenschaften zur Deutschen Akademie der Wissenschaften zu Berlin, Berlin 1967, S. 51.

anordnete, die am 1. August 1946 in feierlicher Form erfolgte. In ihr wirkten hervorragende Wissenschaftler als „Aktivisten der ersten Stunde", sie wurden von humanistisch gesinnten Wissenschaftlern unterstützt. Gleichzeitig vollzog sie die notwendige Trennung von den Mitgliedern, die sich in den Dienst der verbrecherischen faschistischen Politik gestellt hatten. Sie knüpfte an die progressiven deutsch-russischen und sowjetischen Wissenschaftstraditionen an, die sie weiterführte. Die Akademie ordnete sich in den Prozeß der antifaschistisch-demokratischen Umwälzung voll ein.

Diese ersten Schritte der deutschen Wissenschaft in einer neuen Ordnung der Demokratie und der Humanität sind undenkbar ohne die aktive Förderung durch die Organe der SMAD, die entsprechend der internationalistischen Politik der KPdSU und der Sowjetregierung die antifaschistisch-demokratischen Kräfte in der SBZ von Anfang an auf dem Felde der wissenschaftlichen Erneuerung uneigennützig berieten und unterstützten.

So konnten bereits zu einem sehr frühen Zeitpunkt die ersten Kontakte zur Sowjetwissenschaft auf prinzipiell völlig neuer Grundlage hergestellt werden.

Sowjetische Dienststellen – u. a. durch Vermittlung der AdW der UdSSR – hatten z. B. die Rückführung ausgelagerter wissenschaftlicher Materialien nach Berlin ermöglicht. Vertreter der AdW der UdSSR waren zu Beratungen mit Akademiemitgliedern nach Berlin gekommen. Erwähnung verdient insbesondere der Besuch des Ordentlichen Mitglieds der AdW der UdSSR, V. S. Kulebakin, in der Akademie am 6. Dezember 1945. Dort erklärte er: „Diese Sitzung betrachte ich als den Ausdruck freundschaftlichen Einvernehmens mit den Sowjet-Gelehrten und besonders mit der ganzen Akademie der Wissenschaften der UdSSR, deren ordentliches Mitglied zu sein ich die Ehre habe, und als deren Bevollmächtigter ich mich jetzt in Deutschland befinde mit der Absicht, wissenschaftliche und arbeitsmäßige Verbindungen . . . insbesondere mit der Preußischen Akademie der Wissenschaften aufzunehmen. Wie bekannt, befanden sich unsere beiden Akademien mehr als zweihundert Jahre in enger wissenschaftlicher Zusammenarbeit, eine Tatsache, die eine hervorragende Rolle in der Geschichte der Weltwissenschaft gespielt hat . . . Wir hoffen, daß jetzt, nach Beendigung des Krieges, die Zeit gekommen ist für die weitere Entwicklung und das weitere Gedeihen dieser Beziehungen, die sich in der Vergangenheit so hervorragend bewährt haben. Wir werden alles mögliche tun, um die Lösung dieser Aufgaben herbeizuführen und selbst zu fördern . . . – Ich erlaube mir hiermit, der festen Überzeugung Ausdruck zu geben, daß unsere gemeinsamen Arbeiten sich auf ein vollständiges gegenseitiges Verstehen gründen werden und diese Zusammenarbeit dem Fortschritt der wissenschaftlichen Forschung in der ganzen Welt sowie dem Erreichen der Ideale, für die die gesamte fortschrittliche Menschheit kämpft, dienen wird . . ."[4]

In diesen, hier bewußt so ausführlich zitierten Worten ist ein ganzes Programm vorgezeichnet, dessen volle Bedeutung wir erst richtig verstehen, wenn wir uns die Umstände vergegenwärtigen, unter denen sie nur sieben Monate nach dem Ende des furchtbarsten Krieges gesprochen wurden, dessen siegreiche Beendigung das Sowjetvolk 20 Millionen Tote und unvorstellbare Verwüstungen seines Landes gekostet hatte.

Als die ersten Kontakte zwischen den Akademien aufgenommen wurden, mußten sie zwangsläufig in der Hauptsache den Charakter sowjetischer Hilfe haben. Das ergab

[4] Zit. nach: Ebenda, S. 50.

sich nicht nur aus der Situation des Neuaufbaus auf allen Gebieten, sondern auch aus der unterschiedlichen Stellung der Akademien. Die AdW der UdSSR verfügte über ein großes Forschungspotential in ihren Mitgliedern und in ihren zahlreichen wissenschaftlichen Forschungsinstituten. Die Berliner Akademie war vorwiegend eine Gelehrtengesellschaft, die erst auf der Grundlage der neuen Wissenschaftspolitik Forschungsinstitute erhielt. So nahmen von 1946 bis 1949 insgesamt 23 Institute, 20 wissenschaftliche Kommissionen und vier Laboratorien auf natur- und gesellschaftswissenschaftlichem Gebiet ihre Arbeit auf. Darunter waren z. B. die 1947 von der SMAD der Akademie übereigneten Institute für Medizin und Biologie und für Festkörperforschung. Materielle, ganz zu schweigen von politisch-ideologischen Voraussetzungen für die wissenschaftliche Zusammenarbeit wurden also in dieser Zeit im wesentlichen erst geschaffen, und zwar mit direkter Hilfe der Sowjetunion. Im Bericht der Akademie über diese Periode hieß es daher zu Recht, ohne das sowjetische „Verständnis für alle wissenschaftlichen Angelegenheiten hätte das Vorstehende über die in der Akademie geleisteten Arbeiten zumeist nicht berichtet werden können".[5]

In den fünfziger Jahren wurde das Forschungspotential der DAW durch die Neugründung und Angliederung von etwa dreißig Forschungsinstituten weiter ausgebaut. Damit wurde einer Zielstellung der Wissenschaftspolitik der Partei Rechnung getragen, die ihren Niederschlag in der 1. Kulturverordnung vom 31. März 1949 gefunden hatte: „Mit Rücksicht auf die besonders große Bedeutung der Wissenschaft für die weitere Entwicklung der deutschen Friedenswirtschaft wird die Deutsche Akademie der Wissenschaften zu einem leistungsfähigen Zentrum für die Forschungsarbeit umgestaltet."[6]

Die Gründung der DDR, des ersten sozialistischen Arbeiter-und-Bauern-Staates in der Geschichte des deutschen Volkes, und der mit der Gründung der DDR ursächlich verknüpfte Übergang zur sozialistischen Aufbauperiode leitete auch in der Geschichte der Akademie einen neuen Abschnitt ihrer Entwicklung ein. Die Akademie war von nun an mit völlig neuen Aufgabenstellungen konfrontiert. Die sozialistischen Erfordernisse der Gesellschaft, insbesondere ihre volkswirtschaftliche Entwicklung, verlangten eine stärkere Hinwendung zur gesellschaftlichen Praxis.

Dank der großzügigen Förderung der Akademie durch die Partei- und Staatsführung entwickelte sich ein leistungsfähiges Akademie-Potential. Es erfolgten Neugründungen von Instituten, der großzügige Ausbau von Forschungsstätten auf dem Gebiet der Natur- und Gesellschaftswissenschaften und die Zuführung wissenschaftlicher Kader, die bereits eine im ganzen sozialistische Ausbildung genossen hatten. Von besonderer Bedeutung war das Wirken hervorragender Wissenschaftler, die nach 1945 zeitweilig als Wissenschaftler in der Sowjetunion gearbeitet hatten und in die DDR zurückgekehrt waren. Seit Mitte der fünfziger Jahre nahmen in der Sowjetunion ausgebildete Wissenschaftler ihre Tätigkeit auf. Wesentliche Schritte in dem sozialistischen Umwälzungsprozeß der fünfziger und sechziger Jahre bedeuteten die Bildung der „Forschungsgemeinschaft der naturwissenschaftlichen, technischen und medizinischen Institute" 1957 und die Bildung der „Arbeitsgemeinschaft der gesellschaftswissenschaftlichen Institute und Einrichtungen" 1963. Die damit verbundene inhalt-

[5] Jahrbuch der Deutschen Akademie der Wissenschaften zu Berlin 1946–1949, Berlin 1950, S. 120.

[6] Ebenda, S. 50f.

liche Orientierung ermöglichte eine Konzentration der Forschungskräfte der Akademie auf die Lösung der Aufgaben in Volkswirtschaft und Kultur. Die wissenschaftliche Planung und die Verbindung von Grundlagenforschung und angewandter Forschung begannen sich als sozialistische Prinzipien in der Wissenschaftsleitung und in der wissenschaftlichen Forschungsarbeit durchzusetzen.

Mit diesen Wandlungen im Profil der Akademie waren intensive geistige Auseinandersetzungen verbunden, die einmal hervorgerufen waren durch die Versuche des westdeutschen Imperialismus, mit allen Mitteln – mit ideologischen und materiellen – die intensive Aufbauarbeit zu stören, die aber auch zum anderen von Wissenschaftlern herrührten, die durch Herkunft und Erziehung mit erheblichen Vorbehalten gegenüber der gesellschaftlichen Entwicklung belastet waren.

Der komplizierte Weg der Akademie zu einer sozialistischen Forschungsstätte in dieser Zeit war untrennbar mit der großzügigen Unterstützung der Akademie der Wissenschaften der UdSSR verbunden. Diese Hilfe erfolgte in vielfacher Weise und in vielfachen Formen. Allein die Existenz einer sozialistischen Akademie in der Sowjeunion mit ihren großen Erfahrungen und ihrem großen Leistungsvermögen, die ein Modell bei der Entwicklung der Berliner Akademie – bei aller notwendigen Berücksichtigung der Spezifika und Besonderheiten – darstellte, war von allergrößter Bedeutung. Daher nahmen und nehmen die Studiendelegationen unserer Akademie in der Geschichte der Beziehungen beider Akademien einen wichtigen Platz ein. Bereits im Frühjahr 1949 kam es in Moskau zu einem Treffen zwischen den Präsidenten beider Akademien, in dem die Umrisse für die weitere fruchtbare Zusammenarbeit entworfen wurden. Von großer Bedeutung war der Besuch einer Studiendelegation unserer Akademie unter der Leitung des Präsidenten W. Friedrich im September/Oktober 1953 in der UdSSR. Mitglieder unserer Akademie erhielten damit zum ersten Mal umfassenden Einblick in die sowjetische Wissenschaftsplanung und -organisation, konnten sich an Ort und Stelle mit den Leistungen der Sowjetwissenschaft vertraut machen. Im Januar 1961 weilte eine Delegation der AdW der UdSSR unter der Leitung ihres Präsidenten A. N. Nesmejanov bei der DAW. Dieser Austausch repräsentativer Delegationen wird bis in die Gegenwart fortgesetzt.

Ein entscheidendes Merkmal der Beziehungen beider Akademien in dieser Periode bildete die beginnende Zusammenarbeit im Zusammenhang mit dem Staatsvertrag über die Beziehungen zwischen der UdSSR und der DDR von 1955 und dem nachfolgenden Abkommen der UdSSR und der DDR über die kulturelle und wissenschaftliche Zusammenarbeit vom 26. April 1956. Unmittelbare Voraussetzungen für die sich entwickelnde Kooperation, die in der Folgezeit intensiv ausgebaut wurde, bildeten einerseits die in den fünfziger Jahren entstandene Forschungskapazität, andererseits das neu entstandene und entstehende Verhältnis zur Sowjetwissenschaft. 1958 und 1961 wurden feste Vereinbarungen über die Zusammenarbeit der sowjetischen und deutschen Akademie getroffen, die in der Folgezeit weiter entwickelt worden sind.

Der Übergang zum Aufbau der reifen sozialistischen Gesellschaft in der DDR, der weiteren sozialistischen Ausgestaltung der Akademie in den sechziger Jahren war mit einer außerordentlichen Vertiefung der Beziehungen zwischen der Akademie der DDR und der Akademie der Wissenschaften der UdSSR verbunden. Staatliche Verträge – hier ist vor allem der Freundschaftsvertrag zwischen der DDR und der UdSSR vom Juni 1964 zu nennen – und detaillierte Akademieabkommen bestimmten Inhalt und

Form, wobei die gemeinsame Bearbeitung bestimmter Forschungsthemen und der Wissenschaftleraustausch neben gemeinsam veranstalteten Kolloquien und Konferenzen und gegenseitigen wissenschaftlichen Informationen über neue Forschungsergebnisse in den Mittelpunkt rückten.

Die immer festere Integration der DDR in die sozialistische Staatengemeinschaft, die durch ein vielseitiges bi- und multilaterales Vertragssystem vor allem seit den sechziger Jahren unwiderruflich geworden ist, fand auch ihren wissenschaftspolitischen Ausdruck. Das geschah sowohl durch zweiseitige vertragliche Vereinbarungen, als auch durch multilaterale wissenschaftliche Abkommen zwischen sozialistischen Ländern und ihren Akademien, die zunehmend an Bedeutung gewinnen. Als bewährte Formen der Wissenschaftskoordination haben sich dabei die seit 1962 stattfindenden Konferenzen der Akademien sozialistischer Länder herausgebildet.

Gegenwärtig werden die Beziehungen der AdW der DDR zu den Akademien anderer sozialistischer Länder und insbesondere zur AdW der UdSSR von den hohen Kriterien bestimmt, die für die Wissenschaft im Sozialismus kennzeichnend sind. Der XXIV. Parteitag der KPdSU und der VIII. Parteitag der SED haben ebenso wie die Parteitage anderer Bruderparteien auch auf dem Gebiet der Wissenschaft eine höhere Stufe der Entwicklung eingeleitet. Sie unterstrichen die wachsende Bedeutung der Wissenschaft für die Gestaltung der sozialistischen und kommunistischen Gesellschaft und für die weltweite Klassenauseinandersetzung zwischen Sozialismus und Kapitalismus. Im Rahmen der sozialistischen ökonomischen Integration auf der Grundlage des Komplexprogramms des RGW wächst die Rolle der Wissenschaft sowie der bi- und multilateralen wissenschaftlichen Kooperation für die wissenschaftlichen Potenzen der beteiligten Länder.

Die Entstehung und Entwicklung sozialistischer wissenschaftlicher Beziehungen zwischen der AdW der DDR und der AdW der UdSSR wie die internationale wissenschaftliche Kooperation sozialistischer Länder überhaupt gehören zu den großen Errungenschaften unseres Staates und der gesamten sozialistischen Staatengemeinschaft. Klug, weitsichtig und konsequent haben die SED und die KPdSU, die stets auf die jeweils gegebenen konkreten Entwicklungsmöglichkeiten orientierten, diese Zusammenarbeit geleitet und gefördert. Ausdruck dafür ist nicht zuletzt unser Kolloquium, zu dessen Trägern auch die Kommission der Historiker der DDR und der UdSSR gehört. Diese Kommission, 1956 gegründet und seither erfolgreich arbeitend, ist selbst ein Kind dieser wissenschaftlichen Zusammenarbeit, die zu pflegen und zu fördern Grundzug unserer gemeinsamen Wissenschaftspolitik ist. Als Orientierung gelten uns dabei die Ausführungen von Genossen Prof. Kurt Hager: „Wenn wir von größeren Dimensionen in der Zusammenarbeit mit der Sowjetunion sprechen, dann denken wir an die gemeinsame effektive Nutzung des vorhandenen wissenschaftlichen Potentials, an die Bildung gemeinsamer Forschergruppen zur Lösung von Schwerpunktaufgaben, an den Ausbau und die gemeinsame Nutzung der Information und Dokumentation und an ähnliche Aufgaben, die in den nächsten Jahren das Profil der Zusammenarbeit bestimmen werden.

Der feste Bruderbund mit der Sowjetunion eröffnet der DDR einen breiten Zugang zu den Früchten von Wissenschaft und Technik.

Dabei erwachsen auch der Akademie der Wissenschaften bedeutende Aufgaben. Auf der Grundlage der bereits bestehenden guten Zusammenarbeit, insbesondere mit der Akademie der Wissenschaften der UdSSR, muß die Kooperationsfähigkeit unseres wissenschaftlichen Potentials durch solide und fundamentale Leistungen ständig ausgebaut und erhöht werden."[7]

In einer Analyse der Zusammenarbeit der AdW der DDR mit der UdSSR und anderen sozialistischen Ländern auf dem Gebiet der Grundlagenforschung seit dem VIII. Parteitag der SED konnte der Präsident der Akademie, Prof. Dr. Hermann Klare, u. a. feststellen, daß heute jedes Akademie-Institut über vertraglich geregelte Beziehungen zu einer oder mehreren Forschungseinrichtungen sozialistischer Länder verfügt, daß von einer Abstimmung der Pläne immer mehr zu einer gemeinsamen und längerfristigen Planung übergegangen wird. Die sich in Anfängen bereits abzeichnende Verflechtung der Forschungspotentiale ist gegenwärtig am weitesten fortgeschritten auf den Gebieten Quantenelektronik, Kernphysik, Verbundwerkstoffe, Aufbau von Strahlungsquellen, Astrophysik, Meeresforschung, Geschichte, Wirtschaftswissenschaften sowie Staat und Recht.[8] Wir stehen damit an der Schwelle einer neuen Etappe sozialistischer wissenschaftlicher Beziehungen unserer Akademien.

Mehr als 200 Jahre freundschaftlicher Kontakte der Petersburger und der Berliner Akademie, initiiert, gefördert und gepflegt von den besten Repräsentanten der Wissenschaft in Deutschland und Rußland, sind in den sozialistischen wissenschaftlichen Beziehungen zwischen der AdW der UdSSR und der AdW der DDR dialektisch aufgehoben; sie sind bewahrt als ein großes kulturelles Erbe unserer Völker, sie sind überwunden, soweit sie von Gegensätzen der antagonistischen Klassengesellschaft beeinflußt waren.

Heute wirkt dieses große kulturelle Erbe in der Pflege und Förderung der Zusammenarbeit der Wissenschaftler beider Akademien. Sie dient heute dem Wohle der Menschen in der sich stürmisch entwickelnden sozialistischen Gesellschaft. Sie ist verpflichtet der Humanität, dem Frieden und dem Sozialismus.

[7] K. Hager, Wissenschaft und Technologie im Sozialismus, Berlin 1974, S. 47f.
[8] Vgl. Neues Deutschland, 12. 10. 1974, S. 10.

Günter Kröber

Lenins „Entwurf eines Plans wissenschaftlich-technischer Arbeiten“ und seine aktuelle Bedeutung für die weitere Entwicklung der Zusammenarbeit der Akademien der Wissenschaften der UdSSR und der DDR

I.

Das Kolloquium, das in diesen Tagen Wissenschaftler der Akademien der Wissenschaften der UdSSR und der DDR zur Erörterung der Traditionen, des gegenwärtigen Standes und der weiteren Perspektiven der Beziehungen und der Zusammenarbeit beider Akademien vereint, ist selbst einerseits Ausdruck und Fortsetzung bester Traditionen in der Geschichte unserer Akademien und andererseits Widerspiegelung des gegenwärtigen Standes dieser Beziehungen, indem es von der engen, vertrauensvollen und kameradschaftlichen Zusammenarbeit der Wissenschaftler beider Akademien beredtes Zeugnis ablegt. Beide Akademien blicken in diesen Tagen auf eine 250 bzw. 275jährige Geschichte zurück, die viele Beispiele enger Verbindungen und fruchtbarer Kontakte zwischen ihnen kennt. Zugleich bestätigen beide Akademien mit ihrer mehr als 50 bzw. fast 30jährigen, von den Fesseln kapitalistischer Produktionsverhältnisse befreiten Entwicklung die Worte Lenins, daß erst der Sozialismus „die Wissenschaft von ihrer Unterjochung durch das Kapital, von ihrer sklavischen Bindung an die Interessen schmutziger kapitalistischer Gewinnsucht“ befreit[1], und daß es letztlich nur im Sozialismus möglich ist, das humanistische Anliegen der Wissenschaft, dem Wohle des Menschen, seiner natürlichen, gesellschaftlichen und geistigen Entwicklung zu dienen und seine materiellen und geistigen Bedürfnisse befriedigen zu helfen, zu erfüllen. Beide Akademien haben in diesen Jahrzehnten einen Aufschwung genommen, der in ihrer Geschichte einmalig ist. Voraussetzung und Grundlage dieser Entwicklung ist die politische Macht der von ihrer marxistisch-leninistischen Partei geführten Arbeiterklasse. Im engen Bündnis mit der fortschrittlichen Intelligenz und gemäß den Prinzipien sozialistischer Wissenschaftspolitik waren die Anstrengungen der Partei der Arbeiterklasse – der KPdSU und der SED – und des sozialistischen Staates – der UdSSR und der DDR – von Anbeginn darauf gerichtet, die Akademien der Wissenschaften fest in den Aufbau der neuen, sozialistischen Gesellschaft einzubeziehen und ihnen alle Bedingungen zu sichern, deren sie für ihre schöpferische Arbeit im Dienste und zum Wohle des Volkes bedurften und bedürfen.

Die Prinzipien sozialistischer Wissenschaftspolitik, von W. I. Lenin begründet und in den Jahren 1917 bis 1924 von ihm auch besonders im Verhältnis zur Akademie der

[1] W. I. Lenin, Rede auf dem I. Kongreß der Volkswirtschaftsräte, in: Werke, Bd. 27, S. 407f.

Wissenschaften praktiziert, schließen den proletarischen Internationalismus ein. Von ihm hat sich die Akademie der Wissenschaften der UdSSR stets leiten lassen:

als sie in der schweren Zeit des Bürgerkrieges und des Kampfes gegen die ausländische Intervention an der Erschließung der natürlichen Reichtümer Rußlands arbeitete, um die Existenz der ersten Republik der Arbeiter und Bauern sichern zu helfen;

als sie in der Zeit der Weimarer Republik die Wiederaufnahme der Beziehungen zu deutschen Wissenschaftlern und Wissenschaftsorganisationen forcierte;

als ihre Mitglieder und Mitarbeiter in den Jahren des Großen Vaterländischen Krieges in Instituten, Laboratorien, Werkstätten und Betrieben an der Stärkung der Verteidigungsmacht der UdSSR arbeiteten oder in den Reihen der Roten Armee unmittelbar an der Verteidigung des Vaterlandes der Proletarier aller Länder und an der Zerschlagung des deutschen Faschismus Anteil hatten;

als sie nach dem Sieg über den Faschismus den demokratischen und sozialistischen Kräften im Osten Deutschlands jegliche politische, materielle und ideologische Hilfe und Unterstützung – auch in der Wissenschaft und bei der Entwicklung der Akademie der Wissenschaften – angedeihen ließ und

heute der Akademie der Wissenschaften der DDR nicht nur ihre reichen Erfahrungen und umfassenden wissenschaftlichen Erkenntnisse uneigennützig zur Verfügung stellt, sondern mit der Akademie der Wissenschaften der DDR eine von gleichen Interessen und Zielen getragene enge und brüderliche Zusammenarbeit pflegt.

Die Leninschen Prinzipien sozialistischer Wissenschaftspolitik sind uns zugleich ein zuverlässiges Instrumentarium, um den gegenwärtigen Stand und die Erfordernisse bei der weiteren Entwicklung der Beziehungen beider Akademien zu analysieren. Gestatten Sie mir deshalb, zu diesem Fragenkreis einige Überlegungen vorzutragen, die von Lenins „Entwurf eines Plans wissenschaftlich-technischer Arbeiten"[2] ausgehen, der – geschrieben im April 1918 – gleichsam das Leninsche Exposé für die Verbindung von Wissenschaft und Sozialismus darstellt. Dieses Dokument hat in den 50 Jahren seit seiner Veröffentlichung[3] nichts an Aktualität verloren und vermag uns auch heute noch wichtige Anregungen für die Profilierung unserer gegenwärtigen Wissenschaftspolitik und für die Arbeit der Akademien der Wissenschaften unserer Länder zu geben.

Über alle Aspekte zu sprechen, die in diesem Zusammenhang eine Rolle spielen, erweist sich bei der heutigen Gelegenheit als unmöglich. Ich werde deshalb nur zwei herausgreifen, die mir für die weitere Entwicklung der Zusammenarbeit unserer Akademien von Bedeutung zu sein scheinen.

II.

Zunächst aber sei vermerkt, daß in diesem Leninschen „Entwurf eines Plans wissenschaftlich-technischer Arbeiten" die Idee und das Prinzip der *Wissenschaftsplanung* erstmals in der Geschichte in einem wissenschaftspolitischen Dokument auftaucht.

[2] Vgl. W. I. Lenin, Entwurf eines Plans wissenschaftlich-technischer Arbeiten, in: Werke, Bd. 27, S. 312–313.

[3] Der „Entwurf" wurde erstmals in der „Pravda" vom 4. März 1924 veröffentlicht.

Inzwischen ist dieses Prinzip – zumindest in den sozialistischen Ländern – zu einem allgemein anerkannten und mit Erfolg praktizierten Prinzip sozialistischer Wissenschaftspolitik geworden. Es ist deshalb ganz natürlich, wenn der erste Aspekt, unter dem ich den „Entwurf“ in seiner Bedeutung für die Entwicklung der Zusammenarbeit unserer Akademien auswerten möchte, Probleme der *Forschungsplanung* betrifft.

Bereits ein erster Blick auf das Leninsche Dokument genügt, um zu erkennen, nach welchen Kriterien Lenin die Forschungsaufgaben der Akademie bestimmt. Er stellte der Akademie bekanntlich u. a. die Aufgabe, an der „rationellen *Standortverteilung* der Industrie . . . unter dem Gesichtspunkt der Rohstoffnähe und des geringstmöglichen Verlustes an Arbeit beim Übergang von der Rohstoffbearbeitung zu allen darauf folgenden Fertigungsstadien“ mitzuarbeiten, die „möglichst vollständige . . . Eigenversorgung der . . . Sowjetrepublik . . . mit *allen* wichtigen Rohstoffen und Industrieerzeugnissen“ zu sichern sowie „besonders große Aufmerksamkeit“ der Erzeugung von Elektroenergie und ihrer Anwendung in der Industrie, im Verkehrswesen und in der Landwirtschaft zuzuwenden.[4] Mit anderen Worten: Er orientierte die Tätigkeit der Akademie auf die Befriedigung der dringendsten gesellschaftlichen und volkswirtschaftlichen *Bedürfnisse,* und zwar derer, die in jener Zeit sowohl unmittelbar aktuell als auch von perspektivischer Bedeutung waren. Zum anderen ging er bei der Bestimmung dieser Aufgaben davon aus, daß die Akademie der Wissenschaften bereits „mit der systematischen Untersuchung und Erforschung der natürlichen Produktivkräfte Rußlands begonnen hat“[5], d. h. er stellte in Rechnung, was an wissenschaftlichen Aktivitäten und Erkenntnissen bereits vorlag und als Ausgangspunkt für weitere Forschungen entsprechend den gesellschaftlichen Hauptbedürfniskomplexen dienen konnte.

Zwei Determinationslinien sind es mithin, von denen Lenin bei der Bestimmung der Forschungsrichtungen der Akademie ausging: 1. die grundlegenden aktuellen und perspektivischen gesellschaftlichen Bedürfnisse des Landes, und 2. der in der Wissenschaft bereits erreichte Erkenntnisstand, die vorliegenden wissenschaftlichen Erkenntnisse und Interessen der Wissenschaftler selbst, d. h. jene Bedürfnisse, die sich aus der bisherigen Entwicklung von Wissenschaft und Forschung selbst ergeben hatten.

Was folgt aus diesem Leninschen Prinzip der Wissenschaftsplanung für die Zusammenarbeit der sozialistischen Akademien heute?

Wenn die Auswahl und Bestimmung der Hauptforschungsrichtungen von den grundlegenden aktuellen und perspektivischen gesellschaftlichen Bedürfnissen auszugehen hat, dann ist heute – d. h. unter den Bedingungen der sich vertiefenden ökonomischen Integration unserer Länder – zu berücksichtigen, daß die Forschungsplanung der Akademien in zunehmendem Maße nicht nur die Bedürfnisse des jeweiligen Landes, sondern die der sozialistischen Staatengemeinschaft als Ganzes zugrunde legen muß. Das aber bedeutet, daß die Zusammenarbeit der Akademien der Wissenschaften zwangsläufig über einen Zustand hinaustreibt, in dem jede Akademie ihre Forschungsaufgaben ausgehend von den gesellschaftlichen Bedürfnissen nur des eigenen Landes formuliert und im nachhinein Gebiete und Themen der Zusammen-

[4] W. I. Lenin, Entwurf eines Plans wissenschaftlich-technischer Arbeiten, a. a. O., S. 313.
[5] Ebenda, S. 312.

arbeit benennt. Gegenwärtig sind im Zusammenhang mit der Ausarbeitung der langfristigen „Konzeption zur Entwicklung der Grundlagenforschung ... in der DDR bis 1990" erste Schritte getan worden, um bereits bei der Auswahl und Bestimmung der Forschungsaufgaben beider Akademien ihre Vorhaben weitgehend miteinander abzustimmen. Bei der sukzessiven Präzisierung dieser Konzeption in den kommenden Fünfjahrplänen der Grundlagenforschung kann und sollte diese Abstimmung noch rechtzeitiger und konsequenter mit dem Blick auf die gemeinsam zu befriedigenden gesellschaftlichen und volkswirtschaftlichen Bedürfnisse unserer Länder vorgenommen werden. Darüber hinaus wird die Zusammenarbeit bereits im Stadium der Prognostizierung der gemeinsamen perspektivischen Bedürfnisse der entwickelten sozialistischen Gesellschaft und ihres Übergangs zum Kommunismus mehr und mehr notwendig. Diese Bedürfnisse aber ergeben sich sowohl aus Erfordernissen der gesellschaftlichen — einschließlich der ökonomischen, kulturellen usw. — Entwicklung als auch aus denen der wissenschaftlich-technischen Revolution, die ein entscheidender Faktor bei der Schaffung der materiell-technischen Basis der kommunistischen Gesellschaft ist. Die Zusammenarbeit unserer Akademien kann sich deshalb auch aus diesem Grunde nicht nur auf jene unmittelbaren Gebiete erstrecken, die den naturwissenschaftlichen Grundrichtungen der wissenschaftlich-technischen Revolution entsprechen, sondern muß bereits und ganz besonders bereits dort beginnen, wo Natur- und Gesellschaftswissenschaftler in interdisziplinärer Arbeit die Wechselwirkungen zwischen gesellschaftlichem und wissenschaftlich-technischem Fortschritt erforschen, wo Einfluß und Auswirkungen der wissenschaftlich-technischen Revolution auf die verschiedenen Lebensbereiche der Gesellschaft untersucht werden und wo sich folglich mit großer Wahrscheinlichkeit auch wichtige Gesichtspunkte für die Einschätzung der perspektivischen gesellschaftlichen und wissenschaftlich-technischen Entwicklungsbedürfnisse ergeben können. Es geht also nicht einmal in erster Linie darum, in Zukunft etwa gemeinsame Prognosegruppen beider Akademien zu bilden, deren Arbeitsergebnisse als Grundlage der gemeinsamen Forschungsplanung dienen könnten, wenngleich auch das ein Erfordernis der weiteren Entwicklung der Zusammenarbeit sein wird. Vorläufig hingegen muß es noch als ein Mangel empfunden werden, daß die Problematik der wissenschaftlich-technischen Revolution, ihrer Rolle bei der Herausbildung der materiell-technischen Basis der entwickelten sozialistischen und kommunistischen Gesellschaft und ihrer Wechselbeziehungen mit dem sozialen Fortschritt aus den definierten Gebieten der langfristigen planmäßigen Zusammenarbeit beider Akademien — aus welchen Gründen es auch sei — immer noch ausgeklammert ist.

Der zweite Gesichtspunkt, der sich aus dem genannten Leninschen Prinzip der Wissenschaftsplanung für die Zusammenarbeit der Akademien ergibt, ist folgender.

Wenn die Auswahl der Forschungsrichtungen auch von dem jeweils erreichten Erkenntnisstand in dieser oder jener Disziplin, von den vorliegenden Erkenntnissen, Erfahrungen, wissenschaftlichen und technischen Möglichkeiten, den immanenten Entwicklungsbedürfnissen der Wissenschaft und Forschung auszugehen hat, dann muß auch in der Zusammenarbeit der Akademien jenen Gebieten besondere Aufmerksamkeit geschenkt werden, auf denen es in dem einen oder dem anderen Land besonders fortgeschrittene Erfahrungen, besonders profilierte Spezialisten, besonders ausgeprägte wissenschaftliche Traditionen, eine besonders entwickelte technische Basis oder ähnliches gibt, wo also die Möglichkeit besteht und die Wahrscheinlichkeit relativ hoch ist, daß gemeinsame Forschung sich durch besondere Effektivität auszeichnen wird oder die Ausbildung von Spezialisten für das betreffende Gebiet besonders erfolgversprechend sein wird. Beispiele wie Dubna für die Kernforschung, Warschau für die Mathematik und Halle für die Elektronenmikroskopie belegen, daß die Akademien der sozialistischen Länder diesen Weg des Zusammenschlusses ihrer Kräfte schon relativ früh beschritten haben und ihn in den letzten Jahren mit zunehmender Konsequenz und daher mit wachsendem Erfolg beschreiten.

III.

Der zweite Gesichtspunkt, auf den ich aufmerksam machen möchte, ist folgender.

Lenin wandte sich mit seinem Planentwurf an die *Akademie der Wissenschaften.* Dieser Umstand ist in mehrerer Hinsicht bedeutsam. Er zeugt, erstens, davon, für wie wichtig es die Sowjetregierung erachtete, gerade die Akademie so rasch wie möglich in den sozialistischen Aufbau einzubeziehen. Lenin und die Sowjetregierung sahen in der Akademie der Wissenschaften eine Organisationsform der wissenschaftlichen Arbeit, die es ermöglichte, die wissenschaftlichen Kräfte des ganzen Landes um sich zu vereinen und sie für den sozialistischen Aufbau zu mobilisieren. Wenn die Akademie im Februar 1918 selbst formulierte, daß sie „das organisierende und die wissenschaftlichen Kräfte des Landes mobilisierende Zentrum“ sein wolle[6], so darf man sicher sein, daß Lenin voll und ganz hinter dieser Aufgabenstellung stand.

Besagter Umstand bezeugt, zweitens, das große Vertrauen, das Lenin und die Sowjetregierung der Akademie der Wissenschaften entgegenbrachten, ein Vertrauen, dessen sich die Mitglieder der Akademie in den folgenden Jahren und Jahrzehnten als würdig erwiesen haben.

Drittens schließlich ist beachtenswert, daß der Auftrag Lenins an die Akademie, „Fachleute als Mitglieder einer Reihe von Kommissionen zu berufen zwecks möglichst rascher Ausarbeitung eines Plans für die Reorganisation der Industrie und den ökonomischen Aufstieg Rußlands“[7], darauf hinaus lief, von der Akademie wissenschaftlich fundierte Vorschläge und Unterstützung für zu treffende staatliche Entscheidungen zu erhalten.

Es ist somit eine dreifache Aufgabenstellung für die Akademie, die sich — verallgemeinernd — aus dem Leninschen Planentwurf abheben läßt:

1. „Systematische Untersuchung und Erforschung der natürlichen Produktivkräfte.“[8]
   Das aber bedeutet zweierlei:
   a. Eine weitgesteckte, strategisch angelegte und systematisch betriebene Grundlagenforschung auf gesellschaftlich entscheidenden Gebieten, einschließlich der Bestimmung der perspektivreichen Richtungen der Forschung, und
   b. Konzentration in der angewandten Forschung und bei der Überführung der

[6] Resolution der von der Vollversammlung der Akademie gewählten Kommission zur Begutachtung des von der Sowjetregierung vorgeschlagenen Projekts zur Mobilisierung der Wissenschaft für die Bedürfnisse des staatlichen Aufbaus (vom 19. Februar 1918), in: Sowjetmacht und Wissenschaft. Hrsg. von G. Kröber und B. Lange, Berlin 1975, S. 65.
[7] W. I. Lenin, Entwurf eines Plans wissenschaftlich-technischer Arbeiten, a. a. O., S. 312.
[8] Ebenda.

Resultate der Grundlagenforschung in die Produktion auf volkswirtschaftlich vorrangige Schwerpunktprobleme.

2. Aktive Mitwirkung der Akademie bei der Vorbereitung staatlicher Entscheidungen von großer volkswirtschaftlicher und gesellschaftlicher Bedeutung.
3. Mobilisierende, organisierende und koordinierende Rolle bei der Vereinigung der Anstrengungen aller wissenschaftlichen Kräfte des Landes.

Diese Aufgabenstellung hat sich dem Wesen nach bis auf den heutigen Tag erhalten. Erinnern wir uns, wie der XXIV. Parteitag der KPdSU die Aufgaben der Akademie formuliert: „Sie bestimmt die Strategie der Grundlagenforschung, klärt die aussichtsreichsten, für die Gesellschaft notwendigen Richtungen und Formen der Forschungsarbeiten, sie vereint die Anstrengungen der Wissenschaftler des Sowjetlandes."[9] In ähnlicher Weise bestimmt die Akademie der Wissenschaften der DDR ihre grundsätzlichen Aufgaben in der vom Politbüro des ZK der SED bestätigten „Konzeption zur Entwicklung der Grundlagenforschung ... bis 1990".

Was ergibt sich aus der historischen Kontinuität der Aufgabenstellung der sowjetischen Akademie und aus dem aktuellen Gleichklang der Aufgabenstellung unserer Akademie mit dieser für die weitere Entwicklung der Zusammenarbeit beider? Ich möchte vier Schlußfolgerungen ziehen.

1. Die Aufgabe, die aussichtsreichsten Richtungen der Forschung zu bestimmen und sich in langfristiger und systematischer Grundlagenforschung auf sie zu konzentrieren, erfordert — wenn sie von beiden Partnern voll wahrgenommen wird — ein hohes Maß an rechtzeitiger und allseitiger Planabstimmung. Im Grunde genommen ist diese Aufgabe nur dann mit hoher Effektivität realisierbar, wenn der Arbeit beider Akademien die gleiche Forschungsstrategie zugrunde liegt. Was die Akademie der Wissenschaften der UdSSR betrifft, so weist ihr hoher Leistungsstand zur Genüge aus, wie sie es versteht, ihre Forschungsstrategie nicht nur richtig zu bestimmen, sondern sie auch mit der nötigen Kontinuität und Konsequenz umzusetzen. In dieser Hinsicht die Erfahrungen und die Arbeitsweise der Akademie der Wissenschaften der UdSSR noch besser zu studieren und uns konsequenter auf sie einzustellen, erscheint mir als eine Aufgabe für unsere Akademie, deren Lösung sicher dazu beitragen wird, die Zusammenarbeit beider Akademien noch enger und fruchtbarer zu gestalten.

2. Wenn es Aufgabe der Akademien der Wissenschaften ist, sich auf volkswirtschaftlich und überhaupt gesellschaftlich entscheidende Schwerpunktprobleme zu konzentrieren und dabei den gesamten Prozeß von der Grundlagenforschung bis zur Überführung der Resultate in die Produktion und in die gesellschaftliche Praxis im Auge zu haben und zu bewältigen, dann bedeutet das, daß auch die Zusammenarbeit beider Akademien an Problemen der Grundlagenforschung den gesamten Prozeß bis zur Überführung der Resultate in die Praxis umfassen müßte. Auch hierfür gibt es schon Beispiele aus der jüngsten Vergangenheit. Haben wir indes schon alle Konsequenzen bedacht und ausgelotet, die sich aus dieser Forderung ergeben? Sicher nicht. Dies zu tun, uns im gesamten Verlauf unserer Forschungsarbeit dergestalt internationalistisch zu orientieren, ist sicher eine Aufgabe, der wir an der Akademie der Wissenschaften der DDR noch große Aufmerksamkeit widmen müssen.

[9] Rechenschaftsbericht des Zentralkomitees der KPdSU an den XXIV. Parteitag der KPdSU. Referent: L. I. Breshnew, Moskau, Berlin 1971, S. 116.

3. Wenn es Aufgabe der Akademien ist, eine mobilisierende, organisierende und koordinierende Funktion bei der Vereinigung der Anstrengungen aller wissenschaftlichen Kräfte unserer Länder auszuüben, dann bedeutet das für die Zusammenarbeit der Akademien der Wissenschaften, daß sie mehr sein muß als nur Zusammenarbeit zwischen Mitarbeitern von Akademieeinrichtungen. Insbesondere auf dem Gebiet der Grundlagenforschung ergibt sich hier die Verantwortung der Akademien für die Koordinierung der Arbeiten im internationalen Rahmen, also auch der Grundlagenforschung an den Universitäten und Hochschulen und im Industriebereich. Damit die Akademien diese Verantwortung wirklich voll und konsequent wahrnehmen können, bedarf es offenbar noch mancher Anstrengung, um traditionelle Beziehungen, die sich zwischen Forschungseinrichtungen der Akademien, zwischen solchen der Universitäten und Hochschulen und zwischen solchen der Industrie jeweils losgelöst voneinander herausgebildet haben und die ja größtenteils in entsprechenden Abkommen und staatlichen Regelungen fixiert sind, nicht zu einem Hemmschuh für die weitere Entwicklung der Zusammenarbeit der Akademien bei der Wahrnehmung ihrer Verantwortung für die Koordinierung der Grundlagenforschung in unseren Ländern werden zu lassen.

4. Die Aufgabe der Akademien, ihre wissenschaftlichen Potentiale zur Vorbereitung staatlicher Entscheidungen von großer volkswirtschaftlicher und gesellschaftlicher Bedeutung aktiv einzusetzen, läßt – auf die Ebene der Zusammenarbeit der Akademien übertragen – die Frage entstehen, ob aus dieser Zusammenarbeit nicht auch und eigentlich sogar in erster Linie Vorschläge resultieren müßten, die Entscheidungen vorbereiten helfen, welche die sozialistische Staatengemeinschaft als Ganzes betreffen, also etwa Entscheidungen auf der Ebene des RGW. Diese Frage muß sicher bejaht werden. Es gibt auch hier bereits Beispiele, daß diese Aufgabe wahrgenommen wird. Indes gibt es sicher noch mehr Reserven, die – zielstrebig in dieser Richtung genutzt – nicht nur die Zusammenarbeit unserer Akademien auf eine höhere Stufe zu heben vermögen, sondern die uns in der ökonomischen und wissenschaftlich-technischen Integration und der Vertiefung der Zusammenarbeit unserer Länder auf allen Gebieten beträchtlich voranbringen könnten.

Dies waren einige Gesichtspunkte, die sich mir aus der Analyse des Leninschen Planentwurfs aufdrängten. Möglicherweise wird dieser oder jener in der weiteren Diskussion noch einmal aufgegriffen, vielleicht auch der Kritik unterzogen. Aber das gerade ist ja eines der Anliegen unseres Kolloquiums: Im offenen, freimütigen und kritischen Meinungsaustausch den gegenwärtigen Stand und die Perspektiven der Zusammenarbeit unserer Akademien einzuschätzen, dabei auch um kritische Fragen keinen Bogen zu machen, zu prüfen, wo und wie wir die Erfahrungen der Akademie der Wissenschaften der UdSSR noch besser studieren und nutzen können, um in gemeinsamer Anstrengung jene gesellschaftlichen und wissenschaftlichen Probleme mit hoher Effektivität zu meistern, die unsere Parteien und die Regierungen unserer Länder uns aufgegeben haben.

Helmut Grasshoff, Ulf Lehmann

250 Jahre Vermittlung russischer Kultur durch die Berliner Akademie der Wissenschaften. Aus den Anfängen des wissenschaftlichen und kulturellen Austauschs der Berliner und der Petersburger Akademie der Wissenschaften

Im ersten Jahrzehnt ihres Bestehens wurde die damalige Preußische Sozietät der Wissenschaften durch ein spektakuläres Ereignis verstärkt auf Rußland und Osteuropa aufmerksam: Rußland hatte 1709 die damals stärkste Kriegsmacht Europas — Schweden — bei Poltava besiegt und für das politisch-ideologische Leben der Zeit den schlüssigen Beweis dafür geliefert, daß sein Eintritt in die Reihe der europäischen Großmächte vollzogen war. In einer 1710 in deutscher Sprache erschienenen Biographie über den Zaren Peter I. wird daher mit Recht gesagt, daß das Zarenreich „binnen kurzer Zeit zu einem solchen, niemals untergehenden Flor gediehen sei, welchen zu erlangen andere Königreiche und Länder ganzer hundert Jahre bedurft haben".[1] Auch vielen Berliner Akademiemitgliedern, darunter vor allem aber Leibniz, dem Gründer dieser Gelehrtengesellschaft, war es bewußt, daß das riesige Russische Reich nicht nur der Entwicklung der Produktivkräfte, dem Handel, der Manufaktur und der Gewinnung von Bodenschätzen ungeahnte Möglichkeiten eröffnete, sondern ihm auch als kulturellem Faktor im Konzept der europäischen frühaufklärerischen Entwicklung ein gewichtiger Platz zukam. Leibniz konnte damit rechnen, daß sein dem Zaren unterbreiteter Vorschlag, in der neu gegründeten Residenz an der Neva eine gelehrte Gesellschaft zu inaugurieren, starke Resonanz finden mußte. Rußland war für Leibniz eine „tabula rasa, so noch nicht fremden Geschmack in den Studien angenommen" — wie er selbst schreibt — „wo bei uns eingeschlichene Fehler verhütet und verbessert werden können".[2] Leibniz erkannte, daß sich in Rußland die Chance bot, moderne Ideen zu verwirklichen, denn dort war man frei von der Engstirnigkeit und Beschränktheit des orthodoxen Wissenschaftsbetriebes deutscher Kleinstaaten. Er hoffte, zu einem „Solon Rußlands" zu werden und spielte mit dem Gedanken, an der russischen Akademie persönlich mitzuwirken. „Si j'estois jeune, j'irois en Moscovie . . ."[3], schrieb er 1705 in einem Brief an den Minister von Schulenburg. Auch andere berühmte Repräsentanten der westeuropäischen Aufklärung, unter ihnen Voltaire, Diderot, Herder, Gottsched, selbst Lessing, träumten davon, dort zu wirken.

Wir wollen nicht aus dem Auge verlieren, daß Peter I. eine staatlich zentralisierte und praxisgerichtete Forschung anstrebte, die in Rußland unmittelbar über ein sich

[1] J. H. v. Lohenstein, Des Großen Herrens, Czaars und Groß-Fürsten von Moscau Petri Alexiewiz, Leben und Thaten, Frankfurt/Leipzig 1710, Bl. 4f.

[2] W. Guerrier, Leibniz in seinen Beziehungen zu Rußland unter Peter dem Großen, Petersburg, Leipzig 1873, S. 95 (Brief Nr. 73).

[3] Ebenda, S. 125.

rasch entwickelndes Netz von publizistischen Verbreitungsformen wirksam wurde. In diesem Zusammenhang verband sich der wissenschaftliche mit dem kulturellen Austausch und schloß diesen organisch ein.

Der geistig-kulturelle Austausch als Teil der Wechselseitigkeit zwischen der Berliner und der Petersburger Akademie besaß nie das Odium des Exotischen, er war durchaus praktischen Zwecken untergeordnet.

Großes Interesse erweckten, wie bereits ausgeführt wurde, die großen Expeditionen der Petersburger Akademie in den Nahen und Fernen Osten, in die bisher unzugänglichen Regionen Sibiriens. Die Berliner Akademie begrüßte daher die Berufung bekannter Forscher nach Petersburg, so z. B. des Orientalisten Th. S. Bayer u. a. Allerdings gab es hierfür recht unterschiedliche Motive. Sie reichten bis zu dem Wunsch, die russische Akademie zu einer Art Filiale der Berliner zu machen und den Protestantismus im messianischen Sinne nach Petersburg zu exportieren, wie aus dem Protokoll der Klassensitzung der Berliner Akademie vom 19. November 1711 zu ersehen ist.

Leibniz trat aber entschieden solchen Vorstellungen entgegen und lehnte derartige Einmischungen in innere russische Angelegenheiten ab. Dieses von Leibniz aufgestellte Prinzip wurde auch nach seinem Tode weiter verfolgt. Der intensive Austausch zwischen beiden Akademien, der bereits gemeinsame geographische und astronomische Forschungen beinhaltete, wurde unterstützt durch die Zuwahl von Wissenschaftlern aus Petersburg. Wir denken an Huyssen, D. Cantemir, Consett u. a.[4] Die regelmäßige Übersendung der neuesten Abhandlungen und Kommentare der russischen Akademie förderte nicht nur die Kenntnisse von grundlegenden Naturgegebenheiten im europäischen und asiatischen Teil Rußlands, sondern auch von den Völkern, ihren kulturellen Traditionen und Gewohnheiten. Die Berliner Gelehrten bemühten sich um neue Einsichten in das Wesen der Sprache, der Literaturen und Künste. Leibniz hatte schon — freilich vergeblich — versucht, über den russischen Patriarchen Stefan Javorskij ein Exemplar der russischen Nestorchronik zu erhalten. Das Mitglied der Berliner Akademie, der Ökonom Jacob Marperger, gab dem literarisch-linguistischen Aspekt in seinem „Russischen Kaufmann" (1705), einem Sprachführer und landeskundlichen „Baedecker", breiten Raum. Er stützte sich auf Olearius und Ludolf und brachte bereits wichtige Hinweise auf gelehrte Russen seiner Zeit, unter ihnen den Dichter Simeon Polockij.[5]

In den zwanziger Jahren waren es vor allem die Brüder Johann Theodor und Ernst Jablonski, der eine Vizepräsident der Akademie und der andere Sekretär der orientalischen Klasse, die sich für die Propagierung der russischen Literatur in Deutschland einsetzten. Die russischen Schriftsteller rekrutierten sich damals vor allem aus der Geistlichkeit. Diese versuchten, die gesellschaftspolitischen Ereignisse der ersten beiden Dezennien des 18. Jahrhunderts nach polnisch-ukrainischem Vorbild in syllabischen Versen zu verherrlichen. Neben dem bereits erwähnten Baron von Huyssen, Peters des Großen „Pressechef", der sich die Verbreitung der russischen literarischen Erzeugnisse besonders angelegen sein ließ, war es vor allem Thomas Consett, das Petersburger Mitglied der Berliner Akademie, ein Geistlicher der anglikanischen Kirche und

[4] Vgl. H. Graßhoff, Russische Literatur in Deutschland im Zeitalter der Aufklärung, Berlin 1973, S. 75ff.

[5] Vgl. H. Graßhoff, Paul Jacob Marperger — ein Popularisator Olearius' und Ludolfs. In: Zeitschrift für Slawistik, VI (1961), S. 174—190.

vorzüglicher Kenner der russischen Sprache und Literatur, der sich für die Übersetzung und Vermittlung von russischer Literatur und Kunst einsetzte. Er übersandte bereits Mitte der zwanziger Jahre u. a. Stefan Javorskijs „Elegicum Carmen" in russischer und lateinischer Fassung der Preußischen Sozietät.[6]

Der Tod Peters I. im Jahre 1725 bewegte ganz Europa. Als geschichtliches Ereignis aber trug er zur Vollendung eines Prozesses bei, der bereits in vollem Gange war: die in die Dutzende gehende Zahl von Publikationen, die dem Leben und Wirken des verstorbenen Zaren gewidmet waren, verbreiteten eine Fülle geschichtlicher, kultureller, sprach- und literarischer Kenntnisse über Rußland in Westeuropa und markierten die Tatsache, daß das Zarenreich zu einem konstitutiven Bestandteil des geistig-kulturellen Lebens Europas geworden war.

In der Berliner Akademie und in zahlreichen anderen deutschen wissenschaftlichen Gesellschaften war man sich darüber im klaren, daß die russische Wissenschaft und Kultur einen besonderen Stellenwert innerhalb der aufklärerischen Bestrebungen jener Zeit erhalten hatte. In richtiger Erkenntnis dieser Tatsache setzte sich die Berliner Akademie für die Übersetzung und Vermittlung lyrischer und rhetorischer Leistungen der russischen Literatur ins Deutsche ein. Johann Theodor Jablonski sorgte persönlich für die Herausgabe der Lobrede des Feofan Prokopovič auf Peter den Großen, die bei dem Berliner Verleger Haude unter dem Titel „Rußlands Thränen oder Nachricht vom Tode Peters des Großen" erschien, ebenso wie die lateinische Gedenkrede des Archimandriten Bužinskij.[7]

Die Berliner Akademie erkannte bereits in den zwanziger Jahren des 18. Jahrhunderts, daß die Kenntnis der russischen Sprache eine Schlüsselfrage der kulturellen und wissenschaftlichen Wechselbeziehungen darstellte. Da jedoch neuere Veröffentlichungen zur russischen Sprache in Petersburg noch nicht vorlagen, war man auf Behelfslösungen angewiesen. So übersetzte der bereits erwähnte Thomas Consett zwischen 1724 und 1727 die berühmte altslawische Grammatik Smotrickijs ins Lateinische, ein Buch, das bis um die Jahrhundertmitte, d. h. bis zum Erscheinen der russischen Grammatik Lomonosovs, ein richtungsweisendes Standardwerk blieb. Jablonski in Berlin erhielt die Teillieferungen der Übersetzungen kapitelweise, dennoch erfolgte keine deutsche Drucklegung, obwohl diese gemeinsame „Muttersprache" aller slawischen Völker – „omnes Rutheni, Graeci advennae et Poloni . . . nulla alia utuntur", schrieb Consett, – die gelehrte Welt in hohem Maße interessierte.[8]

Jablonski als Enkel des Comenius war bestrebt, die junge russische Literatur in das europäische aufklärerische Bewußtsein einzubeziehen. Er stand damit in der Tradition von Leibniz, der sich bekanntlich sogar um die Einrichtung einer russischsprachigen Druckerei bemüht hatte. Leibniz beabsichtigte, die Drucktypen des Amsterdamer Druckers Kopiewicz aufzukaufen. Aus einer Notiz der Hamburger „Historischen Remarques" vom Jahre 1702 geht hervor, daß „besagte Druckerei zu der von

[6] Vgl. H. Graßhoff, Iz istorii svjazej Berlinskogo obščestva nauk s Rossiej v 20-ch godach XVIII v. In: Rol' i značenie literatury XVIII veka v istorii russkoj kul'tury, Moskau-Leningrad 1966, S. 59–66.

[7] Vgl. E. Winter, Die Brüder Daniel Ernst und Johann Theodor Jablonský und Rußland. In: Acta Comeniana, XXII (1965), S. 144–147.

[8] Zentrales Archiv der Akademie der Wissenschaften der DDR, Abt. I, V, 5a, Briefwechsel der Societät mit ausländischen Korrespondenten, Bl. 88v–89.

ihrer Königlichen Mayestät in Preußen errichteten Academie des Sciences ... transportiert werden"[9] sollte. 25 Jahre später legte auch Jablonski, der Vizepräsident, dem Berliner Druckhaus Haude nahe, eine kyrillische Druckerei einzurichten. Aber weder in Berlin noch in Leipzig kam es zur Gründung einer russischen Druckerei, denn „n'-ayant personne ici parmi ceux qui poussaient y être employés"[10]. Die Berliner Sozietät verfügte also nicht über fundierte Kenner des Russischen, und selbst Leonhard Frisch, der vielseitige Polyhistor, der sich um die Erforschung der slawischen Sprachen außerordentlich verdient gemacht hatte, fühlte sich diesen Aufgaben nicht gewachsen. Die Bemühungen um die Erforschung und Verbreitung der russischen Sprache und Kultur sind bereits für die Gründerjahre der Berliner und Petersburger Akademie charakteristisch. In den nachfolgenden Jahrzehnten erfuhren sie in den Leistungen Eulers, Schlözers, Büschings u. a. auf der einen Seite und Lomonosovs, Trediakovskijs Sumarokovs u. a. auf der anderen Seite eine weitere Entfaltung. Sie bildeten fortan einen entscheidenden Charakterzug des wissenschaftlichen und kulturell-literarischen Austausches zwischen beiden gelehrten Gesellschaften. Zugleich erfolgte mit dem quantitativen Wachstum auch eine neue qualitative Entwicklung. Damit bahnte sich eine neue Epoche an, in der keine nennenswerte kulturelle Leistung der slawischen Völker in Deutschland unbeachtet blieb.

Bei der Würdigung der deutsch-russischen Wissenschaftsbeziehungen in Vergangenheit und Gegenwart können wir voller Stolz darauf verweisen, daß die Vermittlung der russischen Kultur durch die Berliner Akademie der Wissenschaften bereits eine mehr als 250jährige Tradition besitzt, die im Zeitalter des Sozialismus in den deutsch-sowjetischen Wissenschaftsbeziehungen eine grandiose Entwicklung erfahren hat.

[9] Abgedruckt bei: N. Bergius, Exercitatio Historico-Theologica de Statu Ecclesiae et Religionis Moscoviticae, 2. Aufl., Lübeck 1709, Einleitung.

[10] Vgl. H. Graßhoff, Russische Literatur im Zeitalter der Aufklärung, a. a. O., S. 83.

Karl Heinig

Zur Entwicklung der Chemie an der Berliner Akademie und ihren Beziehungen zur russischen Akademie im 18. Jahrhundert

Die Geschichte unserer Akademie der Wissenschaften und ihrer wissenschaftlichen Beziehungen zur Akademie der Wissenschaften der UdSSR bietet für den Historiker der Naturwissenschaften ein interessantes Untersuchungsgebiet. Im nachfolgenden Beitrag sollen die Anfänge der chemischen Forschung an der Akademie und die Beziehungen auf dem Gebiet der Chemie zwischen der Berliner und der Petersburger Akademie dargelegt werden.

Unter den Naturwissenschaften, die im 18. Jahrhundert besondere Bedeutung besaßen, steht die Chemie an erster Stelle, ja das 18. Jahrhundert war eigentlich in der Geschichte der Chemie die Epoche, in der sich die Chemie endgültig von der Medizin emanzipierte und zu einer selbständigen Naturwissenschaft wurde. Dieser Prozeß widerspiegelt sich auch in der Entwicklung der Chemie in der Frühzeit unserer Akademie und war bestimmend für die Aufgabenstellung an die Chemie.

Die ersten Anfänge sind bereits zu Leibniz' Zeit festzustellen, als der Bau eines chemischen Laboratoriums erwogen und ein Schreiben an Leibniz gerichtet wurde mit dem Vorschlag", wie die Societät zu dem Anfang eines Laboratorii gelangen kann, durch Verleihung eines Privilegs auf Bereitung von Scheidewasser ..."[1]

Mit der Berufung von Georg Ernst Stahl im Jahre 1716 nach Berlin als Leibarzt an den königlichen Hof kam derjenige Gelehrte nach Berlin, der als Begründer der Phlogistontheorie die Chemie im 18. Jahrhundert am maßgeblichsten beeinflußt hat. Selbst nie Mitglied der Akademie, hat er durch seinen Schüler und Nachfolger Caspar Neumann, der als erster Chemiker Mitglied der Akademie wurde, die Anfänge chemischen Arbeitens mitbestimmt.

Die Anfänge der Chemie an der Berliner Akademie wurden durch die Bedürfnisse der Medizin, besser durch die Forderung nach einer chemischen Ausbildung für zukünftige Mediziner bestimmt. Medizin und Chemie schienen dem damaligen preußischen König am förderungswürdigsten, da diese seinen militärischen Plänen am ehesten dienen konnten. Im Zusammenhang mit dem Entschluß des Königs, das medizinische und physikalische Departement zu erweitern, schrieb der damalige Präsident Gundling: „... auch ein Laboratorium soll gebauet werden, und das Haus des Hrn. Schützens dazu soll genommen werden".[2] Neumann, noch ganz im Dienste der

[1] A. Harnack, Geschichte der Königlich Preußischen Akademie der Wissenschaften zu Berlin, Berlin 1900, Bd. 1, S. 185.

[2] Ebenda, S. 231.

Medizin, bemühte sich um ein chemisches Laboratorium vor allem, um Räumlichkeiten für seine chemischen Vorlesungen und Demonstrationen zu bekommen, die er als Professor der Chemie am Collegium Medico-Chirurgicum halten mußte.

Mit Neumanns Nachfolger Johann Heinrich Pott begann in der Chemie an der Berliner Akademie die Hinwendung zu chemisch-technischen Fragen. Pott war ein hervorragender Experimentalwissenschaftler, der sich besonders mit der Erforschung des Verhaltens der festen Materie unter hohen Temperaturen beschäftigte. Seine Versuche, über die er umfangreiche Protokolle anfertigte, waren im eigentlichen Sinne Grundlagenforschung für die Berliner Porzellanmanufaktur. Pott war ein ausgesprochener Gegner einer Chemie, die nur zum Selbstzweck betrieben wurde, er wollte die Wissenschaft unmittelbar zum Nutzen der menschlichen Gesellschaft und Ökonomie anwenden.[3]

In der Akademie konnte Pott nie recht Fuß fassen, da er – eine etwas zänkische Natur – ständig mit dem Director der physikalischen Klasse, dem Arzt und Naturforscher Eller, im Streite lag, was endlich dazu führte, daß Pott sich gänzlich von der Akademie zurückzog. Höhepunkt der Chemie an der Berliner Akademie im 18. Jahrhundert war das Wirken von Andreas Sigismund Marggraf, der 1738 Mitglied der Akademie und 1760 Direktor der physikalischen Klasse wurde. Mit Marggraf vollzog sich an der Berliner Akademie die endgültige Abkehr der Chemie von der Medizin und die Etablierung einer auf Förderung der Produktivkräfte und Mehrung des ökonomischen Nutzens orientierten chemischen Forschung.

Eine Fülle von Abhandlungen aus Marggrafs Feder finden sich in den Schriften der Berliner Akademie in den Jahren 1747 bis 1779. Wie auch Pott beschäftigte sich Marggraf mit chemisch-geologischen Untersuchungen, er fand eine bequeme Methode zur Gewinnung des damals sehr begehrten Phosphors und führte das Mikroskop in die analytische Arbeit ein. Mit Hilfe des Mikroskops gelang ihm auch seine bedeutendste Entdeckung, die des Zuckers in der Runkelrübe. Diese 1747 vorgetragene Entdekkung hat bestimmt mit dazu beigetragen, daß Maupertuis 1748 schreiben konnte: „Unsere Chemiker stechen alle Chemiker Europas aus; unsere Mathematiker können es mit den Mathematikern aller anderen Akademien aufnehmen; unsere Astronomie, ausgestattet mit guten Instrumenten, fängt an sich zu entwickeln."[4] Marggraf wirkte an der Akademie in der Zeit, in der durch die Reorganisation auch für die Naturwissenschaften eine bessere Zeit gekommen schien. Endlich, nach fast drei Jahrzehnten, konnte Marggraf die Einrichtung des chemischen Laboratoriums realisieren, das schließlich 1753 eröffnet wurde. Aus den Akten der Akademie geht hervor, wie sich Marggraf bemühte, Geräte zu bestellen und das Inventar zu vervollständigen.[5]

Die Zeit, in der Marggraf als Akademiechemiker wirkte, war die, in der engere Kontakte zwischen der Berliner und der Petersburger Akademie hergestellt wurden. Entscheidenden Anteil an dieser Entwicklung hatte Leonhard Euler, der 1741 aus Petersburg an die Berliner Akademie kam und in seinen Briefen nach Petersburg auch von den chemischen Arbeiten in Berlin berichtete. Lomonosov, der sich sowohl für die Gewinnung von Zucker aus heimischen Pflanzen als auch für die Herstellung von

[3] Vgl. J. H. Pott, Chymische Untersuchungen, Berlin 1757, Vorrede.
[4] A. Harnack, a. a. O., S. 325.
[5] Archiv der Akademie der Wissenschaften der DDR. Akte Chemisches Laboratorium.

Porzellan interessierte, erfuhr aus Briefen Eulers von entsprechenden Arbeiten an der Berliner Akademie. 1747 berichtete Euler von Marggrafs Arbeiten an den Präsidenten der Petersburger Akademie und empfahl im Zusammenhang mit der Meldung, daß in Petersburg jemand aufgetaucht sei, der das Geheimnis der Porzellanherstellung kenne, man solle sich an Johann Heinrich Pott wenden, der Mitglied der Berliner Akademie und gegen eine entsprechende Belohnung bereit wäre, sein Verfahren zur Herstellung herrlicher Prozellanfiguren bekannt zu geben.[6]

Euler hatte die großen Fähigkeiten Lomonosovs als Chemiker früh erkannt und teilte deshalb der Petersburger Akademie mit, daß er der Meinung sei, Lomonosov solle sich an der Preisaufgabe auf das Jahr 1749 beteiligen, die die Entstehung des Salpeters zum Vorwurf hatte, da er nicht daran zweifele, „ob jemand darüber etwas bessres wird aufsetzen können als der Herr Lomanossow."[7]

Mit Andreas Sigismund Marggraf hatte die Chemie an der Berliner Akademie im 18. Jahrhundert ihre bedeutendste Persönlichkeit aufzuweisen. Durch seine Arbeiten war die Emanzipation der Chemie von der Medizin, die ja für das 18. Jahrhundert bezeichnend war, an der Akademie endgültig durchgesetzt. Ebenso wie vor ihm Pott, war auch er vor allem an einer ökonomischen Nutzung seiner Arbeiten interessiert. „Ökonomische Vorteile aus seinen Untersuchungen ziehen . . ."[8] war seine Absicht; leider war er nicht der Mensch, der neben seinen Arbeiten im Laboratorium gleichzeitig eine neue Industrie begründen konnte.[9] Der Entwicklung der industriellen Zuckergewinnung aus Rüben widmete sich dann Marggrafs Schüler und Nachfolger an der Akademie, Franz Karl Achard, der mit 23 Jahren bereits Akademiemitglied und mit 29 Jahren Nachfolger Marggrafs als Direktor der physikalischen Klasse wurde. Achard bemühte sich von Beginn seiner Amtszeit an, das Laboratorium zu erweitern und forderte entsprechende Mittel. Schließlich erreichte er eine Erhöhung der Mittel von 250 auf 400 Taler, keineswegs ausreichend, das Laboratorium zu unterhalten.

Der letzte Akademiechemiker im 18. Jahrhundert war Martin Heinrich Klaproth, der 1788 Mitglied der Akademie wurde und 1800 als Nachfolger von Achard, der sich ganz der Entwicklung der Zuckerindustrie widmen wollte, das Laboratorium übernahm.

Wenn auch gegen Ende des 18. Jahrhunderts der Ruhm der Berliner Chemie verblaßt war, so war dennoch das Geleistete ein wichtiger Beitrag zur Herausbildung einer selbständigen Chemie. Klaproth ließ das Laboratorium völlig erneuern und vergrößern, eigene wissenschaftliche Arbeiten, die denen der Entdeckung neuer Elemente gleichkamen, hat er nicht mehr ausgeführt. Mit der Gründung der Universität im Jahre 1810 wurde Klaproth der erste Ordinarius für Chemie und 1812 mußte die Akademie neben anderen Einrichtungen auch das Laboratorium an die Universität abgeben.[10]

Von den ersten Ansätzen zur Errichtung eines chemischen Laboratoriums an der

[6] Die Berliner und die Petersburger Akademie der Wissenschaften im Briefwechsel Leonhard Eulers, Teil 2, Berlin 1961, S. 20f.

[7] Ebenda, S. 117.

[8] Zu Marggraf vgl. A. W. v. Hofmann, Chemische Erinnerungen aus der Berliner Vergangenheit, Berlin 1882, S. 12.

[9] Ebenda, S. 13–14.

[10] Zu dieser neuen Entwicklung sei folgendes bemerkt: „Die Akademie mußte ihre wissenschaftlichen Institute an die junge Universität abgeben, zu der sie enge personelle Be-

Akademie bis zur Übernahme dieses Laboratoriums durch die Universität war ein Jahrhundert vergangen und in dieser Zeit hatte sich die Chemie an der Akademie einen anerkannten Platz errungen. Dies zu behaupten berechtigen nicht zuletzt die internationalen Kontakte der Akademiechemiker, wobei die zur Petersburger Akademie von besonderem Wert waren. War auch mit dem Tod Lomonosovs die Zeit gegenseitiger Informationen bis zum Angebot, in Berlin gefundene Verfahren zu übernehmen, zu Ende, so waren es doch bis zum Ende des 18. Jahrhunderts Berliner Akademiemitglieder, die nach Petersburg und Moskau gingen, um als Forscher und Lehrer zu wirken. Es sei hier an den Chemiker, Geologen und Mineralogen Johann Gottlieb Lehmann erinnert, der sich besonders um die Herausgabe der Schriften Marggrafs verdient gemacht und sich in Rußland vor allem um die Entwicklung der analytischen Chemie, einem Zweig der Chemie, der für die Metallurgie und Industrie überhaupt von großer Bedeutung war, bemüht hat.

Die heute sich ständig vertiefenden Kontakte und die wissenschaftliche Zusammenarbeit zwischen den Chemikern der DDR und sowjetischen Chemikern haben eine lange, ruhmreiche und progressive Tradition. Die ersten Anfänge finden wir bereits in der Frühzeit beider Akademien, wobei es natürlich in erster Linie persönliche Verbindungen zwischen den Gelehrten waren, die diese Kontakte anregten.

Nach dem ersten Jahrhundert ihres Bestehens und mit der Gründung der Berliner Universität verlagerten sich die Bestrebungen um wissenschaftliche Beziehungen von der Akademie zur Universität und später zu den wissenschaftlichen Gesellschaften. Die Achtung vor den wissenschaftlichen Leistungen zeigte sich in diesen Jahren besonders darin, daß hervorragende Gelehrte wie Mendeleev Mitglieder der Berliner Akademie oder Nernst und Haber vor dem Machtantritt des Faschismus Mitglieder der Akademie der Wissenschaften der UdSSR wurden. Gerade die heutige Zusammenarbeit sollte Anlaß sein, die ersten wenigen, aber dennoch für beide Seiten fruchtbringenden Ansätze dieser Zusammenarbeit zu erwähnen.

ziehungen hatte. Dieses enge Verhältnis von Lehre und Forschung, das bisher gefehlt hatte, förderte die Arbeit der Akademie und zugleich der Universität. Wenig förderlich war es für die Akademie, daß ihr die Verfügung über die Institute entzogen wurde. Das nahm ihr die Möglichkeit, experimentelle naturwissenschaftliche Forschung zu treiben, ein Mangel, der später sehr verhängnisvoll werden sollte." In: Die Deutsche Akademie der Wissenschaften zu Berlin 1946–1956, Berlin 1956, S. 8.

Peter Hoffmann

Deutsch-russische Beziehungen auf dem Gebiet der Geschichtswissenschaft im 18. Jahrhundert und ihre Bedeutung für die Gegenwart

Die Geistesgeschichte des 18. Jahrhunderts ist vom Rationalismus der Aufklärung bestimmt. Das gilt auch für die Geschichtswissenschaft, für die Geschichtsschreibung, die im 18. Jahrhundert die erzählend-berichtende traditionelle Chronistik überwindet und zum rationellen Bemühen um die Erkenntnis historischer Zusammenhänge vordringt. Solche Zusammenhänge wurden damals in idealistischer Weise noch als rein kausale Ursache-Wirkungszusammenhänge und fast ausschließlich in der politischen Geschichte, im Wirken hervorragender Persönlichkeiten, vor allem der Herrscher, gesucht. Aber schon damit ergaben sich für den Historiker Fragestellungen, die ihn zur Suche nach bestimmten Angaben oder Materialien veranlaßten, zur Überprüfung der Zuverlässigkeit bestimmter Überlieferungen; die ihn veranlaßten, neue Fragen zu stellen und die vorhandenen Quellen kritisch zu sichten. Diese Quellenkritik blieb anfangs rein formal auf Äußerlichkeiten beschränkt, leitete dann aber im Lauf der Zeit zu inhaltlichen, tiefergreifenden Sachkriterien über.

In der deutschen Geschichtsschreibung steht am Anfang des 18. Jahrhunderts Leibniz mit seiner Geschichte des Welfenhauses[1] und am Ende des 18. Jahrhunderts, am Übergang zum 19. Jahrhundert, steht das epochemachende Werk von Schlözer: Nestor. Russische Annalen.[2] Schlözer hat in seiner Arbeit bereits völlig neue quellenkritische Methoden angewandt, so daß seine Arbeit in einzelnen Teilen bis heute nicht überholt ist. Während Schlözers „Nestor" an der Wende zum 19. Jahrhundert sowohl für die deutsche als auch für die russische Historiographie einen wesentlichen Markstein setzte[3], stehen am Anfang der russischen Geschichtsschreibung des 18. Jahrhunderts, also der Epoche, die wir hier betrachten, Werke, die noch völlig der Chro-

[1] Vgl. W. Conze, Leibniz als Historiker, Berlin 1951; G. Scheel, Leibniz als Historiker des Welfenhauses, in: Leibniz. Sein Leben – Sein Wirken – Seine Welt, Hannover 1966, S. 227ff.

[2] A. L. v. Schlözer, Nestor. Russische Annalen in ihrer slavonischen Grundsprache verglichen, übersetzt und erklärt, Göttingen 1802–1809 (5 Bände).

[3] Vgl. A. A. Zimin, Schlözer und die russische Chronistik, in: Lomonosov – Schlözer – Pallas. Deutsch-russische Wissenschaftsbeziehungen im 18. Jahrhundert (= Quellen und Studien zur Geschichte Osteuropas XII), Berlin 1962, S. 132–137; L. Müller, Schlözer und die Nestorchronik, in: Ebenda, S. 138–149; C. Grau, Zur Stellung Tatiščevs, Lomonosovs und Schlözers in der russischen Geschichtswissenschaft, in: Ebenda, S. 150–161; L. V. Čerepnin, A. L. Šlečer i ego mesto v razvitii russkoj istoričeskoj nauki, in: Meždunarodnye svjazi Rossii v XVII–XVIII vv., Moskau 1966, S. 183ff.

nistik verhaftet sind: Das ist vor allem Mankievs „Kern der russischen Geschichte“[4]; auch noch Tatiščev in den dreißiger und vierziger Jahren hat in seiner „Istorija rossijskaja“[5] die Form der Chronistik nicht überwinden können. Der erste russische Historiker, der weit über seine Zeit hinausgriff und moderne Prinzipien einsetzte, war Lomonosov[6], ein Name, der hier in anderen Zusammenhängen schon mehrfach genannt wurde.

Im Jahre 1725 war in Petersburg die Akademie eröffnet worden. Von Anfang an gehörten dieser Akademie auch Historiker an, u. a. Theophil Siegfried Bayer als Professor und Gerhard Friedrich Müller als Adjunkt. Bayer war ein ausgewiesener Kenner der orientalischen und nordischen Sprachen. In Petersburg erforschte er die in diesen Sprachen zur Geschichte der Alten Rus' vorhandenen Quellen. Da er kein Russisch konnte, kam er auf Grund dieser einseitigen Quellenbasis zu einer sehr einseitigen Auffassung der Frühgeschichte der Rus', in der der Einfluß der Normannen stark überbetont war. Müller ist vor allem als Sammler von Quellen zur sibirischen Geschichte und Geographie bekannt geworden. In seinen Arbeiten zur russischen Geschichte ging er von der Konzeption Bayers aus, die er durch Angaben aus der russischsprachigen Überlieferung zu stützen suchte. Beide sahen – dem Wissens- und Erkenntnisstand ihrer Zeit entsprechend – die Gründung des altrussischen Staates als Schöpfungsakt von großen Persönlichkeiten, vor allem des Warägerfürsten Rjurik, an. Durch ihr umfangreiches Quellenstudium haben sich beide um die Erforschung der altrussischen Geschichte wesentliche Verdienste erworben. Da jedoch ihr Erkenntnisstand von der damaligen Entwicklung beeinflußt blieb, gelangten sie in wesentlichen Grundfragen zu einseitigen Schlußfolgerungen, die später von der nationalistischen Geschichtsschreibung vergröbert und entstellt zur Normannentheorie ausgebaut werden konnten, einer Theorie, die in der Grundtendenz den Ostslawen die Fähigkeit absprechen will, einen eigenen Staat zu gründen. Mit der notwendigen Ablehnung dieser Theorie wurden aber zeitweilig auch diejenigen unberechtigt diffamiert, die in ehrlicher wissenschaftlicher Forschung einst Materialien zur Frühgeschichte des russischen Staates zusammengetragen hatten, aber in der Interpretation unzulänglich geblieben waren.

Bayer[7] war ein ausgezeichneter Kenner nicht nur der klassischen, sondern auch der orientalischen Sprachen und der skandinavischen Überlieferung. Er sammelte systematisch alle Angaben, die er über die Frühgeschichte des russischen Staates finden konnte, sein besonderes Interesse fanden Berichte über die Züge warägischer Eroberer in russische Gebiete, vor allem in den Novgoroder Raum. Gerhard Friedrich Mül-

[4] A. I. Mankiev, Jadro rossijskoj istorii, Moskau 1770 (weitere Auflagen 1784, 1791, 1799). Dieses von G. F. Müller erstmals edierte Werk ist während des nordischen Krieges (1701–1721) in schwedischer Gefangenschaft geschrieben worden.

[5] V. N. Tatiščev, Istorija Rossijskaja, Bd. I–VII, Moskau 1962–1968 (verfaßt in den dreißiger und vierziger Jahren des 18. Jh.).

[6] Vgl. G. N. Moiseeva, Lomonosov i drevnerusskaja literatura, Leningrad 1971; P. Hoffmann, Lomonossov und Voltaire, in: Studien zur Geschichte der russischen Literatur des 18. Jh., Bd. III, Berlin 1968, S. 417ff.; ders., Lomonosov als Historiker, in: Jb. f. Gesch. d. UdSSR u. d. volksdemokratischen Länder Europas, Bd. 5, Berlin 1961, S. 361ff.; außerdem auch den in Anm. 3 genannten Beitrag von C. Grau.

[7] Vgl. L. V. Čerepnin, Russkaja istoriografija do XIX veka, Moskau 1957, S. 189ff.; S. L. Peštič, Russkaja istoriografija XVIII veka, Teil I, Leningrad 1961, S. 18ff., 195ff.

ler[8] führte diese Forschungen weiter. Er stützte seine Argumentation zusätzlich auf Angaben der russischen Chronistik, ohne jedoch dabei die Spezifik dieser Überlieferung genügend zu beachten. Die russische Überlieferung über diese frühe Zeit geht ausschließlich auf eine Quelle zurück, auf den „Načal'nyj svod", der im 12. Jahrhundert in die „Povest' vremennych let" mit eingefügt wurde.[9] Diese Überlieferung entstand in einer Zeit heftiger Auseinandersetzungen mit Byzanz, und deshalb war der Chronist bemüht, die byzantinisch-russischen Beziehungen zu bagatellisieren und zugleich alle Beziehungen in anderen Richtungen aufzuwerten, darunter auch die Beziehungen zu den Warägern, die dadurch in der Chronik übermäßig betont erscheinen. Diese einseitige Überlieferung wurde von Müller als Grundlage für seine Darstellung der Frühgeschichte des russischen Staates genommen. Zusammenfassend hat er seine Ansichten erstmals 1749 in der Schrift „Origines gentis et nominis Russorum"[10] dargelegt, die – als Festvortrag der Petersburger Akademie gedacht – auf Grund einer Stellungnahme Lomonosovs von der Akademie abgelehnt wurde. Lomonosov warf Müller nicht nur ungenügende Kenntnis der russischen Chronistik, sondern auch einseitige Auswahl ausländischer Quellen vor.[11] In seiner Argumentation verweist Lomonosov auch auf einige Probleme, die erst in unserer Zeit voll in die Forschung mit einbezogen werden konnten, u. a. auf sprachwissenschaftliche und ethnographische Probleme. In den Warägern, die nach der Chroniküberlieferung 862 nach Novgorod gekommen waren, sieht Lomonosov den Ostslawen stammesverwandte Westslawen von der Südküste der Ostsee. Unter anderem Aspekt sind die frühen[12] Verbindungen der Ostseeslawen zur Nordwest-Rus' heute wieder ein Thema der sowjetischen Forschung.

Müllers Arbeit, Lomonosovs Entgegnung und der sich daraus ergebende Meinungsstreit waren für beide der Anlaß, sich eingehender mit den aufgeworfenen Fragen zu beschäftigen, nach weiteren Quellenbelegen zu suchen, die Interpretation der bekannten Aussagen zu prüfen. Lomonosov legte in seiner 1766 postum veröffentlichten „Drevnjaja rossijskaja istorija"[13] seine Gedanken zusammenfassend dar; Müller hat 1761 in der „Kurzgefaßten Nachricht von dem Ursprunge der Stadt Nowgorod und der Russen überhaupt"[14] und dann noch einmal 1782 in der „Abhandlung von den Völkern, welche von Alters her in Rußland gewohnt haben"[15] seine ursprünglichen Darlegungen

[8] Vgl. P. Hoffmann, Gerhard Friedrich Müller, in: Zeitschrift f. Slawistik III (1958), S. 771–776; Peštič, a. a. O., Bd. II, Leningrad 1965, S. 210ff.; G. F. Miller, Istorija Sibiri, Bd. I, II, Moskau 1937, 1940.

[9] Vgl. D. S. Lichačev, Russkie letopisi, Moskau/Leningrad 1947, S. 38ff.

[10] G. F. Müller, Origines gentis et nominis Russorum, Petersburg 1749; Nachdruck in: Allgemeine historische Bibliothek, hg. v. J. Ch. Gatterer, Bd. V, Halle 1768, S. 283ff.

[11] Vgl. M. V. Lomonosov, Polnoe sobranie sočinenij, Bd. VI, Moskau/Leningrad 1952, S. 17ff.; vgl. Kommentar, S. 546ff.

[12] Vgl. V. B. Vilinbachov, Ostseeslaven und Rus' als Problem der neuesten Forschung, in: Jb. f. Gesch. d. sozialistischen Länder Europas, Bd. 21/1 (im Druck).

[13] Lomonosov, a. a. O., S. 163ff., Kommentar, S. 572ff.; dt. Ausgabe: Alte russische Geschichte, Riga, Leipzig 1768.

[14] G. F. Müller, Kurzgefaßte Nachricht von dem Ursprunge der Stadt Nowgorod und der Russen überhaupt, in: Sammlung Russischer Geschichte, Bd. V, 5. und 6. Stück, Petersburg 1761.

[15] G. F. Müller, Abhandlung von den Völkern, welche vor Alters in Rußland gewohnt haben, in: A. F. Büschings Magazin für die neue Historie und Geographie, Bd. 16, Halle

erweitert und korrigiert, wobei er Gedanken Lomonosovs mit übernahm. Später hat Schlözer mit seinem bereits erwähnten Werk „Nestor. Russische Annalen" diese Untersuchungen weiter fortgeführt.

Aber auch noch Schlözers wissenschaftliches Instrumentarium, das bereits vergleichende Sprachwissenschaft, Toponymik u. a. mit einbezog, war nicht ausreichend, um die immer wieder neu gestellte Frage nach dem Ursprung des altrussischen Staates überzeugend und eindeutig zu beantworten. Diese Frage war auch von idealistischen Positionen aus nicht zu lösen. Die Staatsgründung kann nicht als einmaliger Akt losgelöst von sozialökonomischen Faktoren betrachtet werden. Damit wird aber auch der Gegensatz zwischen den Normannisten und Antinormannisten des 18. Jahrhunderts wie Bayer, Tatiščev, Müller, Schlözer einerseits und Lomonosov andererseits vom marxistischen Standpunkt aus bedeutungslos. Nicht verkannt werden darf dabei aber, daß sich bei Lomonosov bereits Ansätze zu einem tieferen Verständnis des Entstehens eines Staates bei den Ostslawen finden, die in einigen Punkten bereits zu unseren heutigen Vorstellungen hinleiten.

So beginnt Lomonosov seine Darstellung der Frühgeschichte des altrussischen Staates nicht mit der „Berufung der Waräger", sondern diese „Berufung" ist für ihn nur ein Fakt in einer viel weiter zurückreichenden Darstellung. Mit dem Aufkommen des bürgerlichen Nationalismus im 19. Jahrhundert sowohl in Deutschland als auch in Rußland erhielt die ursprünglich weitgehend wissenschaftlich-akademische Auseinandersetzung um das Entstehen des altrussischen Staates politische Akzente, die von der an der Wende zum 20. Jahrhundert sich entwickelnden „Ostforschung" dazu benutzt wurden, eine Minderwertigkeit der Slawen zu konstatieren.

Während im 18. und auch noch im 19. Jahrhundert die Diskussion um die Normannenfrage dazu beitrug, Fragen der Entstehung des altrussischen Staates gründlicher zu erfassen, das Quellenmaterial neu zu sichten und zu ergänzen, also die historische Forschung insgesamt voranzubringen, verlor sich in den politischen Auseinandersetzungen seit Beginn unseres Jahrhunderts diese wissenschaftliche Zielsetzung. Von der deutschen imperialistischen Forschung wurde Lomonosovs Wirken ignoriert, von der russischen antinormannistischen Geschichtsschreibung wurden Bayer, Müller, Schlözer als Feinde des russischen Volkes diffamiert. Beide Extrembeurteilungen sind unwissenschaftlich, weil sie eigene einseitige Auffassungen als Grundlage und Maßstab für Wertungen nehmen.

Gerade die sowjetische Forschung der letzten beiden Jahrzehnte[16] hat die große Bedeutung des Wirkens solcher Historiker wie Bayer, Müller und Schlözer für die Entwicklung der Geschichtswissenschaft in Rußland betont, zugleich aber auch dem genialen Schaffen Lomonosovs die gerechte Würdigung widerfahren lassen, ein Schaffen, das ohne die Auseinandersetzungen mit den „Normannisten" seiner Zeit nicht denkbar gewesen wäre.

Heute haben diese Fragen, die nach wie vor die Forschung bewegen, einen anderen

1782, S. 287ff.; vgl. zu dieser Problematik: P. Hoffmann, Lomonosovs Bedeutung für die Erforschung der alten russischen Geschichte, in: Lomonosov – Schlözer – Pallas, a. a. O., S. 58f.

[16] Vgl. außer den in Anm. 7 genannten Arbeiten von Čerepnin und Peštič: Istoriografija istorii SSSR s drevnejšich vremen do Velikoj Oktjabr'skoj Socialističeskoj revoljucii, hg. V. E. Illerickij und I. A. Kudrjavcev, 2. Auflage, Moskau 1971.

Charakter erhalten. Mit der Durchsetzung der materialistischen Geschichtsauffassung sind die inneren sozialökonomischen Faktoren in den Vordergrund getreten; die Normannentheorie wurde zu einer heute nur noch von der bürgerlich-imperialistischen Geschichtsschreibung vertretenen Auffassung, mit der wir die Polemik als ideologischen Kampf im Rahmen der weltweiten Auseinandersetzung zwischen der überlebten bürgerlichen Ideologie und der marxistischen Weltanschauung führen.[17]

Aus der Problematik deutsch-russischer Wissenschaftsbeziehungen im 18. Jahrhundert habe ich einen Problemkreis herausgegriffen, der bis in unsere Gegenwart hinein seine Aktualität behalten hat. Solche Probleme gibt es nur wenige, aber wir sind uns doch bewußt, daß gerade in der historischen Forschung viele Probleme, die für uns heute als gelöst gelten, erstmalig im 18. Jahrhundert wissenschaftlich aufgegriffen wurden, und für die russische Geschichte sehr viele dieser Fragen in einer echten deutsch-russischen Gemeinschaftsarbeit angefaßt wurden. Wir bauen heute auf den damals erreichten Ergebnissen auf, führen die damals begründeten Traditionen auf neuen Grundlagen in enger Kooperation mit unseren sowjetischen Freunden fort, wir greifen neue, von unserer Gegenwart gestellte Fragen auf.

[17] Vgl. I. P. Šaskol'skij, Die Normannentheorie in der sowjetischen Geschichtsschreibung, in: Jb. f. Gesch. d. sozialistischen Länder Europas, Bd. 21/1, (im Druck); ders., Die Normannentheorie in der modernen bürgerlichen Geschichtsschreibung, in: Sowjetwissenschaft, Gesellschaftswissenschaftliche Beiträge, 1960, Heft 9, S. 993ff.

Hans-Heinrich Müller

Deutsche Teilnehmer an den Preisaufgaben der Freien Ökonomischen Gesellschaft in St. Petersburg im 18. Jahrhundert

Wenn wir den Traditionen der Akademie- und Wissenschaftsbeziehungen nachspüren, dann sollten wir auch einer Einrichtung gedenken, die im 18. Jahrhundert eine hohe Bedeutung besaß: die Preisaufgaben oder Preisfragen der Akademien und ökonomischen Gesellschaften.

Untrennbarer Bestandteil eines Akademiestatutes, waren die Preisaufgaben gewissermaßen eine Form öffentlicher Grundlagenforschung. Sie wurden jährlich verkündet und allen Bereichen der Wissenschaft entnommen. Sie waren ein Gradmesser erreichter Erkenntnisstufen und bewegender Probleme. Sie zeigten an, wo die wahren Interessen der Akademien und Gesellschaften lagen und wo man bereit war, die wissenschaftlichen Kräfte zu konzentrieren. Sie bildeten, wie Harnack, der Biograph der Preußischen Akademie, es einmal treffend umriß, „das direkte und eigentliche Mittel, den Fortschritt der Wissenschaft im Großen zu befördern und in richtigen Bahnen zu halten", sie „waren gleichsam die Hebel, mit denen Jahr um Jahr die verschiedenen Wissenschaften um eine Stufe gehoben werden sollten, und sie hatten daneben eine universale und verbindende Bedeutung".[1]

Mit den Preisfragen stellten sich die wissenschaftlichen Akademien des 18. Jahrhunderts der gesamten gelehrten Welt. Sie bildeten ein wichtiges Kriterium für die wissenschaftliche Bedeutung der Akademie oder der Gesellschaft und für den Widerhall, den sie in der Öffentlichkeit gefunden hatte.

Bleibt noch zu erwähnen, daß die wissenschaftsorganisatorische Funktion der Preisaufgaben auch eine personelle Seite hatte: Da sich jedermann beteiligen konnte, regten sie insbesondere den kritischen Geist jüngerer Wissenschaftler an und halfen so, hoffnungsvolle Talente zu entdecken und zu fördern, ohne Rücksicht auf Herkunft und Stand. Die Akademie jedoch dürfte beim Prüfen aller Einsendungen ungezählte Anregungen empfangen haben, die für ihre weitere Arbeit ganz gewiß von Wert waren. Vermutlich konnte sie auf keinem wohlfeileren Weg zu so umfangreichem Material kommen.

Der Widerhall der Berliner Preisaufgaben wurde auch in Rußland vernommen. Es war beispielsweise die 1749 verkündete Aufgabe „Über die Entstehung und Natur des Salpeters", die M. V. Lomonosov, den ersten russischen Gelehrten von Weltrang, reizte, sich an dem wissenschaftlichen Wettbewerb zu beteiligen.

[1] A. Harnack, Geschichte der Königlich Preußischen Akademie der Wissenschaften zu Berlin, Bd. 1, Berlin 1900, S. 396.

Als man diese naturwissenschaftliche Preisaufgabe verkündete, hatte man sich an der Berliner Akademie auch von unmittelbaren gesellschaftlichen Bedürfnissen leiten lassen. Man erhoffte sich neben aufschlußreichen naturwissenschaftlichen Erkenntnissen auch Vorschläge zur Verbesserung und Steigerung der Salpetergewinnung. An Salpeter, dem wichtigsten Rohstoff für Schieß- und Sprengpulver, für Farbstoffe und Metallbeizmittel, mangelte es in Preußen, denn die Friderizianischen Kriege, aber auch die sich entwickelnden Textilmanufakturen hatten den Bedarf sprunghaft anwachsen lassen.

Lomonosov erhielt keinen Preis, da seine Schrift nicht unmittelbar im Sinne der gestellten Aufgabe produktionsfördernd wirkte. Aber während die gekrönte Schrift, die ein Arzt aus Mansfeld verfaßt hatte, der Vergessenheit anheimfiel, nicht zuletzt weil den darin unterbreiteten Vorschlägen ein Erfolg versagt blieb, hat Lomonosovs Preisschrift in der Wissenschaftsgeschichte einen bleibenden Platz gefunden.

In dieser Schrift forderte Lomonosov, mathematische Prinzipien in der Chemie anzuwenden, chemische Veränderungen mittels physikalischer Gesetze zu erklären, die Bedeutung der von ihm begründeten „physikalischen Chemie" anzuerkennen, zeigte er darin sehr anschaulich seine auf materialistischer Grundlage aufbauenden atomar-molekularen Strukturvorstellungen der Materie. Erlauben Sie mir, jene berühmte Stelle aus dem Vorbericht seiner Berliner Preisschrift vorzutragen, aus der wir so gut die zukunftsträchtige Bedeutung der „physikalischen Chemie" ersehen können, aus der hervorgeht, wie Lomonosov die Chemie als logische und strenge Wissenschaft begreift:

„Wir zweifeln nicht", schreibt Lomonosov, „daß nach Vereinigung der physikalischen und chemischen Wahrheiten wir erfolgreicher die verborgene Natur der Körper erkennen werden. Werden wir dann alle chemischen Wahrheiten in strengere gegenseitige Abhängigkeiten setzen, so daß man sehen kann, wie weit eine Wahrheit aus der anderen folgt oder durch sie erklärt wird, so wird eine solche Wissenschaft Chemie sein, und es wird klar werden, was der Chemie andere Wissenschaften gegeben haben, und inwieweit sie selbst imstande sein wird, ihnen ihrerseits Dienste zu leisten. Danach wird diese Wissenschaft würdig sein, unter den physikalischen Wissenschaften einen gebührenden Platz einzunehmen." [2]

Mir ist nicht bekannt, ob sich deutsche Gelehrte an Preisaufgaben der Petersburger Akademie der Wissenschaften beteiligt haben. Um so mehr aber stiegen deutsche Gelehrte und Ökonomen in die Arena, wenn die Freie Ökonomische Gesellschaft zu Petersburg zum akademischen Wettkampf rief.

Die Freie Ökonomische Gesellschaft wurde 1765 gegründet. Sie war Ausdruck der Politik des aufgeklärten Absolutismus Katharinas II., sie war ebenso Bestandteil einer europäischen Bewegung, die seit etwa der Mitte des 18. Jahrhunderts einsetzte und sich in zahlreichen ökonomischen Sozietäten widerspiegelte. Bis 1765 hatten sich bereits 64 ökonomische Gesellschaften in den verschiedensten europäischen Ländern etabliert, und bis 1800 gesellten sich weitere 160 zu den schon bestehenden Gesellschaften, wenngleich zu beachten ist, daß ihre Lebensdauer äußerst unterschiedlich

2 Zit. nach: Physikalisch-chemische Abhandlungen M. W. Lomonossows 1741–1752. Hg. v. B. N. Menschutkin und Max Speter, Leipzig 1910, S. 57 = Ostwalds Klassiker der exakten Wissenschaften, Nr. 178.

war. Die Freie Ökonomische Gesellschaft jedoch gehörte zu den langlebigsten. Sie erlosch erst 1917.

In diesen ökonomischen Sozietäten fand, um mit Engels zu sprechen, die Revolutionierung der „Ökonomie" im Zusammenhang mit der „Revolution des 18. Jahrhunderts", deren Klasseninhalt sich in den neuen gesellschaftlichen Systemen widerspiegelte, ihren Widerhall. Die „Ökonomie", von der hier die Rede ist, war in der Regel landwirtschaftlicher Natur. Und im Mittelpunkt der Freien Ökonomischen Gesellschaft stand ebenfalls die Agrarfrage. Diese ergab sich aus der einsetzenden Entwicklung der Produktivkräfte in der Landwirtschaft, die ihrerseits durch physiokratische und englische kapitalistische Lehren beeinflußt wurde; sie ergab sich aus der zunehmenden Warenproduktion, den anwachsenden Ware-Geld-Beziehungen, die das Interesse der feudalen Gutsherren an einer Erhöhung der Produktivität ihrer Güter steigerten, wie auch versucht wurde, all diese neuen ökonomischen Erscheinungen in Übereinstimmung mit den herrschenden Leibeigenschaftsverhältnissen zu bringen.

Diese ökonomischen Prozesse wurden von der Freien Ökonomischen Gesellschaft wirkungsvoll unterstützt. Sie verbreitete in ihren Publikationen, vor allem in den „Trudy", landwirtschaftliche und technische Kenntnisse und regte Gutsherren und Wissenschaftler in vielfältiger Weise zur Beschäftigung mit landwirtschaftlichen Problemen an. Die russische Regierung unterstützte die Freie Ökonomische Gesellschaft mit jährlich 5000 Rubel. Die große Zahl der deutschen Mitglieder und der Mitarbeiter aus Deutschland spricht dabei für die große Anziehungskraft der Freien Ökonomischen Gesellschaft und darüber hinaus Rußlands auf deutsche Gelehrte und Ökonomen. Beckmann, Burgsdorf, Ferber, Gleditsch, Krünitz, Leske, Friedrich v. Müller, Schirach, um nur einige bekannte deutsche Namen zu nennen, gehörten der Petersburger Gesellschaft an.[3]

In diesem Zusammenhang wollen wir auch erwähnen, daß zahlreiche Mitglieder der Petersburger Akademie der Wissenschaften im Dienste der Freien Ökonomischen Gesellschaft standen, tatkräftig in ihr gewirkt haben und auf diese Weise eine wohl nützliche Zusammenarbeit zwischen der Akademie und der ökonomischen Gesellschaft pflegten. Unter den in der Freien Ökonomischen Gesellschaft wirkenden Mitgliedern der Petersburger Akademie waren ebenfalls hervorragende deutsche Gelehrte zu finden. Ich nenne hier nur Leonhard und Albrecht Euler, Samuel Gottlieb Gmelin, Johann Gottlieb Georgi und Franz Johann Herrmann.[4]

Um die Entwicklung der Produktivkräfte anzuregen, verkündete die Freie Ökonomische Gesellschaft auch zahlreiche Preisaufgaben. Und die Aufgaben fanden ihre entsprechenden Bearbeiter. Deutsche Landwirte und Gelehrte verfolgten mit größter Aufmerksamkeit die verkündeten Themen und nahmen dazu Stellung. Mancher von ihnen konnte die begehrte Preismedaille oder andere Auszeichnungen davontragen. So erhielt zum Beispiel ein gewisser G. G. Schmundt im Jahre 1787 das sogenannte Accessit, eine ehrenvolle Erwähnung, für die Bearbeitung der Aufgabe über die Fütterung und Pflege der Milchkühe.[5]

[3] Vgl. H. Mohrmann, Studien über russisch-deutsche Begegnungen in der Wirtschaftswissenschaft, Berlin 1959, S. 110ff.

[4] Ebenda, S. 111ff.

[5] G. G. Schmundt, Preisschrift: eine Beantwortung der von der freien ökonomischen Gesellschaft zu Petersburg aufgegebenen Frage, betreffend die Fütterung und Pflege der melkenden Kühe, welche von derselben das Accessit erhalten, Berlin 1787.

Die praktische und theoretische Arbeit der Freien Ökonomischen Gesellschaft mit landwirtschaftlichen Problemen stieß dabei recht schnell auf die Hauptaufgabe, zu deren Lösung die gesellschaftliche Entwicklung hindrängte. Schon 1766 setzte sie einen Preis von 100 Dukaten und eine Medaille von 25 Dukaten für die beste Beantwortung der Frage aus: „Ist es dem gemeinen Wesen nützlicher, daß der Bauer Land, oder, daß er bloß bewegliches Eigentum habe? Und wieweit kann sich sein Recht auf das eine oder andere erstrecken?"

Es war zweifellos ein eminent wichtiges Problem und in einem feudal-absolutistischen Staat zugleich ein „heißes Eisen", das hiermit aufgeworfen wurde. Das Interesse aber an dieser Preisaufgabe war riesengroß. Wie groß es war, kann man daran ermessen, daß der Gesellschaft 164 Schriften zugesandt worden sind, es war eine Zahl, die meines Wissens bei keiner anderen Preisfrage irgendeiner Akademie oder Gesellschaft auch nur im entferntesten erreicht worden ist. Auch das ist ein Beweis für die große Ausstrahlungskraft der Freien Ökonomischen Gesellschaft in Rußland und in den europäischen Ländern.

Die größte Zahl der Einsendungen, und zwar 129, stammten aus deutschen Federn, die übrigen kamen aus Frankreich, Schweden, Italien, Holland, Böhmen, Polen und Rußland. Die Antworten sind, soweit sie noch erhalten sind, eine einzigartige Dokumentierung der herrschenden gesellschaftlichen und wirtschaftlichen Anschauungen, des erreichten wissenschaftlichen und gesellschaftlichen Erkenntnisstandes jener Zeit. Sie sind vor allem aber hervorragende Zeugnisse für die wachsende Kritik an der Leibeigenschaft unter den feudalen Verhältnissen der damaligen Zeit.

Unter den Preisschriften, die sich durch ihre fortschrittliche Gesinnung, ihre Parteinahme für die ausgebeuteten Bauern auszeichneten, wenn auch nur im Rahmen der Forderungen bürgerlicher Aufklärung, ragen die Arbeiten von Aleksej Polenov und Aleksandrovs hervor. Ihre eingehende Analyse hat kürzlich Erich Donnert vorgenommen und ich verweise auf seine Untersuchung.[6] Nur soviel wäre anzumerken, daß Polenov und Aleksandrov keinen Preis erhielten. Polenovs Vorschläge, etwa daß die Bauern die volle Verfügungsgewalt über ihr bewegliches Eigentum und genügend Land im erblichen Besitz haben sollen, gingen der herrschenden Klasse zu weit. Selbst nach einer Umarbeitung, in der Polenov seine Darstellung erheblich milderte, verbot die zaristische Zensur die Veröffentlichung der Preisschrift. Sie wurde bekanntlich erst hundert Jahre später gedruckt.

Wie schon erwähnt, stammte eine große Zahl von Einsendungen von deutschen Ökonomen und Gelehrten. Einige von ihnen erhielten eine Auszeichnung. Ein gewisser P. E. V. Merkel, vermutlich aus der Leipziger Gegend, ein gewisser v. Heß, wahrscheinich in der Nähe von Hamburg zu Hause, erhielten das sogenannte Accessit.[7]

[6] Vgl. E. Donnert, Aleksej Ja. Polenov und die russischen Preisschriften der Petersburger Freien Ökonomischen Gesellschaft der Jahre 1766–1768, in: Jahrbuch für Geschichte der sozialistischen Länder Europas, Bd. 17/2, S. 195ff; derselbe, Zum Wirken der Petersburger Freien Ökonomischen Gesellschaft in der zweiten Hälfte des 18. Jh., in: Ebenda, Bd. 17/1, S. 161ff.

[7] Vgl. v. Heß, Gedanken über die Preisfrage der ökonomischen Gesellschaft in Petersburg: Ist es dem gemeinen Wesen vorteilhafter und nützlicher, daß der Bauer Land oder nur bewegliche Güter besitze, und wieweit soll sich das Recht des Bauern auf dieses Eigentum erstrecken, daß es am nützlichsten für das gemeine Wesen sei, Hamburg 1767; E. J.

Auch unter den deutschen Schriften gab es einige, die sich durch ihre fortschrittliche Gesinnung auszeichneten. Lassen Sie mich aus einer Preisschrift kurz zitieren, in der der Verfasser für das bäuerliche Eigentum eintritt:

„Ein Reich, darin die Landleute bisher nichts Eigenes an liegenden Gütern haben, muß gleich eine ganz andere Gestalt gewinnen, sobald man ihnen dergleichen in Besitz gibt. Das einzige Wort Eigentum wird so mächtig sein, daß Millionen Bauern wie aus einem Schlummer erwachen, ihrer angebornen Trägheit mit einmal gute Nacht geben und ganz andere Menschen sein werden. Der einzige Gedanke: der Acker gehört Dir zu, von nun arbeitest du für dich und für deine Kinder, alle Verbesserungen, die du auf deinem Felde vornimmst, hast du und deine Nachkommen zu genießen, niemand kann und wird dich aus dem Besitz deines Eigentums verstoßen, du hast die Mittel in Händen, wohlhabender zu werden, als du jetzt bist, dieser Gedanke, sage ich, wird mit einmal alles in Bewegung setzen. Ein frohes Getümmel wird allenthalben entstehen, und der Geist des Fleißes und der Arbeitsamkeit wird sich schnell über die ganze Nation verbreiten. Wer will, wer kann, wer darf hier noch einen Augenblick zweifeln, daß nicht die Landwirtschaft bald in Aufnahme kommen und bald zum Besten des Staates sich in der blühendsten Gestalt darstellen würde?“[8]

Wer will bestreiten, daß hier nicht bemerkenswerte Erkenntnisse, Gedanken von bürgerlichem Niveau und Bewußtsein zur Sprache gebracht wurden? Der Verfasser begreift sehr gut, daß die Umwandlung eines feudalabhängigen, leibeigenen Bauern in einen freien Eigentümer mächtige produktive Potenzen freisetzt. Und damit das bäuerliche Eigentum auch erhalten bleibe, so fährt er fort, darf der Bauer auf keinem Fall mit höheren Abgaben belegt werden, wie er auch in seiner Preisschrift ernsthafte Zweifel an der gutsherrlichen Wirtschaft anmeldet, indem er feststellt, daß die „Gutswirtschaft nicht die beste Art der Bewirtschaftung“ sei.

Wir haben bei dieser Preisschrift – und nicht nur bei dieser – zu fragen, ob der Verfasser die Aufgabe der Freien Ökonomischen Gesellschaft benutzte, um nicht nur seine Auffassung zu der russischen Ökonomik darzulegen, sondern um auch an den feudalen Verhältnissen in Preußen Kritik zu üben, denn bekanntlich standen die feudalen Produktionsverhältnisse in Preußen einer Entwicklung der landwirtschaftlichen Produktivkräfte ebenfalls ernsthaft im Wege.

Als dieser Verfasser seine Schrift abfaßte, die dann 1768 in Berlin gedruckt wurde, war er ein aufgeschlossener Geistlicher, Pächter einer märkischen Gutsherrschaft, der englische Produktionsmethoden anwandte und das von ihm bewirtschaftete Gut erheblich im Wert steigerte. Sein Name war Johann Christoph Wöllner.[9]

Meck, Preisschrift wegen der eigentümlichen Besitzungen der Bauern; die bei der ökonomischen Gesellschaft in Petersburg das Accessit erhalten, Riga 1772; J. C. Lüdeke, Vorschläge zur Verbesserung der Bauernhöfe, Berlin 1774; P. E. V. Merkel, Politische und cameralistische Auflösung der Preisfrage der Petersburger ökonomischen Gesellschaft: Ist es dem gemeinen Wesen vorteilhafter, daß der Bauer Land oder nur bewegliche Güter besitze . . ., Leipzig 1768; Versuch einer Abhandlung vom Eigentum der Bauern, nach Anleitung einer Frage, Riga 1770.

8 J. Ch. Wöllner, Preisschrift wegen der eigentümlichen Besitzungen der Bauern, welche bei der russisch-kaiserlichen freien ökonomischen Gesellschaft zu St. Petersburg das Accessit erhalten, Berlin 1768, S. 15.

9 Über Wöllner vgl. H.-H. Müller, Akademie und Wirtschaft im 18. Jahrhundert. Agrar-

Doch zugleich haben wir festzuhalten, daß Wöllner all seine fortschrittlichen Gedanken, die er in der Petersburger Preisschrift entwickelt hatte, verleugnete, als er zwanzig Jahre später einflußreicher Minister Preußens wurde, da er sich nur als Kämpfer gegen die Aufklärung, als Verfechter der absolutistisch-theologischen Orthodoxie in Gunst und Macht behaupten konnte.

Aber als er mit dem Regierungsantritt Friedrich Wilhelms III. entlassen wurde, hob er die Erbuntertänigkeit der Bauern auf seiner Gutsherrschaft auf und verwirklichte wenigstens hier das, was er in seiner Preisschrift so leidenschaftlich verfochten hatte. In ihm verkörperte sich geradezu in ausgeprägter Weise der untergehende Feudalismus, in dem sich die widersprechendsten Tendenzen durchkreuzten.

Und auch in Rußland wurde die Agrarfrage, die in der Preisfrage der Freien Ökonomischen Gesellschaft von 1766 zur Debatte gestellt wurde, auf hundert Jahre vertagt, nachdem der gegen Leibeigenschaft und Adelsherrschaft gerichtete Bauernaufstand unter Führung von Pugačev durch die zaristischen Truppen blutig niedergeschlagen worden war. Doch die antileibeigenschaftlichen und antifeudalen Gedanken, die durch diese Preisaufgabe geweckt worden sind und an der sich so zahlreich deutsche Landwirte und Gelehrte beteiligt hatten, sind seitdem nie mehr verstummt.

ökonomische Preisaufgaben und Preisschriften der Preußischen Akademie der Wissenschaften, Berlin 1975, S. 96ff. (= Studien zur Geschichte der Akademie der Wissenschaften der DDR, Bd. 3).

Helga Eichler

Die Berliner Akademie der Wissenschaften zur Rohstoff- und Energieproblematik im 18. Jahrhundert

Die Berliner Akademie der Wissenschaften hat sich in ihrer vielseitigen und umfassenden wissenschaftlichen Tätigkeit im 18. Jahrhundert auch mit Grundproblemen der Produktivkräfte dieser Zeit beschäftigt.[1] Sie hat sich zahlreichen Problemen der Rohstoffversorgung des Landes gewidmet und sich mit Energiefragen der Manufakturperiode befaßt.

Bekannt sind die Bemühungen der Berliner Akademie um die Förderung des landeseigenen Seidenbaus (insbesondere durch Joh. Leonh. Frisch), erwähnenswert die zahlreichen Experimente des Botanikers Joh. Gottlieb Gleditsch zur Herstellung von Ersatzrohstoffen für die Papierproduktion und seine Anstrengungen zur Gewinnung einer künstlichen Baumwolle. Auf der Suche nach neuen mineralischen Rohstoffen entwickelte sich in der 2. Hälfte des 18. Jahrhunderts eine äußerst fruchtbare Zusammenarbeit zwischen deutschen und russischen Chemikern[2]. Hingewiesen sei in diesem Zusammenhang auf die Forschungen des deutschen Geologen, Mineralogen und Chemikers Joh. Gottlieb Lehmann und die des Petersburger Akademiemitgliedes Tobias Lowitz über chromhaltiges Bleierz; erwähnt seien u. a. auch die Arbeiten Marggrafs und Lomonosovs über den zur Schießpulverherstellung notwendigen Rohstoff Salpeter. Das Interesse der Berliner Akademie richtete sich auch auf den Rohstoff Holz.

Holz war im vorindustriellen Zeitalter der wichtigste zur Befriedigung der mannigfachen Kulturbedürfnisse dienende Rohstoff. Aus Holz wurden Geräte und Werkzeuge hergestellt, Häuser gebaut, Brücken, Wagen und Schiffe gefertigt. Holz bildete den Ausgangspunkt für nahezu alle Gewerbe. Es war Roh- und Hilfsstoff, Baumaterial und Feuerungsmittel. Die Textilproduktion, die Metallgewinnung und -verarbeitung

[1] Vgl. hierzu: H.-H. Müller, Akademie und Wirtschaft im 18. Jahrhundert. Agrarökonomische Preisaufgaben und Preisschriften der Preußischen Akademie der Wissenschaften (Versuch, Tendenzen und Überblick), Berlin 1975; H. Eichler, Die Preußische Akademie der Wissenschaften zwischen 1740 und 1812 – unter besonderer Berücksichtigung ihrer Bedeutung für die Entwicklung der gewerblichen Produktivkräfte. Phil. Diss., Berlin 1974.

[2] Vgl. insbes. N. A. Figurovskij, Aus der Geschichte wissenschaftlicher Begegnung und Zusammenarbeit deutscher und russischer Chemiker im 18. Jahrhundert, in: Die deutsch-russische Begegnung und Leonhard Euler. Beiträge zu den Beziehungen zwischen der deutschen und der russischen Wissenschaft und Kultur im 18. Jahrhundert. Hrsg. in Verb. mit P. N. Berkov, N. A. Figurovskij und V. P. Zubov von E. Winter, Berlin 1958, S. 49ff.

bedurften seiner, die Glasherstellung und die Papierproduktion, die Holzverarbeitung, die Gerberei, die chemischen Gewerbe benötigten Holz, ja selbst in der Nahrungsmittelverarbeitung war Holz als Brennstoff notwendig. Unverhältnismäßig groß war der Holzbedarf bei den dazumal verbreiteten Produktionsverfahren in der Eisenverhüttung (zur Gewinnung einer Tonne Eisen wurden vier Klafter Holz aufgewandt). Holzknappheit entstand vor allem dort, wo die Eisenhüttenindustrie sich ausdehnte. Seit dem 17. Jahrhundert nahm die Entwaldung Europas einen beängstigenden Umfang an. In der 2. Hälfte des 18. Jahrhunderts war der Holzmangel geradezu eine Frage der europäischen Kultur. In England stellte sich diese Frage am dringlichsten. Dieses ökonomisch am weitesten entwickelte Land war faktisch waldlos. Der natürliche Rohstoff Holz ließ sich nicht beliebig vermehren. Die Weiterentwicklung der Wirtschaft verlangte einen Ausweg, der sich zuerst in England seit den 60er Jahren des 18. Jahrhunderts in der Eisenverhüttung mittels einheimischer Steinkohle fand. Die quantitative Ausdehnung der Eisengewinnungs- und -verarbeitungseinrichtungen und das Anwachsen anderer Gewerbezweige verminderten auch in Preußen den Waldbestand beträchtlich. Der Wald fiel umfangreichen Rodungen zum Opfer. Schwere Schäden wurden ihm auch durch die kriegerischen Ereignisse zugefügt. Die zunehmende Holzarmut veranlaßte den absolutistischen Staat, den Holzverbrauch durch Verordnungen und Maßnahmen gewaltsam einzuschränken. Unmittelbar nach dem Siebenjährigen Krieg wurde daher die Akademie vom preußischen Staat angehalten, die Öffentlichkeit mittels Preisfragen auf das Problem der Holzknappheit eindringlich hinzuweisen und Abhilfevorschläge zu ermitteln. Die von 1764 bis 1766 auf Geheiß des preußischen Generaldirektoriums von der Berliner Akademie veröffentlichten Preisfragen wurden jedoch von vornherein darauf zugeschnitten, Möglichkeiten zur Holzeinsparung durch verbesserte Öfen zu finden. Damit orientierte die Behörde in erster Linie auf den privaten Verbrauch und auf die Einsparung von Holz als Brennstoff, nicht aber auf eine grundsätzliche Lösung des Problems, wie sie im kapitalistischen England zur gleichen Zeit gesucht und auch gefunden wurde. Der für den Fortschritt der gewerblichen Produktion wesentlich wichtigere Gesichtspunkt der Einsparung von Holz als Rohstoff und die Frage nach dem Ersatz von Holz- durch Steinkohlenfeuerung blieben bei einer solchen Fragestellung unberücksichtigt. Interessante Gedanken mancher Preisschrift über Ursachen des Holzmangels und Möglichkeiten seiner Beseitigung durch die Entwicklung und Verwendung anderer Rohstoffe sind nicht beachtet worden. So ist der eine oder andere in die Zukunft weisende Vorschlag unberücksichtigt geblieben. Zwar war die Akademie bei außerordentlichen Preisfragen eng an das Diktat der Regierung gebunden, doch scheint sie bei der Lösung dieses für die Entwicklung der Wirtschaft dringenden Problems auch nicht weitsichtig genug gewesen zu sein. Sie verblieb hier im Traditionellen, Herkömmlichen, während die Wirtschaft und die Entwicklung der Produktivkräfte allgemein historisch längst nach radikalen, umwälzenden Lösungen verlangten. Unter den zurückgebliebenen gesellschaftlichen und ökonomischen Verhältnissen in Preußen waren von der Akademie auch keine umwälzenden Neuerungen zu erwarten. Der absolutistische preußische Staat beauftragte die Akademie in dieser Zeit damit, Sparmaßnahmen zu unterstützen, die bekannte und gebräuchliche Technik zu vervollkommnen und – im Rahmen der Autarkiepolitik landeseigene Rohstoffe für die Produktion zu finden.

Die Angehörigen der Berliner Akademie untersuchten im 18. Jahrhundert viele Probleme der theoretischen und der angewandten Mechanik und trugen mittels eigener Forschungen und Prüfung fremder Arbeiten zur Verbesserung und Vervollkommnung der gebräuchlichen Technik bei. Im Mittelpunkt dieser Arbeiten stand die Klärung der mechanischen Probleme, der Erscheinungen der Trägheit, Beschleunigung und Kraft, vor allem bei der Ausnutzung und Übertragung der aus der Natur gewonnenen Energie des Windes, des Wassers und der Muskelkraft.

Wie wir wissen, hat jede Epoche ihr eigenes Energieproblem. In der Manufakturperiode wird die Hauptbewegungsenergie vom Menschen selbst und zum Teil vom Tier aufgebracht. Maschinen waren für den Manufakturbetrieb nicht typisch, wenngleich sie auch sporadisch für Teiloperationen, die den Einsatz großer Kräfte verlangten, angewandt wurden. Die Steigerung und Entwicklung der gewerblichen Produktion erforderte quantitativ mehr Maschinen und größere Kraftmaschinen und Energieträger. Die bestmöglichste Ausnutzung der Hauptenergiequellen Wasser und Wind durch Wasserräder und Windmühlen erforderte ihre günstigste Konstruktion und permanente Weiterentwicklung. Theoretische und praktische Arbeiten der physikalischen Klasse der Berliner Akademie waren u. a. auf die Perfektionierung solcher Maschinen gerichtet. In diesem Zusammenhang bedarf vor allem die unermüdliche Tätigkeit Leonhard Eulers[3] besonderer Erwähnung. Beachtung verdienen seine Arbeiten über Wasserräder, für die er gekrümmte Schaufeln vorschlug und Leitapparate erfand. Euler vervollkommnete die Theorie der Windräder und entwickelte namentlich auf analytischem Wege den Ausdruck für die von Windmühlen auf eine doppelt gekrümmte Fläche übertragene mechanische Arbeit, wobei er aufzeigte, wieviel vorteilhafter eine solche Fläche gegenüber der Ebene sei. Er suchte nach der günstigsten Form von Zahnrädern, arbeitete am Bau von Ruder- und Segelschiffen und entwickelte eine Theorie der Pumpen. Er setzte sich für den praktischen Gebrauch einer 1749 entwickelten Sämaschine ein, welche mit einem doppelten Pflugschar versehen war, mit dem gleichzeitig, ohne vermehrte tierische Antriebskraft, zwei Furchen gepflügt, gesät und geeggt werden konnten.

Arbeiten dieser Art liefen größtenteils darauf hinaus, die seit langem bekannten und gebräuchlichen Maschinen auf der Grundlage traditioneller Antriebsmittel und Energiequellen zu verbessern, zu modernisieren und effektvoller in der Produktion anzuwenden. Wesentliche Produktionssteigerungen jedoch waren nur durch die Revolutionierung des Maschinenantriebs weiter möglich. Eine neuartige, leistungsstarke, universell anwendbare Antriebsmaschine war die Wärmekraft- oder Dampfmaschine, die in England erfunden und in Kombination mit der Werkzeugmaschine seit den 80er Jahren des 18. Jahrhunderts Anwendung fand. Damit trat die lebendige Energie hinter der thermodynamischen Energie als Bewegungsenergie zurück.

Die Berliner Akademie trug durch Publikationen viel zur Verbreitung von Kenntnissen über die in England gebräuchliche moderne Technik bei. Sie erleichterte durch Begutachtung der Erfindungen und durch Ratgebertätigkeit die Einführung neuer Techniken und Maschinen in preußischen Manufakturbetrieben. Das Suchen nach

[3] Vgl. v. a. E. Winter, Euler und die Begegnung der deutschen mit der russischen Aufklärung, in: Ebenda, S. 1ff.; Die Registres der Berliner Akademie der Wissenschaften 1746–1766. Dokumente für das Wirken Leonhard Eulers in Berlin. Hrsg. in Verb. mit Maria Winter u. eingel. v. E. Winter, Berlin 1957.

weiteren Energiequellen, wie der elektrischen Energie, steckte noch in den Kinderschuhen. Mitte der 40er Jahre des 18. Jahrhunderts hatte Christ. Friedr. Ludolff in Berlin seine ersten elektrischen Versuche unternommen. In Petersburg hat Richmann – um ein weiteres Beispiel deutsch-russischer wissenschaftlicher Zusammenarbeit anzuführen – diese Experimente fortgesetzt und weiterentwickelt.[4] Auch der Physiker Aepinus führte seine in Berlin begonnenen elektrischen Versuche Ende der 50er Jahre in Petersburg weiter und bereicherte mit seinen Arbeiten und Berechnungen die Theorie von der Elektrizität.

Die hier angeführten Beispiele und Fakten sollten das Verhältnis der Berliner Akademie zu einigen Grundfragen der Produktivkräfteentwicklung im ausgehenden 18. Jahrhundert demonstrieren. Wie wir sahen, ist diese Frage nicht unabhängig von den herrschenden Produktionsverhältnissen zu sehen. Die für die kapitalistische Entwicklung des deutschen Gewerbes primär notwendigen Erkenntnisse und Verfahren wurden in dieser Zeit vorwiegend vom wirtschaftlich und gesellschaftlich fortgeschrittenen England übernommen. Hierbei fiel der Berliner Akademie hauptsächlich die Aufgabe der Erkundung, Erklärung, Weitervermittlung und Popularisierung zu, und sie hat vor allem in dieser Hinsicht eine bedeutsame Rolle gespielt. Bei einigen für die Gewerbeentwicklung wichtigen Fragen hat sie sich direkt in die Diskussion neuer Produktionsverfahren und -mittel eingeschaltet. Durch die Publikation neuer Forschungsergebnisse leistete sie der Praxis einen wichtigen Dienst. Ihr Hauptbetätigungsfeld aber war die Grundlagenforschung. Hier schuf sie Hervorragendes zur Erweiterung wissenschaftlicher Erkenntnisse, deren praktische Nutzbarmachung späteren Zeiten vorbehalten blieb.

[4] Vgl. V. P. Zubov, Die Begegnung der deutschen und der russischen Naturwissenschaft im 18. Jahrhundert und Euler, in: Die deutsch-russische Begegnung . . . , a. a. O., S. 19ff.

Rolf Sonnemann

Russische Studenten an deutschen technischen Hochschulen vor dem 1. Weltkrieg[1]

Es gehört zu den Traditionen der Universitäten, daß die Zahl der ausländischen Studenten einen nicht geringen Prozentsatz der jeweils Immatrikulierten auswies. Es versteht sich dabei von selbst, daß diese Zahl, von anderen Umständen abgesehen, umso höher lag, je bedeutender der Rang war, den das gastgebende Land bzw. die Universität oder Hochschule dieses Landes in der jeweiligen Etappe der Wissenschafts- und Technikentwicklung einnahm.

Um das Gesagte zunächst für die deutschen Universitäten zwischen den dreißiger Jahren des 19. Jahrhunderts und dem beginnenden 20. Jahrhundert zu verifizieren, sei auf folgende Daten verwiesen: Während im Studienjahr 1835/36 insgesamt 475 ausländische Studenten eingeschrieben waren – das entsprach einem Anteil von 4 Prozent aller an deutschen Universitäten Immatrikulierten – betrug deren Zahl im Studienjahr 1890/91 7,3 Prozent, wobei die Extremwerte von den Universitäten Rostock mit 2,8 Prozent und Heidelberg mit 16 Prozent repräsentiert wurden.[2]

Die größte Gruppe ausländischer Studierender kam seit den fünfziger Jahren des vergangenen Jahrhunderts aus Rußland, und daran änderte sich bis zum 1. Weltkrieg nichts. Im Wintersemester 1906/07 studierten 1890 russische Studenten an deutschen Universitäten und Hochschulen.[3] Dabei ist von Interesse, daß sich die technischen Hochschulen als besonderer Anziehungspunkt für die Studenten aus dem zaristischen Rußland auswiesen. An den neun technischen Hochschulen Deutschlands studierten im Wintersemester 1900/1901 insgesamt 11300 angehende Ingenieure, von denen 2055 Studierende aus anderen Ländern kamen, und von diesen wiederum stellten 896 Russen das weitaus größte Kontingent.[4] Wie läßt sich das erklären?

Erstens mit der stürmischen Entwicklung des Kapitalismus in Rußland nach der Aufhebung der Leibeigenschaft im Jahre 1861. In diesen Jahrzehnten vollzog sich in Rußland jener entscheidende Prozeß, in dessen Ergebnis sich der Kapitalismus der vorwiegend freien Konkurrenz herausbildete. Mit der Einführung der Maschinerie in die materielle Produktion war zwangsläufig ein stets wachsendes Bedürfnis nach einer großen Zahl von Technikern und Ingenieuren verbunden. Die aber konnten an

[1] Der folgende Beitrag fußt auf der vom Verfasser betreuten Dissertation von Dr. Lothar Fritsche, Zur Rolle der russischen Studenten an der Technischen Hochschule Dresden in der Zeit von 1900 bis 1914, Phil. Diss., Dresden 1968.

[2] Hochschulnachrichten 1901, S. 223/224; 1907, S. 96/97.

[3] Hochschulnachrichten 1907, S. 96/97.

[4] Hochschulnachrichten 1901, S. 179.

den bis dahin in Rußland existierenden technischen Bildungsanstalten nicht in dem Umfang ausgebildet werden, wie es das technisch-ökonomische Interesse erforderte. Die später so bedeutenden polytechnischen Institute in Moskau, Kiev und Char'kov – um nur einige zu nennen – verfügten über zu geringe Kapazitäten, als daß sie den Strom der bildungshungrigen Jugend hätten aufnehmen können. *Zweitens* ist zu bedenken, daß im Januar 1905 alle russischen Universitäten und Hochschulen geschlossen wurden; dieses Ereignis löste selbstverständlich eine „Wanderungsbewegung" aus, die zu einem sprunghaften Ansteigen der an deutschen technischen Hochschulen inskribierten russischen Studenten führte.

An der Technischen Hochschule Dresden waren im Studienjahr 1904/05 bereits 116 Russen immatrikuliert, im Sommersemester 1905 schon 128, ein Jahr später aber hatten sich 218 Studenten aus Rußland in die Immatrikulationslisten eingeschrieben, das waren fast 20 Prozent aller an der TH Dresden Studierenden.

Drittens ist zu beachten, daß die wissenschaftlich-technische Entwicklung in Deutschland um 1900 sowohl hinsichtlich der Breite ihrer industriellen Nutzung wie auch bezüglich ihrer theoretischen und praktischen Vermittlung an den technischen Hochschulen zu bemerkenswerten Resultaten geführt hatte, die im Ausland nicht unbekannt blieben.

Nun darf aber die relativ hohe Zahl ausländischer Studenten an deutschen Universitäten und Hochschulen nicht zu dem Schluß verleiten, als hätte man den Ausländern freudig Tür und Tor zum Einzug in die hohen Bildungsstätten geöffnet. Wie sehr sich bestimmte Gruppen des Monopolkapitals gegen das Ausländerstudium an deutschen technischen Hochschulen aussprachen, das belegt zum Beispiel ein redaktioneller Artikel der „Deutschen Tageszeitung" vom 24. Juni 1898. Dort heißt es: „. . . müssen wir unsere Industrie in einem gebotenen berechtigten Umfange schützen und unsere Überlegenheit dem Ausland gegenüber möglichst lange bewahren. Man tut aber teilweise bei uns das gerade Gegenteil hiervon, und zwar dadurch, daß wir jeden Ausländer auf unseren technischen Hochschulen studieren lassen. Bei den humanistischen Wissenschaften auf den Universitäten hat dies keine Gefahr; bei den technischen Wissenschaften jedoch, die mit der wirtschaftlichen Industrie unseres Volkes auf das engste verknüpft sind, bedeutet das die schwerste Schädigung unseres heimischen Gewerbes. Wir bringen den Ausländern auf den technischen Hochschulen unser ganzes Wissen entgegen und ziehen sie dadurch selbst zum späteren wirtschaftlichen Kampf gegen uns heran. Man hat sich allerdings von industrieller Seite dahin ausgesprochen, daß nicht die Theorie der Hochschulen die Industrie ausmache, sondern doch erst der eigentliche praktische Betrieb. Man könne daher die Ausländer ruhig deutsche (!) Theorie auf unseren Hochschulen hören lassen. Dies ist aber kein stichhaltiger Einwand. Die Theorie oder die Lehrwissenschaft hat unbedingt ihren großen Wert für die eigentliche Berufstätigkeit. Wir bereiten die Ausländer in gewissem Grade für eine erfolgreiche Berufstätigkeit vor. Daß unsere Lehrwissenschaft die Lehrwissenschaft anderer Staaten an Wert übertrifft, das beweist eben der starke Zuzug der Ausländer. Darum sei grundsätzlich jeder Nichtdeutsche von unseren technischen Hochschulen ausgeschlossen!"[5]

Dieser von Chauvinismus strotzende Artikel bedarf keines Kommentars.

[5] Deutsche Tageszeitung, 24. Juni 1898, Abendausgabe.

Wie sehr auch die deutsche Studentenschaft in den Sog des Nationalismus geraten war, davon zeugt ein Schreiben des „Allgemeinen Verbandes der Studierenden der TH München“[6], das dieser am 13. Mai 1905 an den Minister des Kultus im Königreich Sachsen richtete. Als „Antrag auf Beschränkung des Ausländerstudiums, insbesondere der Russen“ formuliert, heißt es in der „Begründung“: „. . . wir halten es aber auch nicht für ein unbilliges Verlangen, daß Gleichberechtigung an allen Hochschulen herrscht, so daß nicht deutsche Studenten zu Gunsten der Ausländer leiden zu einer Zeit, wo der Kampf um die industrielle Vorherrschaft Deutschlands heiß entbrannt und das Ausland darauf bedacht ist, sich durch die Kenntnisse, die es auf deutschen Hochschulen gesammelt hat, selbständig und unabhängig zu machen.“

Im Gegensatz zu ihren deutschen Kommilitonen waren viele russische Studenten bemüht, in enge Kontakte zur deutschen Arbeiterbewegung zu treten. Bereits vor dem Revolutionsjahr 1905 hatten sich russische Studenten an politischen Aktionen zum Beispiel der Dresdner Arbeiter beteiligt. Von welcher Bedeutung der Einsatz russischer revolutionärer Studenten für die Wahlagitation der SPD war, läßt sich daran ermessen, daß der Senat der TH Dresden im Mai 1907 die Disziplinarordnung der Hochschule durch einen Zusatz ergänzte, der „den nicht reichsdeutschen Studierenden jede aktive Teilnahme an Vereinsversammlungen und Ausschüssen, die sich mit politischen Angelegenheiten des deutschen Reiches oder eines deutschen Bundesstaates befassen sowie jede sonstige Betätigung derartiger Angelegenheiten untersagt.“[7]

Am 9. und 10. Juni 1909 kam es vor dem Landgericht Dresden zu einem Prozeß gegen die russischen Studenten Peskin, Afanasjew, von Udaltzow, Sobolow, Kruglikow, Kagan, Kalinin und Grinblatt sowie den deutschen Sozialdemokraten Paul Mrosan.[8] Die Genannten waren der Teilnahme an einer Verbindung der Auslandsorganisation der Sozialdemokratischen Arbeiterpartei Rußlands angeklagt, deren Dasein, Zweck und Verfassung vor der sächsischen Regierung geheimgehalten worden sei. Dieser „Geheimbund“ war die „Gruppe der Studenten aus Rußland“, die wahrscheinlich aus der sogenannten „Lesehalle“ hervorgegangen war, einer Vereinigung, die am 31. Dezember 1899 in Dresden gegründet worden war und deren Tätigkeit u. a. in Geldsammlungen zur Unterstützung der in Aufständen Gefallenen bestand. Solche Gelder wurden sowohl der SDAPR wie auch dem „Bund“ überwiesen. Die Dresdner Gruppe verfügte über enge Kontakte zu russischen Studentengruppen in Mittweida, Leipzig, Braunschweig und Mannheim.

Die Verteidigung der angeklagten Studenten und ihres Dresdner Genossen hatten die Berliner Rechtsanwälte Dr. Cohen und Dr. Karl Liebknecht übernommen, der wenige Tage vor Prozeßbeginn noch Gefangener der Klassenjustiz gewesen war. Leider muß hier aus Platzgründen auf eine Skizzierung des Prozeßverlaufs verzichtet werden. Nur soviel sei gesagt: Dank der hervorragenden Art, wie insbesondere Karl Liebknecht der Anklage des Staatsanwalts begegnete und die Reaktion mit der Kraft des Wortes in die Schranken wies, erreichte der Prozeß sein Ziel nicht, die russischen Studenten als kriminelle Verbrecher abzustempeln. Wegen der relativ

[6] Staatsarchiv Dresden, Min. f. Volksbildung, Nr. 15804, S. 19.
[7] Hochschulnachrichten 1907, S. 220.
[8] Dresdner Anzeiger, Nr. 139 vom 11. Juni 1909, S. 8.

langen Dauer der Untersuchungshaft mußten die Angeklagten, wenngleich zu Haftstrafen zwischen sechs und acht Wochen verurteilt, sofort freigelassen werden.

Unter dem Titel „Ein Kapitel deutscher Schmach" brachte die „Dresdner Volkszeitung" am 10. Juni 1909 einen Artikel, der gewissermaßen als Schlußwort in diesem „Geheimbundprozeß" zu gelten hat. Darin heißt es: „Den jungen Parteigenossen aber, die tapfer für ihre Ideale gestritten und gelitten haben, reichen wir in herzlicher Sympathie die brüderliche Hand. Moralisch sind sie die Siegenden, und die unkulturellen Polizei- und Justizzustände unseres Landes stehen am Pranger."

Schließlich möchte ich mir erlauben, insbesondere unseren sowjetischen Freunden einige Fakten zu nennen, von denen anzunehmen ist, daß sie ihr Interesse beanspruchen. Unter den russischen Studenten, die zeitweise an der TH Dresden immatrikuliert waren, befanden sich auch zwei Persönlichkeiten, die sowohl in ihrem Heimatland wie bei uns in der DDR sehr gut bekannt sind: Aleksej Tolstoj und Lev Dymšic. Tolstoj wurde am 2. Mai 1906 immatrikuliert. Er besuchte u. a. die Vorlesungen Molliers über Gasmaschinen und nahm an praktischen Übungen im Maschinenlaboratorium teil. Außerdem absolvierte er ein elektrotechnisches Praktikum unter Leitung von Goerges. Im Juli reiste Tolstoj jedoch schon wieder aus Dresden ab, um in Petersburg seine Studien fortzusetzen. Dort erwarb er den Grad eines Maschineningenieurs. Lev Dymšic, der Vater jenes sowjetischen Kulturoffiziers, dem die „demokratische Erneuerung Deutschlands" — um die ursprüngliche Bezeichnung des jetzigen Kulturbundes der DDR in die Erinnerung zu rufen — so viele Impulse und hilfreiche Unterstützung verdankt, war im Jahre 1905 infolge seiner Teilnahme an bewaffneten Gegenaktionen der Sozialdemokraten vom weiteren Studium am Rigaer Polytechnikum ausgeschlossen worden. Daraufhin ging Dymšic nach Dresden, um Chemie zu studieren. Im Juli 1906 kehrte er nach Riga zurück, weil ihm — wie anderen Studenten auch — wieder die Möglichkeit eingeräumt werden mußte, seine Studien fortzusetzen.

Dymšic und Tolstoj verband eine enge Freundschaft. Beide starben in den letzten Kriegsjahren infolge der großen Entbehrungen, die sie — wie alle Sowjetbürger — auf sich nehmen mußten.

Bernhard Lange

Akademie und Sowjetmacht 1918. Die aktuelle Bedeutung des historisch ersten Dokuments zum Verhältnis einer wissenschaftlichen Einrichtung zur sozialistischen Staatsmacht

Die Geschichte deutsch-sowjetischer Wissenschaftsbeziehungen nach dem Sieg der Großen Sozialistischen Oktoberrevolution vermittelt auf vielfältige Weise auch ein eindrucksvolles Bild von den Wesenszügen, Grundsätzen und der Entwicklung sozialistischer Wissenschaftspolitik. Erkenntnisse, Erfahrungen und Entscheidungen der sowjetischen Wissenschaft und insbesondere ihrer Akademie auf wissenschaftspolitischem Gebiet sind stets Grundlage und Bestandteil dieser Beziehungen; ihre Auswertung und Nutzung ist angesichts der von unserer Akademie wahrzunehmenden Verantwortung für die Grundlagenforschung der Naturwissenschaften und wichtiger Richtungen der Gesellschaftswissenschaften sowie im Hinblick auf die Vertiefung und Festigung der Zusammenarbeit mit der sowjetischen Akademie für uns von prinzipieller und zugleich aktueller Bedeutung.

Es scheint uns deshalb völlig dem Anliegen des Kolloquiums zu entsprechen, hier das historisch erste Dokument zum Verhältnis einer wissenschaftlichen Einrichtung — der Russischen Akademie der Wissenschaften — zur sozialistischen Staatsmacht einer Analyse zu unterziehen.

Dieses Dokument ist die „Resolution der von der Vollversammlung der Akademie gewählten Kommission zur Begutachtung des von der Sowjetregierung vorgeschlagenen Projekts zur Mobilisierung der Wissenschaft für die Bedürfnisse des staatlichen Aufbaus“ [1], die von der Vollversammlung der Russischen Akademie der Wissenschaften, dem höchsten Organ dieser Einrichtung, am 20. Februar 1918 beschlossen worden ist.

Am 20. Februar 1918, also dreieinhalb Monate nach dem Sieg der Großen Sozialistischen Oktoberrevolution, bekundete die damalige Russische Akademie der Wissenschaften durch diese Resolution ihre Bereitschaft, für den sozialistischen Staat zu arbeiten. Damit hatte die von W. I. Lenin ausgearbeitete und praktizierte Wissenschaftspolitik zur Einbeziehung der traditionsreichsten und durch ihre wissenschaftlichen Leistungen international anerkannten wissenschaftlichen Einrichtung — der Russischen Akademie der Wissenschaften — ihre erste praktische Verwirklichung gefunden. Bereits unmittelbar nach der Errichtung der Sowjetmacht hatte W. I. Lenin auf die Einbeziehung der Akademie der Wissenschaften orientiert. Im Januar 1918

[1] Vgl. Sowjetmacht und Wissenschaft. Dokumente zur Rolle Lenins bei der Entwicklung der Akademie der Wissenschaften. Hrsg. von G. Kröber und B. Lange, Berlin 1975, S. 64–65.

begann das Volkskommissariat für Bildungswesen auf Initiative Lenins systematisch mit der Akademie Verhandlungen über ihre Einbeziehung in den staatlichen Aufbau zu führen. Am 6. Februar 1918 nahm die Akademie in einer extra dazu einberufenen Außerordentlichen Vollversammlung erstmalig zu dem von der Sowjetregierung an sie herangetragenen Ersuchen, Vorschläge zur Mitarbeit bei der Lösung verschiedener staatlicher Aufgaben zu unterbreiten, Stellung. Sie erklärte ihre Zustimmung zum Anliegen der Sowjetregierung und legte gleichzeitig fest, „daß die Antwort der Akademie zu jeder einzelnen Frage je nach dem wissenschaftlichen Gehalt dieser Frage, wie ihn die Akademie versteht, und je nach den ihr zur Verfügung stehenden Kräften, gegeben werden kann“[2].

Auf der Grundlage dieser Bereitschaftserklärung wurden zwei Tage später der Akademie die „Thesen zum Projekt der Mobilisierung der Wissenschaft für die Bedürfnisse des staatlichen Aufbaus“[3] unterbreitet, in denen vorgeschlagen wurde, die natürlichen Produktivkräfte des Landes, die volkswirtschaftliche Arbeit, Fragen der Bevölkerungspolitik zu erforschen und dazu eine breite kollektive Forschung zu organisieren, in die auch alle im Lande vorhandenen Kräfte einbezogen werden. Zur Begutachtung dieser Vorschläge setzte die Akademie am 16. Februar 1918 eine spezielle Kommission unter Leitung ihres Ständigen Sekretärs, S. F. Ol'denburg, ein. Diese legte am 19. Februar den Entwurf der genannten Resolution vor, dem nach eingehender Beratung auf der Vollversammlung am 20. Februar die Zustimmung erteilt wurde.

Welches sind die Hauptgrundsätze dieses Dokuments?

1. Die Akademie formuliert es als ihr Hauptanliegen, „der Entwicklung des wissenschaftlichen Schöpfertums dienlich zu sein“[4], das heißt der Sache nach: in der Grundlagenforschung und angewandten Forschung zu neuen Erkenntnissen und schöpferischen Leistungen vorzustoßen;

2. sie verweist auf ihre progressiven wissenschaftlichen und humanistischen Traditionen, daß sie nämlich „bereits seit langem an wissenschaftlichen Aufgaben“ arbeitet, „die eng mit dem Wohle Rußlands verknüpft sind“[5]; damit bekundet sie ihre Verantwortung gegenüber dem Lande und begründet wissenschaftshistorisch die gesellschaftliche Stellung der Wissenschaft;

3. sie hält es „für wünschenswert, wenn die weitere Organisation der wissenschaftlichen Arbeit gemäß jenen Aufgaben erfolgt, die ihrer Tätigkeit am nächsten liegen sowie in solchen Formen, die sie nach Maßgabe ihrer Kräfte ausarbeiten wird“[6], das heißt der Akademie obliegt es, die Organisation und die Formen ihrer Arbeit zur Lösung der staatlichen Aufgaben selbst auszuarbeiten und zu realisieren. Die Spezifik der Forschung erfordert eine ihr adäquate Organisation;

4. die Akademie wird die kompetenten Wissenschaftler des ganzen Landes „zur

[2] Beschluß der Außerordentlichen Vollversammlung der Akademie der Wissenschaften über die Arbeit gemäß der Aufgabenstellung des Sowjetstaates, in: Ebenda, S. 61.

[3] Diese Thesen wurden am 8. Februar 1918 der Akademie vom Volkskommissariat für Bildungswesen als Antwort auf den Beschluß der Vollversammlung vom 6. Februar 1918 übergeben. Vgl. ebenda, S. 62–64.

[4] Ebenda, S. 64.

[5] Ebenda.

[6] Ebenda, S. 64–65.

Teilnahme an den wissenschaftlichen Forschungen heranziehen",[7] das heißt, die Akademie übernimmt die Verpflichtung, die profilierten Kader des Landes in die Lösung ihrer Forschungsaufgaben einzubeziehen, um ein hohes Niveau in den Forschungen zu gewährleisten, um anspruchsvolle Ergebnisse zu erzielen;

5. sie stellt sich Aufgaben, die „durch das Leben selbst gestellt" werden. „Sie ist immer bereit, sich entsprechend der Forderung des Lebens und des Staates in angemessener Weise der wissenschaftlichen und theoretischen Ausarbeitung einzelner Aufgaben zuzuwenden, die sich aus den Bedürfnissen des staatlichen Aufbaus ergeben"[8], das heißt, sie wendet sich volkswirtschaftlich und gesellschaftlich bedeutsamen Schwerpunktaufgaben der Forschung zu und nimmt an der Bestimmung dieser Aufgaben selbst aktiven Anteil; sie strebt eine enge Verbindung mit dem Leben, von Wissenschaft und gesellschaftlicher Praxis, Wissenschaft und Produktion an;

6. sie ist im Zuge der Ausarbeitung solcher bedeutsamer Aufgaben zugleich bereit, „das organisierende und die wissenschaftlichen Kräfte des Landes mobilisierende Zentrum zu sein"[9]. Die Akademie umreißt hier bereits eine ihrer bedeutenden, in den folgenden Jahren zielgerichtet wahrgenommenen Funktionen im sozialistischen Staat, nämlich sich als die wissenschaftliche Einrichtung zu verstehen, der es obliegt, die wissenschaftliche Arbeit, insbesondere die Grundlagenforschung, im Lande zu mobilisieren und zu koordinieren und aus ihren Erkenntnissen strategisch wissenschaftspolitische Entscheidungsvorschläge an die sozialistische Staatsmacht abzuleiten.

Die Wertung des Dokuments wäre unvollständig, berücksichtigte man nicht, daß zu jener Zeit viele Mitglieder der Akademie den Charakter und die Ziele der sozialistischen Revolution noch nicht verstanden und vom politischen und gesellschaftlichen Leben losgelöst waren. Ohne Zweifel sind im Dokument auch Züge akademischer Kreise sichtbar, auf alte Weise und in den alten Organisationsformen zu arbeiten.[10] Jedoch bestimmen nicht sie den Charakter und das Wesen des Dokuments. Vielmehr ist es deshalb um so höher zu werten, daß sich die Akademie vorbehaltlos und grundsätzlich zu ihrer Verantwortung vor der Gesellschaft und dem Staat bekannte und ihre Bereitschaft zur Zusammenarbeit mit der Sowjetmacht bekundete. Sie nahm eine Erklärung an, die programmatischen Charakter trägt, und die, wie S. F. Ol'denburg es selbst einige Jahre danach formulierte, „ihrer Art nach ein Programm für die ganze weitere Arbeit der Akademie"[11] war.

In der Tat, diese Grundsätze haben bis heute mehrfach ihre Lebensfähigkeit und Aktualität bewiesen.

Ein Vergleich mit entsprechenden Dokumenten unserer Akademie zeigt, daß unsere Akademie mit Unterstützung der sowjetischen Akademie diese Grundsätze Zug um Zug in ihrer Tätigkeit umsetzte, so zum Beispiel in der Konzeption zur langfristigen Entwicklung der Grundlagenforschung bis 1990. Wir finden dort als strategische wissenschaftspolitische Aufgabenstellung: Bestimmung der aussichtsreichsten Richtungen der Grundlagenforschung entsprechend den langfristigen Entwicklungs-

[7] Ebenda, S. 65.

[8] Ebenda.

[9] Ebenda.

[10] Vgl. A. V. Kol'cov, Lenin i stanovlenie Akademii nauk kak centra sovetskoj nauki, Leningrad 1969, S. 45.

[11] Ebenda.

bedürfnissen der Gesellschaft und Erfordernissen der wissenschaftlich-technischen Revolution, Ableitung von wissenschaftlichen Problemstellungen aus gesellschaftlichen Bedürfnissen und schöpferische wissenschaftliche Arbeit bei ihrer Lösung, Verantwortung für die Entwicklung und Koordinierung der Grundlagenforschung im nationalen und internationalen Rahmen.

Nachdem der Werdegang und Inhalt des Dokuments und einige seiner aktuellen Bezüge vorgestellt wurden, sollen abschließend einige Gesichtspunkte im Hinblick auf die Zusammenarbeit beider Akademien hervorgehoben werden:

1. In dieser Resolution formuliert die kompetenteste wissenschaftliche Einrichtung, die Akademie der Wissenschaften, ihr Verhältnis zur sozialistischen Staatsmacht und bestimmt ihre Stellung und Funktion wie die der Wissenschaft insgesamt in der sozialistischen Gesellschaft, was für die Akademien der Wissenschaften im Sozialismus generell von Bedeutung ist und damit auch grundlegend für deren Zusammenarbeit. In dem Maße, wie unsere Akademie begann, diese Verantwortung wahrzunehmen, haben sich auch die wissenschaftspolitischen Voraussetzungen für ihre Zusammenarbeit mit der Akademie der Wissenschaften der UdSSR und den Akademien der anderen sozialistischen Länder erweitert und vertieft.

2. Die Kenntnis der Grundsätze und der in der Resolution zum Ausdruck kommenden Orientierung auf die strategische Entwicklung der Akademien gestattet, die heutige Stellung und Funktion der Akademie der Wissenschaften der UdSSR sachkundiger einzuschätzen und uns auf ihre Intentionen richtig einzustellen.

3. Grundsätze, wie die Verantwortung der Akademien für die Grundlagenforschung und die Koordinierung der wissenschaftlichen Kräfte im nationalen und internationalen Rahmen, werfen im Zusammenhang mit der Gestaltung der wissenschaftlich-technischen Integration einige Probleme auf. Die Grundlagenforschung ist ihrem Wesen nach langfristige Arbeit; von ihr gehen entscheidende Orientierungen und Impulse für die wissenschaftlich-technische Integration aus. Da die wissenschaftlich-technische Integration aber nicht nur die Grundlagenforschung, sondern alle Arbeitssphären – von der Forschung über die Überführung und die Investitionen bis zur produktiven Nutzung – erfaßt, ergibt sich als eine wissenschaftspolitische Aufgabe ersten Ranges, von der gemeinsamen Erarbeitung, Abstimmung und Koordinierung der Hauptrichtungen der Grundlagenforschungen, also der internationalen Verflechtung der Planungstätigkeit, zur schrittweisen Verflechtung der Wissenschaftspotentiale überhaupt überzugehen. Das stellt uns vor die Aufgabe, wissenschaftspolitische Entscheidungen dafür aus der Sicht der gesamten sozialistischen Staatengemeinschaft zur Koordinierung und Entwicklung des eigenen Potentials vorzubereiten.

4. Der programmatische Charakter des Dokuments und die hier an diesen beiden Tagen vorgestellten Beiträge sollten Anlaß sein, wissenschaftspolitische Erkenntnisse, Erfahrungen und vor allem strategisch wichtige Intentionen der sozialistischen Forschungskooperation in stärkerem Maße in das Blickfeld unserer eigenen Arbeit zu rücken.

Viktor A. Kumanev

250 Jahre Akademie der Wissenschaften der UdSSR und die Entwicklung der gesellschaftswissenschaftlichen Forschungen in der UdSSR

Die bedeutendste wissenschaftliche Einrichtung des Landes, eins der größten Zentren der Weltwissenschaft – die Akademie der Wissenschaften der UdSSR – schließt in diesem Jahr die Feierlichkeiten aus Anlaß des 250. Jubiläums ihrer Gründung ab. In dem Beschluß des ZK der KPdSU „Über das 250. Jubiläum der Akademie der Wissenschaften der UdSSR" wird hervorgehoben, daß die Gründung der Akademie „ein wichtiges Ereignis in der Geschichte der Entwicklung der Wissenschaft, des Bildungswesens und der Kultur in unserem Lande und in der ganzen Welt" war. „Diesen bedeutsamen Jahrestag begeht die sowjetische Öffentlichkeit unter den Bedingungen der sich verstärkenden Rolle der Wissenschaft in allen Sphären des Lebens der entwickelten sozialistischen Gesellschaft".

Seit ihrer Entstehung spielte die Akademie der Wissenschaften eine große Rolle in der Entwicklung der führenden Wissenschaftszweige, bei der Erforschung der Naturreichtümer des Landes. Das Wirken ihrer hervorragenden Gelehrten hob in hohem Maße die Autorität der russischen Wissenschaft, bereicherte die Weltwissenschaft um zahlreiche wichtige Entdeckungen und Theorien – ungeachtet der äußerst ungünstigen Bedingungen, die im vorrevolutionären Rußland für die Forschungsarbeit bestanden.

Die Große Sozialistische Oktoberrevolution weckte die breiten Volksmassen zu bewußtem historischem Schaffen und führte zu einem gewaltigen Fortschritt in der Wirtschaft, der Kultur und der Wissenschaft des Landes. Der Sozialismus sprengte die sozialen Schranken, die die Entwicklung der Forschungen behinderten, überwand den Abgrund zwischen der Bildung und dem Volk, machte die Wissenschaft zu einem mächtigen Instrument beim Aufbau einer neuen Gesellschaft. Gleich in den ersten Jahren der Sowjetmacht begann die Akademie der Wissenschaften, ihre Arbeit nach den Prinzipien einer umfassenden staatlich organisierten Institution umzugestalten, deren gesamte Tätigkeit in den Dienst an der großen Sache des Aufbaus des Sozialismus, der Sicherung des Wirtschaftspotentials unserer Heimat, der Stärkung ihrer Verteidigungskraft, der Erhöhung des materiellen Wohlstandes, des Bildungs- und Kulturniveaus des Sowjetvolkes gestellt wurde.

Heute erfüllt die Akademie der Wissenschaften der UdSSR – die Avantgarde der Sowjetwissenschaft – durch ihre Tätigkeit sehr wichtige sozialökonomische Aufgaben beim Übergang von der entwickelten sozialistischen Gesellschaft zum Kommunismus. Einen gewichtigen Beitrag zur Entwicklung der Wirtschaft und Kultur der UdSSR beim Aufbau des Kommunismus, zur Festigung der marxistisch-leninistischen

Weltanschauung der Werktätigen leisten die Gesellschaftswissenschaften. Mit der Entwicklung zum Kommunismus erhöht sich ihre Rolle, wird sie immer vielgestaltiger.

Gleich nach der Errichtung der Diktatur des Proletariats in Rußland entfaltete sich der Kampf um die Schaffung konkreter, in ihren Grundlagen und Prinzipien marxistisch-leninistischer Gesellschaftswissenschaften, um die Aneignung einer materialistischen, proletarischen Weltanschauung und der dialektischen Methode der Erkenntnis sozialer Erscheinungen sowie um die Umgestaltung der sozialen Verhältnisse.

In organisatorischer Hinsicht fand dieser Kampf in der Gründung der Sozialistischen (seit 1923 Kommunistischen) Akademie am 25. Juni 1918 seinen Ausdruck. Ihr Ziel bestand in „der Erforschung sozialer Prozesse und in der Vermittlung der Forschungsergebnisse vom Standpunkt des wissenschaftlichen Sozialismus und Kommunismus sowie in der Erforschung und Vermittlung der Wissenschaften, die damit in Zusammenhang stehen".[1] Bis zur Eingliederung der Kommunistischen Akademie in die Akademie der Wissenschaften der UdSSR im Jahre 1936 war sie das führende wissenschaftliche Zentrum des Landes auf dem Gebiet der Erforschung sozialer Prozesse von marxistischen Positionen, der Ausbildung marxistischer Wissenschaftler, die sehr dringend benötigt wurden, und der Propaganda der marxistisch-leninistischen Theorie.

Die Gründung der Sozialistischen Akademie eröffnet den umfassenden Prozeß der Organisation der gesellschaftswissenschaftlichen Forschungen auf marxistischer Grundlage, der sich bereits in den ersten Jahren der Sowjetmacht entfaltete. Im Jahre 1920 wurden das Marx-Engels-Institut und das Institut für Parteigeschichte gegründet, im Jahre 1921 folgte das Institut der Roten Professur und im Jahre 1924 das W.-I.-Lenin-Institut. Diese und andere gesellschaftswissenschaftliche Forschungsinstitute unternahmen eine Reihe gründlicher wissenschaftlicher Forschungen, begannen mit einer umfassenden Propagierung der marxistischen Theorie und nahmen die Ausbildnug marxistischer Wissenschaftler in Angriff.

Die Herausbildung der Gesellschaftswissenschaften im System der Akademie der Wissenschaften vollzog sich unter starkem Einfluß der Leninschen Ideen. Die Lösung eines großen Komplexes theoretischer und praktischer Fragen des sozialistischen Aufbaus durch W. I. Lenin schuf die Grundlagen für die in ihren Prinzipien dialektisch-materialistischen konkreten Gesellschaftswissenschaften — auch im System der Akademie der Wissenschaften. Nicht nur der Inhalt, sondern auch Form und Methoden der Leninschen Erforschung sozialer Prozesse der sich entwickelnden sozialistischen Gesellschaft wurden organischer Bestandteil der neuen Gesellschaftswissenschaften des Sozialismus.

Einerseits war die Oktoberrevolution ein Triumph der gesamten marxistisch-leninistischen Theorie, einschließlich ihrer Philosophie, andererseits wurde diese Revolution zu einer Quelle der weiteren schöpferischen Entwicklung des dialektischen und historischen Materialismus. Das theoretische Denken der Partei war immer organischer Bestandteil der Errungenschaften der Gesellschaftswissenschaften im System der Akademie der Wissenschaften der UdSSR und trug zu ihrer Weiterentwicklung bei.

Die fortschrittlichen sowjetischen Gesellschaftswissenschaften waren in ihrer Entstehungszeit gezwungen, viel Kraft auf die ideologische Zerschlagung der Gegner des

[1] Dekrety Sovetskoj vlasti, Bd. 2, Moskau 1959, S. 468.

einzig richtigen Weges der sozialistischen Umgestaltung unseres Landes, des Leninschen Weges, zu verwenden. Trotzdem war die Entwicklung der Gesellschaftswissenschaften im System der Akademie der Wissenschaften der UdSSR in den Jahren der Vorkriegsfünfjahrpläne durch bedeutende Errungenschaften gekennzeichnet und leistete einen wesentlichen Beitrag zur gesamtnationalen Lösung der Aufgaben der grundlegenden sozialökonomischen und kulturellen Erneuerung des Landes.

Das Kernstück dieser Erfolge und dieses Beitrages bildete die weitere Entwicklung der dialektisch-materialistischen Philosophie. Gerade die Prinzipien dieser Philosophie, die in den verschiedenen Wissenschaften von der Gesellschaft konkrete Anwendung fanden, boten die Gewähr dafür, daß die Erforschung der komplizierten Prozesse des allmählichen Wachsens und Erstarkens der Elemente des Sozialismus auf wirklich wissenschaftlicher Grundlage erfolgte, gaben den Schlüssel zur Entdeckung objektiver Gesetzmäßigkeiten und Tendenzen der historischen, wirtschaftlichen und kulturellen Entwicklung der Gesellschaft zum vollständigen Sieg des Sozialismus.

In der wissenschaftlichen Arbeit der Philosophen der Akademie der Wissenschaften der UdSSR in den Jahren des Aufbaus des Sozialismus nahm die Erforschung der Probleme der Dialektik als Wissenschaft, der Logik und der Erkenntnistheorie, der Dialektik der gesellschaftlichen Entwicklung, der Probleme des Humanismus, der Ethik, der Ästhetik, der Geschichte der Philosophie und des wissenschaftlichen Atheismus den wichtigsten Platz ein.

In dem umfangreichen Komplex dieser Probleme wurde der Erforschung des philosophischen Erbes von Marx und Engels, der Leninschen Etappe in der Entwicklung der marxistischen Philosophie, Fragen des Verhältnisses zwischen der marxistisch-leninistischen Dialektik und der Dialektik Hegels, den Beziehungen zwischen der Dialektik als Wissenschaft und konkreten Natur- und Gesellschaftswissenschaften besondere Aufmerksamkeit geschenkt.

In der zweiten Hälfte der zwanziger Jahre und zu Beginn der dreißiger Jahre entfaltete sich im Lande eine breite Diskussion über Grundprobleme der Philosophie. Im Laufe dieser Diskussion wurden die mechanische Revision der Prinzipien der marxistisch-leninistischen Philosophie und ihre idealistischen Entstellungen aufgedeckt und kritisiert. Der Beschluß des ZK der Allrussischen Kommunistischen Partei (B), der zu den Ergebnissen dieser Diskussion gefaßt wurde, lenkte die marxistischen Philosophen auf die Ausarbeitung von Problemen der Leninschen Etappe der Entwicklung des dialektischen und historischen Materialismus, verpflichtete sie, das philosophische Erbe enger mit der Praxis des sozialistischen Aufbaus und der internationalen revolutionären Bewegung zu verbinden.

Die Entwicklung der konkreten Gesellschaftswissenschaften in den Einrichtungen der Akademie der Wissenschaften der UdSSR in den Jahren des sozialistischen Aufbaus kann an zahlreichen gehaltvollen Arbeiten gezeigt werden, die der Ausarbeitung verschiedener aktueller theoretischer und angewandter Probleme des sozialen Fortschritts unseres Landes gewidmet sind. Aber der grundlegendste Erfolg, der bedeutendste Beitrag der Gesellschaftswissenschaften in der Akademie der Wissenschaften in dem untersuchten Zeitraum war die Tatsache, daß die Gesellschaftswissenschaftler sich die Methode der materialistischen Dialektik aneigneten. In bezug auf die Geschichtswissenschaft schrieb Akademiemitglied V. I. Volgin dazu: „Die sowjetische Geschichtswissenschaft hatte in den Jahren nach der Großen Sozialistischen

Oktoberrevolution nicht wenige Erfolge. Aber es gibt unter ihren Errungenschaften eine grundlegende, wesentliche, die in hohem Maße alles übrige sichert. Diese Errungenschaft besteht in der Aneignung der Methoden des dialektischen Materialismus durch unsere Geschichtswissenschaft. Die Geschichte der sowjetischen Geschichtswissenschaft ist die Geschichte der Verbreitung der marxistisch-leninistischen materialistischen Geschichtsauffassung, ihr Sieg über den historischen Idealismus und seine Überreste, über jede Art Entstellung des Marxismus-Leninismus."[2]

Als die Große Sozialistische Oktoberrevolution gesiegt hatte, stand vor Rußland die gigantische Aufgabe, Wege und Methoden zur Schaffung einer sozialistischen Wirtschaft zu erarbeiten. Dementsprechend rückte in den sich herausbildenden marxistisch-leninistischen Gesellschaftswissenschaften die Erforschung der ökonomischen Seite der grundlegenden Umgestaltung des Landes in den Vordergrund. Die Grundlage der Erforschung des wirtschaftlichen Aufbaus der sozialistischen Gesellschaft waren die fundamentalen Arbeiten von Marx, Engels und Lenin. In den Werken Lenins, die auf den ersten Erfahrungen der großen Umgestaltung Rußlands beruhen, werden sowohl praktische als auch theoretische Probleme der Umstellung der Wirtschaft des Landes auf die sozialistische Entwicklung beleuchtet. Eines der programmatischen Dokumente für die sowjetischen Wirtschaftswissenschaftler war die Leninsche Arbeit „Die nächsten Aufgaben der Sowjetmacht". In der für die sowjetischen Wirtschaftswissenschaften schwierigen Periode, als es sich als notwendig erwies, für den Sieg des Leninschen Programms der Industrialisierung und Kollektivierung, um die Durchsetzung eines wirklich schöpferischen Herangehens an schwierige wirtschaftliche Erscheinungen zu kämpfen, schufen die Wirtschaftswissenschaftler der Akademie der Wissenschaften der UdSSR eine Reihe bedeutender Arbeiten zur politischen Ökonomie des Kapitalismus und des Sozialismus, zu Problemen der Planung, des Warenaustauschs, der wirtschaftlichen Rechnungsführung, der Finanzen und der Preisgestaltung, der Statistik und Demographie, zu ökonomischen Fragen des technischen Fortschritts und der Effektivität der Kapitalanlagen, zu Problemen des wirtschaftlichen Wettbewerbs der beiden Weltsysteme sowie zu Fragen der Geschichte der Volkswirtschaft und der Wirtschaftstheorie. Bereits in diesen Jahren wurden die ersten Schritte zur Anwendung mathematischer Methoden in der Wirtschaft unternommen.

Einen großen Einfluß auf die Entwicklung der Wirtschaftswissenschaften hatten die breiten Diskussionen, die Ende der zwanziger Jahre und in den dreißiger Jahren durchgeführt wurden. Im Laufe dieser Diskussionen wurde die mechanistische und die idealistische Sozialismuskonzeption zurückgewiesen, wurden die Leninschen Ideen der Industrialisierung und der genossenschaftlichen Organisation der Volkswirtschaft schöpferisch entwickelt. Insgesamt entwickelten sich die Wirtschaftswissenschaften in den Zentren der Akademie des Landes im Zeichen der Erschließung der objektiven Grundlagen und des Inhalts der Wirtschaftspolitik von Partei- und Staatsführung, der Erkenntnis der dieser Politik zugrundeliegenden ökonomischen Gesetze der Herausbildung der Volkswirtschaft, der Ausarbeitung von Methoden zur Vervollkommnung der Mechanismen bei der Planung der Volkswirtschaft der sozialistischen Gesellschaft. Die Entwicklung der Wirtschaftswissenschaften in dieser

[2] V. P. Volgin, Dialektičeskij materializm i istoričeskaja nauka, in: 220 let Akademii nauk SSSR, Bd. 2, Moskau, Leningrad 1947, S. 560.

Periode ist mit den Namen S. G. Strumilins, E. S. Vargas und V. S. Nemčinovs verbunden.

Der Prozeß des sozialistischen Aufbaus stellte die Geschichtswissenschaft vor große Probleme, durch deren Lösung sie beachtliche Erfolge erzielte. Die Volksmassen traten in den Arbeiten der Historiker zum erstenmal als Hauptkraft des Fortschritts auf.

Es ist bekannt, daß schon in den ersten Jahren der Sowjetmacht viele bürgerliche Historiker sich bemühten (und es auch jetzt noch versuchen), die Oktoberrevolution und den Prozeß des Aufbaus des Sozialismus in der UdSSR als eine zufällige Erscheinung in der Geschichte oder als typisch „russische Erscheinung", die angeblich nur für rückständige Länder charakteristisch ist, darzustellen. Diesen Ansichten lag der Versuch zugrunde, den einheitlichen Prozeß der Weltgeschichte aufzuspalten, den fortschrittlichsten revolutionären Teil dieses Prozesses zu isolieren und den Einfluß der Oktoberrevolution auf die Entwicklung in der ganzen Welt abzuschwächen.

In Anbetracht dessen und im Zusammenhang mit der Notwendigkeit, die historischen Gesetzmäßigkeiten des Aufbaus des Sozialismus zu verstehen, ergab sich für die Historiker die dringende Aufgabe nachzuweisen, daß die sozialistische Revolution kein zufälliger und begrenzter Prozeß der Geschichte ist, sondern eine gesetzmäßige Folge des Heranreifens von Widersprüchen, die das System des Kapitalismus selbst hervorgebracht hat, ein objektiver Prozeß der Lösung dieser Widersprüche unter jenen konkreten historischen Bedingungen, die in der Welt zu Beginn des 20. Jahrhunderts entstanden sind. Im System der Akademie der Wissenschaften der UdSSR wurden die Geschichte der Großen Sozialistischen Oktoberrevolution und der Partei der Bolschewiki, die Gesetzmäßigkeiten des historischen Prozesses der Ablösung der ökonomischen Gesellschaftsformationen, des Klassenkampfes des Proletariats, der werktätigen Bauernschaft, der entscheidenden Rolle der Werktätigen in allen Etappen der Entwicklung der Gesellschaft, der Prozesse der nationalen Entwicklung, die Analyse der Verbindung des nationalen und internationalen Moments in der Entwicklung der Völker der UdSSR zentrale Probleme der Geschichtswissenschaft. Einen großen Anteil hatten die sowjetischen Historiker auch an der Erforschung eines solchen Aspekts des Triumphes des Sozialismus in Rußland wie der Verbindung des Kampfes für die proletarische Revolution mit dem Kampf um die Entfaltung und die Vollendung der tiefgreifenden demokratischen Umgestaltungen.

Zum Unterschied von der vorrevolutionären Orientalistik schenkten die sowjeti schen Orientalistik-Wissenschaftler ihre Hauptaufmerksamkeit der Erforschung der Geschichte und Kultur der *Völker* des sowjetischen und des nicht zur Sowjetunion gehörenden Orients, der Umwandlung ihrer historischen und kulturellen Errungenschaften in eine mächtige Waffe zur Weckung ihres Selbstbewußtseins sowie zur Entfaltung des Aufbaus eines neuen Lebens und der Befreiungsbewegung.

Bei der Festigung des multinationalen Sowjetstaates spielt die Erforschung der Geschichte und Kultur aller seiner Nationen und Nationalitäten eine große Rolle. Ein bedeutender Beitrag zu diesen Forschungen waren die Entdeckungen und Forschungsergebnisse von Archäologen und Ethnographen.

Zur Entstehung und Entwicklung der Geschichtswissenschaft trugen die Akademiemitglieder M. N. Pokrovskij, N. M. Lukin, B. D. Grekov, E. V. Tarlé, V. V. Struve, A. M. Pankratova und andere bei.

Die historischen Prozesse, die sich im geistigen Leben der Werktätigen der UdSSR vollzogen, umfaßten auch die Sprachentwicklung, die die Aufmerksamkeit der ganzen sowjetischen Öffentlichkeit fesselte. Die grundlegenden Veränderungen in der wirtschaftlichen und sozialen Entwicklung der Völker des Landes bedingten bedeutende Wandlungen in der Entwicklung der Sprache und Kultur des multinationalen Sowjetvolkes, machten die Entfaltung einer bisher nicht gekannten sprachwissenschaftlichen Forschung notwendig (Arbeiten der Akademiemitglieder A. A. Šachmatov, N. Ja. Marr, I. I. Meščaninov und anderer). Ein gewaltiger Beitrag der Sprachwissenschaft zum Prozeß des sozialistischen Aufbaus waren die Arbeiten zur Schaffung der Schrift und zur Entwicklung der Sprachen für über 40 vor der Revolution rückständige Völker des Landes. Diese Arbeit leitete das Institut für Sprache und Literatur der Akademie der Wissenschaften der UdSSR.

Der Sozialismus befreite die Werktätigen von jeder Ausbeutung und gab ihnen gleiche Rechte. Er öffnete den Weg zur Überwindung der Widersprüche zwischen Persönlichkeit und Gesellschaft.

Im Jahre 1917 schrieb Lenin, daß „die Frage des Staates . . . gegenwärtig besondere Bedeutung sowohl in theoretischer als auch in praktisch-politischer Hinsicht" gewinnt.[3]

Im System der Akademie der Wissenschaften bildete sich die sowjetische Rechtswissenschaft als Wissenschaft heraus, die sich auf die dialektisch-materialistische Auffassung der Fragen des Staates und des Rechts gründet. Die Herausbildung der Rechtswissenschaft vollzog sich in einem scharfen ideologischen Kampf durch Entlarvung der demagogischen Beschuldigungen der Gegner der Arbeiter- und Bauernregierung, die dieser Anwendung von „Gewalt" und Einführung der „Anarchie", Liquidierung der „Demokratie" und der „Gesetzlichkeit" vorwarfen. Die sowjetischen Rechtswissenschaftler untersuchten die Bedeutung des Klasseninhalts und seines normativen Charakters, wiesen die aktive Rolle des neuen Rechts in der Entwicklung der sozialistischen Gesellschaft nach und formulierten die Thesen über das System der demokratischen Rechtsordnung.

In den schweren Jahren des Großen Vaterländischen Krieges der UdSSR gegen das faschistische Deutschland standen die Gesellschaftswissenschaftler immer auf der Seite des kämpfenden Volkes. Sie mobilisierten seine geistigen Kräfte, erzogen in ihm das Gefühl des Patriotismus, den Glauben an den Sieg und den Haß gegen den Feind. Die sowjetischen Gesellschaftswissenschaften leisteten einen wesentlichen Beitrag zur Entlarvung der menschenfeindlichen Ideologie und der verbrecherischen Politik des Faschismus (wissenschaftlich-propagandistische Tätigkeit der Gesellschaftswissenschaftler E. M. Jaroslavskaja, V. V. Adoratskaja, M. N. Fedoseevs, I. I. Minos und anderer).

Die marxistisch-leninistischen Gesellschaftswissenschaften, die sich im Zuge des sozialistischen Aufbaus herausbildeten und entwickelten, traten jetzt mit dem Aufbau der kommunistischen Gesellschaft in der UdSSR und mit dem Aufschwung der internationalen revolutionären Bewegung in eine neue Phase ihrer Entwicklung ein.

Die sich in der UdSSR vollziehenden „grundlegenden Veränderungen haben es unserer Partei ermöglicht, die wichtige theoretische und politische Schlußfolgerung

[3] W. I. Lenin, Staat und Revolution, in: Werke, Bd. 25, S. 395.

zu ziehen, daß in der Sowjetunion unter der Führung der Partei Lenins durch die selbstlose Arbeit der sowjetischen Menschen die entwickelte sozialistische Gesellschaft aufgebaut wurde".[4]

Die sowjetischen Gesellschaftswissenschaftler der Institute an der Akademie der Wissenschaften der UdSSR stützten sich in ihrer schöpferischen Tätigkeit, die auf die Weiterentwicklung der Gesellschaftswissenschaften orientiert, in hohem Maße auf die in den Dokumenten und Beschlüssen der KPdSU und der Sowjetregierung erarbeiteten theoretischen Probleme der gesellschaftlichen Entwicklung in der gegenwärtigen Epoche.

Das bedeutendste komplexe philosophische Problem, dessen Ausarbeitung die der Spezifik der gegenwärtigen Epoche entsprechende theoretische und methodologische Grundlage der Entwicklung der Natur- und Gesellschaftswissenschaften sichern soll, ist die Ausarbeitung der Theorie der materialistischen Dialektik als einer geschlossenen, tiefgründigen und allseitigen Lehre von der Entwicklung aller Erscheinungen in Natur und Gesellschaft und ihrer Erkenntnis durch den Menschen. Gegenwärtig wird im Institut für Philosophie an der Akademie der Wissenschaften der UdSSR von zwei Autorenkollektiven eine Arbeit über die Theorie der materialistischen Dialektik vorbereitet. Die theoretische Grundlage dieser Arbeit sind die Forschungsergebnisse zu einzelnen Problemen der Theorie der materialistischen Dialektik. Ein wichtiger Aspekt der Theorie der Dialektik – die Leninsche Widerspiegelungstheorie – wurde in einer Kollektivarbeit sowjetischer und bulgarischer Philosophen, die zum IV. Internationalen Philosophenkongreß unter dem Titel „Die Leninsche Widerspiegelungstheorie und die gegenwärtige Wissenschaft" erschien, weiter ausgearbeitet.

In den Arbeiten zu philosophischen Fragen der Naturwissenschaften, die in der letzten Zeit von Wissenschaftlern der Akademie der Wissenschaften der UdSSR veröffentlicht wurden, sind große Leistungen zur Verwirklichung des bekannten Vermächtnisses Lenins vollbracht worden – der Verstärkung der Zusammenarbeit zwischen den marxistischen Philosophen und den Naturwissenschaftlern. Es wurden mehrere Arbeiten zum Thema „Der dialektische Materialismus und die gegenwärtigen Naturwissenschaften" veröffentlicht.

In enger Verbindung mit der Erforschung philosophischer Probleme des wissenschaftlichen Kommunismus wurde Bedeutendes auf dem Gebiet der Kritik der verschiedenen Formen des Antikommunismus, Revisionismus und Reformismus geleistet. In den letzten Jahren wurden eine Reihe von Arbeiten veröffentlicht, in denen die wichtigsten bürgerlichen philosophischen und sozialpolitischen Konzeptionen der Zukunft der menschlichen Gesellschaft, die Theorien der „Sowjetologen", die Konzeptionen des rechten Revisionismus, die soziologischen und historisch-philosophischen Grundlagen des Maoismus und seiner politischen Philosophie untersucht und einer wissenschaftlich begründeten Kritik unterzogen. Gegenstand besonderer Forschungen und der speziellen Kritik waren auch die gegenwärtigen bürgerlichen Konzeptionen zu Fragen von Krieg und Frieden, die neofaschistischen „Lehren", die rassistischen und nationalistischen Theorien. Besondere Erwähnung verdient die Kollektivarbeit sowjetischer und tschechoslowakischer Wissenschaftler „Der gegenwärtige rechte Revisionismus. Kritische Analyse".

[4] L. I. Breshnew, Auf dem Wege Lenins. Reden und Aufsätze, Bd. 4, Berlin 1975, S. 106.

Im Bereich der ökonomischen Aspekte der aktuellen Probleme des kommunistischen Aufbaus konzentrierten die Wissenschaftler ihre Anstrengungen auf die Erforschung der Spezifik der Wirtschaft der entwickelten sozialistischen Gesellschaft, des Systems der ökonomischen Gesetze und Kategorien des Sozialismus in ihrer Wechselwirkung und in ihrem wechselseitigen Zusammenhang, auf die Untersuchung der Probleme der Vervollkommnung des Wirtschaftsmechanismus, der wechselseitigen Verbindung des wissenschaftlich-technischen Fortschritts und der Schaffung der materiell-technischen Basis des Kommunismus, auf die Ausarbeitung von Methoden zur Erhöhung der Effektivität der gesellschaftlichen Produktion und von Problemen des Fortschritts des Landes in der Perspektive. Eine der wichtigen Richtungen der Grundlagenforschungen in der Akademie der Wissenschaften der UdSSR auf dem Gebiete der Wirtschaft ist die Ausarbeitung eines ganzen Komplexes wirtschaftlicher Maßnahmen, die die Effektivität der materiellen Produktion erhöhen sollen. Die Analyse aktueller Fragen der marxistisch-leninistischen Wirtschaftstheorie und wesentlicher Probleme der Wirtschaft des entwickelten Sozialismus, die Ausarbeitung vollkommenerer Methoden zur Leitung der Wirtschaft und zur Einführung der Errungenschaften der wissenschaftlich-technischen Revolution in die Volkswirtschaft wird von den Wissenschaftlern der Akademie der Wissenschaften der UdSSR in enger Verbindung mit den Forschungen auf dem Gebiet des ideologischen Kampfes in der gegenwärtigen Etappe, mit der Entlarvung der bürgerlichen Wirtschaftstheorien vorgenommen.

Das 250. Jubiläum der Akademie der Wissenschaften der UdSSR begehen auch die geschichtswissenschaftlichen Einrichtungen der Akademie mit bedeutenden Forschungsergebnissen. Allein in den letzten sechs Jahren wurden in der UdSSR im Jahresdurchschnitt über zweitausend Bücher zu historischen Problemen herausgegeben.

Die Geschichtswissenschaft hat bei der Erforschung der Erfahrungen der Großen Sozialistischen Oktoberrevolution wesentliche Fortschritte erzielt. Die durchgeführten Forschungen gaben die Möglichkeit, die Kompliziertheit des Kampfes der Partei der Bolschewiki für die erfolgreiche Vorbereitung und Durchführung der Großen Sozialistischen Oktoberrevolution in unserem Lande aufzuzeigen. Es wurden auch verschiedene Seiten des Wirkens der Arbeiterklasse sowie die Bedeutung des Kampfes der Bauernmassen in der Februar- und in der Oktoberrevolution und bei der Durchführung der sozialistischen Umgestaltungen nach der Errichtung der Sowjetmacht untersucht. Die Rolle der Armee wurde analysiert, ferner wurden Fragen der nationalen Bewegungen während der Oktoberrevolution erforscht.

Als bedeutende Ergebnisse des letzten Jahrzehnts sind die Ausarbeitung der grundlegenden Gesamtdarstellung der „Geschichte der UdSSR von den ältesten Zeiten bis zur Gegenwart“ (in den letzten Jahren sind Band 8, 9 und 10 erschienen) und die Fortschritte in der Arbeit an der „Geschichte des zweiten Weltkrieges“ in 12 Bänden (4 Bände sind bereits erschienen) zu betrachten. Die Herausgabe der mehrbändigen „Geschichte der KPdSU“ nähert sich ihrem Abschluß. An der Erarbeitung dieser „Geschichte der KPdSU“ nehmen auch gesellschaftswissenschaftliche Institute der Akademie der Wissenschaften der UdSSR teil. Die Arbeit an der Herausgabe der Ergänzungsbände zur „Weltgeschichte“, die den weltgeschichtlichen Prozeß von der Beendigung des zweiten Weltkrieges bis zur Gegenwart beleuchten, macht gute Fortschritte. Von den populärwissenschaftlichen Arbeiten kann man die Bücher „Kurze

Geschichte der UdSSR" (in zwei Bänden), „Der Große Vaterländische Krieg", „Geschichte der Großen Sozialistischen Oktoberrevolution" und „Kurze Geschichte der sowjetischen Arbeiterklasse" hervorheben.

Die große Bedeutung der Leninschen Ideen, der organisatorischen Arbeit Lenins und seines Wirkens als Führer bei der siegreichen Durchführung der proletarischen Revolution in Rußland wurde in Kollektivarbeiten über die Errichtung der Sowjetmacht in der Ukraine, in Belorußland, in Mittelasien und Kasachstan, in Transkaukasien, im Baltikum, in der dreibändigen monographischen Untersuchung von Akademiemitglied I. I. Minc „Die Geschichte der Großen Sozialistischen Oktoberrevolution" (für die dem Verfasser der Leninpreis verliehen wurde) und in anderen Arbeiten gewürdigt.

Auf dem Gebiet der Literatur- und Sprachwissenschaft erschienen in den letzten Jahren eine Reihe von Gesamtdarstellungen, deren Bedeutung man nicht genug hervorheben kann. Es genügt, solche grundlegenden Untersuchungen wie „Die Geschichte der multinationalen Sowjetliteratur" (7 Bände), „Das Leninsche Erbe und die Literatur des 20. Jahrhunderts" und „Das Problem der künstlerischen Form des sozialistischen Realismus" (2 Bände) zu nennen.

All das zeigt, daß die sowjetischen Gesellschaftswissenschaften eine solide Basis für die weitere Entwicklung der Erforschung der grundlegenden sozialen Probleme der Gegenwart, für die Untersuchung der Spezifik der neuesten sozialen Prozesse, für die Aktivierung des ideologischen Kampfes entsprechend seinen Besonderheiten in der gegenwärtigen Entwicklungsetappe geschaffen haben.

Die vielseitige fruchtbare Tätigkeit der Akademie der Wissenschaften der UdSSR stützt sich auf die größtmögliche Unterstützung durch Partei und Regierung. „Wir sind stolz auf unsere Akademie der Wissenschaften", sagte L. I. Breshnew. „Ihr gelten Aufmerksamkeit und Sorge der Partei und des Volkes. Sie dient selbstlos und treu unserem Lande und der Weltkultur. Die größten Errungenschaften der Sowjetwissenschaft, die wesentlich zur Entwicklung unserer Heimat beigetragen haben, sind mit der Tätigkeit der Akademie der Wissenschaften der UdSSR unmittelbar verbunden."

Entsprechend den realen Aufgaben des kommunistischen Aufbaus mißt die KPdSU den Fragen der Vervollkommnung, Vertiefung und Konkretisierung der marxistisch-leninistischen Theorie und der weiteren Entwicklung der Gesellschaftswissenschaften in den Einrichtungen der Akademie der Wissenschaften der UdSSR erstrangige Bedeutung bei.

„Ebenso wie wir jetzt in Industrie und Landwirtschaft buchstäblich keinen Schritt ohne Inspruchnahme der neuesten Errungenschaften der Wissenschaft vorankommen können", sagte Genosse L. I. Breshnew auf einer Festveranstaltung zum 50. Jahrestag der Bildung der UdSSR, „so ist auch in unserem gesellschaftlichen Leben die Entwicklung der Wissenschaft die notwendige Basis für Entscheidungen, für die tägliche Praxis. Die Partei unterstützt nach wie vor das schöpferische, das Leninsche Herangehen an das Studium komplizierter gesellschaftlicher Erscheinungen, die Bemühungen unserer theoretischen Kader um die Entwicklung der Gesellschaftstheorie und um die schöpferische Analyse der Wirklichkeit."[5]

[5] Ebenda, S. 104.

Die Partei stärkt und entwickelt den Leninismus als theoretische Grundlage ihrer gesamten revolutionären Tätigkeit und gibt damit in ihren Dokumenten Beispiele dafür, wie man auf der Grundlage der Leninschen Ideen, der Leninschen Methoden zur Lösung von Problemen der gesellschaftlichen Entwicklung die aktuellen Fragen des kommunistischen Aufbaus in schöpferischer Weise aufwerfen und lösen muß. Davon lassen sich die Gesellschaftswissenschaftler der Akademie der Wissenschaften der UdSSR in ihrer Arbeit leiten.

Günter Rosenfeld

Die Bedeutung der Wissenschaftsbeziehungen zwischen der UdSSR und der Weimarer Republik für die Politik der friedlichen Koexistenz zwischen Staaten unterschiedlicher Gesellschaftsordnung

In dem großen Ringen der Sowjetunion um die Durchsetzung des Prinzips der friedlichen Koexistenz in ihren Beziehungen zu den kapitalistischen Ländern spielten die Wissenschaftsbeziehungen von Anfang an eine wichtige Rolle. Sie förderten, ebenso wie die Wirtschaftsbeziehungen, wesentlich die Politik der friedlichen Koexistenz und waren selbst ein Bestandteil sachlicher und nutzbringender Zusammenarbeit zwischen den Ländern unterschiedlicher Gesellschaftsordnung. Gleichzeitig besaßen die Wissenschaftsbeziehungen mit den kapitalistischen Ländern für die Sowjetunion besonders in jenen ersten Jahren noch eine weitere Bedeutung. Galt es doch, wie Lenin mehrmals betonte, alles Gute und Wertvolle aus der bürgerlichen Vergangenheit ebenso wie aus dem kapitalistischen Ausland zu übernehmen, um es dem sozialistischen Aufbau nutzbar zu machen.[1]

Man muß sich zunächst sowohl die damalige Situation der Sowjetunion, besonders jene komplizierte Anfangsperiode der sowjetischen Kultur- und Wissenschaftsentwicklung, als auch die besondere gesellschaftliche Situation im damaligen imperialistischen Deutschland vergegenwärtigen, um die Kooperation deutscher Wissenschaftler mit der Sowjetunion in den richtigen Rahmen hineinstellen und richtig werten zu können.

Es ist anfangs hier festzustellen, daß es Lenin selbst war, auf dessen Initiative die ersten Kontakte des jungen Sowjetstaates zur deutschen Wissenschafts- und Kulturwelt geknüpft wurden. „Ich habe häufig mit Lenin über die deutsch-russischen Beziehungen gesprochen", so berichtet der damalige Professor für Medizin an der Berliner Universität, Georg Klemperer. „Lenin vertrat immer die Meinung, daß an der Entwicklung freundschaftlicher Beziehungen in gleichem Maße beide Völker interessiert sind."[2]

Auf die Ausgangssituation des Sowjetstaates mit dem schweren Erbe des Zarismus, das der Sowjetstaat übernehmen mußte, sei hier nur summarisch hingewiesen. Ungeachtet der großen Leistungen, die russische Gelehrte schon vor 1917 erbracht hatten, war das Netz der wissenschaftlichen Einrichtungen nicht sehr eng.

Die Errichtung der Sowjetmacht, die die schöpferischen Kräfte des Volkes von allen Fesseln gesellschaftlicher Unterdrückung befreite, schuf auch alle erforderlichen

[1] Vgl. als neueste Darstellung dieser Thematik A. E. Ioffe, Meždunarodnye svjazi sovetskoj nauki, techniki i kul'tury 1917–1932, Moskau 1975.

[2] Izvestija (Moskau), 7. 6. 1924.

gesellschaftlichen Voraussetzungen für das Aufblühen der Wissenschaft. Die Aufgaben waren gewaltig und kompliziert, wenn man an die damalige ungeheure materielle und kulturelle Armut des Landes, an die Schwierigkeiten der ersten Jahre des sozialistischen Aufbaus, an die Folgen des imperialistischen Interventionskrieges denkt. Auch die durch die imperialistischen Mächte verhängte diplomatische und ökonomische Blockade des Sowjetstaates gehörte dazu. Dennoch arbeitete die übergroße Mehrzahl der Gelehrten Sowjetrußlands nach der Oktoberrevolution unter Einsatz aller Kräfte für den ökonomischen und kulturellen Aufschwung des Landes. Der bekannte deutsche Physiker Ehrenfest war überrascht von den Entdeckungen seiner sowjetischen Kollegen, die in Laboratorien gemacht wurden, „wo, wie man sagt, im Winter die Finger steif werden und das Wasser am eigenen Körper angewärmt werden muß“.[3]

Selbst in jenen schweren Anfangsjahren ging die Entwicklung der Wissenschaft in Sowjetrußland voran. Pavlov arbeitete weiter an seiner bahnbrechenden Lehre von den bedingten Reflexen, die zu den Entdeckungen des Jahrhunderts gehört. Akademiemitglied Joffe und andere leisteten einen wertvollen Beitrag zur Erkenntnis der Atomstruktur. Im Winter 1920 wurde in Petrograd eine Atomkommission gebildet. Diese und andere Leistungen zeigten, daß die junge sowjetische Wissenschaft schon damals nicht nur nehmender, sondern auch schon gebender Partner in der Zusammenarbeit mit der ausländischen Wissenschaft sein konnte.

Mit großer Umsicht und Intensität förderten die Kommunistische Partei und die Sowjetregierung, vor allem Lenin selbst, die Aufnahme der Beziehungen zur ausländischen Wissenschaft. Trotz größter Beanspruchung fand Lenin Zeit, sich laufend über wichtige wissenschaftliche Neuerscheinungen im Ausland informieren zu lassen. Auf Initiative Lenins selbst und unter Finanzierung durch den Sowjetstaat entstand in Leipzig unter Beteiligung von 30 deutschen Wissenschaftlern eine systematische Bibliographie der wissenschaftlichen Literatur Deutschlands der Jahre 1914 bis 1921[4], mit der, wie der damalige Vertreter des sowjetischen Volkskommissariats für Bildungswesen in Berlin, S. K. Grünberg, urteilte, „der erste Schritt zur Wiederaufnahme der traditionellen freundnachbarlichen Beziehungen zwischen der deutschen und russischen Gelehrtenwelt getan war“.[5]

Die Tatsache, daß bereits im Jahre 1921, also noch vor dem Abschluß des Rapallo-Vertrages, beim Obersten Volkswirtschaftsrat der RSFSR ein Büro für ausländische Wissenschaft und Technik (russ.: BINT) gegründet wurde, das seinen Sitz bei der sowjetischen Handelsvertretung in Berlin nahm, hatte für den Kampf des Sowjetstaates um die Durchbrechung der politisch-diplomatischen und ökonomischen Blockade eine große Bedeutung. Umgekehrt wirkte sich natürlich der Abschluß des Rapallo-Vertrages in einem solchen Maße günstig auf die Erweiterung der Wissenschaftsbeziehungen aus, daß der deutsche Generalkonsul aus Leningrad (Petrograd) im August

[3] A. Ioffe, M. Narinski, Zusammenarbeit zum Nutzen der Völker, APN Verlag, Moskau 1973, S. 9.

[4] Systematische Bibliographie der wissenschaftlichen Literatur 1914–1921, Bd. 1–4, Berlin 1922; Ergänzungsbände: Bibliographie des wissenschaftlichen Sozialismus 1914–1922. Hrsg. v. E. Drahn, Berlin 1923. Systematische Bibliographie der wissenschaftlichen Literatur Deutschlands der Jahre 1922 und 1923, Bd. 1–2, Berlin 1924.

[5] Z. K. Grünberg an Kultusminister Bölitz, Berlin 13. 6. 1922. Staatsarchiv Merseburg, Rep. 76 V c sect. 1, Tit. 11. Teil VII, Bd. 19, Bl. 296.

1923 meldete, daß sich die Russische Akademie der Wissenschaften in ständiger Fühlung mit fast sämtlichen deutschen wissenschaftlichen Institutionen befände.[6]

Die geistig-kulturelle Ausstrahlungskraft des Sowjetstaates mit den weltverändernden Ideen der Oktoberrevolution wirkte von Anfang an außerordentlich stark. Und die ausländischen Gelehrten, die damals mit der sowjetischen Wissenschaft in Kontakt kamen oder selbst nach Sowjetrußland reisten, mußten nicht erst den Marxismus-Leninismus studiert und sich zu eigen gemacht haben, um die gewaltigen Möglichkeiten, die die Oktoberrevolution für die Wissenschaft in Sowjetrußland eröffnet hatte, mehr oder weniger deutlich zu erahnen. Viele empfanden das, was Fridtjof Nansen geradezu prophetisch schrieb, als er 1923 die Sowjetunion besuchte: daß Rußland noch eine ungeahnte geistig-kulturelle Blüte bevorstehe. „Ich halte es für völlig real, daß die Zeit kommen wird – und zwar schon in nicht allzuferner Zeit – da Rußland jenes Land sein wird, das Europa nicht nur materielle Hilfe leisten, sondern Zentrum geistiger Erneuerung sein wird.“[7]

Der Austausch mit der Sowjetunion erfreute sich unter den deutschen Wissenschaftlern um so größerer Popularität, als sich die durch das Versailler System verschärfte kapitalistische Ausbeutung und die internationale Isolierung Deutschlands lähmend auf das wissenschaftliche Leben auswirkten. Zu den nach dem Kriege von den Ententemächten geschaffenen wissenschaftlichen Unionen, die dem internationalen Forschungsrat in Brüssel angeschlossen waren, wurde Deutschland der Zutritt verwehrt. Wie sehr sich die Sowjetunion bemühte, der deutschen Wissenschaft zu helfen, den ihr gebührenden Platz in der Welt wiederzuerlangen, zeigt die Tatsache, daß die Russische Akademie der Wissenschaften – wie sie noch bis 1925 genannt wurde – die Einladung zum Eintritt in den internationalen Forschungsrat ablehnte, sofern man nicht auch die Mitgliedschaft Deutschlands zuließ.

Die Motive und Absichten, die auf seiten einzelner Vertreter der deutschen Wissenschaft bei der Anbahnung und Entwicklung der Wissenschaftskooperation vorhanden waren, waren vielschichtig, und sie sind auf den ersten Blick nicht immer leicht erkennbar.

Die Zahl derjenigen, die von vornherein bereits vom Standpunkt des Marxismus die Zusammenarbeit mit der Sowjetunion suchten und verteidigten – Julius Schaxel aus Jena war einer von ihnen – aber auch die Zahl derjenigen, die zwar nicht Marxisten waren, jedoch vorbehaltlos für die Freundschaft mit der Sowjetunion eintraten, war sicherlich relativ gering. Ob in den Reihen der Kommunistischen Partei Deutschlands, in der Gesellschaft der Freunde des neuen Rußlands oder dem zahlenmäßig stärkeren Bund der Freunde der Sowjetunion wirkend, kämpften sie alle als Pioniere für die deutsch-sowjetische Freundschaft. Es ist noch eine dringende Forschungsaufgabe, diese Wissenschaftler und Vorkämpfer der deutsch-sowjetischen Freundschaft der Vergessenheit zu entreißen und ihre Tätigkeit unserer Gegenwart neu zu erschließen.

Viele bürgerliche Wissenschaftler wurden durch das Erlebnis ihrer Begegnung mit der Sowjetwissenschaft zu wirklichen Freunden der Sowjetunion oder begannen mindestens über die verhängnisvollen Folgen des Antisowjetismus nachzudenken.

[6] Zentrales Staatsarchiv Potsdam, Deutsche Botschaft Moskau, Nr. 393, Bl. 25, Generalkonsul Köster an Auswärtiges Amt, 27. 8. 1923.

[7] F. Nansen, Rußland und die Welt. Zitiert nach: M. P. Kim, Istoričeskij opyt kul'turnoj revoljucii v SSSR. In:Voprosy istorii, 1968, Nr. 1, S. 122.

Sofort nach Abschluß des Rapallo-Vertrages setzte ein lebhafter Reiseverkehr deutscher Wissenschaftler nach der Sowjetunion ein.

Es liegt auf der Hand, daß alle diese einzelnen Wissenschaftler, die an der Zusammenarbeit mit der Sowjetunion interessiert waren, kein geringes Gewicht in der Waagschale zugunsten der weiteren Durchsetzung der friedlichen Koexistenz in den Beziehungen zwischen der Sowjetunion und dem Weimarer Deutschland warfen.

Dennoch mußte es der Sowjetunion natürlich vor allem darauf ankommen, daß die Regierung der Weimarer Republik und die staatlichen Institutionen, unter ihnen natürlich vor allem die Berliner Akademie der Wissenschaften, offiziell die Wissenschaftskooperation förderten. Hier erhebt sich die Frage: in welcher Weise unterstützte die Regierung der Weimarer Republik die Wissenschaftskooperation mit der Sowjetunion?

Bei der Beantwortung dieser Frage darf man nie außer acht lassen, daß es sich um das imperialistische Deutschland handelte, und daß die Weimarer Republik im Ergebnis der Niederwerfung der revolutionären deutschen Arbeiterklasse 1918/1919 entstanden war. Nur unter dem Zwang verschiedener auf ihn einwirkender Faktoren hatte der deutsche Imperialismus den Rapallo-Vertrag im April 1922 abgeschlossen.

So wie für den deutschen Imperialismus der Vertrag von Rapallo nur ein Mittel war, um unter Anlehnung an die Sowjetunion vorübergehend Zeit für sein Wiedererstarken, für den Kampf gegen den Versailler Vertrag zu gewinnen, so war auch die Wissenschaftskooperation mit der Sowjetunion für ihn in erster Linie ein Mittel zur Durchsetzung seiner aggressiven Zielstellungen. Welcher Art diese waren, zeigen sehr deutlich sogenannte „Leitsätze", die im Juni 1927 im Auswärtigen Amt als Gesprächsgrundlage für Gustav Stresemann, dem damaligen Außenminister der Weimarer Republik, aufgestellt wurden. In diesen „Leitsätzen" hieß es: „Die Entbolschewisierung Rußlands und seine Angliederung an den Westen kann nur auf dem Wege allmählicher, friedlicher wirtschaftlicher und kultureller Durchdringung erfolgen." [8]

Diese Leitsätze aus dem Auswärtigen Amt machen daher ganz deutlich: auch die Wissenschaftsbeziehungen waren wie die anderen Beziehungen auf der Ebene der friedlichen Koexistenz unter den Bedingungen der unterschiedlichen, einander gegenüberstehenden Gesellschaftsordnungen eine Form des Klassenkampfes, wenn dies auch dem einzelnen bürgerlichen deutschen Gelehrten, der nach der Sowjetunion reiste, in vielen Fällen nicht klar war.

Von entscheidender Bedeutung war jedoch, daß die Beziehungen auf der Grundlage des Rapallo-Vertrages trotz ständiger Störversuche extrem antisowjetischer Kräfte für die Wissenschaftskooperation genügend Spielraum gaben. Denn bei allen *subjektiven Zielsetzungen* der deutschen imperialistischen Kreise *dienten sie doch objektiv dem Frieden.*

Schon die erste große Begegnung zwischen den Wissenschaftlern der Weimarer Republik und der Sowjetwissenschaft anläßlich der 200-Jahr-Feier der Akademie der Wissenschaften der UdSSR im September 1925 zeigte dies ganz deutlich.[9] Denn die

[8] Leitsätze über die Stellungnahme zum englisch-russischen Problem, 12. 6. 1927. Politisches Archiv des Auswärtigen Amtes, Bonn, 9 Rußland, Bd. 18, Bl. 558849.

[9] Vgl. dazu C. Grau, Die deutschen Universitäten und die 200-Jahr-Feier der Akademie der Wissenschaften der UdSSR 1925. In: Deutschland – Sowjetunion. Aus fünf Jahrzehnten kultureller Zusammenarbeit, Berlin 1966, S. 172f.

Tatsache, daß 30 namhafte deutsche Gelehrte zu einem Zeitpunkt nach Leningrad reisten, als es den reaktionären imperialistischen Kräften darum ging, Deutschland mit dem Locarno-Vertrag in eine Frontstellung gegen die Sowjetunion zu bringen, kann man sicherlich nicht hoch genug einschätzen. Denn von dieser Begegnung gingen wichtige Impulse für die weitere Gestaltung der Wissenschaftsbeziehungen zwischen der Sowjetunion und der Weimarer Republik aus. Es steht außer Zweifel, daß die großen gemeinsamen Unternehmen auf dem Gebiet der Wissenschaftsbeziehungen bis zum Ende der Weimarer Republik die von der Sowjetunion konsequent vertretene Politik der friedlichen Koexistenz förderten, und zwar in außenpolitisch für die Sowjetunion höchst komplizierten und angespannten Situationen, wenn wir nur an die deutsch-sowjetische Forscherwoche im Sommer 1927 denken, also zu einem Zeitpunkt, als mit dem Abbruch der diplomatischen Beziehungen durch Großbritannien und das Aufleben der antisowjetischen Kräfte im internationalen Maßstab die Gefahr eines neuen antisowjetischen Interventionskrieges entstand. Ebenso bedeutsam waren die deutsch-sowjetische Historikerwoche im Jahre 1928, die Woche der deutschen Technik in Moskau Anfang 1929, schließlich auch die Medizinerwoche Ende 1932 in Berlin.

Es ist noch eine zukünftige Forschungsaufgabe, außer der Rolle der Akademien der Wissenschaften in den Wissenschaftsbeziehungen zwischen der Sowjetunion und der Weimarer Republik auch die Rolle der Universitäten und Hochschulen eingehender zu untersuchen. So positiv auch insgesamt diese Beziehungen der guten Zusammenarbeit waren und so sehr sie dem Frieden zwischen den Völkern beider Länder dienten, die Errichtung der faschistischen Diktatur in Deutschland und die Vorbereitung und Durchführung des Krieges des faschistischen deutschen Imperialismus gegen die Sowjetunion bewiesen, daß nur die Macht der Arbeiterklasse in der Lage war, der Wissenschaftskooperation deutscher Gelehrter mit der Sowjetunion Sicherheit und Kontinuität zu verleihen.

Der mutige Kampf aller derjenigen aber, die in jenen Jahren die Freundschaft mit der Sowjetunion verteidigten und die 1945, sofern sie das faschistische Inferno überlebten, als Pioniere der ersten Stunde die Wissenschaftskooperation mit der Sowjetunion auf eine prinzipiell neue Grundlage stellten, ist uns heute bei der Vertiefung unserer Zusammenarbeit mit der Sowjetunion Beispiel und Verpflichtung.

Dieter Fricke

Über die Beziehungen zwischen Julius Schaxel und der Akademie der Wissenschaften der UdSSR

Von der Universität Jena nahmen zwei Wissenschaftler an den Feierlichkeiten zum 200. Gründungsjubiläum der Akademie der Wissenschaften der UdSSR im September 1925 teil.

Der eine war der Rektor der Universität, der Jurist Heinrich Gerland. Er gehörte der offiziellen deutschen Delegation an. Nach Sowjetrußland war er vor allem gekommen, wie er selbst schrieb, weil es ihn „lebhaft" interessierte, „das Land der großen Geheimnisse aus eigener Anschauung etwas kennen zu lernen".[1] Dementsprechend wird auch der Bericht ausgefallen sein, den er am 3. Oktober 1925 dem Lehrkörper der Universität und Honoratioren der Stadt gab.[2]

Der andere Wissenschaftler aus Jena, der auf Einladung der russischen Akademie an den Jubiläumsfeierlichkeiten in Leningrad teilnahm, war der Professor für Biologie Julius Schaxel.[3] Als letzter persönlicher Schüler Ernst Haeckels hatte er sich 1912 in Jena habilitiert, wobei es ihm zugleich durch seine engen Kontakte zur revolutionären Arbeiterbewegung gelang, über Haeckel hinaus zum dialektischen und historischen Materialismus vorzustoßen. In der Weimarer Republik gehörte Julius Schaxel zu den linken Mitgliedern der SPD, die durch enge freundschaftliche Beziehungen mit der KPD verbunden waren. In den Jahren der revolutionären Nachkriegskrise kämpfte er für eine demokratische Hochschulreform in Thüringen. Große Verdienste erwarb er sich bei der Verbreitung wissenschaftlicher Kenntnisse von Natur und Gesellschaft in den Massen. Beispielhaft propagierte er in der proletarischen Freidenkerbewegung den wissenschaftlichen Atheismus unter den Werktätigen. Unlösbar ist sein Name mit der Geschichte des Urania-Verlages verknüpft. Schaxel hatte entscheidenden Anteil an der Gründung der Zeitschrift „Urania" im August 1924.[4]

[1] Gerland am 20. August 1925 an den Gesandten Graf Zein, in: Universitätsarchiv Jena (im folgenden: UAJ), BA, Nr. 1035, Bl. 188f.

[2] Vgl. ebenda, Bl. 235. Siehe auch R. Ludloff, Der Aufenthalt deutscher Hochschullehrer in Moskau und Leningrad 1925 anläßlich des 200jährigen Bestehens der Russischen Akademie der Wissenschaften und ihrer Umwandlung in die Akademie der Wissenschaften der UdSSR, in: Wissenschaftliche Zeitschrift der Friedrich-Schiller-Universität Jena. Gesellschafts- und Sprachwissenschaftliche Reihe, 1956/57, H. 6, S. 709–721.

[3] Siehe D. Fricke, Julius Schaxel (1887–1943). Leben und Kampf eines marxistischen deutschen Naturwissenschaftlers und Hochschullehrers, Leipzig, Jena, Berlin 1964.

[4] Siehe D. Fricke, Julius Schaxel und der Urania-Verlag, in: 50 Jahre Urania-Verlag 1924–1974, Leipzig, Jena, Berlin 1975, S. 35–56.

Julius Schaxel gehörte zu den ersten deutschen Wissenschaftlern, die die Sowjetunion besuchten. Wenn er ungeachtet der starken antisowjetischen Hetze im Winter 1924/1925 für mehrere Monate in der Sowjetunion weilte, dann haben dabei sicherlich die Kontakte eine maßgebliche Rolle gespielt, die er bereits vor dem ersten Weltkrieg mit der revolutionären Bewegung in Rußland besaß. Als Student in Jena hatte er von russischen Emigranten zum erstenmal den Namen Lenins gehört und Näheres über die Situation in der SDAPR erfahren.[5] Während eines Studienaufenthaltes auf Capri im Sommer 1911 war er mit Maxim Gorki persönlich bekannt geworden, wodurch es ihm möglich wurde, seine Verbindung mit der russischen revolutionären Intelligenz weiter zu festigen.[6]

Während seines ersten Aufenthalts in der Sowjetunion arbeitete Julius Schaxel im Moskauer Marx-Engels-Institut und beriet eine Reihe sowjetischer wissenschaftlicher Institutionen in fachlicher Hinsicht. Er konnte zu zahlreichen sowjetischen Wissenschaftlern Verbindungen herstellen, die in den folgenden Jahren immer enger wurden und vielfach zu einer fruchtbaren Zusammenarbeit geführt haben.

Nichts beweist wohl mehr die Achtung und das Vertrauen, das sich Schaxel bei seinem ersten Aufenthalt in der Sowjetunion erwarb, als die Einladung zur Teilnahme an den Gründungsfeierlichkeiten der russischen Akademie.[7] Und nichts zeigt wohl eindringlicher, daß er sich dieses Vertrauens in jeder Weise würdig erwies, als seine Berichte, die er nach der Rückkehr aus der Sowjetunion von seinen beiden Aufenthalten im Lande W. I. Lenins gab.

Natürlich haben auch andere deutsche Wissenschaftler, die an den Akademiefeierlichkeiten in Leningrad teilnahmen oder zu dieser Zeit gerade mit Delegationen in der Sowjetunion waren, von ihren Reiseeindrücken öffentlich berichtet. Im „Berliner Tageblatt“ erschien zum Beispiel Ende Oktober 1925 ein Artikel von dem Münchener Professor Walther Lotz, in dem die „Lage des wirtschaftlichen und politischen Lebens in Sowjetrußland“ aus bürgerlicher Sicht verzerrt dargestellt wurde.[8] Ganz anders waren dagegen die Schilderungen, die der Direktor der Staatsbibliothek Gotha und DDP-Abgeordnete des Thüringischen Landtages, Professor Anders Krüger, von seinem Aufenthalt in der Sowjetunion gab. Krüger wandte sich in öffentlichen Versammlungen gegen die antisowjetische Hetzpropaganda und entwarf ein eindrucksvolles, lebendiges Bild von Sowjetrußland, in dem „ein Staatswesen im Werden begriffen“ sei, wie er darlegte, „das in kultureller Beziehung und in der Hingabe der einzelnen Glieder an die Gesamtheit einzig in der Welt dasteht“.[9] Die Antwort der reaktionären Regierungsinstanzen war Krügers Entlassung aus dem Staatsdienst.[10]

Mit einer solchen Maßregelung mußte auch Julius Schaxel rechnen, als er in mehreren öffentlichen Versammlungen Vorträge über die „Kulturpolitik im neuen Rußland“ hielt. Für sein Auftreten war vor allem folgendes charakteristisch:

[5] Vgl. J. Schaxel, Autobiographie, S. 12, in: Ernst-Haeckel-Haus, Jena.

[6] Vgl. ebenda, S. 21.

[7] Vgl. Neue Zeitung. Organ der KPD für Großthüringen, 26. August 1925.

[8] Vgl. W. Lotz, Reiseeindrücke aus Sowjetrußland, in: Berliner Tageblatt, 29. Oktober 1925.

[9] Vgl. Neue Zeitung, 14. November 1925.

[10] Vgl. C. Remer, Deutsche Arbeiterdelegationen in der Sowjetunion. Die Bedeutung der Delegationsreisen für die deutsche Arbeiterbewegung in den Jahren 1925/26, Berlin 1963, S. 218.

Erstens. Schaxel ergriff öffentlich für die Sowjetunion als Angehöriger einer Universität Partei, die in der Weimarer Republik zu den Hochburgen der Reaktion zählte. In krassem Widerspruch zu ihren großen historischen Traditionen befand sich die Universität Jena damals unter dem Einfluß der reaktionären Professoren und Studenten. Schaxels Fachkollegen an der Universität vertraten offen antihumane, sozialdarwinistische und rassistische Auffassungen. Einem von ihnen, dem Nachfolger Ernst Haeckels auf dem Lehrstuhl für Zoologie Ludwig Plate, widmete Erich Weinert 1926 in seinem Gedicht „Studenten" die folgende Strophe:

In Jena doziert der Professor Plate,
Ein Mussolini der Biologie.
Der hängt sein Museum voller Plakate
Und erläutert den Monarchismus beim Vieh.
Das ist der Mann, der dem alten Haeckel
Aus Dankbarkeit die Bude versaut,
Zu dem da schwenken sie ihre Deckel,
Die Koryphäe ist richtig gebaut!

Und nicht zufällig wurde 1930 der berüchtigte Faschist Hans Günther, wegen seiner rassistischen Untersuchungen allgemein auch als „Rasse-Günther" bekannt, als ordentlicher Professor für soziale Anthropologie an die Jenaer Universität berufen, wo er dann in Anwesenheit Hitlers, Görings und anderer führender Hitlerfaschisten seine Antrittsvorlesung hielt.[11]

Zweitens. Schaxel berichtete über die Sowjetunion vor den verschiedensten Schichten der Bevölkerung; seine Vorträge fanden aber besonders in der sozialdemokratischen Arbeiterschaft Thüringens und Sachsens einen starken Widerhall und wurden dementsprechend von den rechten Führern der SPD und der Gewerkschaften heftig angefeindet und zu sabotieren versucht. Sie konnten aber nicht verhindern, daß Schaxels Vorträge über die Sowjetunion, wie Alexander Abusch damals hervorhob, zur Änderung der Methode der rechtssozialdemokratischen Antisowjethetze beitrugen. Die rechten Führer der SPD mußten jetzt eingestehen, daß die Sowjetunion auf dem Wege zum Sozialismus-Kommunismus war. Mit der Behauptung, es handle sich nur um eine Ausnahmeerscheinung, suchten sie jedoch die entscheidende Bedeutung des sowjetischen Beispiels für die deutsche Arbeiterklasse zu leugnen.[12]

Drittens. In den Vorträgen und in den anschließenden Diskussionen erwies sich Julius Schaxel als treuer Freund der Sowjetunion, der mit fundiertem Wissen, aber auch mit großer Leidenschaft für den ersten Arbeiter- und-Bauern-Staat in der Geschichte Partei ergriff. Besonders kennzeichnend ist hierfür der Ausspracheabend über das Thema „Kulturpolitik in Sowjetrußland", zu dem sich am 11. November 1925 im Jenaer Stadttheater etwa 800 Menschen zusammengefunden hatten. Unter ihnen waren Mitglieder aus allen Parteien. Kommunisten und viele Sozialdemokraten waren gekommen, um ihre Kenntnisse über Sowjetrußland zu vertiefen und für den ersten Arbeiter- und-Bauern-Staat in der Geschichte der Menschheit Partei zu ergreifen. Aber es waren auch Rechtsextreme und weißgardistische russische Emigranten da, die sich

[11] Vgl. Das Volk, 1. November 1930.
[12] Vgl. Neue Zeitung, 29. November 1925.

von diesem Abend neues Material für ihre antisowjetische und antikommunistische Hetze erhofften. Sie wurden jedoch gründlich enttäuscht.

„Je länger Prof. Schaxel", berichtete die kommunistische „Neue Zeitung", „in seiner ruhigen Sachlichkeit und dabei doch begeisternden Anerkennung der kulturellen Leistungen der Regierung der Arbeiter und Bauern sprach, je runder wurden die Augen der Feinde Sowjetrußlands und je länger die Gesichter ... Als in der Aussprache hundert Anfragen an Schaxel abgegeben wurden, da zeigte er glänzend, daß er ein kühner Fechter für den proletarischen Aufbau, angefeuert von dem Geist und der Wirklichkeit der russischen Revolution, geworden ist. Mochten sich Anfragen aus schlimmster antibolschewistischer Gehässigkeit auch manchmal persönlich verletzend gegen ihn wenden, so verstand er es mit knappen klaren Vergleichen und geschliffenem Witz diese Klingen umzudrehen und sie mit der Zielsicherheit eines glänzenden Fechters mitten ins Herz der antibolschewistischen Angreifer zu stoßen. Gewaltiger Beifall belohnte ihn dafür."[13]

Schaxel würdigte besonders eindrucksvoll die kulturellen Leistungen, die die Völker der Sowjetunion seit der Großen Sozialistischen Oktoberrevolution vollbracht hatten. In einem Lande, das bis zur proletarischen Revolution das Schulbeispiel der Volksbedrückung und des kulturellen Rückstandes gewesen war, wäre mit dem Aufbau der UdSSR die kulturpolitische Perspektive im Weltmaßstab entwickelt und die kulturpolitische Führung übernommen worden. Die Voraussetzungen hierfür erblickte er richtig in der politischen und ökonomischen Befreiung der Volksmassen. Auf sie führte er es zurück, daß die Wissenschaft in keinem anderen Land der Welt soviel Ansehen wie in der Sowjetunion genoß, wo „Theorie und Praxis ... in der Durchführung der sozialistischen Gesellschaftsordnung" zusammengehen.[14]

Es gehört zu den großen Leistungen Julius Schaxels, daß er als linker Sozialdemokrat die von Ernst Thälmann formulierte Gesetzmäßigkeit erkannte, daß das Verhältnis zur Sowjetunion und zur KPdSU der entscheidende Prüfstein für die Treue zum Marxismus-Leninismus ist.

Viertens – und das hebt ihn wohl aus der Masse der ausländischen Teilnehmer an den Akademiefeierlichkeiten in der UdSSR besonders heraus: Julius Schaxel vertiefte und festigte in der Folgezeit seine Freundschaft zur Sowjetunion und seine Beziehungen zur sowjetischen Wissenschaft. Erbittert bekämpfte er den Antisowjetismus, der besonders der bürgerlichen Intelligenz den Blick für das Neue trübte. So führte er 1926 als ein Beispiel, „wie falsch all das ist, was man über Rußland verbreitet", den Nachruf an, den die Versammlung Deutscher Naturforscher und Ärzte in Nauheim 1920 dem angeblich verhungerten berühmten russischen Physiologen Pavlov gewidmet hatte. Schaxel konnte aus eigener Anschauung erklären, daß es Pavlov sehr gut ging und daß dessen Institut vorzüglich eingerichtet war.[15]

Das Studium der Sowjetunion und die engen Kontakte zu sowjetischen Wissenschaftlern waren für Julius Schaxels weitere politische Entwicklung von entscheidender Bedeutung. Sie trugen wesentlich dazu bei, daß er seine Auffassungen in den Fragen der sozialistischen Revolution und der Diktatur des Proletariats weiter klären

[13] Neue Zeitung, 12. und 13. November 1925.

[14] Ebenda.

[15] Vgl. J. Schaxel, Von der Wissenschaft in Sowjetrußland, in: Urania, 2. Jg., 1925/1926, S. 151.

konnte. Sein mutiges Eintreten für die Sowjetunion ist nicht von dem unermüdlichen Kampf zu trennen, den er als konsequenter dialektischer Materialist zur Befreiung der Massen von reaktionären, unwissenschaftlichen Vorstellungen führte, um sie so „zur Durchsetzung des Klassenkampfes zu befähigen".[16]

Julius Schaxel erwarb sich damals unter den thüringer Arbeitern und vor allem unter den Mitgliedern und Funktionären der KPD ein so großes Vertrauen, daß sie ihn mit Recht als einen der Ihren auffaßten. Davon zeugen auch heute noch die Erinnerungen vieler Arbeiterveteranen, die mit großer Hochachtung und Liebe seiner gedenken und oft noch viele Einzelheiten aus der Zusammenarbeit mit ihm zu berichten wissen.

Als die Nacht des Hitlerfaschismus bereits über Deutschland hereingebrochen war, konnte man in einem Urania-Artikel Schaxels zum 50. Todestag von Karl Marx lesen, daß sich der sozialistische Wissenschaftler als dialektischer Materialist das Recht erwirbt, „in den Reihen der Arbeiterklasse für die Menschheitsgemeinschaft zu kämpfen und den höchsten Ehrenrang der Gesellschaft, den eines Soldaten der Revolution, zu erringen." [17]

Wegen seines mutigen Auftretens gegen den Hitlerfaschismus und dessen Irrlehren und seines unerschrockenen Bekenntnisses zum Marxismus-Leninismus und zur Sowjetunion wurde Julius Schaxel 1933 von der Universität und aus Deutschland vertrieben. Er emigrierte in die Sowjetunion, wo er sein Wissen und Können uneingeschränkt für das Glück der Menschheit einsetzen konnte. Hier erschlossen sich ihm an der Akademie der Wissenschaften der UdSSR „mit der Errichtung und Leitung eines neuen biologischen Laboratoriums ... Arbeitsmöglichkeiten in einem Maßstabe", wie er im November 1935 an die Mitglieder der Gesellschaft für Vererbungswissenschaft schrieb, „die mir in Deutschland nie hätten geboten werden können".[18] Schaxel empfand mit Recht, daß er mit seiner Arbeit an der Akademie der UdSSR die fortschrittliche Naturwissenschaft im „Vaterland des Marxismus" [19] im Sinne so bedeutender deutscher Naturforscher wie Kaspar Friedrich Wolf (1733–1794) und Karl Ernst von Baer (1792–1876), die im 18. bzw. 19. Jahrhundert in Rußland gewirkt hatten, weiterführte.

Als sein kampferfülltes Leben am 15. Juli 1943 in einem Sanatorium bei Moskau allzufrüh zu Ende ging, hatte er noch ein Jahrzehnt lang in der Sowjetunion selbst das verwirklichen können, was von ihm nach seiner Rückkehr von den Gründungsfeierlichkeiten der sowjetischen Akademie der Wissenschaften zur Maxime erhoben worden war: „Jeder Marxist", hatte er in seinem Vortrag am 11. November 1925 in Jena erklärt, „mag er nun mehr rechts oder links stehen, hat die Pflicht, am Aufbau der neuen Ordnung, an der Durchführung dieses ersten grandiosen Versuchs in der Weltgeschichte zur Beseitigung der kapitalistischen Klassenherrschaft teilzunehmen!" [20]

[16] J. Schaxel, Was will die Urania?, in: Urania, 2. Jg., 1925/1926, S. 1.

[17] J. Schaxel, Dringende Aufgaben des wissenschaftlichen Sozialismus, in: Urania, 4. Jg., 1932/1933, S. 166.

[18] UAJ, BA, Nr. 967, Bl. 11. Von den wissenschaftlichen Arbeiten Schaxels in der UdSSR ist uns nichts Näheres bekannt. Hingewiesen sei nur auf: J. Schaxel, Über den Einfluß der Funktion auf die Formbildung, in: Fiziologičeskij žurnal SSSR im. I. M. Sečenova, Moskau, 21. Jg., 1937/1938, B, S. 590.

[19] J. Schaxel in einem Vortrag über die Sowjetunion am 18. Dezember 1925 in Gera. Siehe Neue Zeitung, 30. Dezember 1925.

[20] Neue Zeitung, 13. November 1925.

Jochen Richter

Zur Geschichte der deutsch-sowjetischen Wissenschaftsbeziehungen im Bereich der Neurowissenschaften: Oskar Vogt, sein Vermächtnis und sein Bild – ein halbes Jahrhundert später*

In der Ehrenliste bedeutender deutscher Gelehrter, die – wie Einstein, Planck, Born, Schaxel und viele andere – unmittelbar nach der Großen Sozialistischen Oktoberrevolution eine realistische Haltung zur Sowjetmacht einnahmen und sehr bald intensive freundschaftliche Beziehungen mit sowjetischen Gelehrten befürworteten oder pflegten, taucht beim Studium der Quellen und wissenschaftsgeschichtlicher Überblicke immer wieder ein Name von besonderem Rang und Gewicht für die Geschichte der deutsch-sowjetischen Wissenschaftsbeziehungen auf: Oskar Vogt.[1]

Obwohl dem wissenschaftlichen Lebenswerk dieses bedeutenden deutschen Neurobiologen bereits zahlreiche Arbeiten im In- und Ausland gewidmet wurden[2], steht eine Würdigung insbesondere seines progressiven wissenschaftspolitischen Engagements für die Gestaltung friedlicher und freundschaftlicher Beziehungen zwischen dem kapitalistischen Deutschland und der sozialistischen Sowjetunion aus der Sicht der marxistischen Wissenschaftshistoriographie noch immer aus.

Das im Rahmen der Jubiläumsfeierlichkeiten zum 275. Jahrestag der Akademie der Wissenschaften der DDR veranstaltete Traditionskolloquium ist ein verpflich-

* Für die Überlassung des verwendeten biografischen Materials bin ich dem Archiv der Akademie der Wissenschaften der DDR und insbesondere Frau Dr. phil. Chr. Kirsten, die um die Sichtung des in der BRD verwalteten wissenschaftlichen Nachlasses Oskar Vogts bemüht war, zu besonderem Dank verpflichtet – d. Verf.

1 Vgl. das Referat von L. Stern im vorliegenden Band sowie G. Rosenfeld, Zur geschichtlichen Bedeutung der deutsch-sowjetischen Wissenschaftsbeziehungen, und F. Herneck, Einstein und die Sowjetunion, in: Deutschland – Sowjetunion. Aus fünf Jahrzehnten kultureller Zusammenarbeit, Berlin 1966, S. 31f. und 457.

2 So von W. Haymaker, Cécile and Oskar Vogt. On the occasion of her 75th and his 80th birthday, in: Neurology 1 (1951), S. 179; W. Kirsche, Das Institut für Hirnforschung und allgemeine Biologie in Neustadt im Schwarzwald, in: Psychiatrie, Neurologie und medizinische Psychologie, 10 (1958), S. 359; R. Hassler, Cécile und Oskar Vogt, in: Große Nervenärzte. Hrsg. K. Kolle, Stuttgart 1959, Bd. 2, S. 45; H. A. F. Schulze, Die Bedeutung der klinischen Neuroanatomie als eigene Arbeitsrichtung, in: Deutsches Gesundheitswesen, 15 (1960), S. 2359; A. Hopf, Oskar Vogt – 100th anniversary of his birthday, in: Journal für Hirnforschung 12 (1970), S. 1; R. Rabl, Oskar Vogt – Gründer des Staatsinstituts für Hirnforschung in Moskau, in: Zeitschrift der Chemie Grünenthal „die waage", 9 (1970) 2, S. 65; H. A. F. Schulze, Von der topistischen Hirnforschung zur dynamischen Lokalisationslehre, in: Psychiatrie, Neurologie und medizinische Psychologie, 23 (1971), S. 4.

tender Anlaß, dieses überaus interessante Kapitel in der frühen Geschichte der sowjetisch-deutschen wissenschaftlichen Zusammenarbeit aufzuschlagen und damit den wissenschaftshistorischen Wurzeln der heute gerade auf dem Gebiet der Neurowissenschaften so umfassend betriebenen multilateralen wissenschaftlichen Kooperation der Akademien der sozialistischen Länder nachzuspüren.[3]

Wenige Tatsachen über Oskar Vogt vermögen bereits einen wesentlichen Einblick in die Persönlichkeit und die standortgebundenen Unterschiede ihrer politischen und wissenschaftlichen Wertungen zu vermitteln: Bereits 1925 wurde Oskar Vogt als der in der Welt anerkannte Begründer der wissenschaftlichen Lehre von der architektonischen Gliederung der Großhirnrinde von der Russischen Akademie der Wissenschaften zu ihrem Auswärtigen Mitglied gewählt. Es ist gewiß mehr als ein Zufall, daß diese hohe Ehrung in dem gleichen Jahr erfolgte, in dem die Russische Akademie der Wissenschaften aus Anlaß ihrer 200-Jahr-Feier vom Zentralen Exkutivkomitee und vom Rat der Volkskommissare der UdSSR als höchste wissenschaftliche Einrichtung des Landes anerkannt und ihr der Name „Akademie der Wissenschaften der Union der Sozialistischen Sowjetrepubliken" verliehen wurde.[4]

Zahlreiche führende wissenschaftliche Gesellschaften und Universitäten in Europa und Übersee betrachteten es als eine Ehre, Oskar Vogt zu ihren Mitgliedern oder Ehrendoktoren zählen zu dürfen. Demgegenüber verhielt sich das kapitalistische Deutschland mit akademischen Ehrungen für Vogt zurückhaltend; lediglich die Leopoldinisch-Carolinische Akademie der Naturforscher und Ärzte nahm ihn 1932 in die Reihe ihrer Mitglieder auf. So bedurfte es erst der Errichtung des ersten Arbeiter- und Bauern-Staates auf deutschem Boden, dem inzwischen 80jährigen verdienten Gelehrten gemeinsam mit seiner Frau Cécile anläßlich der Feier des 250jährigen Bestehens der Akademie der Wissenschaften den ihm gebührenden Platz als Ehrenmitglied der Akademie anzutragen und Cécile und Oskar Vogt in Würdigung ihres gemeinsamen wissenschaftlichen Lebenswerkes mit dem Nationalpreis für Wissenschaft und Technik I. Klasse auszuzeichnen.

Den Ausgangspunkt unseres Berichtes markiert der Vertrag von Rapallo, den die UdSSR und Deutschland im Frühjahr 1922 – vier Jahre nach dem Ende des ersten Weltkrieges – zur Wiederherstellung diplomatischer und wirtschaftlicher Beziehungen sowie über den beiderseitigen Verzicht auf Reparationsleistungen geschlossen hatte. Der Rapallo-Vertrag löste Deutschland aus seiner von den imperialistischen Mächten betriebenen Isolierung und kam andererseits dem vitalen Interesse der Sowjetunion entgegen, die Bildung einer kapitalistischen Einheitsfront gegen die UdSSR zu verhindern. Neben diplomatischen, wirtschaftlichen und kulturellen Beziehungen entwickelte sich daraufhin in zunehmendem Maße auch die wissenschaftliche Zusammenarbeit zwischen Deutschland und der Sowjetunion.

Die außerordentlich rasche Entwicklung dieser wissenschaftlichen Beziehungen war nicht unerheblich von einem historischen Zufall bestimmt, der mit der Erkrankung und dem frühen Tod des Führers der proletarischen Revolution und der sozialistischen

[3] Vgl. Žurnal vysšej nervnoj dejatel'nosti imeni I. P. Pavlova, 23 (1973), S. 1109.

[4] Vgl. Sowjetmacht und Wissenschaft. Dokumente zur Rolle Lenins bei der Entwicklung der Akademie der Wissenschaften. Hrsg. v. G. Kröber und B. Lange, Berlin 1975, S. 141f.

Sowjetunion, W. I. Lenin, zusammenhängt und Oskar Vogt bei der Gestaltung der deutsch-sowjetischen Wissenschaftsbeziehungen eine ganz besondere Rolle spielen ließ. Die Art der Erkrankung Lenins, in deren langjährigem Verlauf von Ende 1921 bis zu seinem Tode am 21. Januar 1924 es wiederholt zu schweren neurologischen Funktionsstörungen mit der schließlichen Zerstörung größerer Teile der linken Großhirnhemisphäre kam, legte nahe, auch führende deutsche Spezialisten, insbesondere Neurologen, am Kranken- und Sterbebett Lenins zur diagnostischen und therapeutischen Behandlung des Patienten zu Rate zu ziehen. So weist die 25 medizingeschichtlich glanzvolle Namen umfassende Liste des unter Leitung des sowjetischen Volkskommissars für Gesundheitswesen, Prof. Semaško, am Krankenbett Lenins tätigen sowjetischen Ärzteteams auch sieben deutsche Ärzte als Konsultanten aus, unter ihnen den bekannten Breslauer Neurochirurgen Otfried Förster. Mit Förster verband Oskar Vogt eine jahrelange enge Zusammenarbeit; ihm verdankte er auch wesentliche Befunde zur Stützung seiner lokalisatorischen Arbeiten über die Struktur-Funktions-Beziehungen der Großhirnrinde. Aus dieser Tatsache wird verständlich, weshalb auf Grund des Sektionsbefundes gerade Oskar Vogt im Frühjahr 1925, wahrscheinlich im Zusammenhang mit der Entgegennahme seiner Ernennung zum Auswärtigen Mitglied der Akademie, von der sowjetischen Regierung mit der Aufgabe betraut wurde, das Gehirn des verstorbenen W. I. Lenin zu untersuchen.

Es ist anzunehmen, daß Semaško – ein versierter und wissenschaftlich interessierter Sozialhygieniker – der Promotor des von dem sowjetischen Neurologen Minor stammenden phantastischen Gedankens war, das Gehirn eines genialen Politikers und Wissenschaftlers einer posthumen wissenschaftlichen Untersuchung zuzuführen. Diese Untersuchung, der sich systematisch weitere Analysen vergleichbaren Materials anschlossen, hatte bis dahin nur einen einzigen Vorgänger: die 1886 von Cludzinski und Duval vorgenommene Untersuchung des Gehirns des 1882 verstorbenen französischen Premierministers Gambetta. Da die vorgesehene Untersuchung des Gehirns Lenins aus naheliegenden Gründen nur in Moskau erfolgen konnte, erhielt Vogt zugleich mit dem übernommenen Auftrag die Zusicherung der sowjetischen Regierung auf Errichtung eines Staatsinstituts für Hirnforschung in Moskau.

Die positive Haltung regierungsoffizieller Stellen in Deutschland zu diesem ehrenvollen Auftrag an einen deutschen Gelehrten entnehmen wir dem Protokoll einer Besprechung am 23. Mai 1925, an der unter dem Vorsitz des Präsidenten der Kaiser-Wilhelm-Gesellschaft, Adolf von Harnack, der damalige deutsche Botschafter in Moskau, Graf Brockdorf-Rantzau, sowie höhere Beamte des Auswärtigen Amtes, des Reichsministeriums des Innern und des Preußischen Ministeriums für Wissenschaft, Kunst und Erziehung teilnahmen. Nachdem Prof. Vogt darüber berichtet hatte, daß ihm von Seiten der sowjetischen Regierung die Leitung eines Hirnforschungsinstitutes angeboten worden sei, setzte Graf Brockdorf-Rantzau auseinander, „daß eine Förderung der russischen Pläne im politischen Interesse läge, und daß er es daher sehr begrüßen würde, wenn Herr Professor Vogt ... die Leitung des Hirnforschungsinstituts in Moskau übernehme. ... Prof. Vogt verfüge über die besten Beziehungen zu hervorragenden russischen Gelehrten, die deutsch-freundlich seien, und auch die maßgebenden Persönlichkeiten der russischen Regierung brächten den vorgebrachten Plänen das größte Interesse entgegen. Man müsse alles tun, um eine Verbindung von deutschen Gelehrten und russischen Gelehrten, deutscher Wissenschaft und russischer

Wissenschaft zu fördern, da von Seiten Frankreichs außerordentliche Anstrengungen gemacht würden, um seine Positionen auf kulturellem Gebiet in Rußland wieder zu gewinnen. Er hoffe daher, daß von Seiten des Reiches Mittel aufgebracht werden könnten, die es Herrn Prof. Vogt ermöglichten, seine Mitarbeit in Rußland zur Verfügung zu stellen."

Der zweite offizielle Schritt bei der Etablierung dieser frühen Periode deutsch-sowjetischer Wissenschaftskooperation erfolgte im Herbst 1925 anläßlich des Besuches einer repräsentativen deutschen Wissenschaftler-Delegation zur 200-Jahr-Feier der Sowjetischen Akademie der Wissenschaften in Leningrad und Moskau. Hier fand zunächst ein Sondierungsgespräch zwischen dem Vorsitzenden des Zentralen Exekutivkomitees der UdSSR Kalinin und dem Volkskommissar für Bildungswesen Lunačarskij einerseits sowie dem Präsidenten der Deutschen Notgemeinschaft, dem ehemaligen preußischen Staatsminister Schmidt-Ott, als offiziellem Vertreter der deutschen Wissenschaft andererseits statt. Darauf folgten am 1. Oktober 1925 in Berlin die eigentlichen deutsch-sowjetischen Verhandlungen über ein Maximalprogramm einer sowjetisch-deutschen wissenschaftlichen Zusammenarbeit auf verschiedenen Gebieten, das dann im wesentlichen auch realisiert werden konnte. Teilnehmer dieser Verhandlungen waren im Auftrag der Sowjetischen Regierung der Leiter der Geschäftsstelle des Rates der Volkskommissare, N. P. Gorbunov, auf deutscher Seite Schmidt-Ott sowie Prof. Oskar Vogt als Experte für Fragen der deutsch-sowjetischen wissenschaftlichen Zusammenarbeit.

Gleichzeitig und in Übereinstimmung mit diesen Verhandlungen gediehen die ersten gemeinsamen wissenschaftlichen Vorhaben. Es begann der planmäßige Aufbau des Staatlichen Hirnforschungsinstituts, das im Frühjahr 1926 in einem großzügig dimensionierten prachtvollen Moskauer Wohnhaus eröffnet werden konnte. Bis dahin konnte beginnend 1925, ein erheblicher Teil der bis etwa Mitte 1927 währenden ersten Etappe der Institutsarbeit, in der das Gehirn Lenins in eine lückenlose Paraffinserie zerlegt wurde, in vom Lenin-Institut zur Verfügung gestellten Räumen durchgeführt werden.

1927 wurde die Pflege deutsch-sowjetischer Wissenschaftsbeziehungen noch erheblich intensiviert. Im Juni 1927 veranstaltete die Deutsche Gesellschaft zum Studium Osteuropas in Berlin eine „Russische Naturforscherwoche", zu der unter Leitung von Volkskommissar Semaško eine 18 hervorragende sowjetische Gelehrte umfassende Delegation in Berlin eintraf und in der Berliner Universität über neueste Ergebnisse der Sowjetwissenschaft berichtete. Die anschließende Herausgabe der hier gehaltenen Vorträge in deutscher Sprache besorgte Oskar Vogt in dem 1929 erschienenen Sammelband „Die Naturwissenschaft in der Sowjet-Union".[5]

Etwa zur gleichen Zeit, ab Mitte 1927, nahm Oskar Vogt in Berlin anhand von Mikrophotographien eine erste Überprüfung der histologischen Befunde am Gehirn Lenins vor. Dazu gibt Vogt Ende 1927 in Moskau einen ersten internen Bericht ab. Über den damaligen Stellenwert der von Vogt erwarteten Ergebnisse erfahren wir aus einem Brief von Volkskommissar Semaško an Vogt vom 27. November 1927: „. . . Ich muß

[5] Die Naturwissenschaft in der Sowjet-Union. Vorträge ihrer Vertreter während der „Russischen Naturforscherwoche" in Berlin 1927. Hrsg. von O. Vogt, Berlin, Königsberg 1929.

Ihnen aufrichtig sagen, daß Ihr Auftreten bei uns für den engen Kreis unserer Genossen eine direkte Notwendigkeit ist, da das Interesse für unsere Sache, besonders unter den Freunden Wladimir Iljitsch's immer größer und lebhafter wird . . ."

Den einzigen für die Öffentlichkeit bestimmten Bericht[6] gab Oskar Vogt am 10. November 1929 im Pantheon der Gehirne des Moskauer Staatsinstituts für Hirnforschung ab. Die Vorgeschichte des denkwürdigen wissenschaftlichen Auftrages zusammenfassend, stellte Oskar Vogt in einer Danksagung an Volkskommissar Semaško einleitend fest: „So war es nicht nur nötig, daß die russische kommunistische Partei den Entschluß faßte, das Kleinod, das sie im Gehirn Lenins besaß, der wissenschaftlichen Bearbeitung zugänglich zu machen, sondern Partei und Regierung mußten auch die Mittel zur Schaffung eines ganzen Instituts zur Verfügung stellen. Partei und Regierung haben dieses getan. Dafür gebührt ihnen dauernd der Dank der Hirnforschung."

Die von Vogt anschließend in seinem Bericht vorgetragenen Befunde sind — soweit sie die histoanatomischen und morphologischen Fakten betreffen — medizinische Grundlagenforschungsergebnisse und ordnen sich in ein breit angelegtes Forschungskonzept vergleichend anatomischer und psychophysiologisch korrelierender Untersuchungen ein. Wenn Vogt aber dann von diesen objektiven Befunden zu physiologischen Deutungen übergeht, erliegt er allerdings — offenbar aus dem Bedürfnis, den an ihn gestellten Erwartungen entgegenzukommen — der Versuchung, die physiologische Interpretation seiner sorgfältig erhobenen histologischen Befunde zu überziehen: so glaubte er auf Grund der damals allgemein akzeptierten Lehrmeinung, wonach Pyramidenzellen die Funktion von Assoziationszellen hätten (während sie nach heutiger Erkenntnis Funktionselemente u. a. des motorischen Cortex sind und eine Reihe weiterer effektorischer Leistungen bedingen), die von ihm festgestellte außergewöhnliche Größe und das massenhafte Vorkommen dieser Zellen in Lenins Gehirn mit Lenins besonderen Fähigkeiten zu assoziativem Denken in Verbindung bringen zu können. Es gibt indessen, wie sich aus späteren vergleichenden Untersuchungen und der dabei zutage getretenen individuellen Variabilität der Strukturen des menschlichen Gehirns ergeben hat, keine Möglichkeit, solche feinanatomischen Befunde mit komplexen psychischen Leistungen direkt in Verbindung zu bringen. Mit Recht kritisierte daher Vogts sowjetischer Schüler S. A. Sarkisov vulgärmaterialistische Fehlinterpretationen dieser Art als „Psychomorphologismus".[7]

So ist nach dem 1930 veröffentlichten „1. Bericht über die Arbeiten des Moskauer Staatsinstituts für Hirnforschung" von Oskar Vogt kein weiterer Bericht veröffentlicht worden. Im Hinblick auf die noch zu findende richtige Interpretation haben jedoch die von Vogt erhobenen Befunde einen bleibenden Wert behalten; schließlich ist es ihm zu danken, daß das Gehirn Lenins, dieses „seltene Wunderwerk der Natur" — wie es Vogt einmal ausdrückte — vor dem Untergang geschützt und einer modernen wissenschaftlichen Analyse dauernd zugänglich gemacht wurde. Für den Fortbestand des von ihm gegründeten Instituts aber, dem heutigen Institut für Hirnforschung der Akademie der Medizinischen Wissenschaften der UdSSR, war wichtig und zutreffend, was Oskar Vogt abschließend in seinem Bericht über die Perspektive des Instituts aus-

6 O. Vogt, 1. Bericht über die Arbeiten des Moskauer Staatsinstituts für Hirnforschung, in: Journal für Psychologie und Neurologie, 40 (1930), S. 109.

7 Vgl. S. A. Sarkissow, Grundriß der Struktur und Funktion des Gehirns, Berlin 1967, S. 252 und 286f.

führte: „Bei der Fülle von Talenten, welchen die Oktoberrevolution eine freie Entwicklungsbahn geschaffen hat, und dem Enthusiasmus, der die Bewohner der Sowjetunion auszeichnet, wird sich hier eher als anderswo ein tüchtiger Nachwuchs finden."

Folgerichtig hat Oskar Vogt die Leitung des Instituts 1930 – ohne dazu aufgefordert zu sein – in die Hände seiner sowjetischen Schüler Sarkisov, Filimonov, Sapir und Popov gelegt. Das letzte für diesen Lebensabschnitt von Oskar Vogt relevante Dokument stammt von Volkskommissar Semaško, der ihm zum Tage seines 60. Geburtstages am 6. April 1930 aus Moskau telegrafierte: „Dem Organisator des Instituts zur Erforschung des Gehirns unseres geliebten Lehrers Lenin, dem hervorragenden Gelehrten und Bahnbrecher der materialistischen Erklärung psychischer Vorgänge, dem Freunde und Förderer der sowjet-russisch-deutschen wissenschaftlichen Beziehungen; Herrn Professor Oskar Vogt die innigsten Glückwünsche zum 60jährigen Geburtstag – Semaško."

Wolfgang Schlicker

Max Planck
und die deutsch-sowjetischen Akademiebeziehungen während der Weimarer Republik

Max Planck war von 1912 bis 1938 einer der vier Sekretare der Berliner Akademie der Wissenschaften, die sich in der Leitung der Akademie in viermonatigem Turnus als Vorsitzende Sekretare ablösten. Auf Grund seines langjährigen Wirkens in der Leitung der bürgerlichen deutschen Wissenschaft verfügte er über einen die engeren Fachgrenzen des Physikers sprengenden Einblick in viele Bedürfnisse der Forschung, in die Entwicklung der internationalen Verbindungen der bürgerlichen deutschen Wissenschaft und in die Gestaltung der wissenschaftlichen Beziehungen der Berliner Akademie.[1] Er war auch am Ausbau der Verbindungen der Akademie zur Sowjetwissenschaft aktiv beteiligt, der sich während der zwanziger Jahre in die allgemeine Entfaltung der deutsch-sowjetischen Wissenschaftszusammenarbeit im Rahmen der Rapallo-Politik friedlicher Koexistenz einordnete.

Plancks Wirken in der Leitung der Forschung wurde von einem tiefen wissenschaftlichen und humanistischen Verantwortungsbewußtsein geprägt. Zugleich stand auch er in der Kontinuität der bürgerlichen Ordnung und ihres Staates, zu denen er sich vor der Akademie nach der Novemberrevolution und der militärischen Niederlage von 1918 weiterhin bekannte. Aus dieser Haltung heraus distanzierte er sich in der Folge von manchen wissenschaftsfeindlichen und antihumanen Vorgängen, ohne zu erkennen, daß sie sich letztlich aus dem Wesen und den Widersprüchen der von ihm selbst vertretenen gesellschaftlichen Ordnung ergaben. Er hat auch an der Ausgestaltung der deutsch-sowjetischen Wissenschaftsbeziehungen als einem dringenden Bedürfnis für die deutsche Wissenschaft mitgewirkt. Zugleich hinderten ihn eigene gesellschaftliche Bindungen und weiterwirkende Traditionen preußisch-deutschen Staatsdenkens, die gesellschaftlichen Grundlagen und Zielsetzungen Leninscher Wissenschaftspolitik zu erkennen, mit der die bürgerliche deutsche Wissenschaft vor allem seit Beginn der zwanziger Jahre zunehmend konfrontiert wurde. Dessen ungeachtet wirkte sich auch auf Planck aus, daß die Wissenschaft im jungen Sowjetrußland eine hohe Stellung einnahm, daß die Sowjetmacht auf die Herstellung gleichberechtigter internationaler Wissenschaftsverbindungen zu den Wissenschaftseinrichtungen aller Länder orientierte und daß sie unter anderem führende Gelehrte wie A. F. Joffe nach Deutschland und Westeuropa entsandte. Dies alles geschah in den

[1] Vgl. auch W. Schlicker, Zu Max Plancks Bedeutung für die Leitung der Wissenschaft und Organisation der Forschung. Unter besonderer Berücksichtigung seines Wirkens in der Weimarer Republik, in: Jahrbuch für Wirtschaftsgeschichte, II/1975, S. 161ff.

gleichen Nachkriegsjahren, in denen sich die bürgerliche deutsche Wissenschaft in akuten Schwierigkeiten befand: zu diesen Schwierigkeiten trugen die schnell voranschreitende Inflation, aber auch der Boykott der deutschen Wissenschaft auf internationaler Ebene – ihr Ausschluß aus der Zusammenarbeit in den seit 1918 neugegründeten internationalen wissenschaftlichen Dachverbänden und Fachunionen im Rahmen des Versailler imperialistischen Vertragssystems – wesentlich bei.

Planck war als Sekretariatsmitglied der Akademie bereits in die Wiederaufnahme des Bücheraustausches einbezogen, der auf sowjetische Initiative im Anschluß an ein offizielles Schreiben des Ständigen Sekretärs der Petrograder Akademie, S. F. Ol'denburg, erfolgte.[2] Nachdem das Berliner Plenum am 9. März 1922 dem Petrograder Angebot zugestimmt hatte, unterzeichnete Planck am 15. März 1922 das Begleitschreiben für die erste Sendung von Berliner Sitzungsberichten an die Akademie in Petrograd.[3] Der Tausch von Schriften, 1922/23 bis 1925 alleinige, danach eine Hauptform der Beziehungen, erstreckte sich schließlich auf eine größere Zahl von Institutionen in der RSFSR und den anderen Sowjetrepubliken.[4]

Als Sekretar der Akademie, der in den entscheidenden Wochen den Vorsitz führte, bearbeitete besonders Planck die Einladung zur Feier des 200. Geburtstages der Leningrader Akademie, die vom 6. bis 14. September 1925 in Leningrad und Moskau stattfinden sollte und von der dann die entscheidende Entfaltung der Wissenschaftsbeziehungen ausging. In den hierzu unter seiner Leitung geführten Verhandlungen des Berliner Plenums wurde zwar die bürgerliche Klassenlinie damaliger deutscher Wissenschaftspolitik sichtbar; aber Plancks Verhandlungsführung trug dazu bei, daß die von der Bayerischen Akademie der Wissenschaften befürwortete Ablehnung des Jubiläumsbesuches kein Echo fand; die Akademie in München blieb damit auch im Kartell der deutschen Akademien und der Wiener Akademie der Wissenschaften isoliert. Am 16. Juni 1925 ging die Zusage Berlins und die Bekanntgabe der offiziellen Akademiedelegierten Max Planck und Heinrich Lüders nach Leningrad.[5] Nach Überwindung weiterer Schwierigkeiten unter seiner aktiven Beteiligung nahm Planck, der die Begrüßungsadresse der Berliner Akademie entworfen hatte, zusammen mit Lüders als Akademierepräsentanten im Rahmen einer größeren deutschen Delegation, in der sich auch die Akademiemitglieder Eduard Meyer, Karl Holl (als Rektor der Berliner Universität) und Heinrich von Ficker (als Direktor des Preußischen Meteorologischen Instituts) befanden, am Jubiläum teil. Der Akademie in Leningrad wurde die Bezeichnung „Akademie der Wissenschaften der UdSSR" verliehen, ihre Perspektive als führende Institution der Sowjetwissenschaft wurde von Michael Kalinin betont. Ihr 100. Geburtstag, betonte Planck in seiner auch in der Zeitschrift „Das Neue Rußland"

[2] Vgl. Zentrales Archiv der AdW der DDR (fortan zit.: AAW), II: IX f 4 k Bd. 2, Bl. 100 (Schreiben Ol'denburgs an die Berliner Akademie), Bl. 101 (Auszug aus dem Protokoll der Berliner Plenarsitzung v. 9. 3. 1922).

[3] Vgl. ebenda, Bl. 124.

[4] Während der zwanziger Jahre wurden 17 neue Tauschbeziehungen geschaffen. Auf die 19 Partner um 1928 allein in Moskau verweist C. Kirsten, Quellen zur Geschichte der Beziehungen zwischen der Deutschen und der Sowjetischen Akademie der Wissenschaften im Berliner Akademie-Archiv, in: Deutschland – Sowjetunion. Aus fünf Jahrzehnten kultureller Zusammenarbeit, Berlin 1966, S. 180.

[5] Vgl. AAW II: VI a 4, Bd. 8, Bl. 130, 131, 133, 135, 136, 138.

wiedergegebenen Begrüßungsansprache, wäre ein Fest- und Ehrentag der wissenschaftlichen Welt, wobei die Berliner Akademie wiederum in besonders traditionsreichen, fruchtbaren Verbindungen zu ihr stünde. Darum dürfe die Berliner Akademie „mit besonderer Aufrichtigkeit ihrer freundschaftlichen Gesinnung Ausdruck geben, in der zuversichtlichen Auffassung, daß die Akademie der Wissenschaften von Rußland, getreu ihrer ruhmreichen Vergangenheit, nach Überwindung der letzten schweren Jahre kräftig gefördert durch die ihr vom Staate zu Gebote gestellten Mittel, mit erneuter Kraft und erneutem Erfolg mitarbeiten wird in dem heißen Ringen der Völker um die Schätze der reinen Erkenntnis".[6]

Äußerungen Plancks zu seinem Besuch in der Sowjetunion wurden in der sowjetischen Presse wiedergegeben.[7] Am 11. September 1925 veröffentlichte die „Izvestija" seinen Hinweis auf die Bedeutung des Jubiläums der Akademie, auf ihre großen Perspektiven und ihre Stellung in der internationalen Wissenschaft. Am Tage zuvor wurde auf seine Überzeugung verwiesen, mit seinem Aufenthalt zur Vertiefung der Verbindungen beizutragen. Die gegenseitige Befruchtung des physikalischen Wissens schritte voran; Joffe und Lazarev hätten für die Entwicklung einer neuen Periode des physikalischen Wissens und der Naturerkenntnis große Bedeutung („Krasnaja Gazeta"); Rußland könnte auf seinen Beitrag zum Fonds des physikalischen Wissens stolz sein. Die Förderung physikalischer Forschung durch den Sowjetstaat hat Planck mehrfach gewürdigt.

Natürlich blieb dem bürgerlichen Humanisten Planck vieles von dem fremd, was er vom sozialistischen Aufbau in der Sowjetunion sah. „Er sowohl wie Herr Lüders haben neben befremdlichen auch günstige Eindrücke gehabt und erhoffen von der Zukunft manches von der nahen wissenschaftlichen Fühlung zwischen Deutschland und Rußland", hieß es in seinem Bericht vor dem Akademieplenum am 22. Oktober 1925.[8]

Die sowjetische Seite war sich der Bedeutung von Gelehrten wie Planck, Lüders, Eduard Meyer und anderen für die Vertiefung der Zusammenarbeit bewußt. Wenn M. Kalinin und A. Lunačarskij anläßlich des Jubiläums hierüber zunächst mit dem Delegationsmitglied Friedrich Schmidt-Ott sprachen, so wandten sie sich damit an den Präsidenten der Notgemeinschaft der Deutschen Wissenschaft, hinter der im besonderen das Reichsinnenministerium stand. Die Notgemeinschaft, die halbstaatlichen Charakter trug, hat den damals höchsten Grad zentraler Wissenschaftsleitung im bürgerlichen Deutschland (über die noch ausgeprägten kulturpolitischen Hoheiten der deutschen Länder hinaus) mitrepräsentiert. An der Fortführung der Gespräche in Leningrad nahmen am folgenden Tag auf sowjetischer Seite außer Lunačarskij auch der Sekretär des Rates der Volkskommissare N. P. Gorbunov sowie der Beständige Akademiesekretär S. F. Ol'denburg, auf deutscher Seite außer Schmidt-Ott die Berliner Akademiemitglieder Planck, Lüders und Eduard Meyer teil.[9] Übereinstimmend gingen beide Seiten davon aus, „daß ein Unterschied zwischen reiner und angewandter

[6] Das Neue Rußland, 2. Jg., 1925, Doppelheft 7/8, S. 1.

[7] Vgl. Maks Plank 1858–1958. Sbornik k stoletiju so dnja roždenija Maksa Planka. Pod redakciej A. F. Joffe i A. T. Grigor'jana, Moskau 1958.

[8] Vgl. AAW II : VI a 4, Bd. 8, Bl. 176.

[9] Vgl. AAW II : VI a 17, Bd. 7, Bl. 137; Zentrales Staatsarchiv Potsdam (ZStAP), Deutsche Botschaft in Moskau, Nr. 396, Bl. 130ff., 137f.

Forschung" nicht zu betonen sei, „da gerade große praktische Aufgaben vielfach nur durch eine Klärung auf rein wissenschaftlicher Grundlage der Lösung zugeführt werden können." Geeignete konkrete Aufgaben wären in den nächsten drei Monaten zu erarbeiten. Über die folgende Berliner Unterredung mit Gorbunov berichtete Schmidt-Ott am 19. Oktober 1925 den Berliner Teilnehmern der Delegation zum Jubiläum der sowjetischen Akademie, u. a. den Berliner Akademiemitgliedern Eduard Meyer, Karl Holl und Heinrich von Ficker.[10] N. P. Gorbunov hatte gemeinsame Unternehmen vorgeschlagen, auf die geplante Erweiterung der Leningrader Akademie verwiesen und die Orientierung der Sowjetunion auf die Aufnahme der deutschen Wissenschaft in die – ihr im Gefolge des Versailler Vertrages bisher verschlossenen gewesenen – internationalen Dachverbände[11] unterstrichen. Damit war die wissenschaftspolitische Interessenübereinstimmung zwischen beiden Partnern erneut in einer spezifischen Frage betont. Die Berliner Akademie benannte ihre Sekretare Max Planck und Heinrich Lüders als ihre Vertreter in einer zu bildenden Sonderkommission der Notgemeinschaft für die Zusammenarbeit.[12]

An den folgenden generellen Aufschwung der Beziehungen braucht hier nur erinnert zu werden. Erweitert und 1927 auf Vertragsbasis gestellt wurde der Büchertausch, an dem die Akademie mit vielen sowjetischen Partnern beteiligt blieb.[13] Unter den zur sowjetischen Naturforscherwoche von 1927 einzuladenden Gastreferenten befanden sich mit den Physikern Joffe und Lazarev, den Mineralogen Fersman und Vernadskij, dem Chemiker Ipat'ev und anderen manche auch deutschen Gelehrten wie Max Planck wohlbekannte Fachvertreter. Zugleich – und dies berührte den Aufgabenbereich des Akademiesekretariats – gehörten die Berliner Akademiemitglieder Paul Kehr, Adolf von Harnack, Albert Brackmann, Friedrich Meinecke, Eduard Norden, Theodor Wiegand, Max Sering, Ulrich Wilcken und Erich Marcks dem Vorbereitungskomitee der deutsch-sowjetischen Historikerkonferenz vom Sommer 1928 an, auf der dann Pokrovskij vor den Exponenten bürgerlicher deutscher Geisteswissenschaften und Historiographie ein Bekenntnis zum historisch-dialektischen Materialismus, zur marxistisch-leninistischen Methodologie in der Geschichtsforschung ablegte.[14] Eduard Meyer, Ulrich Wilcken sowie die Archäologen Theodor Wiegand und Gerhart Rodenwaldt, späteres Akademiemitglied und langjähriger Direktor des Archäologischen Instituts des Deutschen Reiches, haben sich für die Entwicklung der Beziehungen aus den Zusammenhängen ihrer eigenen wissenschaftlichen und wissenschaftsleitenden Arbeit besonders eingesetzt. Dies verdient auch hier Erwähnung,

[10] Vgl. ZStAP, Deutsche Botschaft in Moskau, Nr. 396, Bl. 139ff.

[11] Die Union Académique Internationale (UAI) und der Conseil International de Recherches (International Research Council, IRC, bis 1931, seitdem International Council of Scientific Unions, ICSU).

[12] Vgl. AAW II : VI a 17, Bd. 7, Bl. 139.

[13] Vgl. I. Dzuck, Deutsch-sowjetischer Buchaustausch in der Weimarer Republik, in: Deutschland – Sowjetunion, a. a. O., S. 165ff.; O. Feyl, Die bibliothekarische Zusammenarbeit zwischen Deutschland und der Sowjetunion und ihre nationale und internationale Rolle, in: Ebenda, S. 157ff.

[14] Vgl. E. Pachaly, G. Rosenfeld, H. Schützler, H. Schulze-Wollgast, Die kulturellen Beziehungen zwischen Deutschland und der Sowjetunion, in: Die Große Sozialistische Oktoberrevolution und Deutschland, Bd. 1, Berlin 1967, S. 456ff.

zielte doch Plancks Tätigkeit als Sekretar im Sinne seines Akademieverständnisses und seiner Wissenschaftsauffassung auf das Zusammenwirken verschiedener Wissenschaftsdisziplinen. Allerdings fehlte der Akademie unter den gegebenen gesellschaftlichen Bedingungen die weltanschaulich-philosophische Grundlage für das Zusammenwirken von Natur- und Gesellschaftswissenschaften – für einen effektiven Beitrag zur Verwirklichung der Einheit der Wissenschaften.

In die Akademiegeschichte, unmittelbarer in gewissem Sinne in den Wirkungsbereich des Akademiesekretars Max Planck gehört die Vorbereitung und Durchführung der bekannten deutsch-sowjetischen Alai-Pamir-Expedition von 1928. Von sowjetischer Seite angeregt und deutscherseits von der Notgemeinschaft durchgeführt, wurde der Expeditionsplan von Heinrich von Ficker erarbeitet, dem Akademiemitglied und Direktor des mit der Akademie wissenschaftlich verbundenen Preußischen Meteorologischen Instituts. Am 30. März 1928 hatte Max Planck als Vorsitzender Sekretar das Schreiben unterzeichnet, mit dem die Akademie den für Sprachforschungen der Expedition in den Hochtälern des Pamir abgeordneten Mitarbeiter ihrer Orientalischen Kommission Wolfgang Lentz dem deutschen Botschafter in Moskau Graf Brockdorff-Rantzau avisierte.[15]

Plancks Mitarbeit an der Entwicklung der Beziehungen muß so aus dem weiten Spektrum der Tätigkeit der Akademie, ihrer Mitglieder und Mitarbeiter verstanden werden. Dabei wurde mit der Akademie auch ihr Sekretar Max Planck mit der zielbewußten Entwicklung des neuen Wissenschaftssystems im Dienste des Aufbaues der sozialistischen Gesellschaft konfrontiert. Es mußte sich auswirken, daß in der Sowjetunion sehr früh neue Institute wie das Physikalisch-Technische Institut (Leitung A. F. Joffe), das Optische Institut (P. S. Roždestvenskij), das Radiuminstitut (V. J. Klopin), das Zentralinstitut für Aerodynamik (N. E. Žukovskij/S. A. Čaplygin) entstanden, daß die Akademie in Leningrad neue Institute für chemisch-physikalische Analyse (N. S. Kurnakov) oder für Platinforschung (L. A. Čugaev) erhielt, daß die Wissenschaft in den Unionsrepubliken gefördert wurde (1919 entstand die Ukrainische Akademie unter der ersten Präsidentschaft Vernadskijs).[16] Es gab Fehleinschätzungen zur Stabilität der Sowjetmacht und zur Perspektive der Wissenschaft in Sowjetrußland auch in der Berliner Akademie. Aber die Akademie ging z. B. in ihrer Wahlpolitik auf die Entwicklung der sowjetischen Wissenschaft ein, indem sie S. F. Ol'denburg, den Orientalisten und Ständigen Sekretär, sowie A. F. Joffe, den führenden Physiker, zu ihren Korrespondierenden Mitgliedern wählte. Die Laudatio für Joffe, von Nernst verfaßt, hat Max Planck mitunterzeichnet.[17]

[15] Vgl. ZStAP, Deutsche Botschaft in Moskau, Nr. 401, Bl. 235.

[16] Vgl. M. V. Keldyš, Mnogonacional'nyj Sojuz Sovetskich Socialističeskich Respublik i razvitie nauki, in: Nauka Sojuza SSR, Moskau 1972, S. 7ff., dt.: M. V. Keldyš, Die multinationale Union der sozialistischen Sowjetrepubliken und die Entwicklung der Wissenschaft, in: Wissenschaft in der Sowjetunion, Frankfurt/M. 1973, S. 43ff.

[17] Vgl. Physiker über Physiker. Wahlvorschläge zur Aufnahme von Physikern in die Berliner Akademie 1870–1929. Von Hermann von Helmholtz bis Erwin Schrödinger. Bearbeitet von Christa Kirsten und Hans-Günther Körber. Studien zur Geschichte der Akademie der Wissenschaften der DDR. Bd. 1. Herausgegeben im Auftrage des Präsidenten der Akademie der Wissenschaften der DDR von Heinrich Scheel, Berlin 1975, S. 248f.

Der wesentlichste Aufschwung der Leningrader Akademie lag für den hier behandelten Zeitraum in den Jahren des ersten Fünfjahrplanes. Aber bereits zum Jubiläum 1925 verwies ihr Sekretär Ol'denburg vor der deutschen Öffentlichkeit darauf, daß sie über eigene Forschungsinstitute unter Leitung von Gelehrten wie dem Mathematiker Steklov, dem Chemiker Ipat'ev, dem Physiologen Pavlov, dem Zoologen Nassonov und dem Pflanzenanatomen und -physiologen Kostyčev verfügte.[18] Demgegenüber blieb die Stellung der Berliner Akademie, die über eigenes Forschungspotential nicht verfügte, ausgeprägt und vordringlich durch die eigenständigen wissenschaftlichen Leistungen führender Mitglieder bestimmt. Disziplinen wie die theoretische Physik standen dabei im Vordergrund.

Als Sekretar hat Max Planck vor allem die Mehrung der „reinen Erkenntnis" verschiedentlich als Aufgabe der Berliner Akademie bezeichnet. Dies war eine vielschichtige Forderung, die hier in ihren Zusammenhängen und in ihrer Eigenständigkeit nur angedeutet werden kann. Sie verband sich zum einen mit dem Postulat einer „reinen", vorgeblich unpolitischen Wissenschaft, das im letzten illusionär war, mit dem sich jedoch auch Planck von antihumanen und wissenschaftsfeindlichen Erscheinungen in der bürgerlichen Ordnung distanzierte; zugleich hat es ihm — dem führenden bürgerlichen Gelehrten — die Pflege der Verbindungen zur Wissenschaft in der sozialistischen Sowjetunion offenbar erleichtert. Hinter der Betonung der „reinen Erkenntnis" im engeren Sinne stand zum anderen die Orientierung auf die theoretische Grundlagenforschung als der Aufgabe, die den Möglichkeiten der Berliner Akademie am ehesten entsprach. Dabei hat Planck in seinen Akademieansprachen auch die Bedeutung der Grundlagenforschung für die Praxis gelegentlich betont.

Die Bedeutung der Wissenschaft für die industrielle Praxis unterstrich er auch anläßlich des Leningrader Akademiejubiläums.[19] Dies konnte für die Berliner Akademie in ihrer damaligen Struktur und Arbeitsweise allerdings kaum reale Bedeutung haben. Die deutschen Akademien der Wissenschaften standen auch am Rande des wissenschaftspolitischen Interesses des Monopolkapitals, das die Industrie in Deutschland beherrschte und das auf weite Bereiche der Forschung im Sinne seiner eigenen „praktischen" Interessen maßgeblichen Einfluß ausübte. Es zeigte jedoch die Weite ihres Wissenschaftsverständnisses, wenn in den erwähnten Besprechungen von 1925 auch deutsche Gelehrte wie Max Planck die einfache Trennung von „reiner" und „angewandter" Forschung ablehnten, wenn sie auf die Bedeutung der Wissenschaft für die Praxis orientierten. Zwar ist zu beachten, daß es sich deutscherseits um Besprechungen handelte, in denen die Notgemeinschaft als Partnerin fungierte und in denen schon deshalb den gesellschaftlichen Bedingungen, den Forderungen der kapitalistischen Praxis unmittelbar Rechnung getragen werden mußte. Hinter solchen Feststellungen stand aber auch die Konfrontation mit neuen, praxisbezogenen Elementen sozialistischen Wissenschaftsverständnisses in der Sowjetunion. Kein Zufall war es schließlich, daß die Berliner Sekretare auf den Aufschwung der sowjetischen Akademie verwiesen, als sie seit 1930 vergeblich auf die Schaffung eines eigenen Forschungspotentials an der Berliner Akademie, auf die Neubildung oder Angliederung von Forschungs-

[18] Vgl. S. F. Ol'denburg, Die russische Akademie der Wissenschaften, in: Das Neue Rußland, 2. Jg., 1925, Doppelheft 7/8.

[19] Vgl. Maks Plank 1858—1958, a. a. O., S. 76.

instituten drängten. An den Reformplänen, die die Stellung der Akademie im bürgerlichen deutschen Wissenschaftsgefüge in spezifischer Weise verändert hätten, war auch Max Planck beteiligt. Die Realisierung dieser Forderungen und damit auch die Verwirklichung einer höheren Ebene der Wissenschaftsbeziehungen war erst mit den revolutionären Umgestaltungen seit 1945 in der DDR möglich. Rückschauend gedenken wir jedoch eines Gelehrten wie Max Planck, der dazu beitrug, daß auch unsere Akademie in den deutsch-sowjetischen Wissenschaftsbeziehungen an fruchtbare Traditionen anknüpfen kann.

Gerd Voigt

Otto Hoetzsch und die UdSSR

Das Netz vielfältiger Kontakte und Beziehungen, das in den zwanziger Jahren Gelehrte der UdSSR und bürgerliche deutsche Wissenschaftler unter tätiger Mitwirkung der beiden Akademien miteinander verband und oft zu systematischer Zusammenarbeit führte, ist von den Historikern der DDR und der UdSSR bereits eingehend erforscht und dargestellt worden. Eine wirklich befriedigende Synthese dieser umfangreichen, in den Details oft überraschenden Beziehungen liegt bisher allerdings nicht vor. Dennoch hat sich schon gezeigt, daß ihr Wesen sowohl in einem teilweise erheblichen gegenseitigen wissenschaftlichen Nutzen und in vielen damit verbundenen wissenschaftsorganisatorischen Erfahrungen als auch in inhaltlich scharfen Auseinandersetzungen mit antisozialistischen oder sogar slawenfeindlichen Ansichten bestand, die auf dem Gebiet der Gesellschafts- und Geisteswissenschaften nicht selten von reaktionärer deutscher Seite in die Kultur- und Wissenschaftsbeziehungen mit der UdSSR hineingetragen wurden.

Die sowjetische Seite hatte seit dem Ende der Interventions- und Bürgerkriege, und sogar auch in diesen Jahren, ein lebhaftes Interesse an einem geregelten wissenschaftlichen Austausch mit den hochentwickelten kapitalistischen Staaten, weil diese Seite aus dem Leben der Völker zum Leninschen Konzept der friedlichen Koexistenz von Staaten unterschiedlicher und selbst entgegengesetzter Gesellschaftsordnungen unverzichtbar hinzugehört. Lenin selbst regte an, die seit 1914 in deutscher Sprache erschienene wissenschaftliche Literatur bibliographisch zu erfassen und damit für Sowjetrußland verfügbar zu machen, eine mehrjährige verdienstvolle Arbeit, die unter Leitung des Osteuropa-Historikers Professor Friedrich Braun, Korrespondierendes Mitglied der Russischen Akademie der Wissenschaften, seit 1921 in Leipzig geleistet wurde. Um die Mitte der zwanziger Jahre, nach den schweren Jahren der Neuen Ökonomischen Politik und zu Beginn der sozialistischen Industrialisierung, verstärkte sich das Interesse der UdSSR an engeren wissenschaftlichen und kulturellen Beziehungen zum Ausland. Es galt, für die Industrialisierung des Landes die Mitarbeit hochqualifizierter Fachleute zu sichern, nicht nur für die faszinierenden Aufgaben in Technik, Städtebau und Verkehrswesen, sondern auch in den Bereichen Medizin (Seuchenbekämpfung), Geologie, Physik, bei der geographischen Erkundung noch unerschlossener Landesteile durch gemeinsame Expeditionen. 1925 wurde die Allunionsgesellschaft für kulturelle Verbindungen mit dem Ausland (VOKS) gegründet, die auch die Erfahrungen und Errungenschaften der sozialistischen Wissenschaftspolitik im Ausland bekannt machte und dazu beitrug, antikommunistische Vorbehalte oder direkt antisowjetische Haltungen zurück zu drängen. Bekanntlich gelang es der UdSSR, die Isolierung auf wissenschaftlichem Gebiet, die durch die antisowjetische Einkreisungspolitik der imperialistischem Mächte entstanden war, zu durchbrechen, ohne den internationalen reaktionären Wissenschaftsorganisationen, die zum Teil dem antisowjetischen Völkerbund angegliedert waren, diskriminierende Konzessionen machen zu müssen. Das besondere Interesse der UdSSR bei der Anbahnung wissenschaftlicher Kontakte und fester Beziehungen richtete sich auf Deutschland, weil die Weimarer Republik mit dem Vertrag von Rapallo und den späteren Verträgen mit der UdSSR eine brauchbare Grundlage für den Ausbau von Wissenschaftsbeziehungen geschaffen hatte, weil unter der deutschen Intelligenz großes Interesse an den Vorgängen und Umwälzungen in der UdSSR bestand und weil es offensichtlich in beachtlichem Umfang progressive, von der marxistischen Geschichtswissenschaft bisher nicht erforschte deutsch-russische Wissenschaftsbeziehungen aus der Zeit vor 1914 gegeben hat.

Die Motive der deutschen Seite, zu einer engeren wissenschaftlichen Zusammenarbeit mit der UdSSR zu kommen, waren kompliziert und nicht einheitlich. Der bestimmende Grund war die außerordentliche Begeisterung und tiefe Sympathie, die große Teile der werktätigen Bevölkerung dem Aufbau der neuen Gesellschaftsordnung in der UdSSR entgegenbrachten, Momente, die viele Angehörige der deutschen Wissenschaft in ihrer demokratischen oder humanistischen Einstellung zur UdSSR bestärkten. Der „Bund der Freunde der Sowjetunion" und die „Gesellschaft der Freunde des neuen Rußlands", zwei fortschrittliche Kulturorganisationen, in deren Tradition wir stehen, wurden bei ihrer erfolgreichen Tätigkeit in der Weimarer Republik klar von dieser weit verbreiteten Sympathie und Solidarität mit der UdSSR bestimmt. Teile der Bourgeoisie, darunter der Schwerindustrie, ließen sich vom ökonomischen Nutzen guter Beziehungen zur UdSSR leiten und förderten unter diesem Gesichtspunkt wissenschaftliche Unternehmungen, die sich dann auf die verschiedensten Disziplinen erstrecken konnten. Im Wirken der „Notgemeinschaft der Deutschen Wissenschaft", die im Grunde die erste und damals wichtigste staatsmonopolistische Regulierungs- und Steuerungsorganisation im wissenschaftlichen Bereich war, reflektierte sich gerade diese Einstellung, aber auch der Versuch, ein gutes Verhältnis zur UdSSR und zur sowjetischen Wissenschaft als außenpolitisches Druckmittel im Kampf des deutschen Imperialismus gegen das Versailler System einzusetzen. Unter dem Einfluß der teilweise engen Beziehungen mit sowjetischen Gelehrten veränderte sich das politische Denken mancher deutscher, dem Sozialismus fremd gegenüberstehender Wissenschaftler. Der Osteuropa-Historiker Karl Stählin, in den ersten Jahren nach der Novemberrevolution noch den Menschewiki und Kadetten nahestehend, wünschte der UdSSR zum 7. und 10. Jahrestag der Oktoberrevolution öffentlich weitere Erfolge beim sozialistischen Aufbau. Andere Repräsentanten der deutschen Wissenschaft begriffen sehr deutlich den Nutzen der friedlichen Koexistenz und unterstrichen in scharfem Gegensatz zu den antisowjetischen Kampagnen, die besonders in den Jahren der Weltwirtschaftskrise einander jagten, den Friedenswillen der sowjetischen Außenpolitik. Es ist auch zu bedenken, daß sich erfolgreiche deutsch-sowjetische Wissenschaftsbeziehungen oftmals nicht nur gegen einen brutalen und offenen, auch mit persönlicher Diffamierung arbeitenden Antisowjetismus durchsetzen mußten, sondern ebenso gegen dessen flexible Formen, denen sich die handelnden Personen auf deutscher Seite gegenübersahen oder denen sie selbst anhingen. Besondere Bedeutung hatte in diesem komplizierten System die Theorie einer angeblich bevorstehenden Evolution der sowjetischen Gesellschaft zu einer von bäuerlichen Interessen, also von den Kulaken, bestimmten sozialen Ordnung, eine Auffassung, die während der Neuen Ökonomischen Politik auf gewisse Tatsachen verweisen konnte und auch später in großen Teilen der deutschen bürgerlichen Intelligenz, darunter in Kreisen, die der UdSSR im Grunde wohlwollend gegenüberstanden, verbreitet war.

Ein Mittelpunkt für die Pflege deutsch-sowjetischer Wissenschaftsbeziehungen in den Jahren 1925 bis 1930 war der Kreis um den konservativen Berliner Historiker Otto Hoetzsch, Professor für osteuropäische Geschichte an der Universität Berlin von 1913 bis 1935 und dann nochmals 1945/1946, Reichstagsabgeordneter der Deutschnationalen Volkspartei von 1920 bis zu seinem Ausscheiden aus der Partei 1928, vierzehn Jahre hindurch Verfasser außenpolitischer Wochenübersichten in konservativen Blättern, Lehrkraft an mehreren bürgerlich-konservativen Hochschulen in Berlin. In der Gesellschaft zum Studium Osteuropas, die Hoetzsch leitete, hatte sich ein Kreis rechtsstehender Persönlichkeiten zusammengefunden, der aus verschiedenen Motiven heraus vom Nutzen guter Beziehungen zur UdSSR überzeugt war und sich tatkräftig auch für gemeinsame wissenschaftliche Aktionen einsetzte. Zu diesem Kreis zählten der Präsident der Notgemeinschaft der Deutschen Wissenschaft, Schmidt-Ott, die verdienstvollen Assistenten Hans Jonas und Leo Loewenson, bedeutende Gelehrte wie der Hirnforscher Prof. Oskar Vogt, der seinerzeit zur Behandlung des erkrankten Lenin herangezogen worden war, längere Zeit in der UdSSR ein Spezialinstitut leitete, von den Faschisten verfolgt und drangsaliert wurde und schließlich an seinem Lebensabend für seine wissenschaftlichen Verdienste den Nationalpreis der DDR erhielt (1950). Zum Präsidium der Osteuropa-Gesellschaft zählten in jenen Jahren auch der Religionshistoriker Harnack, der Physiker Max von Laue, der führende Archäologe Gerhart Rodenwaldt, der Kunsthistoriker Theodor Wiegand und die Slawisten Erich Berneker, Richard Trautmann und Max Vasmer. Hoetzsch war der führende politische Kopf dieses Kreises. Er unternahm sieben Reisen in die UdSSR und führte im Laufe der Zeit mit den Volkskommissaren Čičerin, Lunačarskij und Semaško sowie mit vielen anderen bedeutenden sowjetischen Persönlichkeiten Unterredungen, die nicht nur informativ blieben, sondern zu konkreten Taten führten. Zahlreiche sowjetische Wissenschaftler fanden durch Vermittlung dieses Berliner Kreises Gelegenheit, in Deutschland Vorträge zu halten und notwendige Verbindungen herzustellen, so allein 1926 der Direktor eines wissenschaftlichen Industrie-Instituts in Sverdlovsk, Prof. Makoveckij, der Chefingenieur des Dnjeprostroj, Akademiemitglied Prof. Aleksandrov, der Sekretär der Polarkommission bei der Akademie der Wissenschaften der UdSSR, Prof. Tolmačev, der Direktor des Instituts zur Erforschung des Nordens, Prof. Samojlovič, und der in Deutschland besonders stark beachtete Pädagoge Pinkevič. In den folgenden Jahren bot sich jeweils ein ähnliches Bild. Großes Aufsehen erregten mehrere Ausstellungen, die die Osteuropa-Gesellschaft mit aktiver Unterstützung sowjetischer Museen in Großstädten Deutschlands zeigte. 1927 kam es schließlich auf Anregung von Prof. Vogt zu einer deutsch-sowjetischen Naturforscherwoche, die ein voller Erfolg wurde. Die markantesten Persönlichkeiten aus der UdSSR waren der Vizepräsident der Akademie, der Geochemiker Fersman, der weltbekannte Physiker Joffe und der Pflanzenphysiologe Prjanišnikov. Pavlov mußte die Einladung nach Berlin in letzter Minute wegen einer plötzlichen Erkrankung absagen. Es kam zu zahlreichen Begegnungen der sowjetischen Gelehrten mit ihren deutschen Kollegen. Im Anschluß an diese erfolgreiche wissenschaftliche Woche wurden nicht weniger als vier gemeinsame deutsch-sowjetische Expeditionen vorbereitet. Sie betrafen die Erforschung der Westküste des Ochotsker Meeres, der Wüste Karakum, des Pamirgebirges und der Burjat-Mongolischen Sowjetrepublik. In die komplizierten Vorbereitungen und in die Verwirklichung dieser wissenschaftlichen Großtaten wurden ganze Gruppen deutscher Experten einbezogen, die Osteuropa-Gesellschaft unter Leitung von Otto Hoetzsch bereitete vor, vermittelte und sicherte den ministeriellen Rückhalt.

Die Jahre zwischen 1925 und 1930/1931 waren mit einer Fülle ähnlicher Veranstaltungen angefüllt. Einen gewissen Höhepunkt stellte die gemeinsame Historikerwoche 1928 dar, zu der eine repräsentative sowjetische Delegation mit dem führenden marxistischen Historiker M. N. Pokrovskij, mit dem Herausgeber der Werke von Marx und Engels V. V. Adoratskij, den marxistischen Historikern Javorskij, Dubrovskij, Pašukanis, Mitglied des Präsidiums der Kommunistischen Akademie, und weiteren sechs Professoren erschien. Die kluge sowjetische Intelligenzpolitik, die große Teile der alten bürgerlichen Intelligenz zur loyalen Zusammenarbeit mit der Sowjetmacht führte, hatte ermöglicht, daß an der Tagung auch Historiker älterer, nichtmarxistischer Schulen teilnahmen und dadurch, wie am deutschen Presseecho deutlich wurde, die Behauptungen von einer gewaltsamen Unterdrückung der bürgerlichen Wissenschaft vor der Öffentlichkeit widerlegt wurden. Die Vorlesungen fanden im Vollsitzungssaal und im Festsaal der Akademie statt. Zu diesem ersten Auftreten der noch jungen marxistischen Geschichtswissenschaft der UdSSR im kapitalistischen Ausland, an dem sich entsprechend der wirklichen Situation in der sowjetischen Wissenschaft auch verschiedene Historiker aus der vorrevolutionären Zeit beteiligten, erschienen in jedem Falle mindestens 90, mehrfach über 200 Hörer. Neben namhaften deutschen Historikern pflegten sich Geschichtslehrer der höheren Schulen, Dozenten der verschiedenen Hochschulen und viele Studenten einzufinden, darunter Schweizer, Holländer, Amerikaner und Japaner. Die sowjetischen Historiker traten, wie die veröffentlichten Texte zeigen, offensiv auf, legten neue Forschungsergebnisse vor und setzten sich mit Auffassungen der bürgerlichen Historiographie auseinander. Sie waren aber auch ersichtlich um eine solche Zusammenarbeit bemüht, die der marxistischen Wissenschaft, ihrem inneren Reichtum und ihrer Verbreitung, einen gewissen Nutzen bringen konnte. Ein spezielles Abkommen zur gegenseitigen Benutzung der Archive, das nach der Historikerwoche geschlossen wurde, ermöglichte der sowjetischen Wissenschaft, wertvolle Quellen zur Geschichte der internationalen Arbeiterbewegung und zum wissenschaftlichen Sozialismus, die sich in Deutschland befanden, aufzuarbeiten. 1931 erschienen die ersten Bände der sowjetischen Aktenpublikation zur Vorgeschichte des ersten Weltkrieges in deutscher Sprache, ein Unternehmen, das in gemeinschaftlichem Wirken zwischen Otto Hoetzsch und Pokrovskij begonnen wurde, von der sowjetischen Seite mit großer Opferbereitschaft erarbeitet und bis zum faschistischen Überfall auf die UdSSR fortgeführt wurde. Der letzte Band dieser Serie erschien noch 1943 in dem bereits stark zerstörten Berlin.

Im Laufe dieser intensiven Zusammenarbeit mit der sowjetischen Wissenschaft, die sich besonders auf den Zeitraum 1925 bis 1930 konzentrierte, änderte sich die politische Einstellung von Otto Hoetzsch zu wesentlichen politischen Fragen. Antikommunistische Ressentiments behinderten auf der einen Seite sein Eintreten für die Zusammenarbeit mit der UdSSR und verleiteten ihn zu krassen Fehlurteilen über ihre Wirtschafts- und Innenpolitik, während andererseits die nüchterne Einsicht in den friedliebenden Charakter der sowjetischen Außenpolitik, seine Reisen in die UdSSR und die direkte Berührung mit dem Aufbauenthusiasmus und mit der marxistischen Wissenschaft seine antikommunistischen Grundpositionen in gewisser Hinsicht abbauten. In diesem sehr widersprüchlichen Prozeß verlagerte sich das Schwergewicht immer mehr auf die praktischen Schritte, die Hoetzsch für die Ausgestaltung der Rapallopolitik unternahm. Sie wiederum beschleunigten nicht nur die Entfremdung von seiner Partei, den Deutschnationalen, sondern brachten vor allem dem internationalen Gewicht der UdSSR und dem Aufbau der sozialistischen Gesellschaft direkten Nutzen. In den letzten Jahren der Weimarer Republik begriff Hoetzsch die positiven Elemente aus den damaligen deutsch-sowjetischen Beziehungen als Modellfall für die friedliche Koexistenz der UdSSR mit anderen kapitalistischen Staaten und drang wesentlich über das revanchistische Denken, das ein erträgliches Verhältnis zur UdSSR im Grunde nur als außenpolitisches Druckmittel des deutschen Imperialismus in seinem Kampf gegen die anderen imperialistischen Mächte ansah, hinaus. Am 1. Mai 1931 stand er auf den Tribünen des Roten Platzes in Moskau und beobachtete, nur wenige Meter von den führenden Persönlichkeiten der UdSSR entfernt, die Demonstration der Moskauer Bevölkerung mit großem Interesse.

Es war nicht verwunderlich, daß Otto Hoetzsch von den deutschen Faschisten 1935 seiner sämtlichen Ämter enthoben und zwangspensioniert wurde. Er verbrachte die folgenden zehn Jahre, mehrmals diffamiert und angegriffen, mit geschichtswissenschaftlichen Arbeiten in Berlin, erwog vorübergehend den Gedanken an eine Emigration, war aber weder dazu noch zu einem bewußten Widerstand gegen das Regime des deutschen Faschismus in der Lage.

Die Befreiung des deutschen Volkes vom Faschismus eröffnete zum ersten Mal auch vor Otto Hoetzsch die Perspektive eines wirklich erfolgreichen Schaffens. In den letzten Arbeiten und in seinem Handeln 1945 bis zu seinem Tode 1946 schlugen sich die schweren Erfahrungen aus der Zeit der Diktatur und des Zweiten Weltkrieges sowie die politischen Erkenntnisse eines widersprüchlichen Lebens nieder. Mit Optimismus stellte sich der schwerkranke Hoetzsch dem Aufbau einer antifaschistisch-demokratischen Ordnung zur Verfügung. Er suchte die Zusammenarbeit mit der sowjetischen Besatzungsmacht, nahm die Lehrarbeit ungebrochen wieder auf und verfaßte eine Reihe programmatischer Schriften. Sie zeigen die Bereitschaft, den Grundwiderspruch seiner früheren Auffassungen – die Kombination eines guten Verhältnisses zur UdSSR mit der gleichzeitigen Behauptung antikommunistischer Positionen – aufzulösen. Der Blick für die universalgeschichtliche Bedeutung der Oktoberrevolution hatte sich geschärft, das Verständnis für die UdSSR war gewachsen, der Antikommunismus war trotz der weiteren Bindung an einige überkommene Begriffskategorien praktisch überwunden. Dem früheren Programm einer Feinderkundung, das er der deutschen Osteuropawissenschaft in der Etappe des Ersten Weltkrieges gestellt hatte, stand nunmehr das Ziel einer Völkerverständigung und die große Idee der deutsch-sowjetischen Freundschaft gegenüber. Hoetzsch hatte verstanden, daß in einem erneuerten Deutschland eine bloße Wiederholung der Rapallo-Politik nicht mehr genügen könne. Er wußte jetzt, daß die Beschäftigung mit Geschichte und Gegenwart der UdSSR und Osteuropa überhaupt nicht mehr eine Angelegenheit kleiner bürgerlicher Gruppen, sondern eine Sache des ganzen Volkes sein müsse und im Geiste unbedingter Achtung und Freundschaft zur UdSSR zu betreiben sei. Am Ende seines Lebens hatte Otto Hoetzsch die komplizierte und schwere Lösung von den Positionen des deutschen Imperialismus praktisch vollzogen. Damit hatte er das Beispiel eines individuellen Verhaltensmusters gegeben, das für die deutschen Osteuropa-Historiker im Imperialismus alles andere als typisch geworden ist, das wir aber bei der Beurteilung wissenschaftlicher Beziehungen zur bürgerlichen Gelehrtenwelt grundsätzlich nicht außer Acht lassen sollten.

Liane Zeil

Zu den Bemühungen fortschrittlicher Kräfte der Berliner Akademie um die Aufrechterhaltung wissenschaftlicher Kontakte zur Sowjetunion 1933 bis 1938

Die in den vorangegangenen Beiträgen behandelten fruchtbaren deutsch-sowjetischen Wissenschaftsbeziehungen, die sich nach der Großen Sozialistischen Oktoberrevolution entfaltet hatten, wurden bald unterbrochen. Mit Errichtung der faschistischen Diktatur in Deutschland im Jahre 1933 wurden die Möglichkeiten für ihre Aufrechterhaltung in zunehmendem Maße stärker eingeschränkt und schließlich von seiten der faschistischen Machthaber ganz untersagt. Dies entsprach dem Charakter des Faschismus und der Zielsetzung seiner gesamten, dem gesellschaftlichen Fortschritt zutiefst feindlichen Politik. Der deutsche Faschismus verkörperte als Ausgeburt des Kapitalismus in seinem imperialistischen Stadium am brutalsten das menschenfeindliche Wesen dieser Ordnung.[1] Hitlerfaschismus bedeutete nicht nur Diktatur des reaktionärsten und aggressivsten Teils des deutschen Monopolkapitals, das heißt Unterdrückung aller demokratischen Kräfte, vor allem der Arbeiterklasse, Kriegsrüstung zur Eroberung der Weltherrschaft und zur Ausrottung ganzer Völker, Antikommunismus und brutalen Terror, Hitlerfaschismus bedeutete auch Niedergang und Zerstörung der Wissenschaft und Kultur, bedeutete die Vertreibung namhafter Wissenschaftler von Universitäten, Hochschulen und Akademien aus politischen oder rassischen Gründen, bedeutete Bücherverbrennung und Mißbrauch wissenschaftlicher Einrichtungen für Zwecke der Nazipropaganda.[2]

Mit der rücksichtslosen Durchsetzung der faschistischen Rassengesetze, der Einmischung in innerakademische Angelegenheiten und der Unterordnung der Natur- und Geisteswissenschaften unter die Ziele des Hitlerfaschismus versuchten faschistische Partei- und Staatsinstanzen, auch in die Berliner Akademie einzudringen. Unter ihrem Zwang mußte sie berühmte Gelehrte, die hervorragende wissenschaftliche Leistungen vollbracht hatten und deren Namen bekannt und geachtet waren, aus der Liste ihrer Mitglieder streichen. Anderen Wissenschaftlern, die von der Akademie bereits zu Ordentlichen Mitgliedern gewählt worden waren, versagte das vorgeordnete Reichsministerium für Wissenschaft, Erziehung und Volksbildung die für die Aufnahme notwendige Bestätigung. Doch ist es den faschistischen Machthabern nicht gelungen, einen wesentlichen Einfluß auf die Akademie zu gewinnen, wenngleich sie

[1] Vgl. E. Honecker, Im Bruderbund mit unserem Befreier, dem Pionier der Menschheit auf dem Wege zum Kommunismus, in: Einheit, 4/5, 1975, S. 372.

[2] Vgl. Klassenkampf–Tradition–Sozialismus. Von den Anfängen der Geschichte des deutschen Volkes bis zur Gestaltung der entwickelten sozialistischen Gesellschaft in der Deutschen Demokratischen Republik. Grundriß, Berlin 1974, S. 443ff.

mit ihren Versuchen zur Durchsetzung ihrer Ziele und der Einschränkung der wissenschaftlichen Verbindungen zu Institutionen und Gelehrten des Auslands, besonders aber dem Verbot wissenschaftlicher Kontakte zur UdSSR, deren Arbeit stark behinderten.[3] Die Einschränkung und das schließliche Verbot jeglicher Beziehungen zur Sowjetwissenschaft entsprachen der antikommunistischen und antisowjetischen Grundlinie der gesamten faschistischen Politik, die vor allem darauf abzielte, den Sozialismus zu beseitigen. Diese Isolierung von der Sowjetwissenschaft mußte auch für die Berliner Akademie negative Folgen haben.

Die Sowjetwissenschaft, die seit dem Sieg der Großen Sozialistischen Oktoberrevolution von der Kommunistischen Partei der Sowjetunion und der sowjetischen Regierung mit W. I. Lenin an der Spitze als ein Hauptfaktor bei der Errichtung der neuen Gesellschaft betrachtet wurde[4], hatte in der Periode der ersten Fünfjahrpläne wichtige Erfolge erzielt, die auch das Interesse deutscher Wissenschaftler hervorriefen. Große Leistungen wurden auf dem Gebiet der Mathematik und Mechanik, der Physik, Chemie, Geologie, Biologie und Medizin, der Landwirtschaft und Technik erreicht. Auch die Entwicklung der Gesellschaftswissenschaften nahm einen gewaltigen Aufschwung. Die Fortschritte der philosophischen, historischen und anderer Wissenschaften erleichterten die Lösung dringender politischer, gesellschaftlicher und ideologischer Probleme. Eine große Arbeit wurde auch in den einzelnen Sowjetrepubliken bei der Erforschung der Geschichte, der Literatur und der Volksüberlieferungen sowie bei der Erarbeitung von Grammatiken und Wörterbüchern der Sprachen der Völker der UdSSR geleistet. Für mehrere Völker wurde erstmals eine Schrift geschaffen.

Auf die wissenschaftliche und kulturelle Zusammenarbeit zwischen Deutschland und der UdSSR war der Rapallo-Vertrag vom Jahre 1922, der den Prinzipien der friedlichen Koexistenz zwischen Staaten unterschiedlicher Gesellschaftsordnung zum Durchbruch verhalf, von tiefgreifender Wirkung. Die wissenschaftlichen Beziehungen, die sich auf dieser Grundlage auch zwischen der Berliner Akademie im imperialistischen Deutschland einerseits und wissenschaftlichen Einrichtungen im ersten sozialistischen Staat der Welt andererseits herausgebildet hatten, trugen dazu bei, die Wahrheit über die Sowjetunion zu verbreiten, der Antisowjethetze entgegenzuwirken sowie die verständigungsbereiten Kräfte zu stärken. Die faschistischen Machthaber waren von Anfang an bestrebt, die Wissenschaftsbeziehungen zur UdSSR Schritt für Schritt abzubauen und verboten sie schließlich ganz.

Die Bemühungen verantwortungsbewußter humanistischer bürgerlicher Wissenschaftler der Berliner Akademie um die Aufrechterhaltung und Weiterpflege von Kontakten zur Sowjetwissenschaft sind daher unter den erschwerten Bedingungen der faschistischen Diktatur um so höher zu bewerten. In den ersten Jahren nach 1933 war es vor allem dem entschiedenen Auftreten und dem Einsatz der Akademie-

[3] Vgl. dazu W. Hartkopf, Die Akademie der Wissenschaften der DDR. Ein Beitrag zu ihrer Geschichte, Berlin 1975, S. 107ff.

[4] Vgl. M. V. Keldyš, Mnogonacional'nyj Sojuz Sovetskich Socialističeskich respublik i razvitie nauki, in: Nauka Sojuza SSR, Moskau 1972, S. 7–45; dt: M. W. Keldysch, Die multinationale Union der sozialistischen Sowjetrepubliken und die Entwicklung der Wissenschaft, in: Wissenschaft in der Sowjetunion, Frankfurt a. M. (Verlag Marxistische Blätter) 1973, S. 43–85.

Sekretare Max Planck, Heinrich Lüders und Heinrich von Ficker zu danken, daß die langjährigen traditionellen Verbindungen nicht sofort abgebrochen wurden. Ihrem weiteren Ausbau waren nun freilich sehr enge Grenzen gesetzt. Die Kontakte mußten sich auf den Austausch von Glückwunschadressen und den Schriftenaustausch beschränken, während persönliche Beziehungen, Studienreisen und die Teilnahme an Kongressen in zunehmendem Maße verhindert wurden. Gemeinsamen Publikationen mit sowjetischen Gelehrten, wie sie zum Beispiel von den Akademiemitgliedern Gerhart Rodenwaldt und Theodor Wiegand mit den „Archäologischen Mitteilungen aus russischen Sammlungen" veranstaltet worden waren,[5] wurden nunmehr jegliche Voraussetzungen entzogen.

In den Jahren 1933 und 1934 konnten noch Glückwunschschreiben zu besonderen Anlässen an sowjetische Wissenschaftler und Institutionen übermittelt werden, wie zum 50jährigen Jubiläum der wissenschaftlichen Tätigkeit des Ständigen Sekretärs der AdW der UdSSR, Sergej Fedorovič Ol'denburg, das von Heinrich Lüders verfaßt wurde, oder zum 50jährigen Gründungsjubiläum der Universität Tomsk, das Heinrich von Ficker entwarf. Als Ol'denburg 1934 starb, gedachten die Akademiemitglieder in ihrer Plenarsitzung am 22. März 1934 ihres ehemaligen Korrespondierenden Mitglieds.[6]

In den ersten Jahren der faschistischen Diktatur waren auch noch Studienaufenthalte in der Sowjetunion möglich, obwohl Auslandsreisen zu Studien und Vorträgen immer schwieriger wurden. Auf Anordnung des Reichsministers für Wissenschaft, Erziehung und Volksbildung vom Januar 1934 durften nur noch solche Personen ins Ausland reisen – und zwar mit ausdrücklicher Genehmigung des Ministers –, die sich als aktive Vertreter der faschistischen Ideologie ausgewiesen hatten. Dennoch wagte es z. B. der wissenschaftliche Mitarbeiter der Akademie, der Orientalist Karl Menges, der aus seiner antinazistischen Haltung kein Hehl machte und in Kreisen von Kommunisten verkehrte, 1934 eine Reise zu linguistischen und ethnologischen Forschungen in die UdSSR offiziell zu beantragen. Seine Kontakte zur Sowjetwissenschaft und seine lobenden Äußerungen „über die Einrichtungen der Sowjet-Union"[7] waren dann freilich einer der Gründe, weshalb er verfolgt wurde und Ende 1936 aus Deutschland emigrieren mußte.

Auch die Teilnahme an den in der UdSSR stattfindenden internationalen Wissenschaftskongressen wurde von Jahr zu Jahr schwieriger. 1933 hatte noch eine starke deutsche Delegation von Chemikern am Mendeleev-Kongreß in Leningrad teilgenommen. Die sowjetischen Institutionen versandten an die Berliner Akademie weiterhin Einladungen, so zu dem 1937 in Moskau stattfindenden 7. Internationalen Genetischen Kongreß und zum XVII. Internationalen Geologenkongreß, der von der Sowjetwissenschaft in Verbindung mit dem 20. Jahrestag der Großen Sozialistischen Oktoberrevolution ebenfalls im Jahre 1937 durchgeführt wurde. Die Vorbereitungen

[5] J. Irmscher, Begegnungen zwischen deutscher und sowjetischer Altertumswissenschaft in der Weimarer Zeit, in: Oktoberrevolution und Wissenschaft. Hrsg. v. Präsidium der DAW zu Berlin aus Anlaß des 50. Jahrestages der Großen Sozialistischen Oktoberrevolution, Berlin 1967, S. 89f.

[6] Vgl. Protokolle der Sitzungen der Gesamtakademie, 12. 1. 1933. Zentrales Archiv der AdW der DDR (AAW) II: V a Bd. 103; 22. 3. 1934 und 31. 5. 1934. Ebenda, Bd. 104.

[7] AAW II : VII e l Bd. 21, H. 3, Bl. 192, und H. 4.

zu diesem Kongreß lösten an der Berliner Akademie bereits seit 1935 Diskussionen im Plenum aus.[8] Der Geologe Hans Stille, ein aktiver Nazigegner, der 1928 und 1931 als Gast der Sowjetischen Geologischen Gesellschaft bzw. der Akademie der Wissenschaften der UdSSR an geologisch-geophysikalischen Expeditionen in Zentralasien und im Kaukasus teilgenommen hatte und von den „großen Leistungen der Russen auf dem Gebiet der Lagerstättenkunde" sehr beeindruckt war[9], hatte die Absicht, privat an dem Geologenkongreß in der sowjetischen Hauptstadt teilzunehmen. Die Akademie beauftragte ihn daher offiziell mit ihrer Vertretung. Da jedoch auch die an deutsche Gelehrte ergehenden Einladungen zu Kongressen im Ausland seit dem 22. Juni 1935 nur noch mit Genehmigung des Reichsministers angenommen werden durften, mußte Stilles beabsichtigte Teilnahme den faschistischen Behörden gemeldet werden. Sie wurde mit Schreiben vom 18. Februar 1937 abgelehnt.[10] Gleichzeitig ordnete der Reichsminister in dem vertraulichen Erlaß vom 19. Februar 1937 an, „daß jeder wissenschaftliche Schriftverkehr deutscher Gelehrter mit wissenschaftlichen Stellen oder Gelehrten in der Sowjet-Union grundsätzlich zu unterbleiben" habe.[11] Er behielt sich jedoch Entscheidungen „in jedem Einzelfall" vor, wodurch er sich die Möglichkeit verschaffte, jene Wissenschaftler zu bespitzeln, die es wagten, eine Korrespondenzerlaubnis zu beantragen.

Dieser Erlaß der faschistischen Machthaber bedeutete einen gewaltigen Eingriff in das wissenschaftliche Leben überhaupt. Er fiel nicht zufällig in die Jahre der Schaffung von Voraussetzungen für die ersten Annexionen in Europa und der unmittelbaren Vorbereitung auf die militärische Aggression des deutschen Faschismus. In der Plenarsitzung der Akademie am 4. März 1937 wurden die Mitglieder über diesen schwere Folgen für die akademische Arbeit in sich bergenden Ministerialerlaß informiert. Während es sonst bei Bekanntgabe von staatlichen Erlässen und Verfügungen im allgemeinen zu keinen Äußerungen seitens der Akademiemitglieder kam, löste dieses Verbot des wissenschaftlichen Schriftverkehrs deutscher Gelehrter mit Wissenschaftlern der Sowjetunion sowohl in der genannten Plenarsitzung als auch in der am 24. April 1937 in Leipzig stattfindenden Kartellsitzung der deutschen Akademien eine rege Diskussion aus. Der Physiologe Wilhelm Trendelenburg, der noch in der Plenarsitzung der Akademie am 10. Dezember 1936 zum Gedenken an den in demselben Jahr in Leningrad verstorbenen sowjetischen Physiologen Ivan Petrovič Pavlov dessen Leistungen in seinem Vortrag zum Thema „I. P. Pawlow's Lehre von den Verrichtungen des Großhirns" gewürdigt hatte, sowie der Chemiker Otto Hahn und der Slawist Max Vasmer wünschten in diesem Zusammenhang Auskunft über die Aufrechterhaltung des Schriftentausches der Berliner Akademie mit anderen sowjetischen wissenschaftlichen Einrichtungen und Zeitschriften. Der Vorsitzende Sekretar sah sich veranlaßt, über die ganze Angelegenheit erst noch eine „authentische Interpretation" einzuholen.[12] Auf der erwähnten Kartellsitzung

[8] Vgl. Protokolle der Sitzungen der Gesamtakademie, 7. 11. 1935, 11. 6. 1936, a. a. O., Bd. 104; 4. 3. 1937, Bd. 105.

[9] Stille an Akademiepräsidenten, 13. 12. 1939. AAW II : IX f 4 k, Bd. 6.

[10] Vgl. Protokoll der Sitzung der Gesamtakademie, 4. 3. 1937, a. a. O., Bd. 105.

[11] Rundschreiben des Reichsministers für Wissenschaft, Erziehung und Volksbildung, 19. 2. 1937. AAW II : I b Bd. 24.

[12] Protokoll der Sitzung der Gesamtakademie, 4. 3. 1937, a. a. O., Bd. 105.

der deutschen Akademien am 24. April in Leipzig waren es vor allem die Vertreter der Berliner Akademie, die sich nicht bereit fanden, dieses Verbot widerspruchslos hinzunehmen. Sie hielten die rigorose Einschränkung der Reisetätigkeit und das Verbot wissenschaftlicher Kontakte zur UdSSR für eine „schwere Schädigung des wissenschaftlichen Verkehrs mit dem Ausland", wie aus dem Protokoll jener Kartellsitzung hervorgeht.[13] Solche Kontakte, die zum wissenschaftlichen Fortschritt und zum gegenseitigen Verständnis beitrugen, waren einfach notwendig für die Weiterentwicklung der Wissenschaft.

Der Schriftentausch der Berliner Akademie mit wissenschaftlichen Einrichtungen der Sowjetunion, auf den in der Diskussion auf der Plenarsitzung am 4. März 1937 Bezug genommen wurde, hatte vor allem in den Jahren 1921/22 begonnen. Auf ihm lag das Schwergewicht der Beziehungen der Berliner Akademie zur Sowjetwissenschaft. In der Zeit der Weimarer Republik stand Deutschland an erster Stelle in den Tauschbeziehungen der sowjetischen Bücherkammer.[14] In den ersten Jahren nach 1933 konnte der Schriftentausch noch in den traditionellen Formen weitergeführt werden. Die Zahl der sowjetischen Tauschpartner nahm sogar noch zu. Institutionen aus allen Teilen des Sowjetlandes bekundeten ihr Interesse an den Veröffentlichungen der Berliner Akademie; dies betraf sowohl die Sitzungsberichte und Abhandlungen der beiden Klassen als auch Sammelwerke der wissenschaftlichen Unternehmen und Einzelschriften von Akademiemitgliedern. Aber auch die Berliner Akademie war an den neuesten Erkenntnissen und Forschungsergebnissen der Sowjetwissenschaft lebhaft interessiert. „Mit Dank" begrüßte sie neue Angebote auf Eröffnung des Schriftentausches.[15] Dieser mußte nun immer mehr die nicht mehr möglichen persönlichen Begegnungen ersetzen.

Mitte der dreißiger Jahre schalteten sich aber auch in die Tauschbeziehungen faschistische Regierungsstellen ein. Durch Runderlaß des Reichsministers für Wissenschaft, Erziehung und Volksbildung vom 17. Juni 1936 wurde die „Unterhaltung von Tauschbeziehungen nach Sowjetrußland", die bisher in direkter Weise erfolgt war, stark eingeschränkt. Mit der Regelung des Austausches wurde die Reichstauschstelle im Reichsministerium für Wissenschaft, Erziehung und Volksbildung beauftragt. Alle von sowjetischen Institutionen an deutsche wissenschaftliche Einrichtungen herangetragenen Wünsche auf Austausch mußten fortan dem Minister zur Entscheidung vorgelegt werden.[16] Die Kontrolle der Auslandskontakte bedeutete eine weitere erhebliche Beeinträchtigung der Arbeiten der Akademie, die sich auch mißfallend über diese neuen Bestimmungen äußerte. Als nämlich Ende 1936 von ihr Auskunft über ihre Tauschbeziehungen zur Sowjetunion gefordert wurde, meldete das Sekretariat in seiner Sitzung vom 10. Dezember Bedenken an. In einem offiziellen Schreiben

[13] Vgl. Protokoll der Kartellsitzung, 24. 4. 1937. AAW II : I a Bd. 10.

[14] Vgl. I. Dzuck, Deutsch-sowjetischer Buchaustausch in der Weimarer Republik, in: Deutschland – Sowjetunion. Aus fünf Jahrzehnten kultureller Zusammenarbeit, Berlin 1966, S. 165–171.

[15] Vgl. Schriftentausch mit Rußland, Ukraine, Georgien. AAW II : IX f 4 k, Bd. 5; ferner E. Gülzow, Ch. Wurst, Der Schriftentausch mit den sowjetischen Akademien – eine wichtige Hilfe für unsere wissenschaftliche Arbeit, in: Spektrum, 14 (1968), H. 2/3, S. 88ff.

[16] Vgl. AAW II : IX f 4 k, Bd. 6, Bl. 1.

an die Reichstauschstelle vom 6. Februar 1937 hieß es, daß für die Akademie bei der Gestaltung der Tauschbeziehungen „stets allein das wissenschaftliche Interesse maßgebend“ sei.[17] Über jedes einzelne Tauschverfahren mußte von nun an ein besonderer Fragebogen ausgefüllt werden. Im Jahre 1937, als der erwähnte Erlaß über das Verbot jeglichen Schriftverkehrs deutscher Gelehrter mit wissenschaftlichen Stellen oder Gelehrten in der Sowjetunion verkündet wurde, bestanden noch mit 40 wissenschaftlichen Institutionen in der gesamten UdSSR Tauschverbindungen, und zwar in den Städten Baku, Char'kov, Dnepropetrovsk, Irkutsk, Kazań, Kiev, Leningrad, Minsk, Moskau, Omsk, Perm, Pulkovo, Saratov, Taškent, Tiflis, Tomsk und Vladivostok.[18] Diese Aufzählung zeigt das Interesse, das die Berliner Akademie wiederum in weiten Teilen der Sowjetunion fand. Von diesen 40 Tauschverbindungen waren 17 in den zwanziger und 14 in den dreißiger Jahren angeknüpft worden, andere bestanden schon Jahrzehnte. Noch 1938 beschloß die Akademie, mit weiteren vier sowjetischen wissenschaftlichen Institutionen auf dem Gebiet der Kolloidchemie, des Bergbaus, der Mathematik und Paläontologie in Schriftenaustausch zu treten.[19] Die Berliner Akademie kam durch diese Tauschbeziehungen in den Besitz zahlreicher wertvoller Publikationen sowjetischer Gelehrter und wissenschaftlicher Institutionen

In den Jahren 1938/39 begann im engen Zusammenhang mit der Verwirklichung der Aggressionsziele des Hitlerfaschismus und der verstärkten chauvinistischen Welle in Deutschland auch eine neue Phase der Durchsetzung der faschistischen Wissenschaftspolitik gegenüber der Akademie mit dem Ziel, diese ganz den Interessen des Faschismus unterzuordnen. Sie fand ihren Ausdruck besonders in der Einsetzung der faschistischen Akademieleitung, in der Einführung der neuen faschistischen Satzung und in der rücksichtslosen Durchsetzung der faschistischen Rassengesetze. Obwohl es den faschistischen Machthabern und den faschistischen Kräften innerhalb der Akademie trotzdem nicht gelang, die Akademie zu faschisieren, so wurden die Auslandsbeziehungen zur Sowjetunion nun systematisch und rigoros abgebaut. Auf dem Gebiet des Schriftentausches ist nach 1938 ein merklicher Rückgang der Tauschangebote festzustellen, bis schließlich der brutale Überfall Hitlerdeutschlands auf die UdSSR im Juni 1941 auch diese letzte Form der Wissenschaftsbeziehungen zur Sowjetunion zum Erliegen brachte.

Wenn auch jegliche Verbindungen der Wissenschaftler beider Länder nunmehr abgebrochen waren, so konnte die Achtung humanistisch eingestellter bürgerlicher Akademiemitglieder gegenüber der Sowjetwissenschaft nicht untergraben werden. Im Wirken solcher Wissenschaftler wie Max Planck, Max von Laue, Hans Stille, Johannes Stroux und anderer blieb auch während der faschistischen Diktatur in Deutschland in der Berliner Akademie Gedankengut erhalten, an dem nach der Befreiung vom Hitlerfaschismus durch die Sowjetarmee und ihre Verbündeten vor 30 Jahren unter neuen gesellschaftlichen Bedingungen auf dem Boden der heutigen Deutschen Demokratischen Republik angeknüpft werden konnte.

[17] Ebenda, Bl. 4.
[18] Ebenda.
[19] Ebenda, Bl. 62.

Conrad Grau

Wahlen russischer und sowjetischer Wissenschaftler zu Mitgliedern der Berliner Akademie und ihre Bedeutung für die Wissenschaftsbeziehungen (Ende des 19. Jh. bis 1974)

Die Wahl ausländischer Wissenschaftler zu Akademiemitgliedern ist eine Tradition, die bis in die Gründungszeit der Akademien im 17. Jh. zurückreicht. Die Akademien in Berlin und Petersburg, die 1700 und 1724 gegründet wurden, machten da keine Ausnahme. Da die Geschichte der Akademien der Wissenschaften *auch* die Geschichte ihrer Mitglieder ist, scheint es sinnvoll zu sein, eine solche Teilfrage der Wissenschaftshistorie einmal für einen bestimmten Zeitabschnitt etwas eingehender zu untersuchen. Zudem wird damit die internationale Rezeptionsgeschichte der Wissenschaft angesprochen, ein Problem, dessen Aktualität gerade gegenwärtig unübersehbar ist.

Von 1891 bis 1974 wurden 59 russische und sowjetische Wissenschaftler zu Mitgliedern der Berliner Akademie gewählt.[1] Diese hohe Zahl gibt jedoch insofern kein exaktes Bild der Wahlpolitik in Berlin für den gesamten Zeitraum, als 49 dieser Wahlen in die Jahre nach 1949 fallen.

Der hier zu untersuchende Zeitabschnitt der Wahlpolitik ist nicht willkürlich gewählt. Er umfaßt die Epoche des Imperialismus und des Vorabends der proletarischen Revolution und die Epoche des Übergangs vom Kapitalismus zum Sozialismus seit 1917. Chronologisch fallen in diesen Zeitabschnitt drei Perioden, in denen sich

[1] Die folgenden Angaben über die Wahlen stützen sich auf: Akademie der Wissenschaften der DDR (Redaktion und Bearbeitung W. Hartkopf), Berlin 1975, S. 66–97, 107 (Auswärtige Mitglieder und Träger der Helmholtz-Medaille mit Stand vom Dezember 1974); Die Mitglieder der Deutschen Akademie der Wissenschaften zu Berlin 1700–1950. Im Auftrage der Deutschen Akademie der Wissenschaften zu Berlin bearbeitet von E. Amburger, Berlin 1950; Deutsche Akademie der Wissenschaften zu Berlin. Biographischer Index der Mitglieder. Bearbeitet von K.-R. Biermann und G. Dunken, Berlin 1960; Jahrbuch der Deutschen Akademie der Wissenschaften zu Berlin 1961ff., Berlin 1962ff.; Jahrbuch der Akademie der Wissenschaften der DDR 1971/72ff., Berlin 1973ff. – Die in die Akademie gewählten Mitglieder aus der Sowjetunion hatten bis 1969 wie andere ausländische Mitglieder den Status Korrespondierender Mitglieder; entsprechend dem Statut von 1969 erhielten sie den Status Auswärtiger Mitglieder. Vgl. Jahrbuch der Deutschen Akademie der Wissenschaften zu Berlin 1969, Berlin 1970, S. 26 (§ 17 des Statuts vom 20. Mai 1969). – Eine Übersicht von sowjetischer Seite gibt (mit Stand vom 1. Januar 1972): S. G. Korneev, Sovetskie učenye – početnye členy inostrannych naučnych učreždenij, Moskau 1973 (die Angaben konnten in einigen Fällen ergänzt und korrigiert werden). Das Buch enthält ein alphabetisches Verzeichnis der in ausländische wissenschaftliche Einrichtungen gewählten sowjetischen Wissenschaftler und nach Ländern geordnete kurze Charakteristiken dieser Einrichtungen.

die Bedingungen für die Wahlpolitik unterschieden. Da die Wissenschaft eine gesellschaftliche Erscheinung ist, kann ihre Untersuchung nur unter Berücksichtigung der jeweiligen gesellschaftlichen Verhältnisse erfolgen. Das gilt auch für die Mitgliederpolitik der Akademien. Bis 1917 waren die Akademien sowohl in Deutschland als auch in Rußland Bestandteil der kapitalistischen Gesellschaftsordnung, die Bedingungen für ihre Beziehungen folglich insofern prinzipiell identisch. Mit der Großen Sozialistischen Oktoberrevolution änderten sich die Voraussetzungen für die Akademiebeziehungen grundlagend durch die Entwicklung der sozialistischen Wissenschaft und Wissenschaftsorganisation in der Sowjetunion; gleichzeitig existierten bürgerliche Verhältnisse in Deutschland zunächst weiterhin, die schließlich in der verbrecherischen antisowjetischen Politik des Faschismus kulminierten. Wesensgleiche Grundbedingungen für die Akademiebeziehungen – nunmehr auf der völlig neuen Stufe des Sozialismus – waren erst wieder nach 1945 in dem Maße gegeben, wie die sozialistische Revolution in der DDR auch zu völlig neuen Existenzbedingungen der Wissenschaft in unserem Staat führte.

Als Hauptkriterium für die Wahl zum Mitglied einer Akademie galt und gilt die wissenschaftliche Leistung des zu Wählenden, deren Wertung wesentlich durch die Wissenschaftspolitik der jeweils herrschenden Klasse beeinflußt wird; sie ist also nicht gesellschaftsunabhängig. Wissenschaftspolitik ist definiert worden als „die in ökonomischer Macht und politischem Einfluß wurzelnde Entscheidung über Art, Umfang und Richtung der Wissenschaftsentwicklung, über die Bedarfssicherung der Forschung sowie über die Regulierung des Einsatzes von Wissenschaftlern".[2] Die Wissenschaftspolitik der Arbeiterklasse unterscheidet sich folglich prinzipiell von jeder früheren Wissenschaftspolitik in der Ausbeuterordnung. Wissenschaftspolitik der Arbeiterklasse ist auf der Grundlage des Marxismus-Leninismus wissenschaftlich begründete Politik im Interesse des gesamten Volkes, während Wissenschaftspolitik in der bürgerlichen Gesellschaft vorrangig eine Politik ist, die die Interessen der einzelnen Fraktionen des Kapitals an der Wissenschaft auf den kleinsten gemeinsamen Nenner bringt oder die Linie der zeitweilig mächtigsten Kapitalgruppe repräsentiert. Bürgerliche Wissenschaftspoltik ist den Gesetzen des Konkurrenzkampfes unterworfen, subjektive Entscheidungen und Elemente der Spontanität spielen in ihr ungeachtet zum Teil weitgehender regulierender Maßnahmen des imperialistischen Staates eine große Rolle.

Auf die Ausarbeitung einer wissenschaftspolitischen Konzeption wirken jedoch neben den gesellschaftlichen Verhältnissen die relativ eigenständigen wissenschaftsimmanenten Entwicklungen ein. Entscheidungen über die Wahl eines Wissenschaftlers zum Akademiemitglied müssen m. E. im Kontext sowohl der jeweiligen wissenschaftspolitischen Konzeption als auch der wissenschaftsimmanenten Entwicklungstendenzen gesehen werden, wobei unter Umständen nicht jede Einzelentscheidung unbedingt der Haupttendenz einer bestimmten Wissenschaftspolitik völlig entsprechen muß. Eine durch die Klasseninteressen objektiv gegebene Grenze wird bei wissenschaftlichen und wissenschaftspolitischen Entscheidungen jedoch nicht überschritten.

Wahlen ausländischer Mitglieder in Akademien sind in der Regel bestimmt durch die Wissenschaftspolitik des Landes, in dessen Akademie ein solcher Wissenschaftler

[2] Ideologie und Naturwissenschaft, Berlin 1969, S. 166.

gewählt wird. Ein wichtiger Faktor ist dabei der Grad der Kenntnis der wissenschaftlichen Leistungen der ausländischen Wissenschaftler, die potentielle Wahlkandidaten sind. Als sehr wichtig erweist sich in dieser Hinsicht das Problem der Sprache. Bekanntlich gehörten russische Sprachkenntnisse – ganz im Gegensatz zur Kenntnis germanischer oder romanischer Sprachen – mit ganz wenigen Ausnahmen in bürgerlicher Zeit nicht zu den Bildungselementen deutscher Wissenschaftler. Das „Slavica non leguntur" hat hier eine in vieler Hinsicht verhängnisvolle Rolle gespielt. Es ergab sich, daß Leistungen russischer Wissenschaftler in der Regel im bürgerlichen Deutschland unabhängig von sonstigen Erwägungen vorwiegend dann rezipiert werden konnten, wenn sie von diesen selbst in einer deutschen Wissenschaftlern zugänglichen Sprache publiziert oder – aus welchen Gründen auch immer – durch Übersetzungen und andere Vermittlungen zunächst rezipierbar gemacht wurden. Erst die Bildungspolitik der DDR hat mit diesem Zustand, der ein Anachronismus war, seit die russische und sowjetische Wissenschaft eine führende Stellung in der Welt erlangt hat, radikal Schluß gemacht.

Es ließen sich sicher weitere Faktoren anführen, die auf die Wahl ausländischer Wissenschaftler zu Akademiemitgliedern eingewirkt haben. Nennen möchte ich wenigstens den jeweiligen Stand der Beziehungen zwischen den Staaten, die bei solchen Wahlen betroffen waren. So haben ausgesprochen feindselige zwischenstaatliche Beziehungen wechselseitige Wahlen von Akademiemitgliedern stets verhindert, während gute Beziehungen in dieser Hinsicht vielfach einen fördernden Einfluß ausgeübt haben. Komplizierend auf die Wahl von Ausländern – ebenso wie bei Mitgliederwahlen überhaupt – wirkt sich zunehmend die Breite und Vielfalt der wissenschaftlichen Forschungsarbeit und die große Differenzierung der Wissenschaft aus, die bei der zahlenmäßigen Begrenztheit der Mitgliederwahlen die Auswahl der Kandidaten zu immer bedeutsameren wissenschaftspolitischen Entscheidungen machen. Von der eingangs erwähnten Wissenschaftspolitik und der allgemeinen Rezeptionsproblematik sind jedoch auch diese und andere Faktoren nicht zu trennen.

Von den 59 russischen und sowjetischen Wissenschaftlern, die seit 1891 Mitglieder unserer Akademie waren oder sind, wurden sieben bis 1914 gewählt. Sie waren alle auch Mitglieder der Russischen Akademie der Wissenschaften. Von ihnen arbeiteten fünf auf den Gebieten der klassischen Philologie und der Archäologie (V. V. Latyšev, 1891), der alten Geschichte (M. I. Rostovcev, 1914), der Literatur und Geschichte der asiatischen Völker (V. V. Radlov/F. Radloff/, 1895; V. R. Rozen/V. Rosen/, 1900) und der mittelalterlichen Rechtsgeschichte (P. V. Vinogradov, 1911). Aus dem Gebiet der Naturwissenschaften wurden der bedeutende Chemiker D. I. Mendeleev (1900) und ein Paläontologe (F. B. Šmidt/F. Schmidt/, 1900) gewählt. Die in Berlin bereits eingeleitete Wahl des hervorragenden Physikers, Meteorologen und Seismographen, des Akademiemitglieds V. V. Golicyn konnte 1914 wegen des Ausbruchs des ersten imperialistischen Weltkrieges nicht mehr abgeschlossen werden, so daß dieser formal niemals Mitglied der Berliner Akademie wurde.

Nach der Großen Sozialistischen Oktoberrevolution war es im Jahre 1922 die sowjetische Seite, die im Sinne ihrer von W. I. Lenin ausgearbeiteten sozialistischen Wissenschaftspolitik und im Zeichen der von der KPdSU und der Sowjetregierung verfolgten Politik der friedlichen Koexistenz auf die Wiederherstellung wissenschaftlicher Beziehungen auch zwischen den Akademien in Petrograd und Berlin drängte.

Diese fruchtbaren Kontakte, die ihren Höhepunkt während und nach dem 1925 gefeierten 200. Gründungstag der AdW der UdSSR erlebten, waren insgesamt vielfältig. Sie gehören zu den hervorragenden Traditionen der deutsch-sowjetischen Zusammenarbeit. Auf dem Gebiet der Wahlpolitik fanden sie freilich seitens der Berliner Akademie – im Unterschied zur AdW der UdSSR, zu deren Mitgliedern in den zwanziger Jahren M. Planck, A. Einstein, M. Born und viele andere gewählt wurden – nur eine schwache Widerspiegelung durch die Wahl von drei sowjetischen Wissenschaftlern. Es waren das der Erforscher der Geschichte und Literatur der asiatischen Völker und langjährige Sektretär der AdW der UdSSR S. F. Ol'denburg (1927), der Byzantinist V. N. Beneševič (1929) und der bedeutende sowjetische Physiker A. F. Joffe (1928).

Daß in der Zeit des Faschismus keine Wahlen sowjetischer Wissenschaftler in die Akademie erfolgten, ergibt sich als logische Folge der faschistischen antisowjetischen Politik. A. F. Joffe hat 1938 seine Mitgliedschaft aus Protest gegen den Faschismus niedergelegt. Sie wurde 1956 von unserer Akademie wieder hergestellt.

Völlig neue Bedingungen für die Beziehungen zwischen der AdW der DDR und der AdW der UdSSR entstanden – wie bereits angedeutet – nach der Befreiung vom Hitlerfaschismus und dem Sieg der sozialistischen Revolution in der DDR. Auf dem Gebiet der Wahlpolitik führte das dazu, daß von 1950 bis 1974 (außer der Neuwahl von A. F. Joffe 1956) 49 Sowjetwissenschaftler Mitglieder der AdW der DDR wurden.[3] In dem hier zu untersuchenden Vierteljahrhundert (1950–1974) wissenschaftlicher Beziehungen wurden zwölfmal sowjetische Wissenschaftler zu Mitgliedern der Berliner Akademie gewählt, wobei die Zahl der Gewählten in den einzelnen Jahren jeweils unterschiedlich war, sie variierte zwischen einer und zwölf Wahlen: eine Wahl 1959 und 1968, zwei Wahlen 1957, drei – 1962, vier – 1950, 1966, 1969, 1971 und 1974, fünf – 1955 und 1956 (ausschließlich Joffe) sowie zwölf Wahlen im Jahre 1967. Das waren also im ersten Jahrzehnt (1950–1959) 17 Wahlen, im zweiten Jahrzehnt (1962–1969) 24 Wahlen und in den ersten vier Jahren des dritten Jahrzehnts (1971–1974) acht Wahlen.

Neben der kennzeichnenden Erhöhung der Zahl der Wahlen sowjetischer Wissenschaftler nach 1945 ist besonders gravierend das absolute Übergewicht der Naturwissenschaftler unter den Gewählten. Beides erklärt sich aus den veränderten gesellschaftlichen Bedingungen und aus der bedeutenden Stellung, die die sowjetische naturwissenschaftliche Forschung heute in der Welt einnimmt. Von 49 Gewählten sind 37 Naturwissenschaftler und 12 Gesellschaftswissenschaftler.

Unter den 37 Naturwissenschaftlern stellen die Mathematiker, Physiker und Chemiker mit 26 Gewählten wiederum die absolut höchste Zahl. Vorwiegend auf dem Gebiet der Mathematik waren oder sind acht der Gewählten tätig (P. S. Aleksan-

[3] Anläßlich des 275. Gründungstages der AdW der DDR wurden 1975 fünf weitere sowjetische Wissenschaftler zu Auswärtigen Mitgliedern gewählt: M. B. Chrapčenko (Literaturwissenschaft), N. M. Ėmanuėl' (Chemie), G. M. Frank (Biophysik), V. M. Gluškov (Mathematik, Kybernetik), V. D. Timakov (Mikrobiologie). Sie sind alle Ordentliche Mitglieder der Akademie der Wissenschaften der UdSSR. Vgl. Spektrum, 6. Jg., 1975, Heft 9, S. 52. Die Zahl der seit 1950 in die Akademie gewählten Sowjetwissenschaftler stieg damit auf 54.

drov, 1950; I. M. Vinogradov, 1950; N. N. Bogoljubov, 1966; M. V. Keldyš, 1966; N. I. Muschelišvili, 1967; S. L. Sobolev, 1967; I. N. Vekua, 1968; M. A. Lavrent'ev, 1969) und auf verschiedenen Gebieten der Physik neun Wissenschaftler (S. I. Vavilov, 1950; B. A. Vvedenskij, 1955, Radiophysik; N. G. Basov, 1967, experimentelle und theoretische Physik; V. A. Fok, 1967; L. A. Arcimovič, 1969; G. V. Kurdjumov, 1969, Metallphysik; M. D. Millionščikov, 1971, Mechanik und angewandte Physik; B. N. Petrov, 1971, Theorie automatischer Reglungen; S. V. Vonsovskij, 1971). Gerade die Forschungen auf den Gebieten der Mathematik und der Physik lassen sich vielfach schwer voneinander abgrenzen, sie durchdringen sich vor allem in den Arbeiten von N. N. Bogoljubov, M. V. Keldyš, N. I. Muschelišvili, S. L. Sobolev und S. I. Vavilov.

Neun sowjetische Wissenschaftler, die in die AdW der DDR gewählt wurden, waren und sind in verschiedenen Bereichen der Chemie tätig (V. A. Engel'gardt, 1950, Biochemie; A. N. Nesmejanov, 1955, organische Chemie; A. V. Topčiev, 1955, organische Chemie; A. N. Frumkin, 1956, physikalische Chemie; N. N. Semenov, 1966, physikalische Chemie; P. A. Rebinder, 1967, physikalische und Kolloidchemie; V. A. Kargin, 1969, Kolloidchemie und Chemie hochmolekularer Verbindungen; A. A. Baev, 1974, Biochemie; N. M. Žavoronkov, 1974, chemische Technologie).

Auf weiteren Gebieten der Naturwissenschaften wurden folgende Vertreter der Sowjetwissenschaft in die Berliner Akademie gewählt: drei Mediziner (N. N. Aničkov, 1962, Pathomorphologie; N. N. Blochin, 1967, Onkologie; S. A. Sarkisov, 1967, Neurologie), zwei Metallurgen (I. P. Bardin, 1955; A. M. Samarin, 1959), ein Astrophysiker (V. A. Ambarcumjan, 1957), ein Biologe (A. I. Oparin, 1966), jeweils ein Forscher auf dem Gebiet der physikalischen Geographie (I. P. Gerasimov, 1967), der Elektronik (V. A. Kotel'nikov, 1974) und der Technik des Fahrzeugbaus (R. R. Dvali, 1971) sowie ein Geologe (A. A. Bogdanov, 1962).

Drei sowjetische Mitglieder unserer Akademie erhielten die Helmholtz-Medaille, die höchste Auszeichnung der AdW der DDR. Es waren 1969 und 1971 die theoretischen Physiker N. N. Bogoljubov und V. A. Fok und 1971 der Astrophysiker V. A. Ambarcumjan.[4] Mitglieder unserer Akademie waren oder sind alle Präsidenten der AdW der UdSSR seit 1945: der Physiker S. I. Vavilov (1950), der Chemiker A. N. Nesmejanov (1955), der Mathematiker M. V. Keldyš (1966) sowie der auf dem Gebiet der Radiotechnik und der Elektronik arbeitende V. A. Kotel'nikov (1974), der seit 1975 Amtierender Präsident der AdW der UdSSR ist.

Von den zwölf sowjetischen Gesellschaftswissenschaftlern, die Mitglieder der AdW der DDR wurden, stellen die Historiker allein fünf (A. M. Pankratova, 1956; S. P. Tolstov, 1956; V. M. Chvostov, 1967), von denen zwei (A. S. Erusalimskij, 1956; M. M. Smirin, 1956) vor allem wegen ihrer Verdienste um die marxistisch-leninistische Erforschung der deutschen Geschichte (Imperialismus, Bauernkrieg) in die Berliner Akademie aufgenommen wurden. Die Mitglieder der AdW der DDR A. S. Erusalimskij und V. M. Chvostov waren Vorsitzende der Sowjetischen Sektion der Kommission der Historiker der DDR und der UdSSR. Weiterhin wurden zu Mit-

[4] Eine Helmholtz-Medaille erhielt 1975 der sowjetische Mathematiker A. N. Kolmogorov, Ordentliches Mitglied der Akademie der Wissenschaften der UdSSR. Vgl. Spektrum, 6. Jg., 1975, Heft 9, S. 48f.

gliedern der AdW der DDR gewählt: drei Sprachwissenschaftler (V. V. Vinogradov, 1955; V. M. Žirmunskij, 1956; V. I. Borkovskij, 1967), ein Literaturhistoriker (P. N. Berkov, 1967), zwei Ökonomen (E. S. Varga, 1962; A. M. Rumjancev, 1967) und ein Philosoph (P. N. Fedoseev, 1974).

Eine Darlegung der wissenschaftlichen Leistungen der 49 sowjetischen Wissenschaftler, die von 1950 bis 1974 zu Mitgliedern der AdW der DDR gewählt wurden, verbietet im vorliegenden Zusammenhang nicht nur die Vielfalt der wissenschaftlichen Disziplinen, die sie vertraten oder vertreten, sondern auch der Umfang dieses Beitrages. Nur soviel möge hier abschließend festgestellt werden: Ende 1974 waren 31 von den insgesamt 116 Auswärtigen Mitgliedern der AdW der DDR Sowjetwissenschaftler. Die Akademie hat also entsprechend den Prinzipien unserer sozialistischen Wissenschaftspolitik auch die Wahl sowjetischer Wissenschaftler zu ihren Mitgliedern als *eines* der vielfältigen Mittel zwischenstaatlicher und interakademischer sozialistischer Wissenschaftskooperation genutzt und gleichzeitig weltbedeutende Leistungen der sowjetischen natur- und gesellschaftswissenschaftlichen Forschung gewürdigt.

Horst Schützler

Zur freundschaftlichen Zusammenarbeit zwischen den Universitäten und Hochschulen der DDR und der UdSSR

Da in diesem Kolloquium die wissenschaftliche Zusammenarbeit zwischen der Akademie der Wissenschaften der UdSSR und der Akademie der Wissenschaften der DDR in ihrer geschichtlichen Entwicklung und Perspektive zur Debatte steht, erscheint es angebracht zu sein, auch etwas zur Entwicklung der Zusammenarbeit zwischen den Universitäten und Hochschulen der Sowjetunion und der DDR hier darzulegen.

Denn: Universitäten und Hochschulen wirken in wachsendem Maße mit Einrichtungen der Akademie – auch in der Zusammenarbeit mit der Sowjetunion – gemeinsam; von den Universitäten und Hochschulen bezieht die Akademie ihre Nachwuchskräfte.

So sind Entwicklungstrends im Hochschulwesen von beachtlicher Auswirkung auf die Akademie und es ergibt sich im Vergleich eine breitere, umfassendere Gesamtsicht der so fruchtbaren wissenschaftlichen Zusammenarbeit zwischen der UdSSR und unserer Republik.

Die Zusammenarbeit zwischen Universitäten und Hochschulen der DDR und der UdSSR gründet sich wie auch die Zusammenarbeit der Akademien auf die Befreiung des deutschen Volkes vom Hitlerfaschismus durch die Sowjetunion und ihre Verbündeten. Diese gab der Wissenschaft die Möglichkeit, zu ihrer wahren Aufgabe, dem Fortschritt der Menschheit zu dienen, zu finden und in der Zusammenarbeit mit der Sowjetunion für das Wohl des Volkes, zur Stärkung des Sozialismus und zur Sicherung des Friedens zielstrebig zu wirken.

Es war dies ein schwerer Neubeginn angesichts der großen materiellen Zerstörungen und des geistigen Chaos. Er fand die tatkräftige Unterstützung der sowjetischen Besatzungsmacht, deren Angehörige mit den neuen antifaschistisch-demokratischen Machtorganen und den demokratisch gesinnten Wissenschaftlern mit der Zielstellung zusammenarbeiteten, dem humanistischen Gedankengut eine Heimstatt, Verbreitung und Wirksamkeit zu sichern und die Wissenschaft in die Lösung jener neuartigen und komplizierten Aufgaben einzubeziehen, die die Arbeiterklasse unter Führung der revolutionären Partei sich stellte.[1]

In diesem Sinne wurden entsprechend dem Befehl Nr. 50 des Obersten Chefs

[1] Vgl. G. Handel, R. Köhler, Die Hilfe der SMAD bei der antifaschistisch-demokratischen Erneuerung des Hochschulwesens, in: Das Hochschulwesen, 23. Jg., H. 3, 1975, S. 66ff.; G. Handel, Sowjetische Kommunisten halfen uns, ein antifaschistisch-demokratisches Hochschulwesen aufzubauen, in: Ebenda, 23 Jg., H. 4, 1975, S. 99ff.

der SMAD vom 4. September 1945 die Universitäten und Hochschulen in ihrer Mehrzahl im Januar/Februar 1946 eröffnet.

Ohne sich zu schonen, waren die Mitarbeiter der SMAD unermüdlich tätig, leisteten sie in vielen Begegnungen, Unterredungen und Diskussionen wirkungsvolle Überzeugungsarbeit bei Wissenschaftlern, gewannen sie diese zur Mitarbeit am demokratischen Neuaufbau und öffneten sie vielen den Zugang zum Marxismus-Leninismus. Unvergessen, ja legendär sind für viele die Vorträge des Majors Patent zu Grundproblemen der marxistisch-leninistischen Philosophie, die dieser Ende 1948/Anfang 1949 vor Tausenden von Hörern in Berlin, Greifswald, Halle, Jena und Leipzig hielt. Der bekannte Romanist Prof. Dr. Victor Klemperer hat als aufschlußreiches, seltenes, die damalige Atmosphäre kennzeichnendes Zeitdokument folgenden Bericht über Major Patents Auftreten geschrieben: „Die Erinnerung an Major Patent gehört mit zu meinen allererfreulichsten Erinnerungen an Greifswald. In Greifswald war eine philosophische Studienreihe von Major Patent angekündigt worden. Die Einstellung der Studierenden zu diesen Vorträgen war mehr als skeptisch. Es war nun erstaunlich, wie sich diese Stimmung von Vortrag zu Vortrag änderte. Major Patent ... sprach wie ein gelehrter Facharbeiter der Philosophie und dann aber auch mit einer Frische und Eindringlichkeit, wie man sie im allgemeinen von einem Professor nicht gewohnt ist. Der Eindruck war ein vorzüglicher. Es wurde ihm mit äußerster Aufmerksamkeit gefolgt, und er hat sicher eine ganze Menge dieser skeptischen Studenten und Professoren für sich gewonnen ... Major Patent behandelte das überaus schwierige Thema der philosophischen Grundlagen des Marxismus und die Entwicklung des Materialismus. Es war bemerkenswert, wie ausgezeichnet er dieses Thema beherrschte. Besonders eindrucksvoll war es, wie er in der Diskussion ... seinen Standpunkt zu verteidigen wußte. Er wurde in Greifswald von einem alten Katheder-inhaber schwer und hartnäckig angegriffen. In der Diskussion widerlegte er jedoch mit großer Ruhe ... jeden Angriff ..., obwohl er noch die Schwierigkeit hatte, sich in einer fremden Sprache ausdrücken zu müssen ... Alle Anwesenden, Professoren und Studenten, empfanden große Bewunderung für Major Patent ... Wir wollen nun hoffen ..., daß das, was er in seiner Vortragsreihe darbot ..., uns wesentlich dabei helfen wird, unseren Staat in einer Form aufzubauen, die unser Leben wieder menschenwürdig macht."[2]

In der Tat, das Dargebotene, der Marxismus-Leninismus, wurde zur wesentlichen Hilfe, zur Grundlage beim Aufbau unseres sozialistischen Staates. Im Sommer 1951 reiste auf Einladung der Regierung der UdSSR erstmalig eine Hochschuldelegation der DDR unter Leitung des damaligen Staatssekretärs für das Hoch- und Fachschulwesen, Prof. Dr. Gerhard Harig, in die Sowjetunion, um Erfahrungen des sowjetischen Hochschulwesens zu studieren. Diese fanden ihre fruchtbringende Verwertung in der 2. Hochschulreform, die mit dem Übergang zum Aufbau des Sozialismus immer dringlicher wurde und den Studenten die feste Aneignung des Marxismus-Leninismus und das Erlernen der russischen Sprache zur sinnvollen Pflicht machte. Im November des gleichen Jahres fuhren erstmalig 87 Studenten in die Sowjetunion, um dort eine gründliche wissenschaftliche Ausbildung unter sozialistischen Bedingungen zu erhalten.

[2] Freiheit, 1. Februar 1949.

Grundlage für das Studium von Bürgern der DDR in der UdSSR wurden zwei Regierungsabkommen aus den Jahren 1952 und 1958, wobei das Abkommen aus dem Jahre 1958 im Sinne der Gegenseitigkeit auch das häufiger werdende Studium von jungen Bürgern der UdSSR in der DDR regelte. Entsprechend beider Abkommen haben seit 1951 über 7000 DDR-Bürger ein Voll- oder Teilstudium in der Sowjetunion absolviert.[3] Davon erhielt mehr als die Hälfte das ehrende Diplom einer sowjetischen Hochschule. Eine beträchtliche Anzahl junger Wissenschaftler schloß die Ausbildung mit der Promotion zum Kandidaten der Wissenschaften ab. Gegenwärtig befinden sich etwa 4000 DDR-Bürger zur Aus- und Weiterbildung an ca. 100 wissenschaftlichen Einrichtungen der UdSSR.[4] Die jungen DDR-Bürger kehrten und kehren aus der Sowjetunion, die für sie zur zweiten Heimat wurde, als hervorragende sozialistische Fachleute und Internationalisten, als überzeugte Freunde des Sowjetvolkes und Propagandisten der deutsch-sowjetischen Freundschaft zurück, die an den Hochschulen, der Akademie und anderen wissenschaftlichen Institutionen, in Industrie, Landwirtschaft und im Staatsapparat in verantwortlicher Weise – sei es als wissenschaftlicher Mitarbeiter, als Professor, Abteilungsleiter, Direktor und Parteisekretär oder als Staatssekretär und Minister – am sozialistischen Aufbau und insbesondere auch bei der sozialistischen Integration mitwirken.

Seit 1967 hat sich auch der Studentenaustausch in der Form des Praktikums und von internationalen Studentenbrigaden intensiviert. 1967 fuhren ca. 1200 Studenten zur Arbeit und Erholung in das Bruderland. In den folgenden Jahren wurden jeweils von jeder Seite ca. 2000 Studenten entsandt – 1974 waren es 2800 Studenten der DDR – und bei ihnen prägte sich die Freunschaft und der sozialistische Internationalismus im persönlichen Erlebnis fest aus.

Es läßt sich generell festellen, daß sich in den letzten Jahren die Erziehung der über Hunderttausend Direktstudenten zum sozialistischen Internationalismus, zur Freunschaft mit dem Sowjetvolk ganz erheblich intensiviert hat. Die Hochschulen entlassen so mehr und mehr Absolventen, die in politisch-ideologischer Hinsicht – oft aus persönlichen Erlebnissen heraus – auf die Aufgaben der internationalen Zusammenarbeit gut vorbereitet sind. Einsatzbetriebe können meines Erachtens daran anknüpfen und diese Haltung in verantwortlicher praktischer Bewährung gründlich festigen. Auf der Grundlage des Vertrages von 1952 wurden von der Regierung der UdSSR auch sowjetische Gastprofessoren – besonders in den Jahren 1953 bis 1957 – in unsere Republik entsandt, um hier zumeist Fachgebiete zu vertreten, in denen ein empfindlicher Kadermangel herrschte, oder die erst aufzubauen waren. Dementsprechend wirkten z. B. an der Humboldt-Universität u. a. der Ethnograph S. A. Tokarev, der Mathematiker B. W. Gnedenko, der Pädagoge N. N. Petuchov, der Rechtswissenschaftler N. S. Aleksejev, der Historiker V. G. Brjunin als weiterhelfende Freunde. Zu den Gastprofessoren kamen seit 1950 in wachsender Zahl weitere sowjetische Wissenschaftler in Delegationsgruppen oder einzeln zu Gastvorlesungen, zur Teilnahme an Konferenzen und Kolloquien, zum Erfahrungsaustausch und zur Entwicklung fester wissenschaftlicher Beziehungen

[3] Vgl. W. P. Jeljutin, Unsere Zusammenarbeit dient dem sozialistischen und kommunistischen Aufbau, in: Das Hochschulwesen, 23. Jg., H. 6, 1975, S. 172ff.

[4] Vgl. M. Gielke, Zusammenarbeit DDR–UdSSR ist zur täglichen Praxis geworden, in: Ebenda, 23. Jg., H. 5, 1975, S. 142ff.

in unsere Republik, während andererseits Wissenschaftler der DDR zu gleichen Zwecken immer zielgerichteter in die UdSSR fuhren. Dazu ließen sich viele Zahlen anführen. Alljährlich seit 1961 sorgen etwa 100 sowjetische Gastdozenten drei Wochen lang in Sommerkursen für Russischlehrer in der DDR dafür, daß diese eine qualifizierte Weiterbildung erhalten. Insgesamt haben daran bisher über 8000 Russischlehrer teilgenommen. Neuerdings haben in wachsender Zahl Studenten der Ausbildungsrichtung russische Sprache die Möglichkeit, das 3. Studienjahr in der Sowjetunion zu absolvieren und dadurch ihre Russisch-Kenntnisse intensiv zu entwickeln, was sich auf den Russisch-Unterricht der Allgemeinbildenden Oberschule sehr positiv auswirken wird. Positive Auswirkungen auf ein besseres Erlernen der russischen Sprache durch unsere Studenten dürfte der Übergang einer Anzahl von Fachrichtungen zum fünfjährigen Studium sowie eine stärkere Praxisorientiertheit der Russisch-Ausbildung haben. Insgesamt muß aber wohl gesagt werden, daß die Sprachbeherrschung der Mehrzahl der Hochschulabsolventen den neuen Integrationsanforderungen noch unzureichend entspricht.

Mit vielen Beispielen könnte man belegen, daß die sowjetischen Wissenschaftler, die in der DDR weilten, sowie die Auswertung der sowjetischen Erfahrungen, die in der Sowjetunion selbst durch viele Wissenschaftler der DDR studiert werden konnten, im Einklang mit den Zielen der Partei der Arbeiterklasse wesentlich dazu beigetragen haben, solche für den Aufbau des Sozialismus so wichtige Grundzüge der Sowjetwissenschaft wie die Anwendung des dialektischen und historischen Materialismus auf das jeweilige Fachgebiet, die Praxisverbundenheit, die konsequente Erziehung der Studenten und des wissenschaftlichen Nachwuchses zu politischen Persönlichkeiten auch in der Wissenschaft der DDR zu entwickeln. Sie haben dazu beigetragen, daß die Prinzipien der Wissenschaftsorganisation neu durchdacht und die Denkgewohnheiten in den Wissenschaften gewandelt wurden. Die sowjetischen Gelehrten haben mit ihrem Auftreten an der Seite der Wissenschaft der DDR geholfen, dieser Internationalität und internationale Anerkennung zu geben.

Auf der Basis des erfolgreichen Aufbaus des Sozialismus, unserer eigenen Anstrengungen und der wirksamen sowjetischen Unterstützung erlangte die Wissenschaft unserer Republik erhöhte Leistungskraft, und sie konnte zum Partner weltbekannter sowjetischer Hochschulen und anderer wissenschaftlicher Einrichtungen heranwachsen. Dem entsprachen seit 1956 in wachsender Zahl abgeschlossene Freundschaftsverträge und Arbeitsvereinbarungen zwischen wissenschaftlichen Institutionen, nach denen auf dem Gebiet des Hochschulwesens gegenwärtig alle 30 dem Ministerium für das Hoch- und Fachschulwesen zugeordneten Hochschulen mit 59 sowjetischen Hochschulen auf der Grundlage von Freundschaftsverträgen und darüber hinaus von mehr als 30 Arbeitsvereinbarungen auf ausgewählten Gebieten kooperieren.[5] Mit dem Abschluß eines Freundschaftsvertrages mit der Staatlichen Lomonosov-Universität Moskau im November 1958 war die Humboldt-Universität die erste Hochschule, die ihre freundschaftliche Zusammenarbeit mit der sowjetischen Wissenschaft vertraglich fixierte und dann beständig ausbaute. Ihr folgten seit 1959 die Karl-Marx-Universität Leipzig, die Technische Universität Dresden und andere Hoch- und Fachschulen. Es entstand ein Netz direkter und ständiger Verbindungen. Dies führte

[5] Ebenda, S. 144.

und führt zu einem tieferen Kennenlernen, einem besseren gegenseitigen Verstehen, einem persönlichen herzlichen Verhältnis zwischen den Beteiligten und vor allem zu einer effektiveren Zusammenarbeit, die hilft, die Wissenschaft als Produktivkraft gemeinsam zu nutzen und damit die Vorzüge des Sozialismus zur Geltung zu bringen. Neben den bewährten Formen des Informations- und Materialaustausches, der gegenseitigen Konsultationen und gemeinsamer theoretischer Beratungen und Konferenzen werden mehr und mehr Formen der gemeinsamen Forschung und arbeitsteiligen Bearbeitung komplexer Aufgaben entwickelt. So arbeiten etwa 15 Hochschulen im Verantwortungsbereich des Ministeriums für das Hoch- und Fachschulwesen an ca. 110 Themen mit, die im Rahmen der Zusammenarbeit der Akademie der Wissenschaften der UdSSR und der Akademie der Wissenschaften der DDR gemeinsam erforscht werden.

Es gibt fast keine wichtige wissenschaftliche Konferenz in unserer Republik mehr, an der nicht sowjetische Wissenschaftler teilnehmen. Die Zahl der von Partnerhochschulen gemeinsam geplanten, vorbereiteten und durchgeführten Konferenzen wächst. So veranstalteten die Humboldt-Universität und die Lomonosov-Universität 1965, 1969 und 1972 gemeinsame große wissenschaftliche Konferenzen. Der Austausch von Gastprofessoren und die Zahl von Gastvorträgen nehmen zu. 1974 hielten 130 sowjetische Wissenschaftler an Hochschulen unserer Republik und 120 Hochschullehrer der DDR an Partnereinrichtungen der Sowjetunion Gastvorlesungen. Meines Erachtens wäre es für die Ausbildung und den Erziehungsprozeß an den Hochschulen wünschenswert und sicherlich bei rechtzeitigen Hinweisen auch realisierbar, wenn sowjetische Gäste der Akademie der Wissenschaften der DDR noch häufiger in den Sektionen zu Vorträgen und Aussprachen auftreten könnten.

Als ein Novum in den internationalen Wissenschaftsbeziehungen sind die Beratungen der Rektoren von Partnerhochschulen der DDR und der UdSSR zu Grundsatzfragen der Zusammenarbeit, der Entwicklung des Hochschulwesens und des Erziehungs- und Ausbildungsprozesses zu betrachten, die 1969 in Rostock, 1971 in Moskau und 1973 in Dresden stattfanden. In Dresden wurden auch die gemeinsamen Vorhaben bis 1975 beraten und gebilligt. So wurde für diesen Zeitraum u. a. festgelegt, 282 Sammelbände, Monographien, Lehrbücher und Lehrmaterialien zu erarbeiten. 14 wissenschaftliche Konferenzen gemeinsam durchzuführen und den Austausch von Gastprofessoren und Gastdozenten auf das Zweieinhalbfache zu erhöhen.[6]

Auch die Rektoren der pädagogischen Partnerhochschulen der UdSSR und der DDR trafen zu zwei gemeinsamen Konferenzen im September 1971 in Dresden und im September 1973 in Kiew zusammen.

Die Linienführung für die Entwicklung der Zusammenarbeit im Hochschulwesen zwischen der DDR und der UdSSR in den Jahren 1971 bis 1975 gab eine Vereinbarung zwischen den Ministerien für Hoch- und Fachschulwesen der DDR und der UdSSR vom 9. Juni 1971. Natürlich sind in die Entwicklung der Zusammenarbeit auch die Gesellschaft für Deutsch-Sowjetische Freundschaft und ihre Schwesterorganisation in der UdSSR, die Gesellschaft für Freundschaft mit der DDR, und die Freie Deutsche Jugend mit dem Komsomol einbezogen. Es existieren spezielle Freundschaftsverträge und Arbeitsvereinbarungen zwischen den entsprechenden

[6] Vgl. Das Hochschulwesen, 22. Jg., H. 1, 1974.

Organisationen der Partnerhochschulen, auf deren Grundlage sich vor allem die politischen Freundschaftsbande festigen.

Aus diesem knappen Überblick wird auch für den Bereich des Hochschulwesens deutlich, daß wir uns in der immer engeren Verbindung und Verflechtung mit der Wissenschaft der Sowjetunion, die über drei Viertel des Wissenschaftspotentials der sozialistischen Länder verfügt, auf der Grundlage wachsender eigener schöpferischer Leistungen den Weg der weiteren Entwicklung der Wissenschaft in unserer Republik erschließen und gedeihlich vorwärtsstreben können.

Dieter Hammer

Zusammenarbeit mit Einrichtungen der Akademie der Wissenschaften der UdSSR auf dem Gebiet der Nutzung und Weiterentwicklung der Großrechentechnik

Die Zusammenarbeit zwischen Akademieeinrichtungen der UdSSR und der DDR auf dem Gebiet der Großrechentechnik und ihrer Nutzung weicht etwas von der Zusammenarbeit anderer Gebiete ab. So kann man nicht von einer historischen Entwicklung oder Zusammenarbeit sprechen, da es die „Rechentechnik" erst seit etwa 30 Jahren gibt und von einer „Großrechentechnik" seit höchstens 10 Jahren die Rede sein kann. Für die Wissenschaftskooperation auf diesem Gebiet bildete die Nutzung der Rechentechnik in der Forschung eine entscheidende Voraussetzung.

Mit der Nutzung der Rechentechnik entwickelten sich neue Bedürfnisse bezüglich der rechentechnischen Geräte und der Systeme, die notwendig sind, um einerseits diese Geräte effektiv einzusetzen und zu bedienen und andererseits die zu bearbeitenden Aufgaben leicht in einer für die Technik verständlichen Art zu formulieren. Es entstanden Betriebs- und Programmiersysteme zur Realisierung der gewünschten Funktionen. Die Großrechenanlagen erfordern komplizierte Betriebssysteme und umfangreiche Möglichkeiten bei den verfügbaren Programmiersystemen, um die leistungsfähigen Geräte effektiv zu nutzen.

Die rasche Entwicklung, die die Rechentechnik genommen hat, ist in ihrer Anwendung zu suchen. Ein wichtiges Anwendungsgebiet ist die Forschung. Eine Reihe von Forschungsrichtungen könnte heute ohne den Einsatz großer Rechnersysteme nicht betrieben werden, wie z. B. die Hochenergiephysik oder die Kosmosforschung. Eine Zusammenarbeit zwischen Einrichtungen der Akademie der Wissenschaften der UdSSR und der DDR gibt es in vielen Wissenschaftsgebieten. Was liegt näher, diese Zusammenarbeit auch auf das Forschungshilfsmittel „Rechentechnik" auszudehnen. Die Entwicklung von Programmen und großen Programmsystemen zur Lösung komplexer Aufgaben dauert oft mehrere Jahre und erfordert viele spezialisierte Fachkader. Durch eine Zusammenarbeit kann viel Doppelarbeit vermieden werden.

Die AdW der DDR erhielt 1970 eine erste sowjetische Großrechenanlage BESM 6 und 1973 eine weitere Anlage dieses Typs. Über langfristige Arbeitsaufenthalte für eine Reihe von Mitarbeitern der AdW der DDR an BESM 6-Rechenzentren in der UdSSR wurde die Voraussetzung geschaffen, diese Technik effektiv einzusetzen und auszubauen. Mit diesem Schritt wurde auch eine Voraussetzung dafür geschaffen, daß sich in der DDR Kollektive als Partner für die wissenschaftliche Zusammenarbeit auf dem Gebiet der Informationsverarbeitung zur Nutzung der Großrechentechnik herausbildeten. Die BESM 6-Rechenzentren der DDR schlossen sich 1970 zu einer Forschungsgemeinschaft BESM 6 mit dem Ziel zusammen, Gerätesystem, Betriebs- und Programmiersysteme entsprechend den speziellen Bedürfnissen der Nutzer in der DDR weiterzuentwickeln. Unter der Anleitung des Zentrums für Rechentechnik wurden in den vergangenen Jahren in dieser Kooperationsgemeinschaft eine Reihe von Arbeiten durchgeführt, die zu einer Verdopplung der verfügbaren Rechenkapazität und zu einer verbesserten Nutzung führten.

In einigen Rechenzentren in der UdSSR, vor allem an der Akademie der Wissenschaften, wurden ebenfalls neue Systeme entwickelt, die zur Steigerung der Effektivität der Nutzung der BESM 6 führten. 1972 trafen sich erstmals Delegationen von Vertretern aus BESM 6-Rechenzentren der UdSSR und der DDR mit dem Ziel, einem inzwischen entstandenen Bedürfnis der Anwender der BESM 6-Rechner – dem Austausch von Programmen – nachzukommen. Unter der Verantwortung der Rechenzentren der beiden Akademien entwickelte sich eine Zusammenarbeit.

Das Anliegen eines umfassenden Programmaustausches zur Vermeidung von Doppelarbeit und die Steigerung der Effektivität der Nutzung der Anlagen ließ die Zusammenarbeit schnell aus dem Stadium des Erfahrungs- und Informationsaustauschs heraustreten. Es bildeten sich zu speziellen Problemen zweiseitige Kollektive, die arbeitsteilig zusammenwirkten, wie beispielsweise bei der Kopplung des Betriebssystems BAMOS der DDR mit dem Betriebssystem DISPAK der UdSSR. Eine solche Zusammenarbeit mußte planmäßig ablaufen.

Die anfänglichen Zielstellungen für die Zusammenarbeit

- Information über Weiterentwicklungen in gemeinsamen Seminaren,
- Austausch und gemeinsame Publikationen,
- Programmaustausch

wurden erweitert.

Die dreischichtige Auslastung der BESM 6-Großrechenanlagen in den meisten Rechenzentren der UdSSR und der DDR erfordert eine rasche Steigerung der Effektivität der Nutzung. Dazu werden jährlich Arbeitsseminare zur Thematik „Intensivierung der Nutzung der Großrechenanlagen BESM 6" (1973 in Vilnjus, 1974 in Dresden, 1975 in Irkutsk, 1976 in Leipzig) durchgeführt, auf denen

- über den Stand laufender Arbeiten berichtet wird,
- geplante Arbeiten vorgestellt werden,
- eine Rechenschaftslegung der zweiseitigen Arbeitsgruppen erfolgt,
- weitere gemeinsame Arbeiten zu beiderseitig interessierenden Problemen festgelegt und Bearbeitungsgruppen gebildet werden.

Neben Publikationen konnten bisher verschiedene Programmsysteme und Systeme zum Betrieb und der Nutzung der BESM 6 ausgetauscht werden, was zur Steigerung der Effektivität der Nutzung und zu einem Zeitgewinn bei der Bearbeitung einiger Forschungsarbeiten führte.

Die Zusammenarbeit wird gegenwärtig als Bestandteil des Abkommens über die Zusammenarbeit der beiden Akademien in den nächsten Jahren weiter ausgebaut. Durch die intensive Arbeit bei der Lösung der Frage des Programmaustausches sind grundlegende wissenschaftliche Probleme auf dem Gebiet der Informationsverarbeitung aufgetreten, deren Lösung wiederum eine langfristige Koordinierung erfordert. Dabei ergeben sich verschiedene Möglichkeiten und Formen:

- gemeinsame Lösung eines Problems durch eine zweiseitige Arbeitsgruppe mit der Erarbeitung gemeinsamer Resultate,
- Aufteilung von Fragestellungen und getrennte Bearbeitung mit Bereitstellung der Ergebnisse,
- getrennte Bearbeitung der gleichen Fragestellung mit gemeinsamer Auswertung der Ergebnisse.

Alle drei Formen werden praktiziert, z. B.

- bei der Klärung von grundlegenden Fragen der Funktionen bestimmter Teilsysteme (gemeinsam),
- bei der Entwicklung von Spezialsprachen zur Nutzung der Großrechentechnik (UdSSR),
- bei der Analyse gleichartiger Systeme (getrennt mit gemeinsamer Auswertung der Ergebnisse).

Die Erweiterung der Zusammenarbeit betrifft z. B. auch solche Gebiete wie die Wartung der Gerätesysteme, wo sich der kontinuierliche Austausch von Erfahrungen und Neuerungen als sehr nützlich erwies.

Durch die Nutzung der gleichen Großrechentechnik war es möglich, übereinstimmende Anforderungen an zukünftige Großrechnersysteme zu erarbeiten, die die in den nächsten Jahren zu erwartenden Bedürfnisse der Anwender aus der Forschung befriedigen müssen.

Die rasche Entwicklung einer solchen Zusammenarbeit bringt auch einige Probleme mit sich. So wurde z. B. von den einzelnen Kollektiven in unserem Institut der Aufwand zur Realisierung der Zusammenarbeit bei der Planung unterschätzt.

Eine wirksame Zusammenarbeit erfordert in der Zukunft

- eine noch stärkere Konzentration auf einige Themen und Einrichtungen zur Verhinderung einer Verzettelung,
- die Konzentration auf grundlegende Fragen, um von der Realisierungsspezifik in unterschiedlichen Einrichtungen unabhängig zu werden,
- eine noch sorgfältigere Abstimmung der Pläne (lang- und kurzfristig) zur Vermeidung von Parallelarbeit,
- die Berücksichtigung der Aktivitäten beider Partner in ihren Plänen mit vertraglich vereinbarten Terminen und Leistungsstufen.

Die kontinuierliche Zusammenarbeit fordert schließlich auch für beide Seiten gleich gute Reise- und Empfangsmöglichkeiten.

Die schnelle Entwicklung auf dem Gebiet der Informationsverarbeitung hat sich somit praktisch auch auf die Entwicklung der Zusammenarbeit ausgewirkt, so daß mit unserer Forschungskooperation ein Beitrag zur weiteren sozialistischen ökonomischen Integration unserer Länder geleistet wird. Zur Verbesserung der multilateralen Zusammenarbeit der Akademien der sozialistischen Länder über die multilaterale Problemkommission „Wissenschaftliche Fragen der Rechentechnik" werden wir unsere Erfahrungen auf diese Zusammenarbeit übertragen.

Rolf Enderlein

Kooperationsbeziehungen der Sektion Physik der Humboldt-Universität mit sowjetischen Forschungseinrichtungen

Die Beziehungen der Physik an der Berliner Universität zur Sowjetunion haben eine lange Tradition. Man könnte bis zu Einstein zurückgehen, der sich bekanntlich gerade in seiner Berliner Zeit, in der er auch Vorlesungen an der Universität hielt, entschieden für die Entwicklung der kulturellen und wissenschaftlichen Kontakte zum jungen Sowjetstaat eingesetzt hat. So war Einstein Mitglied der Gesellschaft der Freunde des neuen Rußland und nahm aktiv an der Arbeit dieser Vereinigung teil. Enge Beziehungen zur Sowjetunion verbanden und verbinden auch Prof. Rompe, der großen Anteil am Wiederaufbau der Physik in Berlin nach 1945 hat und der bis zu seiner Emeritierung zum Lehrkörper unserer Sektion gehörte. Prof. Rompe hielt sich oft in der Sowjetunion auf und verfügt über sehr viele wissenschaftliche und persönliche Beziehungen zu führenden sowjetischen Wissenschaftlern, die er unermüdlich in den Dienst der Entwicklung der Beziehungen zwischen der Physik in der SU und der DDR stellt. Professor Bernhard, Angehöriger des Lehrkörpers unserer Sektion, gehörte zu jenen Spezialisten, die 1945 auf Einladung der Sowjetregierung in die Sowjetunion gingen und dort über einen Zeitraum von zehn Jahren hinweg, bis 1955, an Problemen der Kernphysik arbeiteten. Auch Professor Bernhard verbinden noch heute viele wissenschaftliche und persönliche Kontakte mit sowjetischen Physikern. Nicht zuletzt diesen Traditionen ist es zuzuschreiben, daß sich in der Fachrichtung Physik der Berliner Universität nach 1945 relativ früh junge Wissenschaftler oder Absolventen fanden, die bereit und interessiert waren, für eine längere Zeit zu einer Aspirantur oder zu einem Zusatzstudium in die Sowjetunion zu gehen. Wenn ich sage „die bereit waren", so hört sich das aus der heutigen Sicht unverständlich an. Heute haben wir längst nicht so viele Plätze, wie Interessenten für längerfristige wissenschaftliche Aufenthalte in der Sowjetunion. Heute ist längst erwiesen, daß man in der SU ausgezeichnet Physik lernen oder sich ausgezeichnet in ihr vervollkommnen kann. Damals, etwa Ende der fünfziger, Anfang der sechziger Jahre war das noch nicht so. Viele glaubten damals noch, daß ein hohes Niveau in Naturwissenschaft und Technik im allgemeinen – und in der Physik im besonderen – eher in westlicher Richtung gesucht werden müßte. Wenn derartige Auffassungen an der Fachrichtung Physik der Berliner Universität eine geringere Rolle spielten, so ist dies nicht zuletzt dem Einfluß solch erfahrener Wissenschaftler, wie Prof. Rompe oder Prof. Bernhard zu danken. Heute ist es so, daß sich 20% der Angehörigen des Lehrkörpers unserer Sektion für mindestens ein Jahr, im allgemeinen aber für mehrere Jahre, im Rahmen eines Zusatzstudiums oder einer Aspirantur in der SU aufgehalten haben. Darunter sind sechs von den vierzehn Professoren der Sektion. Fast alle Mitarbeiter der Sektion, die sich längere Zeit in der Sowjetunion aufhielten, haben die Kontakte zu sowjetischen Wissenschaftlern und Institutionen nach ihrer Rückkehr an die Sektion aufrechterhalten und weiterentwickelt. Mindestens fünf von den zehn Bereichen unserer Sektion haben auf diese Weise feste Partner in der SU, wobei die Zusammenarbeit über den Freundschaftsvertrag mit der Lomonosov-Universität und das Akademieabkommen vertraglich abgesichert ist. Dafür sollen einige Beispiele genannt werden.

Der Bereich „Tieftemperatur – Festkörperphysik" besitzt enge wissenschaftliche Kontakte zum Institut für Physikalische Probleme der Akademie der Wissenschaften der UdSSR und zum Lehrstuhl für Tieftemperaturphysik der Lomonosov-Universität. Die Beziehungen wurden vom Bereichsleiter, Prof. Herrmann, aufgebaut, der von 1960 bis 1964 eine Aspirantur an der physikalischen Fakultät der Lomonosov-Universität absolvierte. Gemeinsam mit sowjetischen Kollegen wurden Untersuchungen der Fermiflächen einer Reihe von Metallen durchgeführt. Die Arbeiten erstreckten sich über mehrere Jahre, erfolgten teilweise in Moskau, teilweise in Berlin und waren Bestandteil des Akademieabkommens. Gegenwärtig werden gemeinsam mit sowjetischen Einrichtungen Untersuchungen zur Bandstruktur von Wismut-Antimon-Legierungen durchgeführt, die von der Kommission „Tieftemperatur-Festkörperphysik" im Rahmen des RGW koordiniert sind. Es findet ein ständiger Austausch von jüngeren Mitarbeitern statt. Im Kapica-Institut gibt es eine Experimentieranlage, die gemeinsam von Angehörigen unserer Sektion und den sowjetischen Kollegen gebaut wurde und die hauptsächlich von unseren Wissenschaftlern genutzt wird. Auf diese Weise haben wir Zugang zu extremen physikalischen Bedingungen, wie sehr tiefen Temperaturen, sehr starken Magnetfeldern oder sehr hohen Frequenzen, die bei uns noch nicht erreicht werden können.

Der Bereich „Hochenergiephysik" unterhält seit vielen Jahren wissenschaftliche Beziehungen zum Vereinigten Institut für Kernforschung in Dubna bei Moskau. Das Vereinigte Institut für Kernforschung ist das internationale Zentrum der sozialistischen Staaten zur Erforschung der Elementarteilchen und ihrer Wechselwirkungen. Es werden Forschungsarbeiten durchgeführt, die sich die sozialistischen Länder mit Ausnahme der SU einzeln nicht leisten können (die Kosten für den Bau von Beschleunigern gehen heute in die Milliarden). Die leitenden Mitarbeiter des Bereiches „Hochenergiephysik", insbesondere Prof. Kaschluhn und Prof. Bebel, haben sämtlich am Vereinigten Institut für Kernforschung in Dubna gearbeitet und insbesondere in dem von Akademiemitglied Professor Bogoljubov geleiteten Sektor des Laboratoriums für Theoretische Physik entscheidende Anregungen für ihre Forschungsarbeit empfangen. Gegenwärtig halten sich ständig einzelne Mitarbeiter des Bereiches im Laboratorium für Theoretische Physik des Vereinigten Instituts für Kernforschung zu längerfristigen Aufenthalten auf. Dort arbeiten sie im Laboratorium für Theoretische Physik in Arbeitsgruppen mit internationaler Besetzung. Man kann feststellen, daß eine niveauvolle Forschungsarbeit an der Sektion auf diesem international mit großer Intensität bearbeiteten Gebiet ohne die enge Verbindung mit Dubna überhaupt nicht möglich wäre.

Der Bereich „Experimentelle Halbleiterphysik" der Sektion hat in der Vergangenheit unter der Leitung von Prof. Auth im Rahmen des Akademieabkommens erfolgreich mit dem Institut für Halbleiterphysik der Akademie der Wissenschaften der

Litauischen SSR in Vilnius zusammengearbeitet. Die Zusammenarbeit erfolgte zum Thema „Heiße Elektronen“ des thematischen Planes „Halbleiterphysik“. Es wurden u. a. gemeinsame Arbeiten zu den photoelektrischen Effekten in p-Tellur und p-Germanium durchgeführt, die im Zusammenhang mit dem Strahlungsnachweis im infraroten Spektralbereich unmittelbar praktische Bedeutung besitzen. Die Formen der Zusammenarbeit umfassen kurz- und langfristige Studienreisen, Besuche von Tagungen am Ort des jeweiligen Instituts, Austausch von wissenschaftlichen Dokumentationen, Austausch von Apparatzubehör und Meßproben, gemeinsame theoretische und experimentelle Arbeiten, gemeinsame Konferenzvorträge sowie gemeinsame Publikationen.

Ein erheblicher Teil der Forschungsarbeiten des Bereiches „Meteorologie“ ist im Rahmen der Koordinierungspläne der Kommission der Akademien sozialistischer Länder für geophysikalische Forschung multilateral abgestimmt. Eine unmittelbare Zusammenarbeit bahnt sich mit dem Institut für Geographie der sowjetischen Akademie der Wissenschaften, Abteilung Klimatologie an. Gegenstand der Zusammenarbeit wird das Studium der Zirkulations- und Klimaschwankungen sein, wobei in Moskau umfangreiches Beobachtungsmaterial vorliegt, auf das moderne, im Bereich Meteorologie weiterentwickelte Methoden der mathematischen Statistik angewandt werden sollen. Es geht dabei insbesondere um Fragen der langfristigen Klimaschwankungen. Nicht unerwähnt soll bleiben, daß gegenwärtig ein Mitarbeiter des Bereiches an der 19. sowjetischen Antarktisexpedition teilnimmt.

Der Bereich „Theoretische Halbleiterphysik“ unterhält wissenschaftliche Kontakte zum Lehrstuhl für Halbleiterphysik an der Lomonosov-Universität, insbesondere zu der an diesem Lehrstuhl arbeitenden theoretischen Gruppe unter der Leitung des international hochangesehenen Theoretikers, Prof. Bonč-Bruevič. Diese Zusammenarbeit nahm ihren Anfang damit, daß der Autor dieses Beitrages von 1966 bis 1968 zu einem zweijährigen Zusatzstudium bei Prof. Bonč-Bruevič weilte und, außer Physik zu lernen, auch den Boden dafür vorbereitete, daß weitere junge Wissenschaftler und Studenten aus der DDR bei Prof. Bonč-Bruevič eine Diplomarbeit oder ein Zusatzstudium aufnehmen konnten. Inzwischen hat die Zusammenarbeit feste Gestalt angenommen. Gemeinsam werden Probleme der Theorie der elektronischen Eigenschaften ungeordneter Halbleiter bearbeitet. Die Ergebnisse werden vor ihrer Publikation bei gegenseitigen Besuchen ausgetauscht, diskutiert und zum Teil gemeinsam publiziert. Der Nutzen dieser Zusammenarbeit ist deutlich sichtbar. Er besteht für uns vor allem darin, daß wir uns mit Hilfe unserer sowjetischen Lehrer ein wissenschaftliches Niveau haben erarbeiten können, das uns gestattet, mit unseren theoretischen Arbeiten die Entwicklung auf dem Gebiet der Modulationsspektroskopie international in einigen Fragen mitzubestimmen. Die sowjetischen Wissenschaftler haben bei ihren Aufenthalten in Berlin geholfen, unsere Forschungsaufgaben im Rahmen der Vertragsforschung zu erfüllen. Das gleiche kann auch umgekehrt gesagt werden. Auch wir haben bei unseren Aufenthalten in Moskau helfen können, die Forschungsaufgaben der sowjetischen Kollegen zu lösen.

Was hier im Hinblick auf den Bereich „Theoretische Halbleiterphysik“ festgestellt wurde, trifft auf die Zusammenarbeit der Sektion Physik der Humboldt-Universität mit wissenschaftlichen Einrichtungen in der SU insgesamt zu. Auf der Basis des Erreichten werden wir die Zusammenarbeit in Zukunft zielstrebig weiterentwickeln.

Dabei stellt sich auch für uns die Frage nach den Voraussetzungen für eine wirkungsvolle wissenschaftliche Zusammenarbeit.
Die bisherigen Erfahrungen haben uns folgendes gelehrt:

1. Es ist eine Konzentration der Zusammenarbeit auf eine begrenzte Anzahl von Themen und Institutionen erforderlich. Gerade für Einrichtungen des Hochschulwesens mit einem naturgemäß relativ breiten Forschungsprofil ist die Berücksichtigung dieser Erfahrung geboten.
2. Für den Aufbau einer effektiven wissenschaftlichen Zusammenarbeit ist ein längerer Zeitraum, der nach Jahren zu messen ist, erforderlich. Man muß also mit langem Atem an den Aufbau solcher Beziehungen herangehen.
   Insbesondere muß der wissenschaftliche Gegenstand der Zusammenarbeit für einen längeren Zeitraum tragfähig sein.
3. Auf beiden Seiten müssen sich profilierte Wissenschaftler persönlich für die Zusammenarbeit engagieren.
4. Der Nutzen der Zusammenarbeit muß beiderseitig sein. Das bedeutet insbesondere, daß das wissenschaftliche Niveau, mit dem bei uns die gemeinsamen Probleme bearbeitet werden, entsprechend hoch sein muß, so daß auch von uns wertvolle Ergebnisse erzielt werden können.

Jürgen Leonhardt

Zusammenarbeit zwischen Instituten der UdSSR und der DDR auf dem Gebiet der Isotopen- und Strahlenforschung

Wenn wir heute über die Zusammenarbeit zwischen Instituten der UdSSR und der DDR auf dem Gebiete der friedlichen Anwendung der Atomenergie sprechen und diese Zusammenarbeit hinsichtlich ihrer geschichtlichen Entwicklung und ihrer Traditionen untersuchen wollen, so erhebt sich zunächst die Notwendigkeit, über die Ausbildung der erfahrenen, wissenschaftlichen Kader in sowjetischen Bildungseinrichtungen sowie über die Bereitstellung wissenschaftlicher Geräte und Ausrüstungen zu sprechen.

Nicht wenige der jetzt im Zentralinstitut für Isotopen- und Strahlenforschung der Akademie (ZfI) auf dem Gebiete der Isotopen- und Strahlenforschung Tätigen – einschließlich meiner Person – sind Absolventen sowjetischer Hochschulen und genossen den Vorzug, von Spezialisten, die zugleich zu den Pionieren der sowjetischen Kernforschung gehören, ausgebildet zu werden.

Einen hervorragenden Anteil hatte dabei die sich um das Physikalisch-Technische Institut der Akademie der Wissenschaften der UdSSR in Leningrad gruppierende Leningrader Schule, in der insbesondere Boris Pavlovič Konstantinov viele Jahre eine hervorragende Rolle spielte.

Boris Pavlovič Konstantinov, Vizepräsident und Vorsitzender der Sektion der Physikalisch-Technischen und Mathematischen Wissenschaften der Akademie der UdSSR in den sechziger Jahren[1], initiierte und leitete gleichzeitig den Lehrstuhl für Isotopenphysik an der Physikalisch-Mechanischen Fakultät des Leningrader Polytechnischen Institutes, an dem Spezialisten auf den Gebieten der Isotopentrennung, -analyse und -anwendung heranwuchsen. Er, der in den Jahren 1957 bis 1967 das Physikalisch-Technische Institut – eines der größten physikalischen Institute der UdSSR – leitete und auf den Gebieten der Kernphysik, speziell der Isotopenphysik, der Plasmaphysik, der Astrophysik ebenso tätig war wie er – angeregt durch sein fortdauerndes Interesse an Vorgängen der Informationsübertragung – sich mit der Anwendung von Akustik und Holographie beschäftigte – lehrte uns Studenten das Herangehen an wissenschaftliche Probleme, die Notwendigkeit vielseitiger Interessiertheit auf dem Fachgebiet, Schärfe und Sachlichkeit im Disput über wissenschaftliche Probleme ebenso, wie er uns Bescheidenheit, Hilfsbereitschaft und menschliches Einfühlungsvermögen sowie Parteilichkeit und gesellschaftliches Engagement demonstrierte.

[1] Vgl. Problemy sovremennoj fiziki. Sbornik pamjati Akademika B. P. Konstantinova, Leningrad 1974.

Boris Pavlovič erhielt für seine fundamentalen Ergebnisse, die u. a. zur Produktionstechnologie eines speziellen, für die Landesverteidigung notwendigen leichten Isotops führten, den Leninorden und den Staatspreis der UdSSR. Diese seine Arbeiten, die ganz spezielle Fragen der Überführung wissenschaftlicher Ergebnisse berührten, versetzten ihn in die Lage, seine Schüler und damit auch uns auf die tiefe Verpflichtung in Hinsicht auf die notwendige Praxisbezogenheit der Wissenschaft hinzuweisen. Für die Studenten am Institut ergab sich daraus die konkrete Folgerung, die Theorie des Atomkerns samt ihres gewiß umfänglichen Formelwerkes ebenso handhaben zu können, wie die Berechnungsgrundlagen für industrielle Trennanlagen einschließlich deren Ökonomie.

Es ist vielleicht an dieser Stelle angezeigt, ihm, dem viel zu früh Verstorbenen, sowie anderen Vertretern der Leningrader Schule wie Akademiemitglied Tučkevič, Zel'dovič, Bresler, Kolikov, Gurevič, Kotousov, Trošin, Sinoškin, Batalin und vielen anderen zu danken für die breiten und tiefen Kenntnisse der Theorie und für das experimentelle Geschick sowie für die tiefe Einsicht in die Wechselbeziehung Wissenschaft – Praxis, die wir als DDR-Studenten vor nunmehr fast 20 Jahren vermittelt bekamen.

Mit den Zentralinstituten für Kernforschung Rossendorf und für Isotopen- und Strahlenforschung Leipzig der AdW der DDR wurde das wissenschaftliche Potential der DDR in zwei großen Instituten auf wesentliche Aufgaben der friedlichen Nutzung der Kernenergie in unserem Lande und bei der Wahrnehmung der Bündnispflicht im Rahmen des RGW-Komplexprogrammes konzentriert. 20 Jahre Entwicklung der Kernforschung in der DDR haben inzwischen die anfänglich im wesentlichen Lernenden zu zunehmend attraktiveren Partnern der sowjetischen Institute auf dem Gebiete der Kernforschung werden lassen.

So entwickelten sich im Verlaufe des letzten Jahrzehnts enge Forschungsbeziehungen zwischen dem Vereinigten Institut für Kernforschung Dubna, dem Kurčatov-Institut Moskau, dem Allunionsinstitut für Strahlentechnik Moskau (VNIIRT) und dem Zentralinstitut für Isotopen- und Strahlenforschung Leipzig, deren Forschungsgegenstände und -themen Bestandteile des Regierungsabkommens zur friedlichen Anwendung der Atomenergie wurden und deren Ergebnisse zu neuen Technologien und Geräten für wichtige Abschnitte beider Volkswirtschaften führten und führen. Hierbei entwickelt sich neuerdings eine neue Form der gemeinsamen Forschung und Entwicklung, wobei unser Institut und das erwähnte VNIIRT Moskau ein spezielles Gerät zum simultanen Nachweis von C, N, O der neugeschaffenen RGW-Organisation „Interatominstrument" für die Produktion und den Vertrieb gemeinsam vorstellen werden.

Während viele Probleme der Grundlagenforschung gemeinsam mit den Kollegen in Dubna konzipiert und geplant werden, gehört der langjährige Aufenthalt von Kollegen unserer Institute, speziell im Laboratorium für Kernreaktionen, zu den Alltäglichkeiten sozialistischer Kooperationsbeziehungen. Besonders ehrenvoll war für das Kollektiv unseres Institutes der Besuch von Akademiemitglied Georgij Nikolaevič Flerov, des Entdeckers des Elementes 106, der nicht nur für die speziell im ZfI entwickelten Geräte- und Nutzanwendungen seine Wertschätzung zum Ausdruck brachte, sondern gleichfalls hinsichtlich der zukünftigen Möglichkeiten der Beteiligung des ZfI an Arbeiten seines Labors in Dubna Beratungen führte.

Aus dem Institut für Kernphysik der Sibirischen Abteilung in Novosibirsk, das von Akademiemitglied Budker geleitet wird, erhielt das ZfI einen Elektronenbeschleuniger, der seit Jahren zuverlässig gefahren wird. Interessant dabei ist, daß inzwischen die Spezialisten des ZfI eine spezielle Fahrweise für besonders kurze Impulse entwikkelt haben, so daß sich auch hier Beziehungen der Gegenseitigkeit auf wissenschaftlichem Gebiet herausbilden können.[2]

Unter den attraktiven Moskauer Akademie-Instituten zählt das Institut für Physikalische Chemie der AdW zu unseren Partnerinstituten. Sein Direktor, Akademiemitglied V. I. Spicyn, Sekretär der Klasse Chemie der AdW der UdSSR, besuchte das ZfI zweimal und trug durch Kolloquiumsvorträge und fruchtbare Diskussionen nicht unwesentlich dazu bei, daß unser Institut auf speziellen Gebieten der Radiochemie der Spaltnuklide sein Profil finden konnte.

Eine fruchtbare Zusammenarbeit zeichnet sich ab zwischen unserem Institut und dem berühmten Vernadskij-Institut Moskau, speziell in solchen Forschungsrichtungen, in denen Isotopieeffekte des Kohlenstoffs, Stickstoffs, Sauerstoffs sowie der natürlichen radioaktiven Elemente zur Erkundung von Bodenschätzen und zur Charakterisierung geologischer Prozesse Anwendung finden. Diese Zusammenarbeit sowie die vom ZfI im vorigen Jahr durchgeführte Totalanalyse lunaren Materials, die bei 50 mg Probensubstanz eine quantitative Bestimmung von 70 Elementgehalten erbrachte, führte für das Meßzentrum des ZfI auf dem Gebiet der Isotopenanalytik zu hoher Wertschätzung. Deshalb plant das ZfI – vielfältigen Wünschen unserer Kooperationspartner Rechnung tragend – die Einrichtung von ständigen Gastarbeitsplätzen in unserem Meßzentrum und dessen Ausbau zum RGW-Zentrum für Isotopenanalytik.[3]

Die fruchtbare Kooperation mit sowjetischen Instituten setzt notwendigerweise Attraktivität der Ergebnisse in der Forschungsarbeit beider Einrichtungen voraus. Es zeigte sich aber ebenso, daß dazu auch die gemeinsame Sprache der Kommunisten notwendig ist, das Bestreben, durch vereinte Anstrengungen die gemeinsame Sache rascher voranzubringen. Die erfolgreiche Gestaltung der Kooperation setzt aber ebenso das Verständnis der Landessprache voraus. Wir halten es deshalb in unserem Institut so, daß von einem ausgewiesenen Wissenschaftler verlangt werden muß, Gespräche mit den sowjetischen Kollegen in deren Landessprache führen zu können, da sich nach unserer Meinung eben auch im Grad der Beherrschung der russischen Sprache ein Merkmal des ideologischen Reifegrades wiederfindet.

Heute vergeht kaum ein Tag im Geschehen unseres Institutes, an dem nicht Spezialisten von uns in der UdSSR bzw. sowjetische Kollegen bei uns weilen. Ich glaube, daß wir mit diesem Stadium des Zusammenarbeitens und des Zusammenlebens einen hohen Stand der brüderlichen Verbundenheit erreicht haben, der uns mit Freude und Stolz erfüllen kann.

[2] Vgl. K. Wetzel, J. Leonhardt, L. Jankowski, Isotopen- und Strahlenforschung in der Gegenwart, in: Spektrum, 1973, Heft 3.

[3] Vgl. K. Wetzel, J. Leonhardt, H. Gerstenberger, Das Zentralinstitut für Isotopen- und Strahlenforschung der AdW der DDR, in: Kernenergie 18, 1975.

Johannes Heydenreich

Entwicklung und Aufbau des Internationalen Zentrums für Elektronenmikroskopie

Als Mitarbeiter des Instituts für Festkörperphysik und Elektronenmikroskopie unserer Akademie, an dem das Internationale Zentrum für Elektronenmikroskopie gegründet worden ist, freue ich mich ganz besonders, an dieser Stelle kurz etwas über Entwicklung und Aufbau dieses Internationalen Zentrums sagen zu können, in welchen die guten Wissenschaftsbeziehungen zwischen den Akademien der Wissenschaften der DDR und der UdSSR eine besondere Rolle spielen.

Ich möchte von zwei Thesen ausgehen:

1. Eine wissenschaftliche Zusammenarbeit kann man nicht allein per Dekret anweisen.
2. Ein internationales Forschungs- oder Ausbildungszentrum kann man nicht auf der grünen Wiese gründen.

Beide Behauptungen führen zu Randbedingungen, über die einiges zu sagen ist.

Randbedingung Nr. 1 betrifft das persönliche Engagement der wissenschaftlichen Mitarbeiter zur kollektiven Zusammenarbeit im Sinne einer effektiven arbeitsteiligen Lösung von Forschungsproblemen, sei es auf der Ebene der einzelnen Institute oder in der nationalen bzw. internationalen Kooperation. In diesem Bemühen hat es in den letzten Jahren beachtliche Fortschritte gegeben; hier hineingesteckte Erziehungsarbeit hat sich ausgezahlt.

Überzeugungsarbeit war dabei weniger dort zu leisten, wo das Hauptarbeitsgebiet eines wissenschaftlichen Mitarbeiters insgesamt als Bestandteil einer integrierten Kooperation zu betrachten war, sondern vornehmlich dort, wo die methodischen Spezialerfahrungen eines Mitarbeiters parallel zu seiner eigenen problemorientierten Forschungsarbeit für ein anderes kooperativ zu lösendes Forschungsproblem gefordert wurden. Gerade diese Variante ist ja typisch für methodisch orientierte Forschungsinstitutionen, wie z. B. das Institut für Festkörperphysik und Elektronenmikroskopie. Die mit Tiefgründigkeit erarbeiteten Forschungsmethoden ermöglichen multivalente Anwendungen, die auch zu interdisziplinärer Zusammenarbeit zwingen und im Falle der Elektronenmikroskopie von der Physik über die Chemie und die Technik bis hin zur Biologie und Medizin reichen. Hier den wissenschaftlichen Mitarbeitern das richtige Maß, die optimale Ausgewogenheit zwischen der geeignet zu behandelnden eigenen Forschungsthematik und der Mitarbeit bei der kooperativen Lösung verwandter Anwendungsprobleme aufzuzeigen, erscheint als sehr wichtige Aufgabe.

Objektive Merkmale für die Entwicklung der nationalen und internationalen Kooperation sind natürlich auch der zunehmende Umfang des Aufwands in der experimentellen Forschung und der zunehmende Spezialisierungsgrad. Um eine Größenordnung des experimentellen Aufwandes in der Elektronenmikroskopie zu geben: Vor 10–15 Jahren hat man mit Elektronenenergien von 50–100 Kiloelektronenvolt gearbeitet, und es galt die alte Faustregel, daß der gerätetechnische Aufwand für die elektronenmikroskopische Arbeit pro Elektronenvolt etwa eine Mark kostet. Inzwischen ist man bei vielen Forschungsproblemen auf die Höchstspannungs-Elektronenmikroskopie mit Elektronenenergien von etwa 1000 Kiloelektronenvolt angewiesen, und die notwendigen gerätetechnischen Verbesserungen haben dazu geführt, daß pro Elektronenvolt inzwischen 3 bis 5 Mark anzusetzen sind.

Die Entwicklung der internationalen Forschungskooperation – insbesondere mit der Sowjetunion – hat sich, zunächst geregelt durch bilaterale Vereinbarungen, sehr rasch entwickelt, und die zwischen sowjetischen und DDR-Wissenschaftlern vereinbarte gemeinsame Durchführung und Auswertung von Forschungsarbeiten wird im Institut für Festkörperphysik und Elektronenmikroskopie – wie ganz sicher auch in den anderen AdW-Instituten – sehr ernst genommen und bringt großen Nutzen für beide Seiten. Als Beispiel seien hier Untersuchungen zur Aufklärung des Zusammenhanges zwischen der Defektstruktur in kristallinen Materialien und deren mechanischen Eigenschaften, wie Festigkeit und Bruchverhalten, genannt.

Ich sagte einleitend: „Zusammenarbeit kann man nicht nur per Dekret regeln!" Zur Charakterisierung der Anfangsschwierigkeiten darf ich auf eine vor 15 Jahren erlebte Situation hinweisen, wo man sich zwar über den Nutzen der Zusammenarbeit im klaren war, wo aber keine Seite als erste die offizielle Bitte nach der Zusammenarbeit aussprechen wollte, weil sie darin eine Abwertung des eigenen Ansehens und eine einseitige Aufwertung des Ansehens des Partners sah. Derartige Startschwierigkeiten sind inzwischen längst überwunden, und wir denken nur noch schmunzelnd daran zurück, wenn wir alljährlich mit unseren zahlreichen Kooperationspartnern, insbesondere aus der Sowjetunion, zusammensitzen und in Vortragsveranstaltungen und Arbeitsberatungen die Bilanz der Jahresergebnisse ziehen. Was uns zur Zeit Sorgen bereitet, ist lediglich der Protokollformalismus, der über kurz oder lang sicher auch zu überwinden ist. Vielleicht hilft der in den letzten Jahren verstärkt durchgeführte Übergang von den bilateralen Beziehungen zwischen den einzelnen Partnern im RGW-Bereich zu multilateralen Vereinbarungen, der ja einen weiteren wesentlichen Fortschritt in der internationalen Kooperation darstellt, auch in dieser Richtung weiter.

Randbedingung Nr. 2 besagt, daß für den Aufbau eines Internationalen Zentrums – in unserem Falle des Zentrums für Elektronenmikroskopie – eine organisch gewachsene, in der Forschungsarbeit bereits hinreichend international verflochtene Institution mit geeigneten personellen und materiellen Kapazitäten zur Verfügung stehen muß.

Das Institut für Festkörperphysik und Elektronenmikroskopie ist aus sehr bescheidenen Anfängen 1960 aus einer unter Leitung von Prof. Bethge stehenden kleinen Arbeitsgruppe der Universität Halle entstanden, wobei Elektronenmikroskope damals in mühevoller Kleinarbeit, sozusagen als Eigenbauten, entwickelt wurden. Aus der damals gegründeten „Arbeitsstelle für Elektronenmikroskopie" der Akademie mit zunächst etwa 20 Mitarbeitern ist mit einer recht organischen Wachstumsrate das Institut für Festkörperphysik und Elektronenmikroskopie mit etwa 100 Mitarbeitern entstanden. Gepflegt werden so gut wie alle modernen

Verfahren der Elektronenmikroskopie, beginnend mit der konventionellen 100-kV-Durchstrahlungs-Elektronenmikroskopie, über die verschiedenen Verfahren der Oberflächen-Elektronenmikroskopie — wie die Raster-Elektronenmikroskopie, die Spiegel-Elektronenmikroskopie und die Emissionsmikroskopie — bis hin zu den elektronenoptischen Verfahren für Grenzflächenuntersuchungen, im wesentlichen die Beugung mit langsamen Elektronen und die Elektronenspektroskopie. Besonders hervorzuheben ist die Höchstspannungs-Elektronenmikroskopie, die zur Zeit im Bereich der sozialistischen Länder nur im Institut für Festkörperphysik und Elektronenmikroskopie in der DDR betrieben wird, wahrscheinlich aber demnächst auch in einer anderen Arbeitsgruppe in Moskau. Die auf dem Gebiete der Elektronenmikroskopie in Halle vorhandenen universellen Möglichkeiten haben dazu geführt, daß das Ausmaß der internationalen Kooperation, insbesondere mit sowjetischen Partnerinstituten, von Jahr zu Jahr stärker angestiegen ist. Im Jahre 1974 waren im Institut für Festkörperphysik und Elektronenmikroskopie z. B. ca. 50 Gastwissenschaftler zu Arbeitsaufenthalten mit insgesamt ca. 300 Personenwochen tätig.

Mit der Erfüllung der beiden angegebenen Randbedingungen waren wesentliche Voraussetzungen für den Aufbau eines Internationalen Zentrums für Elektronenmikroskopie gegeben. Ausgehend vom gemeinsamen Interesse an der Entwicklung und Vertiefung der multilateralen wissenschaftlichen Zusammenarbeit der Akademien der Wissenschaften sozialistischer Länder wurde am 18. März 1975 in Halle das Internationale Zentrum zur Weiterbildung wissenschaftlicher Kader auf dem Gebiete der Elektronenmikroskopie gegründet. Der Gründungsvertrag wurde von Vertretern der Akademien der Wissenschaften Bulgariens, Ungarns, Polens, der UdSSR, der ČSSR und der DDR unterzeichnet. Damit wurde am Institut für Festkörperphysik und Elektronenmikroskopie der Akademie der Wissenschaften der DDR nach den bereits bestehenden Internationalen Einrichtungen in Dubna, Wrocław, Warschau und Minsk das bisher 5. Internationale Zentrum innerhalb der Länder des Rates für gegenseitige Wirtschaftshilfe gegründet.

Trotz des gleichen Anliegens der Internationalen Zentren, das in der gemeinsamen Nutzung von Erfahrungen, von theoretischen Grundlagen und experimentellen Ausrüstungen liegt, mit dem Ziel, einen optimalen Nutzeffekt für alle beteiligten Partner zu erzielen, sind in den Rechtsnormen und Finanzierungsgrundlagen beträchtliche Unterschiede vorhanden.

Sowohl das Vereinigte Institut für Kernforschung in Dubna als auch das Internationale Laboratorium für starke Magnetfelder und tiefe Temperaturen in Wrocław sind juristisch selbständige Einrichtungen. Ausgehend von einer bestimmten materiellen Basis wird die weitere Finanzierung von den beteiligten Partnerländern durch entsprechende Beiträge realisiert.

Das Internationale Mathematische Zentrum zur Weiterbildung wissenschaftlicher Kader „Stefan Banach" in Warschau, das Internationale Zentrum für Probleme des Wärme- und Stoffaustausches in Minsk und das Internationale Zentrum für Elektronenmikroskopie in Halle wurden nach dem im Dezember 1971 unterzeichneten Grundsatzabkommen über die multilaterale Zusammenarbeit gegründet, das als Beitrag der Akademien der sozialistischen Länder zur Verwirklichung des RGW-Komplexprogramms beschlossen wurde. Diese Zentren sind keine juristisch selbständigen Einrichtungen; sie wurden als Zentren *an* bestehenden Akademie-Instituten gebildet, die bereits zuvor über umfangreiche wissenschaftliche Erfahrungen, über eine überdurchschnittliche Ausstattung und über entwickelte internationale Kooperationsbeziehungen verfügten. Der Finanzierungsmodus wurde so gewählt, daß vom Internationalen Zentrum die Arbeitsmöglichkeiten gewährleistet werden und daß die entsendende Einrichtung die Aufenthaltskosten trägt.

Die wissenschaftliche Leitung des Internationalen Zentrums für Elektronenmikroskopie liegt – wie auch die der anderen Internationalen Zentren – in den Händen eines Wissenschaftlichen Rates, der über die Arbeitsrichtungen berät, Arbeitsprogramme festlegt und Arbeitsaufenthalte koordiniert. Die durch den Wissenschaftlichen Rat unterstützte operative Leitung liegt in den Händen des Direktors des Internationalen Zentrums, der gleichzeitig Direktor des Instituts für Festkörperphysik und Elektronenmikroskopie ist.

Die Arbeit des Zentrums betrifft gleichermaßen Fragen der Aus- und Weiterbildung wie auch der Forschung auf dem Gebiete der Elektronenmikroskopie. Aus den Erfahrungen heraus liegt ein erstes Programm vor, manches muß freilich noch reifen, um ganz den Zielvorstellungen zu entsprechen. Wir hoffen sehr, recht bald eine positive Bilanz über erste Ergebnisse der Arbeit im Internationalen Zentrum für Elektronenmikroskopie geben zu können.

Diese Diskussionsrunde ist den gegenwärtigen Wissenschaftsbeziehungen zwischen der Sowjetunion und der DDR gewidmet. Lassen Sie mich abschließend kurz noch gezielt darauf Bezug nehmen. Natürlich waren für die Gründung eines Internationalen Zentrums sehr viele Verhandlungen mit Vorlagen, Konzeptionen – alles in allem: mit sehr viel Papier – notwendig. Es kann heute gesagt werden, daß das entschiedene „ja" der sowjetischen Partner sehr viele Schwierigkeiten aus dem Weg geräumt hat. Wir sind sicher, daß die reichen Erfahrungen der sowjetischen Wissenschaftler und der Fachkollegen aus den anderen sozialistischen Ländern die Arbeit des Internationalen Zentrums sehr positiv befruchten werden.

Hans Joachim Fischer, Frank Karer

Zur Dialektik zwischen Nationalem und Internationalem sowie zwischen Grundlagenforschung und Applikation am Beispiel „Interkosmos“

Die Losung unserer Partei, den sozialistischen Patriotismus mit dem proletarischen Internationalismus zu verbinden, wird in ihrer historisch bedingten und zukunftsweisend wirkenden Aussage von keinem Genossen bestritten.

Wie kompliziert jedoch ihre Umsetzung unter konkreten Bedingungen ist, zeigt die internationale sozialistische Wissenschaftskooperation und u. a. die nun bereits seit zehn Jahren erfolgreiche Zusammenarbeit von neun Ländern zur friedlichen Erforschung und Nutzung des kosmischen Raumes im Projekt „Interkosmos“.[1]

Es wird auf diesem Fachgebiet nach Kriterien für die Optimierung des Teilprogramms jedes Teilnehmerlandes bei gleichzeitiger maximaler Wirkung des Gesamtprogramms in politischer und wissenschaftlicher Hinsicht gesucht. Dabei ist weder eine einseitige, auf nationalen Nutzen allein orientierte Programmfestlegung möglich, noch besteht die Möglichkeit, allein aus internationalistischer Sicht ein Programm festzulegen, das Nutzungsinteressen in der nationalen Volkswirtschaft außer Acht läßt.

Das grundlegende und entscheidende Erfordernis der sozialistischen Integration ist der Zusammenschluß aller ökonomischen, politischen, ideologischen, wissenschaftlichen und militärischen Potenzen der sozialistischen Länder, um das Kräfteverhältnis in der Welt weiter zugunsten des Sozialismus zu verändern.

Die Kosmosforschung ist ein wichtiges Teilgebiet der naturwissenschaftlichen Grundlagenforschung. Ihre Forschungsaspekte reichen von der kosmischen Meteorologie bis zu speziellen Problemen der Landesverteidigung. Die leistungsfähigste Potenz der Kosmosforschung existiert in der Sowjetunion – sie brachte den ersten Erdsatelliten der Welt 1957 auf die Bahn. Sie führt die Forschungen nicht allein durch; so sind es die eigenen Leistungen der Teilnehmerländer, die es der UdSSR und den übrigen sozialistischen Ländern gestatten, in der Außenpolitik die Einheit der sozialistischen Länder und deren hohes wissenschaftliches Niveau zu demonstrieren und die Weiterentwicklung von Wissenschaft und Technik in ihnen zu beschleunigen.

Die Hauptlast der Raumforschung jedoch trägt die UdSSR; durch ihre konsequent internationalistische Haltung (kostenlose Bereitstellung der Trägerraketentechnik, Vermittlung ihrer Erfahrungen) sind auch die Länder an der Kosmosforschung beteiligt, die z. Zt. keine eigene derartige Forschung aufbauen könnten.

Entsprechend der gemeinsamen sozialökonomischen Basis und der staatlichen

[1] Vgl. H. J. Fischer, Prüfstand „Interkosmos“. Eine neue Etappe der Erforschung des erdnahen Raumes, in: Spektrum, H. 10/1973, S. 21–23.

Struktur der beteiligten Länder erfolgt die Koordinierung der Forschungsarbeiten durch den Rat „Interkosmos" bei der Akademie der Wissenschaften der UdSSR auf der Basis von Regierungsvereinbarungen. Die Jahrestagung der Vorsitzenden der nationalen Koordinierungskomitees ist das höchste entscheidende Gremium, die Umsetzung der Beschlüsse erfolgt durch ständige Arbeitsgruppen in den fünf Hauptrichtungen (kosmische Physik, kosmische Biologie und Medizin sowie Fernerkundung der Erde vom Kosmos aus). Schließlich erfolgt die Umsetzung in die Praxis durch bilaterale und multilaterale Spezialistenberatungen, die zur arbeitsteiligen Themendurchführung und zum gegenseitigen Kennenlernen in den einzelnen Teilnehmerländern und -institutionen stattfinden.

In dieser sozialistischen Kooperation erfolgt die Unterstützung der ökonomisch noch schwächeren Länder durch die stärkeren, und es ist eine gemeinsame Nutzung der Ergebnisse möglich unabhängig vom eingebrachten Aufwand.

Im Gegensatz dazu besteht zwischen den kapitalistischen Ländern eine fortwährende Konkurrenz, die aus Profitstreben und bürgerlichem Patriotismus herrührend auch durchaus gegen das dort führende Land – die Vereinigten Staaten von Amerika – gerichtet sein kann. In einer Veröffentlichung des BRD-Bundesverbandes der Luft- und Raumfahrtindustrie ist z. B. zu lesen: „Nicht zuletzt von der Frage, ob und wie die genannten Satellitenprojekte finanziert und zu Ende geführt werden können, hängt es ab, ob der BRD zusammen mit anderen europäischen Partnern der Einbruch in einen zukunftsweisenden Exportmarkt gelingt, den seit einem Jahrzehnt die USA monopolistisch beherrscht."[2]

So wie man formuliert „Was der Gesellschaft nutzt, nützt auch dem Einzelnen", läßt sich in gleicher Weise im Gesamtmaßstab der sozialistischen Gemeinschaft feststellen „Was der Sowjetunion nützt, nützt auch der sozialistischen Völkerfamilie". So ist ein Beitrag zum Raumforschungsprogramm der UdSSR gleichzeitig Stimulans für einen Nutzen im nationalen Maßstab und in einem Teilnehmerland gewonnene Erkenntnisse fließen zur Nutzung in die UdSSR und die anderen Teilnehmerländer zurück. Hierzu ein Beispiel: In der Akademie der Wissenschaften der DDR werden Interkosmosrechenprogramme erarbeitet, die auf der von der Sowjetunion zur Verfügung gestellten Maschine BESM 6 realisiert werden. Die dazu erforderliche software wird nun nicht nur bei uns genutzt, sondern auch in der UdSSR für praktische Rechnungen eingesetzt.[3] Wie Dobrov bemerkt, nutzt sich durch mehrfache Anwendung ein wissenschaftliches Ergebnis nicht ab, sondern die Effektivität steigt. Es ist nicht ungewöhnlich, wenn bereits bei der Konzipierung eines neuen Experiments im Kosmos an den Nutzen gedacht wird. Dieser kann sich in verschiedener Form niederschlagen, als Primärnutzen in dem Wissenschaftszweig, innerhalb dessen das Experiment geplant ist, oder als Sekundärnutzung von technisch-wissenschaftlichen oder technologischen Erkenntnissen in der Industrie.

Im Gegensatz zum Aufwand-Nutzen-Problem im herkömmlichen ökonomischen Sinne, das streng terminisierte Rückflüsse fordert, ist es bei der Interkosmoskooperation so, daß langfristiger Nutzen mit primär nutzbaren Grundlagenerkenntnissen

[2] Raumfahrt und Gesellschaft, BDLI, Bonn/Bad Godesberg 1974, S. 17.

[3] Vgl. H. J. Fischer, Vielseitiger Nutzen der Interkosmoskooperation, in: Spektrum, H. 5/1972, S. 16–18.

und kurzfristiger Nutzen durch Überführung applikationsreifer Sekundärnutzenskomponenten erreicht werden kann. Der Nutzen tritt auch oft indirekt und im Zusammenwirken mit anderen Aufwendungen auf, d. h. er ist nicht bestimmten Primäraufwendungen zurechenbar. Eine Reihe von Dienstaufgaben (z. B. meteorologischer Dienst) müssen staatlicherseits sowieso durchgeführt werden und der Einsatz kosmischer Mittel bewirkt hierfür einen „Rationalisierungseffekt" mit geringen Zusatzkosten. Die DDR hat ein begrenztes wirtschaftliches Potential und weniger Ressourcen als andere Länder, sie muß aber auch die eigene Wirtschaft mit begrenzten Investitionen weiterentwickeln. Damit besteht die Verpflichtung, möglichst kurze Rückflußzeiten einmaliger Aufwendungen zu sichern. Dies bringt für die Interkosmoskooperation die Verpflichtung mit sich, sekundäre Nutzungsmöglichkeiten voll auszuschöpfen. Daher ist der Aufbau umfangreicher Applikationsbeziehungen — national und international — zur Industrie und zu anderen Bedarfsträgern notwendig. Hier kann dann ein relativ kurzzeitiger und in Einzelfällen auch zuordenbarer Rückfluß von einmaligen Aufwendungen realisiert werden. Es kann aus der bisherigen Erfahrung ausgesagt werden, daß in der Ausnutzung der technologischen Stimulanzen der Raumforschung bereits ein solch großer potentieller Nutzen möglich ist, daß er allein die Interkosmos-Beteiligung der DDR rechtfertigen könnte. Dies wäre aber nur die eine — aus nationaler Sicht gesehene — Seite. Die Beteiligung bringt jedoch auch politischen Gewinn durch einheitliches Auftreten in internationalen Organisationen, wie UNO-Weltraumausschuß, COSPAR oder IAF und ermöglicht es, gemeinsame Forschungsprojekte durchzuführen, die für ein einzelnes sozialistisches Land zu aufwendig wären.

Dobrov weist auf den Umstand hin, daß im Lösungsprozeß eines komplizierten wissenschaftlichen Problems verschiedene Zwischen- und Nebenergebnisse erhalten werden, die eine große Reserve zur Erhöhung der Effektivität der gesellschaftlichen Produktion darstellen.

Für die DDR bedeutet dies: Durch die Beteiligungsmöglichkeit an der Interkosmoskooperation, deren Hauptlast die UdSSR trägt, wird die Möglichkeit der gemeinsamen Erreichung hoher, komplizierter Ziele gegeben. Damit wird aber gleichzeitig auch die Möglichkeit der Ausnutzung der ebenfalls gemeinsam erzielten Zwischen- und Nebenresultate in jeder einzelnen Volkswirtschaft der beteiligten Länder gegeben. Aus dieser Sachlage ergibt sich ein fördernder Einfluß auf die Integration, der nicht vernachlässigt werden darf. Aus der internationalistischen Prämisse der Interkosmoskooperation ergibt sich zwangsläufig die Umsetzung des gemeinsamen Primärnutzens in national nutzbaren Sekundärnutzen, jedoch nur dann, wenn das bereits in der Konzeptionsphase ideologisch vorbereitet worden ist.

Weiterhin gilt: Über die Zusammenarbeit am Programm wird durch Akkumulation des Erkenntnisstandes der jeweils anderen Partner eine Annäherung des wissenschaftlich-technischen Niveaus untereinander erreicht — dies trägt zum allmählichen ökonomischen Höherentwicklungs- und Anpassungsprozeß der RGW-Länder bei und damit summarisch zum Fortschritt der gesamten sozialistischen Staatengemeinschaft. Die vor der modernen Kosmosforschung stehenden fundamentalen wissenschaftlichen Ziele (Verbesserung der Kommunikation, der Energieversorgung, Erderkundung und Herstellung von Stoffen im Weltraum, Erforschung des Planeten- und Sonnensystems) sind auf Grund des hohen Investaufwandes nur gemeinsam zu erreichen.

Damit werden internationalistische Ziele zum Ausgangspunkt, die über die Dialektik zwischen proletarischem Internationalismus und sozialistischen Patriotismus auch Nutzen für die einzelne Volkswirtschaft des betreffenden Teilnehmerlandes bringen, da die ökonomische Stärkung des sozialistischen Lagers gleichzeitig die ökonomische Stärkung der einzelnen Volkswirtschaften bedeutet.

Für die Kosmosforschung mit ihren rasch steigenden Forschungs- und Entwicklungsaufwendungen bedeutet Effektivitätssteigerung:

- Betonung des internationalen kooperativen Aspekts – auch vom wissenschaftlichen Gegenstand her;
- Sicherung einer umfassenden Nutzung der Ergebnisse durch planmäßige Nutzung der Sekundärkomponente der Forschung – Übertragung technologischer Erfahrungen in die Produktion;
- Einbeziehung des Sekundärnutzens in die Konzeptions- und Planungstätigkeit.

Die Erschließung der sekundären Nutzenskomponente durch die Überleitung von Geräten, Baugruppen u. a. ist in der Zielstellung der Akademie im allgemeinen und der Interkosmosforschung im besonderen ein Sonderfall, der aber sofort nachweisbaren Gewinn ermöglicht (dies hat die Wetterbildanlage WES-2 sowohl im Exporterlös als auch in dem betrieblich erzielten Nutzen in den sozialistischen Ländern bewiesen).[4] Die Technik und Technologie der Interkosmosforschung ist auf extreme Materialökonomie, höchste Zuverlässigkeit und geringste Energieaufnahme gerichtet. Findet diese Technik als überführte Baugruppe oder Gerät im industriellen Sektor Anwendung, so sind auf Grund des darin vergegenständlichten wissenschaftlich-technischen Vorlaufs auch hohe Exporterlöse oder gute Qualitätskennwerte zu erwarten. Natürlich ist das nicht bei jedem Forschungsgegenstand und zu jeder Zeit möglich.

Zwei Beispiele dieser bewußten planmäßigen Ausnutzung des dialektischen Zusammenhangs zwischen Grundlagenforschung und Applikation sowie zwischen Patriotismus und Internationalismus sollen diesen Beitrag abschließen:

1. Im Rahmen der Interkosmoskooperation wird ein einheitliches Telemetriesystem der sozialistischen Länder von einem Wissenschaftlerkollektiv der UdSSR, der DDR, der VRP, der UVR und der ČSSR arbeitsteilig entwickelt und bei wissenschaftlichen Satellitenexperimenten zur Übertragung der Daten zu Bodenstationen in den Teilnehmerländern eingesetzt. Bei der Konzeption stand im Vordergrund

- Schaffung leistungsfähiger internationaler Entwicklerkollektive;
- Sicherung eines kompatiblen Datentransports für alle Experimente und Teilnehmerländer;
- Gewinnung praktischer Erfahrungen auf dem Gebiet der kosmischen digitalen Telemetrie.

Jedoch zeigte sich schon in einem frühen Entwicklungsstadium, daß Teilergebnisse dieser nachrichtentheoretisch fundierten Forschungs- und Entwicklungsarbeit in der Industrie für verschiedene Zwecke modular einsetzbar waren. So entstand die Dieselmotorentelemetrie, die Meßwertübertragung aus Turboladern, aus fahrenden

[4] Vgl. H. J. Fischer, F. Karer, Die Wetterbildanlage WES-2, ein praktisches Beispiel für die Gestaltung der Überleitung eines wissenschaftlichen Gerätes in die Kleinserie, in: radio, fernsehen, elektronik, H. 15, 1973, S. 481–482.

Lastkraftwagen, bei Materialprüfung, in der Textilindustrie usf. Einige Anwendungen erschlossen bisher unzugängliche Gebiete der Meßtechnik. Auf der Basis der gewonnenen Erfahrungen kann jetzt ein System zur Sammlung und Übertragung von Daten konzipiert werden, das wiederum – jetzt auf höherer Stufe – Sekundärnutzenskomponenten in der Volkswirtschaft besitzt.

2. Ein Effekt, der bei den physikalischen Messungen im Ultraviolett-Bereich störend in Erscheinung trat, war der Einfluß der Luftfeuchte auf die Ly-Alpha-Messungen. Durch gezielte Untersuchung dieses störenden Effektes war ein neuartiger, schnell arbeitender Feuchtmesser (patentiert) konzipierbar, der jetzt in der Volkswirtschaft im Werk für Fernsehelektronik Berlin, im LEW Hennigsdorf und beim Meteorologischen Dienst der DDR Anwendung findet. Weitere Nutzungsfelder dieses neuartigen Meßverfahrens sind in der Medizin, im VEB Bunawerke und durch seine Strahlungsquelle in der physikalischen Meßtechnik geplant.

Ernst August Lauter

Wissenschaftliche und wissenschaftspolitische Aspekte der Zusammenarbeit mit der UdSSR auf dem Gebiet der atmosphärischen Physik

Große Traditionen verbinden die Wissenschaftler der DDR mit denen der Sowjetunion auf dem Gebiet der atmosphärischen Physik. Die großen Erfolge der russischen Meteorologie und Klimatologie um die Jahrhundertwende und die in Potsdam und Leipzig konzentrierten deutschen Arbeiten zur Physik der Atmosphäre fanden in den zwanziger Jahren eine bedeutende Verstärkung durch die erfolgreichen Anstrengungen der sowjetischen Forschung auf dem Gebiet der freien Atmosphäre. Die auch unter persönlichen Opfern – wir gedenken hier der verunglückten Besatzung des sowjetischen Stratosphären-Ballons „Sirius" – erkauften Ergebnisse über die Hochatmosphäre knüpfen an die frühen Arbeiten und Flüge von Süring in Potsdam an und wurden durch die Erfindung der Radiosonde in der UdSSR durch Molčanov gekrönt. Die dort entwickelte Radiosondentechnik wurde Ausgangspunkt für die jetzt in der ganzen Welt täglich durchgeführten Sondierungen der Atmosphäre bis 30 km Höhe, die die Basis für die Höhenwetterkarten und damit für die Wettervorhersage überhaupt lieferten. Damit wurde in den zwanziger und dreißiger Jahren die sowjetische Aerologie und Synoptik – ergänzt durch wesentliche Beiträge der Potsdam-Berliner und Leipziger Schule zur Zyklonentheorie – führend in der Welt und noch die Generationen der dreißiger Jahre – zu denen ich noch in Berlin unter unserem verstorbenen Mitglied Ertel gehörte – wurden nach sowjetischen Lehrbüchern von Chromov und Molčanov ausgebildet, und die Arbeitstechniken des damaligen deutschen Wetterdienstes waren auf sowjetischen Ergebnissen aufgebaut.

Dieser Tradition Rechnung tragend, setzte die Sowjetische Militäradministration mit dem SMAD-Befehl 088 die Forschungsarbeiten auf dem heutigen Territorium der DDR frühzeitig wieder in Gang und förderte sie durch sowjetische Experten von Anfang an.

So ist auch unser Zentralinstitut für solar-terrestrische Physik der Akademie der Wissenschaften der DDR durch die Wiederaufnahme der Arbeiten der alten Rostocker Universitätswarte, die 1946 zu einem selbständigen Observatorium unter dem Strahlungsphysiker Falckenberg ausgebaut wurde, hervorgegangen. Schon zu diesem Zeitpunkt wurden unsere Forschungsergebnisse von der während des Krieges in der Sowjetunion verstärkten und wohlorganisierten Forschung auf dem Gebiet der Hochatmosphäre koordiniert und einbezogen. Die eigentliche Kooperation begann 1956 in Vorbereitung des von sowjetischen und amerikanischen Wissenschaftlern initierten Programms der physikalischen Bestandsaufnahme unseres Planeten im Internationalen Geophysikalischen Jahr. Mit dem Aufbau des sowjetischen

Zentrums im Institut IZMIRAN und des Welt-Datenzentrums Moskau erhielten insbesondere die Fachwissenschaftler der sozialistischen Länder frühzeitig eine zentrale Forschung.

Nach den großen Erfolgen dieses ersten Unternehmens, das uns auch die Beteiligung an sowjetischen Expeditionen auf den Weltmeeren und in der Antarktis brachte, ging aus den Vorschlägen der Forscher der Sowjetunion und der DDR das Internationale Jahr der ruhigen Sonne in der Mitte der sechziger Jahre hervor, aus dem inzwischen die weltweiten Programme der solar-terrestrischen Physik entstanden sind, die in Kombination mit raumfahrttechnischen Mitteln heute den Ansatz für die Erforschung und Beherrschung des Energiesystems Sonne-Erde-Weltraum darstellen und so auch die Basis sind für die Adaption der Entwicklung der Gesellschaften auf diesem Planeten und dessen natürliche physikalische Prozesse.

Der sowjetische Vorschlag an die UNO über das Verbot der Einwirkung auf die natürliche Umwelt zu militärischen und anderen Zwecken ist letztlich der vorläufige Höhepunkt der international unter maßgeblicher Führung der sowjetischen Wissenschaft gesammelten Erkenntnisse über die Energetik unseres Planeten.

Seit nahezu 10 Jahren sind die Programme der sozialistischen Länder auf den Gebieten der Physik der Erde in der multilateralen Problemkommission „Planetare Geophysikalische Forschungen" konzentriert und zunehmend integriert. Seit einem Jahr haben wir auf dem Gebiet der solar-terrestrischen Physik ein langfristiges Forschungsprogramm, das der Aufklärung des Energieumsatzes auf unserem Planeten gewidmet ist und in dem koordinierte Messungen von Sofia bis Murmansk und von Potsdam bis Irkutsk durchgeführt werden.

Nur die sozialistische Gesellschaftsordnung vermag letztlich die Entwicklung der Aktivitäten der menschlichen Gesellschaften in Bahnen zu lenken, die eine Adaption an die natürlichen Prozesse auf diesem Planeten gewährleisten. Nutzung und nicht Zerstörung der natürlichen Gegebenheiten auf der Erde ist eine Aufgabe der sozialistischen Gesellschaftsentwicklung geworden, für die in den kommenden Jahren die naturwissenschaftliche und gesellschaftswissenschaftliche Forschung gemeinsam noch große Beiträge zu liefern haben. Hier mit den großen Programmen der sozialistischen Länder unter Führung der sowjetischen Wissenschaft verbunden zu sein, ist für uns eine große Verpflichtung. So werden wir auch in den kommenden Jahren zu den gemeinsamen großen Untersuchungen Beiträge zu den Grundprozessen im Lebensraum des Menschen zu leisten haben und dabei über die Erfüllung der gemeinsamen Forschungsprogramme der sozialistischen Länder hinaus und insbesondere auch gemeinsam mit der Sowjetunion in den nächsten beiden Jahren ein diesen Zielen gewidmetes Programm in der Antarktis bestreiten.

Walter Friedrich

Zur Entwicklung der Forschungskooperation zwischen den Akademien der Wissenschaften der UdSSR und der DDR auf dem Gebiet der chemischen Grundlagenforschung

Die Institute des Forschungsbereiches Chemie der Akademie der Wissenschaften der DDR kooperieren seit vielen Jahren mit sowjetischen Forschungseinrichtungen auf dem Gebiete der Chemie. Das Spektrum der Kooperation reicht von der theoretischen und physikalischen Chemie, über die anorganische, die organische und die Polymerenchemie bis zu Gebieten der chemischen Verfahrenstechnik. Sie artikuliert sich in fünf Forschungskomplexen mit rund 35 Themen.

Darüber hinaus beteiligen sich Institute des FB Chemie über Regierungsabkommen an der wissenschaftlich und volkswirtschaftlich wichtigen Zusammenarbeit mit sowjetischen Forschungseinrichtungen außerhalb der Akademie der Wissenschaften der UdSSR, so bei der Erarbeitung von Grundlagen der Gewinnung von Eiweiß aus Erdöl, in der Glasforschung, der Baustoff-Forschung und bei der Modifizierung textiler Flächengebilde durch beschleunigte Elektronen, um nur einige zu nennen. Auch an der wissenschaftlich-technischen Zusammenarbeit auf der Ebene des RGW sind Institute des FB Chemie der AdW beteiligt.

Eine ganze Reihe wichtiger Kooperationsergebnisse ist von den sowjetischen Genossen und durch den Generalsekretär der AdW der DDR in der gestrigen Eröffnungsveranstaltung hervorgehoben worden. Auf Ergänzung soll hier verzichtet werden.

Im Vergleich zu den 275 Jahren, auf die unsere Akademie in diesen Tagen zurückblickt, sind die chemischen Forschungseinrichtungen jung. 1948 sind eine Arbeitsstelle für Kristallstrukturanalyse und 1949 das heutige Institut für Polymerenchemie in Teltow-Seehof gegründet worden. Die anderen Institute folgten.

Die Arbeit der Institute hat wesentlich geholfen, daß die AdW der DDR ein Zentrum von Wissenschaft und Forschung auch auf dem Gebiete der Chemie wurde.

Schon in der Zeit der organisatorischen und fachlich-inhaltlichen Konzipierung der Arbeit der Institute wurden erste wissenschaftliche Beziehungen zu bedeutenden sowjetischen Gelehrten und in Einzelfällen zu Forschungsinstituten der AdW der UdSSR hergestellt. Im Einvernehmen und auf der Basis der auf Freundschaft und Zusammenarbeit orientierten Politik der SED und der Regierung unserer Republik wurden sie in den folgenden Jahren gefestigt und zur Forschungskooperation ausgebaut.

Außer den gesellschaftspolitischen Faktoren wirkten sich eine ganze Reihe anderer Faktoren förderlich auf den Beginn und die Entwicklung der Forschungsbeziehungen aus. Einige seien hier genannt:

- Absprachen und Vereinbarungen der Akademien beider Länder,
- tiefere Bekanntschaft mit der chemischen Literatur der UdSSR,
- Zusammentreffen mit sowjetischen Wissenschaftlern auf Tagungen der Chemischen Gesellschaft in der DDR, wie überhaupt auf internationalen wissenschaftlichen Veranstaltungen,
- gegenseitige Studien- und Informationsreisen,
- Bekanntschaft der Wissenschaftler durch die gemeinsame Arbeit im RGW,
- Rückkehr von Wissenschaftlern aus der UdSSR, die dort nach 1945 zeitweilig wissenschaftlich gearbeitet hatten,
- Eintritt von Wissenschaftlern in AdW-Institute, Universitäten und Hochschulen, die sowjetische Universitäten und Hochschulen absolviert hatten. Aus der Chemie seien insbesondere Akademiemitglied G. Öhlmann und das Korrespondierende Mitglied der AdW der DDR S. Nowak erwähnt – ohne die Leistung anderer schmälern zu wollen –, die wesentlich die Herausbildung der Kooperation gefördert haben,
- das Wirken einzelner hochanerkannter Wissenschaftler der AdW in der DDR für enge wissenschaftliche Beziehungen.

Hier soll als Beispiel an den Vortrag von Akademiemitglied E. Thilo erinnert sein, den er im Kolloquium der Chemischen Gesellschaft der DDR im November 1951 üder die physikalisch-chemischen Arbeiten Lomonosovs hielt. Solche Aktivitäten halfen, falsche, besonders nationalistisch bornierte Vorstellungen bei der Chemikerschaft in der DDR zu überwinden, die als geistige Trümmer bei dem einen oder anderen aus der Zeit des Faschismus noch vorhanden waren. In der gleichen Richtung wirkte auch sein Bericht über den Besuch von Forschungseinrichtungen der AdW der UdSSR und sowjetischer Hochschulen 1953. Die sachliche, objektive Art, mit der er Forschungsinhalt, Methodik und den hohen Leistungsstand der besuchten Einrichtungen würdigte, hinterließ großen Eindruck und wirkte sich förderlich auf die Entwicklung der Wissenschaftsbeziehungen aus.

In einer späteren Phase der Wissenschaftsbeziehungen zur UdSSR auf dem Gebiet der Chemie war es insbesondere dem zielstrebigen und mobilisierenden Einsatz von Akademiemitglied G. Keil zu danken, daß auf breiter Basis eine neue Qualität in der Forschungskooperation zustande kam, insbesondere auch dadurch, daß bedeutsame Forschungskapazitäten unserer Universitäten und Hochschulen in die Kooperation einbezogen werden konnten und die internationale Forschungskooperation in die langfristige Konzeption der Grundlagenforschung auf dem Gebiet der Chemie konkret aufgenommen wurde. Die Entwicklung der Forschungskooperation hat verschiedene Etappen durchlaufen und realisiert sich auch heute in verschiedenen Formen vom Informationsaustausch bis zur hochgradig arbeitsteiligen Kooperation.

Neben den Informationsreisen und Studienaufenthalten kam es in den fünfziger Jahren zu ersten losen Absprachen mit sowjetischen Partnern über gemeinsam verfolgte Forschungsrichtungen. Z. T. fanden diese etwas später in Vereinbarungen ihren Ausdruck.

So besteht eine langjährige wissenschaftlich schöpferische Zusammenarbeit zwischen dem Institut für organische Chemie der AdW der UdSSR und dem Zentralinstitut für physikalische Chemie der AdW der DDR. 1960 begannen Mitarbeiter beider Institute gemeinsam das Thema „Die katalytischen Umwandlungen von

Kohlenwasserstoffen und ihre Reaktionen auf metallischen Trägerkatalysatoren" zu bearbeiten. Diese Zusammenarbeit wird in der Thematik „Neue Katalysatoren auf der Grundlage synthetischer Kohlenstoffträger" fortgesetzt.

Gemeinsam wurden durch die Arbeiten grundsätzliche Erkenntnisse über Gesetze und Mechanismen heterogen-katalytischer Vorgänge beim Platforming-Verfahren gewonnen. Das Verfahren hat große Bedeutung in der Erdölverarbeitung. Wichtige gemeinsam erarbeitete Ergebnisse der Katalyseforschung zur Dehydrocyclisierung von Paraffinen und der Dehydroisomerisierung ringförmiger Kohlenwasserstoffe führten zu Grundlagen für ein Verfahren der Benzolgewinnung im technischen Maßstab.

Seit 1966 besteht eine erfolgreiche Kooperation auf dem Gebiet der Oxydation von Erdölkohlenwasserstoffen zu Derivaten mit funktionellen Gruppen.

Hier kooperieren das Institut für chemische Physik der AdW der UdSSR mit dem Zentralinstitut für physikalische Chemie und dem Zentralinstitut für organische Chemie der AdW der DDR. Die auf diesem Gebiet durchgeführten Grundlagenarbeiten zu Oxydationsvorgängen in flüssiger und gasförmiger Phase führten ebenfalls zu volkswirtschaftlich wichtigen Ergebnissen.

Eine volkswirtschaftlich erstrangige Aufgabe ist es, die stoffliche Nutzung des importierten Rohöls zu verbessern. Die oben genannten Aufgaben dienen diesem Ziel, wie auch die Untersuchungen über die Pyrolyse von Erdöl als ein Hauptverarbeitungsvorgang, der zu ungesättigten und aromatischen Kohlenwasserstoffen führt. Seit 1964 wird eine enge wissenschaftliche Zusammenarbeit zwischen dem Institut für Petrolchemische Synthese der AdW der UdSSR und dem Zentralinstitut für organische Chemie der AdW der DDR geleistet. In einer genau abgestimmten arbeitsteilig geführten Kooperation wurden der Einfluß der unterschiedlichen Kohlenwasserstoffe auf die Umwandlungen im Gemisch bzw. die relative Stabilität von Kohlenwasserstoffen unter verschiedensten Reaktionsbedingungen untersucht.

Auch auf anderen Gebieten der Chemie, z. B. der Silikat- und Phosphorchemie, bestehen seit vielen Jahren enge und wirksame wissenschaftliche Beziehungen unserer Akademien. Kennzeichnend für die wissenschaftliche Zusammenarbeit der fünfziger und der sechziger Jahre war, daß der Kooperation noch kein langfristiges Konzept für die Grundlagenforschung auf dem Gebiet der Chemie zugrunde lag. Gemäß den Beschlüssen der Partei- und Staatsführung der DDR zu Arbeit und Aufgaben der AdW wurde eine Konzeption der Grundlagenforschung auf dem Gebiet der Chemie gemeinsam mit dem Hochschulwesen erarbeitet. Sie enthält die wichtigsten Aufgaben der internationalen Forschungskooperation als einen unabtrennbaren Bestandteil. Eine eindeutige Orientierung der Zusammenarbeit auf Schwerpunkte wurde damit möglich und zugleich eine Verselbständigung der Forschungskooperation verhindert. Das Konzept ist und bleibt jedoch ein nationaler Plan für die Forschung und Kooperation auf dem Gebiet der Chemie, der eine gute Koordinierung der Arbeit ermöglicht.

Die großen Anforderungen der Volkswirtschaft, die Weiterentwicklung des sozialistischen Weltsystems und die steigende Bedeutung des wissenschaftlich-technischen Fortschritts führten zu einer neuen Etappe in der internationalen Forschungskooperation. Sie zeichnet sich durch Planmäßigkeit und Langfristigkeit in der Entwicklung der Beziehungen aus und verdeutlicht sich im Komplexprogramm der Zusammenarbeit der RGW-Länder.

Durch dieses Programm wurden auch der internationalen Forschungskooperation bei der chemischen Grundlagenforschung eindeutige wissenschaftliche und fachliche Orientierungen gegeben.

Die Intensivierung der Forschungskooperation verlangt, den Grad der Arbeitsteiligkeit in der internationalen Forschungskooperation zu erhöhen. Die arbeitsteilige Kooperationsform muß ihrerseits auf einer abgestimmten und verbindlichen Forschungskonzeption auf dem jeweiligen Gebiet aufbauen. Aus ihr werden gemeinsam die wichtigsten Aufgaben der Grundlagenforschung abgeleitet und der Aufgabenkreis der Forschung markiert. Gemeinsame Einschätzungen über die Entwicklung der Gebiete sind hierfür unerläßlich. In der Kooperation mit der UdSSR bieten sich hierfür Beratungen zwischen den Räten für einzelne Gebiete der Chemie und den Abteilungen der AdW der UdSSR und dem Wissenschaftlichen Rat des FB Chemie der AdW der DDR an. Solche Einschätzungen tanden statt in gemeinsamen Sitzungen des Rates für Petrolchemie der AdW der UdSSR und des Beirates des Forschungsbereiches Chemie. Hier standen solche Gebiete wie Pyrolyse, Katalyse, Plasmachemie und Waschmittelrohstoffe im Mittelpunkt. Andere Beratungen zu Entwicklungslinien auf dem Gebiet der anorganischen Chemie führten zu Absprachen über die angfristige arbeitsteilige Kooperation in der Komplexchemie, der anorganischen Fluorchemie, der Chemie der Salze und der Phosphorchemie sowie der Silikatforschung (Glas/Bindemittel).

Mit diesen Beratungen wurde der Anfang für eine neue Qualität in der Forschungskooperation gelegt:

– Die gemeinsame Planung der Aufgaben der Forschungskooperation auf der Basis langfristiger gemeinsamer Forschungsplanung. Damit wird eine wichtige Voraussetzung für gemeinsame Forschungskollektive der Kooperationsländer geschaffen.

– Konzentrierung und Erhöhung der Arbeitsteiligkeit in der bilateralen Forschungskooperation sowie die Entwicklung der multilateralen Kooperation sind wichtige Schritte, die wir im Ausbau der Kooperation unternehmen.

Gerhard Reinisch

Zur Zusammenarbeit auf dem Gebiet der Polymerenchemie

Ich möchte mit einigen wenigen Bemerkungen über unser Forschungsgebiet in die Thematik einführen. Das Forschungsgebiet sind die synthetischen organischen Polymeren. Dies ist eine Substanzklasse, die uns heute allen vertraut ist, wenn Sie z. B. an die Textilien aus Chemiefasern denken oder an den Kautschuk; der Synthesekautschuk macht heute schon über 60% der Gesamtkautschukproduktion in der Welt aus. Die makromolekulare Chemie war von Anfang an gekennzeichnet durch ein sehr enges Wechselspiel zwischen der Grundlagenforschung und der Produktion. Es ist sicher richtig, auch wenn wir uns hier in unserer Diskussion hauptsächlich auf den Stand und die Perspektiven einstellen, wenn ich unter dem Gesichtspunkt der Wechselwirkung von Produktion und Forschung etwas über den Anfang der sowjetisch-deutschen Wissenschaftsbeziehungen auf dem Gebiet der Polymerforschung sage. Dieser Anfang liegt genau 30 Jahre zurück. Unmittelbar nach der Zerschlagung des Hitlerfaschismus galt das besondere Augenmerk der SMAD beispielsweise der Wiederingangsetzung der Produktion im Kombinat Buna, dem Kombinat, das heute die größte Produktion an Polymeren in der DDR bringt. Schon zum 28. Jahrestag der Großen Sozialistischen Oktoberrevolution, also im November 1945, gingen die ersten Ballen Synthesekautschuk in Buna wieder vom Band und das war nicht allein eine Frage organisatorischer Art. Natürlich ist große organisatorische Hilfe geleistet worden von der SMAD, dann ist sehr viel ideologische Hilfe geleistet worden, aber diese hochkomplizierte Produktion war nicht möglich, ohne daß von vornherein die Forschung wieder in Gang gebracht wurde.

Ich habe vor wenigen Wochen in der Betriebszeitung der Buna-Werke ein eindrucksvolles Foto aus der Zeit vor 30 Jahren gesehen. Die Buna-Arbeiter haben in dieser Zeit, als die erste Produktion wieder in Gang gekommen war, eine Losung am Werktor angebracht, und zwar die Losung „Wir produzieren wieder, durch die Hilfe der Roten Armee". Wenn wir daran denken, daß das Buna-Werk Tausende Mitarbeiter beschäftigt, dann können Sie sich vorstellen, welche ideologische Wirkung aus dieser ersten, und ich muß hier sagen, nicht technischen, sondern technisch-wissenschaftlichen sowjetisch-deutschen Zusammenarbeit hervorgegangen ist. Soviel zu diesem Teil der Geschichte oder des Rückblickes.

Als Zweites ist zu sagen, daß wir nach 1945 noch keine Polymerforschungsinstitute auf dem Gebiet der heutigen DDR hatten. Wir hatten aber engagierte „Aktivisten der ersten Stunde", wie unser Akademiemitglied Erich Correns, seinerzeit Werkdirektor im Chemiefaserwerk Schwarza, die der Wissenschaftsentwicklung von Anfang an große Aufmerksamkeit geschenkt haben. Dem Einfluß der sowjetischen Akademie auf die Gestaltung der weiteren Entwicklung unserer Akademie in der DDR ist es mit zuzuschreiben, wie wir hörten, daß die Akademie eine materielle Basis bekam. Und diese gedankliche Unterstützung, die ist zur rechten Zeit aufgegriffen worden von jenen, die den schweren Anfang wie Erich Correns selbst aktiv mit gestaltet haben. Der Aufbau chemischer Forschungsinstitute ist dann auch weiter durchgesetzt worden von unserem heutigen Präsidenten, Prof. Klare, der ja auch aus dem Bereich dieser Industrie kommt. So entstand schon 1949 das Institut für Faserstoff-Forschung in Teltow, das sich zum Ziel gesetzt hatte, eine praxisbezogene Grundlagenforschung auf dem Gebiet der makromolekularen Chemie zu betreiben.

Aus der allerersten Zusammenarbeit von Prof. Correns mit den sowjetischen Spezialisten und Beratern haben sich in den folgenden Jahren sehr enge Beziehungen zu sowjetischen Fachkollegen entwickelt. Sie wurden weiter gefördert durch die Kontakte, die der jetzige Präsident der Akademie bei seiner Tätigkeit als Spezialist in der Sowjetunion geknüpft hatte. So waren seit Mitte der fünfziger Jahre die Professoren A. B. Pakšver, Z. A. Rogovin und N. V. Michajlov häufig als Gäste und Diskussionspartner in unserem Hause. Gleichzeitig wurden Beziehungen aufgenommen mit den damals ebenfalls noch jungen Instituten für Elementorganische Verbindungen (Leitung Akademiemitglied Nesmejanov) und dem Institut für Hochmolekulare Verbindungen in Leningrad (Leitung Korr. Mitglied Koton). Soviel vielleicht als ein kleiner Rückblick und ein Versuch, die Praxisbezogenheit unseres Wissenschaftsgebietes darzustellen am Beispiel des Aufbaus der Wissenschaftsbeziehungen zur Sowjetunion aus den Anliegen und den Bedürfnissen der Praxis der allerersten Jahre.

Was haben wir nun heute erreicht?

Wir haben seit dem Jahre 1971 die Orientierung des XXIV. Parteitages der KPdSU und des VIII. Parteitages der SED sehr ernst genommen in der Arbeit der Problemkommission „Hochmolekulare Verbindungen", in die jetzt unsere Arbeiten eingeordnet sind. Ich muß hier noch einmal dankbar unterstreichen, welche gute und große Hilfe uns die sowjetischen Kollegen bei diesem Bemühen um eine multilaterale Zusammenarbeit auf unserem Gebiet gegeben haben. Die Problemkommission wird von einem Kollegen aus der DDR geleitet, dem Kollegen Prof. Frommelt aus dem Zentralinstitut für Organische Chemie. Er hat zielstrebig und sehr aktiv die weitere Arbeit betrieben, aber wir müssen gleichermaßen mit großem Dank die Bemühungen des Rates für Hochmolekulare Verbindungen der sowjetischen Akademie hier vermerken, der uns immer wieder in Grundsatzfragen den Weg gewiesen hat. Es ging darum, die bestehenden zweiseitigen Verbindungen, z. T. auch schon Ansätze von arbeitsteiligen Beziehungen, einzuordnen in eine schrittweise multilaterale Verknüpfung.

Die Problemkommission arbeitet in fünf Expertengruppen und es hat sich nach einem anfänglich etwas zu breit angelegten Themenkatalog sehr bald als zweckmäßig erwiesen, diese Arbeit streng zu kontrollieren. Der Plan unserer multilateralen Zusammenarbeit in den Expertengruppen wird genau so ernst genommen, wie der staatliche Forschungsplan jedes einzelnen Landes.

Die Problemkommission und ihre Expertengruppen veranstalten Mikrosymposien im Abstand von zumeist zwei Jahren. Wir haben festgelegt, daß dort vorwiegend die Ergebnisse der Arbeiten aus dem Plan vorgetragen werden. Wir begrenzen aber den Teilnehmerumfang natürlich nicht nur auf diejenigen, die unmittelbar an der Zusammenarbeit teilhaben. Dadurch, daß wir diese Symposien reihum in einem der mitwirkenden Länder durchführen, schaffen wir für die Fachkollegen aus dem Veranstalterlande jeweils die Möglichkeit, in großer Zahl teilzunehmen und sich mit den theoretischen Problemen und den praktischen Anwendungsmöglichkeiten der Forschungsergebnisse aktiv und direkt auseinanderzusetzen. Wir haben weiterhin in unserer Expertengruppe „Polykondensation" die Hochschulinstitutionen, die auf diesen Gebieten arbeiten, voll in die Zusammenarbeit einbezogen. Die methodischen Erfahrungen der einzelnen Teilkollektive im eigenen Lande ergänzen sich auf diese Weise und bilden damit eine bessere Basis für die Kooperation mit unseren Partnern.

Auf dem Gebiet der polykonjugierten Polymeren, die optoelektronisch anregbar sind, arbeiten beispielsweise die Sektionen Physik und Chemie der Universität Jena und unser Institut als Kollektiv mit einem sowjetischen Institut zusammen. Es gibt das Beispiel, daß von der TH Merseburg einerseits und der Universität Jena andererseits und zwei Akademieinstituten die Zusammenarbeit auf dem Gebiet der ionischen Polymerisation als Kollektivarbeit von unserer Seite betrieben und dann hineingestellt wird in die multilaterale Zusammenarbeit. Es gibt ein gutes Beispiel, wie die Mitwirkung von Industrieforschungseinrichtungen in einer solchen Zusammenarbeit der Akademien praktiziert werden kann. In der Expertengruppe „Radikalische Polymerisation", die sich mit den klassischen Prozessen der Polymerherstellung befaßt, wird die DDR-Delegation beispielsweise geleitet vom Korrespondierenden Mitglied Rätzsch, Mitarbeiter der Forschungsdirektion der Leuna-Werke. Das garantiert einerseits ein Hinübergreifen der Erfahrungen der Industrie in die Arbeit von Akademiegremien und auf der anderen Seite natürlich eine Rückwirkung für die Grundlagenforschungsarbeit in dieser Industrieeinrichtung.

Wir können und wollen keinen Trennungsstrich ziehen zwischen der wissenschaftlichen Zusammenarbeit im Rahmen der Akademieabkommen und der Zusammenarbeit im Rahmen des RGW. Unser Institut ist beispielsweise eingebunden in eine RGW-Arbeitsgruppe „Abbau und Stabilisierung von Polymeren", die wiederum von einem Mitarbeiter geleitet wird, der gleichzeitig als Hochschullehrer an der TH Merseburg tätig ist. Von sowjetischer Seite wirkt Akademiemitglied Ėmanuėl' sehr aktiv in dieser Gruppe mit.

In der Problemkommission werden wir uns bemühen, einen ständigen Kontakt zu den einschlägigen RGW-Einrichtungen auf unserem Gebiet schrittweise herbeizuführen.

In den nächsten Jahren wird für die nationalen Wirtschaften und für unsere gesamte Staatengemeinschaft die Intensivierung auf der Basis der weiteren und tieferen Durchdringung der Großproduktionsprozesse besonders wichtig. Mit dieser Forschung müssen wir uns in den nächsten Jahren in unserer Problemkommission stärker auseinandersetzen. Ergebnisse dieser Forschung sind nicht immer in numerisch-ökonomischen Kategorien auszurechnen. Ihre Konsequenzen sind aber u. a. hohe Stabilität der Prozesse und verbesserte Qualität der Produkte.

Lassen Sie mich abschließend sagen, daß die Arbeit, die Leistungen natürlich von den Forschungskollektiven erbracht werden müssen — und da gibt es eine recht gute Bilanz —, aber die Kollektive der Expertengruppen, das Kollektiv der Problemkommission ist auf eine für uns Anfang der siebziger Jahre noch gar nicht abzusehende

Weise auch ein Arbeitskollektiv geworden, das nicht nur organisatorische Maßnahmen trifft, Ergebnisse kontrolliert und die Linien für die nächste Zeit festsetzt, sondern sich in wissenschaftlichen Diskussionen gemeinsam neue Erkenntnisse erarbeitet. Gleichzeitig wird bewiesen, welchen Nutzen dieses unmittelbare Zusammenwirken von verantwortlich die Wissenschaft Leitenden für das Niveau und die internationale Leistung der sozialistischen Wissenschaft im Rahmen der ganzen Welt hat. Und mit diesem Bewußtsein, dieser Erfahrung gehen wir an die Arbeit für die nächsten Jahre.

Karl Hecht

Die Rolle der Problemkommission „Intermozg“ bei der Koordinierung der Forschung auf dem Gebiet der Neurophysiologie und der Physiologie der höheren Nerventätigkeit

Auf dem XXIV. Parteitag der KPdSU und auf dem VIII. Parteitag der SED wurde die Aufgabe der Wissenschaft beim Aufbau der entwickelten sozialistischen Gesellschaft in der DDR fest umrissen, ihre Bedeutung bei der Lösung der Hauptaufgabe entsprechend eingeordnet und jener Prozeß, der die Entwicklung der Wissenschaft als Ganzes umfaßt und der die grundsätzliche Einheit von Wissenschaft und Sozialismus zielstrebig verfolgt, besonders herausgestellt. Die Integration von Natur- und Gesellschaftswissenschaften ist daher eine gesetzmäßige Konsequenz für den erfolgreichen Aufbau der sozialistischen Gesellschaft, und hierbei nehmen die Neurowissenschaften als die Wissenschaften, die das Nervensystem, vor allem das Organ des Bewußtseins, das Gehirn, zum Gegenstand ihrer Forschung haben, zweifellos eine Schlüsselstellung ein.

Das Problem „Bewußtsein und Gehirn“ zählt mit zu den aktuellsten wissenschaftlichen Problemen der Gegenwart und erfordert zur Aufklärung der inneren Zusammenhänge des Systems der wissenschaftlichen Erkenntnis insgesamt die Vereinigung natur- und gesellschaftswissenschaftlicher, mathematischer und technischer Disziplinen. Die Erforschung der vielseitigen psychischen Prozesse und Eigenschaften in Verbindung mit den Funktionen des Gehirns auf den verschiedensten Regulationsebenen des Organismus und die Nutzung der erzielten Ergebnisse werden von großer Bedeutung für die Entwicklung der Bildung und der Erziehung sozialistischer Persönlichkeiten sowie für die Entwicklung der Erkenntnisse und für die gesellschaftliche Praxis sein.

„Der Mensch, welcher sich weitestgehend selbst erkennt und der das Wissen über die Funktionen seines Gehirns sowie der Gesetzmäßigkeiten seines Denkens besitzt, wird aktiver auf sich selbst und auf die Gesellschaft einwirken können. Und diese rückläufige Verbindung bringt möglicherweise auf einer gewissen Entwicklungsstufe einen qualitativen Sprung für die Entwicklung des Menschen selbst sowie auch für die Herauskristallisierung neuer Bewegungsformen der Materie mit sich, welche qualitativ von allen heute existenten unterschiedlich sein werden.“ [1]

Der sowjetische Philosoph D. I. Dubrovskij charakterisiert die gesellschaftliche Bedeutung der Neurowissenschaften mit der Feststellung, daß „die Resultate solcher

[1] V. I. Sifarov, zitiert bei D. I. Dubrovskij, Psichičeskie javlenija i mozg. Filosofskij analiz problemy v svjazi s nekotorymi aktual'nymi zadačami nejrofiziologii, psichologii i kibernetiki, Moskva 1971.

epochaler Errungenschaften der Wissenschaft wie die Ausnutzung der inneren Kernenergie und die Möglichkeit des kosmischen Fluges nicht mit den Maßstäben verglichen werden können, welche die erfolgreiche Dechiffrierung der neurodynamischen Äquivalente der psychischen Tätigkeit setzen wird."[2]

Damit ist die bedeutende Stellung der Neurowissenschaften in der sozialistischen Gesellschaft und die hohe gesellschaftliche Verpflichtung, die den Wissenschaftlern, die auf den Gebieten der Neurowissenschaften innerhalb der sozialistischen Staatengemeinschaft tätig sind, klar umrissen.

Wegen ihrer zunehmenden Bedeutung für die Lösung wichtiger Aufgaben in der Medizin, der Psychologie, der Pädagogik und der Informationselektronik wird der Neurophysiologie und der Physiologie der höheren Nerventätigkeit im gesellschaftlichen Leben immer größere Aufmerksamkeit geschenkt.

Das folgende auf die Medizin bezogene Beispiel soll das demonstrieren. Es macht die Problematik deutlich, um die es hier geht.

Unter den Umweltbelastungen, die die Gesundheit des Menschen gefährden bzw. schädigen, nehmen jene exogenen Streßfaktoren, die zu emotionalen Dauerspannungen führen, eine vorrangige Stellung ein. So geht aus statistischen Erhebungen der WHO hervor, daß in Industrieländern mindestens 10% der Bevölkerung ernsthaft neurotisch erkrankt sind.[3] Anderen Berichten der WHO[4] sowie entsprechenden epidemologischen Untersuchungen von Böthig[5], Faulhaber und anderen[6] ist zu entnehmen, daß 10 bis 15% der Bevölkerung einen erhöhten Blutdruck aufweisen. In 85% der Fälle tritt diese Bluthochdruckkrankheit in Form der essentiellen arteriellen Hypertonie auf, bei deren Entstehung und Entwicklung in erster Linie emotionelle Dauerspannungen eine Rolle spielen.[7]

Die Stockholmer Umweltkonferenz (1972) befaßte sich mit den exogenen Stressoren als Umweltproblem und gab folgende Einschätzung: „Der Streß und die Be-

[2] Ebenda.

[3] Vgl. K. Höck, H. Szewczyk, H. Wendt (Hrsg.), Neurosen, Berlin 1972, S. 2.

[4] World Health Organization, Control of Stroke and Hypertension in the Community. Report of a WHO Meeting, Geneva 1971.

[5] Vgl. S. Böthig, Epidemiologie der Herz-Kreislauf-Krankheiten bei Männern mittleren Alters. Ergebnisse der Erstuntersuchung der Studie Berlin-Mitte, Dissertation B, Berlin 1974.

[6] Vgl. H. D. Faulhaber u. a., Hypertonie-Bekämpfungsprogramm auf Bevölkerungsebene im Stadtbezirk Pankow, Jahresbericht 1974.

[7] Vgl. die Arbeiten von R. Baumann, Streßbedingte Maladaptationsmuster der Reaktionskinetik im Frühstadium der essentiellen Hypertonie, in: Abhandlungen der AdW der DDR, Symposium über Probleme der kardiovaskulären Regulation, Berlin 1975; H. Baumann, J. Lauter, Ch. Gurk, F. Volter F. Grieger, K. Hecht, in: Acta biologica et medica germanica, 1971, S. 367–389; K. Hecht, R. Baumann, St. Nitschkoff, H. Baumann, M. Poppei, Der Einfluß von Streßfaktoren auf zerebroviszerale Regulationsmechanismen als pathogenetische Konstellation bei der Entstehung der arteriellen Hypertonie. Vortrag auf der Gemeinschaftstagung der Gesellschaft für experimentelle Medizin der DDR, Berlin 1973; V. Sudakov, Emotionelle Spannungen und ihre Rolle bei der Entstehung einer arteriellen Hypertonie. Thesen der Referate auf der Tagung des wissenschaftlichen Rates des I. Moskauer Medizinischen Instituts beim Ministerium für Gesundheitswesen der UdSSR.

lastung des Lebens ... zeigt ein wachsendes Auftreten von Geistesgestörtheit und Erkrankungen an."[8]

Bei allen Vorzügen des sozialistischen Gesundheitswesens kommen wir nicht umhin festzustellen, daß gegenwärtig auch in den sozialistischen Ländern die psychonervalen Erkrankungen (z. B. Neurose) und die durch Überforderung des Nervensystems verursachten Herz- und Kreislauferkrankungen im Anstieg begriffen sind. Aus diesem Grund ist die Entwicklung eines vorbeugenden Gesundheitsschutzes, der vor allem die geistigen Prozesse berücksichtigt, d. h. die Entwicklung einer „Psychohygiene" innerhalb des sozialistischen Gesundheitswesens, die das gesellschaftliche Engagement einschließt, erforderlich. Es besteht aber derzeitig der zu lösende Widerspruch, daß einerseits die gesellschaftlichen Bedingungen für die volle Wirksamkeit der Psychohygiene gegeben sind, andererseits die Psychohygiene in den sozialistischen Ländern weder in Forschung und Lehre, noch in der praktischen Anwendung eine ihr gebührende Stellung einnimmt.[9] Aus diesem Grunde ist seitens der Physiologie der höheren Nerventätigkeit und der Neurophysiologie gemeinsam mit anderen Wissenschaftszweigen wie der Medizin, der Psychologie und der Soziologie ein dringend notwendiger Vorlauf zu schaffen.

Diese den gesellschaftlichen Bedürfnissen entsprechende klare Ziel- und Aufgabenstellung für die Neurowissenschaften, die ein Ergebnis der Realisierung der Beschlüsse des XXIV. Parteitages der KPdSU darstellt, erforderte, das Forschungspotential der sozialistischen Länder auf dem Gebiete der Physiologie der höheren Nerventätigkeit und der Neurophysiologie unter einer einheitlichen Leitung mit einer gemeinsamen Wissenschaftsstrategie zu vereinen.

Deshalb wurde im Juni 1972 in Moskau die Problemkommission für multilaterale Zusammenarbeit der Akademien sozialistischer Länder „Neurophysiologie und höhere Nerventätigkeit", kurz „Intermozg" genannt, gegründet.[10]

In dieser Gründungsberatung verpflichteten sich die Akademien der Wissenschaften der Sowjetunion, der VR Bulgarien, der ČSSR, der VR Polen, der VR Ungarn, der Republik Kuba und der DDR, koordiniert und mit einheitlicher Zielstellung zusammenzuarbeiten. Die Leitung der Problemkommission „Intermozg" wurde dem international anerkannten Physiologen Ė. A. Asratjan, Mitglied der Akademie der Wissenschaften der UdSSR, Leninpreisträger und von 1926 bis 1936 engster Mitarbeiter I. P. Pavloos, übertragen.

Die in „Intermozg" vereinigten Vertreter verpflichteten sich des weiteren, die Grundlagenforschung auf dem Gebiete der Neurowissenschaften in der Weise zu entwickeln, daß sie den Forderungen der angewandten Forschungen und der sozialen Praxis gerecht wird und fördernden Einfluß auf die Entwicklung der Medizin, der Psychologie, der Pädagogik und der Elektronik nimmt. Nicht zuletzt wurde die Bedeutung der neurowissenschaftlichen Grundlagenforschung für die marxistisch-leninistischen Philosophie hervorgehoben. Aus diesem Grunde wurde der Pflege

[8] UNESCO – Material der Stockholmer Umwelt-Konferenz, Gruppe 6, Gesundheit und Sozialwesen, 1972, S. 16, Punkt 97.

[9] Vgl. K. Hecht, Umweltfaktor Streß und die Psychohygiene, in: Sitzungsberichte der AdW der DDR, H. 9, 1974, S. 3–21.

[10] Vgl. P. V. Simonov, Intermozg-Tagung, in: Vysšaja nervnaja dejatel'nost', 1973, S. 1109–1117.

der grundlegenden Ideen I. P. Pavlovs, die in den sechziger Jahren sowohl in der Sowjetunion, als auch in den anderen sozialistischen Ländern nicht die gebührende Beachtung fanden, im Rahmen „Intermozg" besondere Aufmerksamkeit geschenkt.

Die Pavlovsche Konzeption der Physiologie der höheren Nerventätigkeit, „die von ungeheurer Bedeutung für die Werktätigen der ganzen Welt"[11] ist, ist durch enge Beziehungen zum dialektischen Materialismus gekennzeichnet. So kann einerseits vermerkt werden: „Die aus der Pavlovschen Lehre von den Analysatoren erhaltenen Tatsachen und Gesetzmäßigkeiten stellen die physiologische Grundlage jener klassischen These W. I. Lenin's dar, nach der die Empfindung als ‚subjektives Abbild der objektiven Welt' und als ‚Umwandlung der Energie eines Außenreizes in eine Bewußtseinstatsache' definiert wird."[12] Andererseits ist aber auch zu konstatieren: „... ohne richtige wissenschaftlich-philosophische Grundlage führen sogar die Lehre von der höheren Nerventätigkeit und auf sie aufbauende psychologische Lehren unvermeidlich (bei gleichen sozialen Bedingungen) zu Subjektivismus und Idealismus."[13]

Die Pavlovsche Konzeption der Physiologie der höheren Nerventätigkeit zeigt bekanntlich den Übergang von den physiologischen zu den psychischen Prozessen auf, an dessen Stelle die dualistische Weltanschauung eine Zäsur setzte.

„Die philosophisch-weltanschauliche Bedeutung dieser von I. P. Pavlov hervorgebrachten Leistung der Psychophysiologie", schrieb J. Richter, „ist nicht hoch genug zu veranschlagen und steht wissenschaftlich im gleichen Rang, wie etwa die von Darwin und von Marx durch einen genialen Brückenschlag zwischen bis dahin unvereinbar erscheinenden Realitätsbereichen eingeleiteten wissenschaftlichen Revolutionen, die zu grundlegendem Paradigmawechsel der beteiligten Disziplinen führten".[14]

Anregend für Pavlovs wissenschaftliche Richtung war Sečenovs Arbeit „Reflexe des Gehirns". Pavlov verehrte aber auch seine deutschen Lehrer, bei denen er die ersten Jahre seiner physiologischen Laufbahn verbrachte. Das waren Karl Ludwig in Leipzig, damals der bedeutendste Lehrer für Physiologie in der ganzen Welt, und Rudolf Heidenhain in Breslau. Viele der engsten Mitarbeiter I. P. Pavlovs erhielten nach der Großen Sozialistischen Oktoberrevolution in verschiedenen deutschen physiologischen Instituten ihre Grundausbildung, z. B. Orbeli, Kupalov, Koštojanc und Airopetjanc. Umgekehrte Beziehungen offenbarten sich nach der Niederschlagung des Faschismus durch die Sowjetarmee. Zu dieser Zeit übernahmen die sowjetischen Wissenschaftler die Lehrerfunktionen und die Forscher der DDR die Positionen der Schüler.

Im Jahre 1949 nahm R. Baumann, inspiriert durch verschiedene sowjetische Mediziner, z. B. Mjasnikov, und gestützt auf die Erkenntnisse der Pavlovschen

[11] W. I. Lenin, Beschluß des Rates der Volkskommissare über die Schaffung von Bedingungen, die die wissenschaftliche Arbeit des Akademiemitglieds I. P. Pawlow und seiner Mitarbeiter gewährleisten, in: Werke, Bd. 32, S. 56–57.

[12] K. M. Bykow, Die Lehre I. P. Pawlows und die moderne Naturwissenschaft, Berlin 1955, S. 10.

[13] T. Pawlow, Die Widerspiegelungstheorie, Berlin 1973, S. 361.

[14] J. Richter, Studien zur Geschichte der Psychophysiologie, 2. Skizze, Febr. 1975, S. 7 (unveröffentlichtes Manuskript).

und Bykovschen Schule, unter medizinisch-klinischem Aspekt die wissenschaftliche Arbeit auf dem Gebiet der kortiko-viszeralen Physiologie, Pathologie und Therapie auf, die ihm als Basis für die Entwicklung der Konzeption der zerebo-viszeralen Regulationsforschung diente. Das von R. Baumann geleitete Institut blickt auf eine über ein Jahrzehnt bewährte arbeitsteilige Wissenschaftskooperation mit Instituten der Akademie der Wissenschaften der UdSSR und der Akademie der Medizinischen Wissenschaften der UdSSR zurück.

Bahnbrechend für die Entwicklung der Neurowissenschaften, insbesondere der Neurophysiologie der DDR, war die Herausgabe der Werke Pavlovs in sechs Bänden im Jahre 1953 und der Pavlovschen Mittwochkolloquien in drei Bänden sowie weiterer Standardwerke der sowjetischen Neurophysiologie in den folgenden Jahren.

Zur gleichen Zeit erfolgte, vor allem für die Neurophysiologie, eine großzügige Unterstützung durch sowjetische Professoren, die sich besonders auf die von Pickenhain im Berliner Physiologischen Institut geleitete Arbeitsgruppe konzentrierte. Diese Zeit ist mit den Namen Popov, Balakšina, Fedorov verbunden.

Diese und andere sowjetische Wissenschaftler vermittelten vor allem jungen fortschrittlichen Wissenschaftlern der DDR Erkenntnisse und Erfahrungen, namentlich auf dem Gebiet der Physiologie der höheren Nerventätigkeit, und schufen damit die Grundlage, daß die Neurowissenschaftler der DDR heute als gleichberechtigte und gleichwertige Partner in der Problemkommission „Intermozg" mitarbeiten.

Bei der Verteilung der Aufgaben an die in der Problemkommission „Intermozg" vereinten Mitgliedstaaten bzw. -institute wurden die von Dobrov für die effektive Leitung wissenschaftlicher Systeme postulierten Hauptprobleme berücksichtigt:

„1. die bestmögliche Ausnutzung der vorhandenen Material- und Arbeitskräfteressourcen, der Möglichkeiten und Ergebnisse der Wissenschaft;
2. das intensive Anwachsen des wissenschaftlichen Potentials, das in der Lage ist, die Lösung der bevorstehenden Forschungsaufgaben zu gewährleisten;
3. die Wahl und Festlegung der aussichtsreichen Gebiete und Richtungen der wissenschaftlichen Forschungsarbeiten" [15].

Des weiteren wurde jene Organisationsform des Netzes der wissenschaftlichen Einrichtungen der Akademien sozialistischer Länder gewählt, durch die die Effektivität der wissenschaftlichen Prozesse wesentlich erhöht wird und die von Dobrov wie folgt charakterisiert werden:

„– Annäherung der Forschungsziele an die aktuellen Bedürfnisse der gesellschaftlichen Praxis, beschleunigte Ausnutzung der wissenschaftlichen Ergebnisse;
– engere Verbindungen in der einheitlichen Kette: Grundlagenforschungen – angewandte Entwicklungsarbeiten – Ausbildung von Spezialisten;
– ein höheres Niveau der komplexen Anstrengungen von Spezialisten verschiedener Fachrichtungen für die Realisierung der gemeinsamen wissenschaftlichen Perspektivprogramme;
– erweiterte Möglichkeiten, um begabte Menschen auszuwählen und sie zur wissenschaftlichen Arbeit heranzuziehen;
– günstigere Bedingungen für schöpferische Kontakte und Wechselwirkungen

[15] Autorenkollektiv, Leitung der Wissenschaft. Wiss. Red. G. M. Dobrov, Berlin 1974, S. 11.

der Wissenschaftler untereinander angesichts des spezifischen ‚psychologischen Klimas'.“[16]

Im Mittelpunkt der Forschungsaufgaben der Problemkommission „Intermozg“ steht die Bearbeitung von 10 Themenkomplexen, wobei die ersten sieben Themenkomplexe sich ausschließlich der Grundlagenforschung zentralnervaler Funktionen, und zwar von der molekularen und zellulären Regulationsebene über die organischen Systembeziehungen bis zum Ganzheitsverhalten bedient. Die drei letzten Themen weisen sowohl Aspekte der Grundlagenforschung als auch Aspekte der angewandten Forschung auf. Das sind die Themenkomplexe experimentelle Neurose, Pharmakologie des Zentralnervensystems und Neurokybernetik.

Drei der 10 Themen werden von Instituten der AdW der UdSSR koordiniert, während die Akademien der VR Bulgarien, der VR Ungarn, der VR Polen, der ČSR, der Slowakei, der Republik Kuba und der DDR für je einen Themenkomplex die Leitfunktion übernehmen. In der DDR wird diese für den Themenkomplex „Neurochemie“ des Gedächtnisses vom Institut für Pharmakologie der Medizinischen Akademie Magdeburg wahrgenommen.

An den in einem Themenkomplex zu lösenden Aufgaben beteiligen sich stets mindestens fünf Einrichtungen verschiedener Länder. Ein nationaler Koordinator vertritt die Interessen seines Landes in einem Themenkomplex und ist für Planung, Berichterstattung und für die Herstellung von Beziehungen zu anderen nationalen und internationalen Einrichtungen verantwortlich. Diese Form der Zusammenarbeit hat sich bis zur Gegenwart bewährt, wobei nicht unerwähnt bleiben kann, daß es zunächst manche Schwierigkeiten gab, die auch bis jetzt noch nicht alle überwunden werden konnten. Ein großes Problem war und ist der Informationsfluß innerhalb eines Themenkomplexes, zwischen den einzelnen Themenkomplexen sowie zwischen den einzelnen Themenkomplexen und der Leitung der Problemkommission. Die zunehmend immer stärker werdenden persönlichen Verbindungen der Vertreter der einzelnen sozialistischen Länder untereinander tragen wesentlich zur Entwicklung und Förderung des Kooperationsprozesses und zur Überwindung bestehender Schwierigkeiten bei.

Eine weitere Frage ist die gemeinsame Nutzung der technischen Ausrüstung der in der Problemkommission „Intermozg“ vereinigten Institute.

Zur Überwindung dieses Problemes soll der Austausch von Wissenschaftlern noch gezielter erfolgen.

Trotz der kurzen Arbeitszeit der Problemkommission „Intermozg“ von drei Jahren konnte auf der diesjährigen Tagung in Pecs über wertvolle Ergebnisse berichtet werden.

Es wurden von im „Intermozg“ vereinigten Instituten in diesem Jahr bereits 72 wissenschaftliche Arbeiten von hoher Qualität publiziert, an denen jeweils Wissenschaftler aus mindestens zwei Ländern beteiligt sind. Insgesamt wurden bzw. werden in diesem Jahr 13 international bedeutende wissenschaftliche Tagungen auf dem Gebiete der Neurowissenschaften von „Intermozg“ durchgeführt.

Ende November findet in Berlin ein Symposium über experimentelle Neurose statt, für das sich bereits über 20 hervorragende Wissenschaftler der UdSSR und anderer sozialistischer Länder angemeldet haben.

[16] Ebenda, S. 177.

Die Praxiswirksamkeit von „Intermozg" ist zur Zeit noch zu gering. Um diesen Prozeß zu forcieren, wurden auf der diesjährigen Tagung in Pecs drei Themenkomplexe als besonders zu fördernde festgelegt, und zwar die Themenkomplexe:
– Experimentelle Neurose,
– Pharmakologie des Zentralnervensystems und
– Neurokybernetik.

Besonders bewährt hat sich die Zusammenarbeit in den Arbeitsgruppen der einzelnen Themenkomplexe. Die Arbeitsgruppe des Themenkomplexes experimentelle Neurose, die von Prof. Bustamante (AdW Kuba) koordiniert wird und zu der auch Abteilungen unseres Zentralinstituts gehören, tritt einmal jährlich zusammen. Hier werden neben Planabstimmungen und Ergebniskontrollen vor allem wissenschaftliche Ergebnisse diskutiert, analysiert und synthetisiert. Auf die Synthese der in den verschiedenen wissenschaftlichen Einrichtungen der Akademien sozialistischer Länder erzielten Resultate wird besonderer Wert gelegt, weil dadurch neue wissenschaftliche Erkenntnisse gewonnen werden, die bei isoliertem Vorgehen der einzelnen Institute niemals zu erreichen sind.

Des weiteren werden theoretische Probleme diskutiert. So stand im vergangenen Jahr in Havanna der Neurosebegriff im Mittelpunkt eines leidenschaftlich geführten Meinungsstreites, der in diesem Jahr auf dem Berliner Neurosesymposium fortgesetzt wird. Die diesjährige Sitzung der Arbeitsgruppe des Themenkomplexes „Experimentelle Neurose" widmete sich besonders Fragen der primären Prävention der Neurose und der Bedeutung der emotionellen Streßfaktoren der Umwelt in der postnatalen Ontogenese für die Entstehung, Entwicklung und Verhinderung neurotischer Erkrankungen. Die in der Diskussion gewonnenen Erkenntnisse fanden in der international abgestimmten Planung 1976 bis 1980 ihren Niederschlag. Die von Jahr zu Jahr wachsende internationale Autorität der Problemkommission „Intermozg" zeichnete sich in vielfacher Weise ab und kommt u. a. darin zum Ausdruck, daß der Koordinator des Themenkomplexes „Experimentelle Neurose", Prof. Bustamante, in diesem Jahr zum Präsidenten der psychiatrischen Gesellschaft von Lateinamerika (Mittel- und Südamerika) gewählt wurde. Damit wird die Einflußsphäre der Problemkommission „Intermozg" erheblich erweitert. Wenn im nächsten Jahr die Arbeitsgruppe „Experimentelle Neurose" in Havanna ihre Tagung durchführt, so werden die Präsidenten der nationalen psychiatrischen Gesellschaften Lateinamerikas an ausgewählten Veranstaltungen als Beobachter teilnehmen. Daraus erwächst dieser Arbeitsgruppe in wissenschaftlicher Hinsicht eine besonders hohe Verantwortung. Hier können vor einem Gremium von Vertretern solcher Länder, in denen die Arbeiterklasse noch außerordentlich stark ausgebeutet und unterdrückt wird, die Vorzüge der entwickelten sozialistischen Gesellschaft an konkreten Beispielen demonstriert werden. Das ist besonders auch deshalb von Bedeutung, weil zwischen sozialem Milieu und bestimmten psychonervalen Erkrankungen Korrelationen bestehen.

So wies z. B. Kringlen nach, daß die Schizophrenie dort am häufigsten ist, wo das soziale Milieu für den Menschen unerträglich ist, in den nord- und südamerikanischen Slums. Kringlen gab dazu folgende Einschätzung: „Je niedriger die gesellschaftliche Einstufung eines Menschen ist, umso mehr finanzielle Schwierigkeiten gibt es, umso kleiner sind Wohnungen, umso größer die Existenzangst, durch die wiederum Furcht, Mißtrauen, fatalistische Auffassungen ausgelöst werden. Alles das sind Grundlagen, für die Erkrankungen der geistigen Prozesse."[17] Dieser norwegische Psychiater führte weiterhin aus, daß die beste Prävention gegen Geisteskrankheiten, wie die Schizophrenie, in der sozialen Sicherheit und in geschützten Arbeitsbedingungen liegt.

Daraus erklärt sich, daß der Psychiater im gesellschaftlichen Leben dieser Länder eine weitaus größere Rolle spielt als bei uns.

An diesem Beispiel wird erkennbar, daß die im „Intermozg" vereinigten Wissenschaftler in Theorie und Praxis die Einheit von Natur- und Gesellschaftswissenschaften und somit auch die Einheit von Politik und Wissenschaft gewährleisten müssen. Da die in der Problemkommission „Intermozg" tätigen Vertreter der Akademien sozialistischer Länder bereits ein gutentwickeltes Kollektiv repräsentieren, ist die Voraussetzung dafür gegeben, die erfolgreich begonnene Gemeinschaftsarbeit fortzusetzen. Die Stellung der neurowissenschaftlichen Einrichtungen der DDR in der Problemkommission „Intermozg" ist bis 1980 fest umrissen und vertraglich festgelegt. Jeder Themenkomplex wird auf der Grundlage konkreter Arbeitspläne realisiert.

Die Wissenschaftler der UdSSR und der anderen sozialistischen Länder stellen hohe Anforderungen an die Neurowissenschaftler der DDR. Deshalb wurde der Beschluß des Präsidiums der Akademie der Wissenschaften der DDR, ein Institut für Neurowissenschaften zu gründen, sehr begrüßt und jegliche Unterstützung beim Aufbau dieser wissenschaftlichen Einrichtung zugesichert.

[17] E. Kringlen, Research findings in schizophrenia implication for prevention. Vortrag auf dem XVII. Internationalen Kongreß für angewandte Psychologie in Liége (Belgien) 1971.

Horst Peschel

Entwicklung und Perspektive der geowissenschaftlichen Forschungskooperation

Die Geowissenschaften mit ihren zahlreichen Spezialdisziplinen erforschen den Planeten Erde als Lebensraum des Menschen mit der Zielstellung, aus Kenntnis über den Aufbau der Erde, ihre Form und Größe, ihre physikalischen Felder und ihr Verhalten im kosmischen Raum konkrete Angaben für die Nutzung ihrer Ressourcen zur Befriedigung der Bedürfnisse der menschlichen Gesellschaft ableiten zu können. Es handelt sich um eine globale Aufgabenstellung, die nur durch breite internationale Zusammenarbeit lösbar ist, denn die Beobachtungsdaten müssen von möglichst gleichmäßig über die ganze Erde verteilten Observatorien gewonnen werden. Die Geowissenschaften verfügen somit bei ihren Forschungsarbeiten über ein großräumiges Experimentierfeld.

Entsprechend diesem Ziel waren die Geodäten gezwungen, zur Bestimmung von Form und Größe der Erde schon frühzeitig die internationale Kooperation aufzunehmen. Hauptinitiator dieser geodätischen Zusammenarbeit war Johann Jakob Baeyer, der 1862 in Berlin die Internationale Kommission für Erdmessung gründete und das Zentralbüro dieser wissenschaftlichen Vereinigung einrichtete. Sein Nachfolger Prof. Dr. Helmert, Mitglied unserer Akademie, verbreiterte ihre wissenschaftliche Basis durch Einbeziehung der Geophysik und entwickelte das Geodätische Institut in Potsdam zum internationalen Zentrum der geowissenschaftlichen Forschung. Ende des vorigen Jahrhunderts hatte sich die multilaterale geodätische und geophysikalische Zusammenarbeit, an der auch die russischen Wissenschaftler intensiv mitwirkten, stabilisiert und zu Ergebnissen über die Form des Erdkörpers sowie über das Normalfeld der Schwerkraft geführt, die in den damaligen Genauigkeitsgrenzen heute noch gültig sind.

Die vom deutschen Imperialismus ausgelösten zwei Weltkriege zerstörten diese erfolgreiche internationale Kooperation. Zwischenzeitlich war über die Baltische Geodätische Kommission eine regionale Forschungsarbeit der Geowissenschaftler aus den Ostseeanliegerstaaten entstanden, an der sich die deutschen und sowjetischen Geodäten, vor allem Prof. Krasovskij, mit hervorragenden Arbeiten beteiligt hatten.

Nach dem Zusammenbruch der faschistischen Gewaltherrschaft Hitlerdeutschlands zeigten sich Anzeichen neuen wissenschaftlichen Lebens mit der Wiederbelebung der Internationalen Union für Geodäsie und Geophysik, Nachfolgeorganisation der Internationalen Erdmessungskommission, die 1953 das erste weltweite geophysikalische Programm für das Geophysikalische Jahr 1957/58 erarbeitete. Sowjetische Wissenschaftler traten 1955 an den Direktor des Meteorologisch-Hydrologischen

Dienstes der DDR, Prof. Philipps, heran und forderten die Geowissenschaften der DDR zur Mitarbeit in der europäisch-asiatischen Region auf. Das Präsidium unserer Akademie beschloß Mitte 1956 die Bildung des Nationalen Komitees der DDR für das Geophysikalische Jahr und beauftragte den Vizepräsidenten Prof. Ertel mit seiner Leitung. Am 3. Juli 1956 begann die Zusammenarbeit mit der Akademie der Wissenschaften der UdSSR an diesem weltweiten Programm, an dem neben sechs Instituten unserer Akademie zwölf wissenschaftliche Einrichtungen des Meteorologisch-Hydrologischen Dienstes sowie drei Hochschulinstitute der DDR beteiligt waren. Nach konkreten, mit der sowjetischen Seite abgestimmten Arbeitsplänen wurden die gemeinsamen Forschungen in Angriff genommen, deren Ergebnisse 1960 und 1963 während der Generalversammlungen der IUGG in Helsinki und Berkeley vorgelegt wurden und große internationale Anerkennung fanden.

Die bei der Gemeinschaftsarbeit im Internationalen Geophysikalischen Jahr gesammelten Erfahrungen zeigten, daß die Zusammenfassung des wissenschaftlichen Potentials der beteiligten Länder zu besseren Erfolgen der geowissenschaftlichen Forschungen führt und es notwendig ist, die internationale geophysikalische Kooperation fortzusetzen. Wissenschaftspolitisch unterstützte sie dabei das Anliegen, die Mitgliedschaft der DDR in der IUGG gegen den Alleinvertretungsanspruch der BRD durchzusetzen. Der 1959 gebildete Landesausschuß für Geodäsie und Geophysik der DDR bei der AdW, unter Leitung von Prof. Meisser, war unsere Vertretung für diese Zielstellung. 1962 wurde dieser Landesausschuß mit dem Nationalen Komitee für die Internationale Geophysikalische Kooperation zum Nationalkomitee für Geodäsie und Geophysik (NKGG) fusioniert unter seinem Präsidenten Prof. Philipps.

Damit sind in wenigen Sätzen die Etappen skizziert, über die das organisatorische Fundament für unsere geowissenschaftliche Zusammenarbeit mit der UdSSR und den anderen sozialistischen Ländern geschaffen wurde. Dabei war es in der DDR gelungen, im NKGG bei der AdW alle geowissenschaftlichen Einrichtungen der Akademie, des Hochschulwesens, des Meteorologischen Dienstes, der Wasserwirtschaft, des Geodätischen Dienstes und des Staatssekretariats für Geologie zu erfassen. Über spezielle Kommissionen und Fachgruppen entsprechend den Interunionskommissionen und den internationalen Assoziationen bei der IUGG, über zeitweilige Arbeitsgruppen für internationale Forschungsprogramme (UMP, IQSY, IHD, WMS) sowie mit den Referaten Expeditionen, Publikationen und Weltdatenaustausch gelang es, die nationalen Forschungsaufgaben mit den internationalen Zielstellungen zu koordinieren und ein Optimum an wissenschaftlichen Ergebnissen sowohl für unsere Volkswirtschaft als auch für die Weiterentwicklung der Geowissenschaften in der DDR zu erzielen und internationale Anerkennung zu erringen.

Zur Festigung der bi- und multilateralen geowissenschaftlichen Zusammenarbeit ergriff 1965 die Akademie der Wissenschaften der UdSSR die Initiative und beantragte bei der Beratung der Akademien sozialistischer Länder die Bildung einer Problemkommission „Planetare Geophysikalische Forschungen" (KAPG) für die multilaterale Zusammenarbeit. Sie wurde 1966 in Leipzig gegründet mit dem sowjetischen Wissenschaftler Prof. Bulanže als Vorsitzenden. Dem Büro gehörten u. a. Prof. Lauter als Stellvertreter des Vorsitzenden und Dr. Rotter als Leiter der Redaktionsgruppe an. Mit 9 Unterkommissionen und 45 Arbeitsgruppen wurde die breite Palette der gemeinsamen Forschungen nach konkreten Jahresarbeitsplänen, festgelegten Maßnahmen und gezielten Spezialistenaustauschen koordiniert und erfolgreich bearbeitet.

Im kommenden Jahr blickt die KAPG auf eine 10jährige Gemeinschaftsarbeit zurück und wird deshalb die XI. Arbeitstagung mit einem wissenschaftlichen Symposium „Natürliche und anthropogene Veränderungen der geophysikalischen Umweltbedingungen" wieder in Leipzig abhalten. In diesen 10 Jahren sind viele international bedeutende Erfolge der wissenschaftlichen Kooperation erzielt worden. Die stärksten Impulse dazu sind von den Wissenschaftlern der UdSSR und der DDR ausgegangen. In der letzten Zeit haben auch die Geowissenschaftler der ČSSR große Aktivität gezeigt.

Nur einige der wichtigsten Ergebnisse seien genannt:

Die in Verbindung mit dem UMP durchgeführten tiefenseismischen Profilmessungen von der UdSSR bis an die Westgrenze der DDR haben neue Erkenntnisse über die geotektonische Struktur in Mittel- und Osteuropa gebracht, wie sie in dieser Qualität und Größenordnung erstmalig in internationaler Gemeinschaftsarbeit erarbeitet wurden.

Ein anderes einmaliges Ergebnis ist die Karte der vertikalen rezenten Erdkrustenbewegungen in Osteuropa, die 1971 bei der XV. Generalversammlung der IUGG vorgelegt werden konnte. Sie wurde durch Zusammenarbeit mit den Geodätischen Diensten der sozialistischen Länder geschaffen, unter Mitwirkung der Arbeitsgruppen der KAPG-Unterkommission 3 und der Nationalkomitees für Geodäsie und Geophysik der beteiligten RGW-Staaten. Im Rahmen der Unterkommission 2 wurden regionale Untersuchungen von Substorm-Feldern durchgeführt und äquivalente Stromsysteme in der Hochatmosphäre abgeleitet.

Die Standardisierung seismischer Geräte und Verfahren, die geomagnetischen Verbindungsmessungen, das gravimetrische Eichpolygon, die hydrologischen Gemeinschaftsarbeiten im Rahmen des IHD, die Zusammenarbeit während des IGJ und des IQSY, die gemeinsamen Untersuchungen des Ozongehalts sind weitere Erfolge der Kooperation, mit denen die Geowissenschaftler der sozialistischen Länder das internationale wissenschaftliche Niveau in einigen Spezialdisziplinen bestimmt haben.

Seit 1966 festigte sich die internationale geowissenschaftliche Kooperation der sozialistischen Länder, deren tragende Säule die Zusammenarbeit der Akademien der Wissenschaften der UdSSR und der DDR ist. Dabei konnte die sozialistische Integration in den Geowissenschaften bereits weitgehend verwirklicht werden, obwohl die Arbeitsteilung zur beschleunigten Lösung der Forschungsprobleme sich noch nicht ausreichend entwickelt hat. In dieser Hinsicht wurden in der letzten Zeit die Anstrengungen verstärkt, denn die geowissenschaftlichen Potentiale der KAPG-Teilnehmerländer können durch straffe Koordinierung arbeitsteilig gelöster Teilprobleme noch viel besser genutzt werden. Dabei haben sich Arbeitsvereinbarungen in bilateraler Form zwischen den beteiligten Instituten bewährt.

Zur Zeit sind in der DDR fünf Akademieinstitute, davon drei Zentralinstitute, Forschungsinstitutionen aus sechs Hochschulen, des Meteorologischen Dienstes, der Wasserwirtschaft und aus drei VEB an der geowissenschaftlichen Forschungskooperation beteiligt. Aus der UdSSR sind es 46 wissenschaftliche Einrichtungen, darunter 26 Institute der AdW der UdSSR, vier Hochschulinstitute sowie weitere vier Forschungsstellen für Geodäsie, Geophysik, Hydrologie und geologische Prospektion. Zwischen einigen dieser Forschungseinrichtungen bestehen bereits bilaterale Vereinbarungen, die ihre Zweckmäßigkeit bewiesen haben. Als Beispiel sei genannt die zwischen unserem Zentralinstitut für Physik der Erde und dem sowjetischen Institut für Physik der Erde vereinbarte Zusammenarbeit zu den Themen Hochdruckphysik, Physik und Chemie des Erdinnern sowie Entwicklung geophysikalischer Geräte. Auch das Šternberg-Institut der Moskauer Staatlichen Universität hat mit dem Lohrmann-Observatorium der TU Dresden 1972 eine solche Arbeitsvereinbarung abgeschlossen, um gemeinsam Probleme der Polbewegung sowie der Positionsbestimmung großer Planeten für die Zwecke der Raumfahrt zu lösen, zumal die Arbeit der KAPG-Arbeitsgruppe 6.8. zu ähnlicher Problematik erst anläuft.

Die Planung der multilateralen Zusammenarbeit erfolgt in zwei Etappen als 5-Jahresplan und als Jahrespläne, die seit 1975 zu Zweijahresplänen modifiziert werden. Eine Expertengruppe der KAPG unter Leitung von Prof. Rotter, Rektor der Bergakademie Freiberg, hat in den zurückliegenden zwei Jahren eine Prognose zur „Physik der festen Erde" erarbeitet, die als Grundlage für den 5-Jahresplanvorschlag 1976–80 dient. Analoge Prognosen werden auch für Hydrosphäre und Atmosphäre erarbeitet, um sie interdisziplinär für die komplexe Forschung nutzen zu können. Selbstverständlich stützen sich diese Ausarbeitungen auf bereits vorliegende Prognosen und auf den internationalen Trend in der Weiterentwicklung der Geowissenschaften. Sie sind notwendig, um langfristig die erforderlichen Kapazitäten zur Lösung der Forschungsaufgaben aufbauen und vorbereiten zu können unter Berücksichtigung der nationalen volkswirtschaftlichen Interessen und Bedürfnisse.

Die Kontrolle über die Realisierung der Arbeitspläne erfolgt durch die jährliche Berichterstattung der multilateralen Koordinatoren – von acht Unterkommissionen der KAPG werden drei von der UdSSR und eine von der DDR geleitet –, am intensivsten wird jedoch die Planerfüllung durch die Vorlage und Diskussion der Ergebnisse während der wissenschaftlichen Symposien der Arbeitsgruppen und ihre anschließende Publikation überprüft. Die vom NKGG unserer AdW herausgegebene Schriftenreihe ist dabei ein wertvolles Mittel zur Propagierung der in sozialistischer Gemeinschaftsarbeit erzielten Ergebnisse und zur ständigen Aktivierung der Kooperation.

Neben diesen territorialen Kontakten zwischen den Akademien der UdSSR und der DDR im Rahmen der KAPG besteht in der Antarktis eine ganz ausgezeichnete Zusammenarbeit. Seit 1955 nehmen Geowissenschaftler der DDR an den sowjetischen Antarktisexpeditionen teil. Über das Arktische und Antarktische Forschungsinstitut der UdSSR in Leningrad und die Antarktische Kommission in Moskau werden jährlich die Arbeitspläne der DDR-Delegationen abgestimmt und die Verträge für den Transport der Expeditionsausrüstungen sowie die Schiffsreisen der Wissenschaftler in die Antarktis, für die dortige Stationierung und die materielle Sicherung der Forschungsarbeiten abgeschlossen. Von den DDR-Wissenschaftlern wurden in den zurückliegenden 20 Jahren Ergebnisse in der Antarktisforschung erzielt, die hohe Anerkennung sowohl seitens der sowjetischen Partner als auch im internationalen Rahmen gefunden haben. So konnten z. B. in der Station Vostok, in der Nähe des Kältepols, unter schwierigsten Bedingungen astronomische Präzisionsmessungen und Erdgezeitenbeobachtungen ausgeführt werden, die erstmalig konkrete Werte für die Bewegung der Eiskuppel der Antarktis erbrachten. Dabei muß die ständige wissenschaftliche und psychologische Unterstützung unserer Wissenschaftler durch die sowjetischen Kollegen besonders hervorgehoben werden, für die wir ihnen großen Dank schuldig sind.

Schätzen wir aus unserer Sicht die geowissenschaftliche Kooperation zwischen den Akademien der UdSSR und der DDR ein, so können wir feststellen, daß sie sich über 20 Jahre hinweg kontinuierlich entwickelt hat. Dabei wurden die Impulse beidseitig ausgelöst. Infolge der um ein Vielfaches größeren Kapazität der sowjetischen Forschung liegen die meisten Koordinierungsfunktionen bei den Wissenschaftlern der UdSSR, ohne jedoch die gleichberechtigte Mitarbeit unserer Wissenschaftler einzuengen. Jedoch muß die Arbeitsteilung noch konkreter gestaltet werden, denn sie erhöht die Effektivität der gemeinsamen Forschung wesentlich. Zur Physik der festen Erde, speziell zu der Arbeit der KAPG-Unterkommissionen 1 und 4, wurden unsererseits in dieser Richtung konkrete Vorschläge unterbreitet, deren Realisierung die Komplexität der Forschungen erhöhen, die theoretischen Grundlagen verbreitern sowie die Interpretation der Ergebnisse zur Festlegung des Trends der künftigen Forschungsarbeit verbessern wird, immer unter Beachtung der Dynamik der Wissenschaftsentwicklung.

Internationale Zusammenarbeit auf geowissenschaftlichen Gebieten erfolgt auch über den RGW, über Konferenzen der Geodätischen oder Meteorologischen Dienste und der Wasserwirtschaftsdirektionen. Durch Querverbindungen der KAPG zu diesen Gremien kann gesichert werden, daß keine Doppelarbeiten erfolgen und Effektivitätsverluste vermieden werden. Diese Verbindungen haben im Laufe der Zeit zu Veränderungen innerhalb der KAPG geführt.

Es muß besonders hervorgehoben werden, daß die Zusammenarbeit, wie sie über die Problemkommission KAPG koordiniert wird, zur Zeit die optimale Form der Kooperation unserer Akademien darstellt, die es ständig weiter auszubauen und zu verbessern gilt. In ihrem Rahmen sind zugleich beste Voraussetzungen für die interdisziplinäre Gemeinschaftsarbeit der geodätischen und geophysikalischen Spezialgebiete gegeben, ohne daß diese Möglichkeiten bisher voll genutzt werden. Im nächsten Jahr wird in der Sowjetunion ein gemeinsames Symposium von vier Unterkommissionen der festen Erde stattfinden, das einen Schritt vorwärts in der interdisziplinären Arbeit bedeutet. Als Ergebnis dieses Symposiums werden Vorschläge für globale Forschungsprogramme erwartet, die dann gemeinsam der IUGG unterbreitet werden.

Auf diese Weise kann die wissenschaftspolitische Kraft der sozialistischen Staatengemeinschaft in nichtstaatlichen wissenschaftlichen Unionen, vor allem im ICSU und in der IUGG mit ihren sieben Assoziationen verstärkt werden. Der jetzige Zustand der Verteilung von Leitungsfunktionen in diesen Organisationen entspricht keineswegs der Größe des wissenschaftlichen Potentials des sozialistischen Lagers. Die internationale Kooperation mit herausragenden Leistungen zu vertiefen, die Kontinuität der Mitarbeit unserer Spitzenwissenschaftler in diesen Gremien zu verbessern, ihre politische Verantwortlichkeit herauszubilden, das sind Voraussetzungen für die Verstärkung unseres Einflusses auf die Wissenschaftspolitik globaler Vereinigungen. Um sie zu schaffen, ist noch manche Hürde auch in materieller Hinsicht zu überwinden. Aus diesem Grunde ist es auch unbedingt notwendig, daß wir uns gemeinsam mit den sowjetischen Experten an den geowissenschaftlichen Forschungen im Rahmen der UNESCO in weit größerem Rahmen beteiligen.

Die Perspektiven der geowissenschaftlichen Forschungskooperation mit der AdW der UdSSR und den AdW der anderen sozialistischen Länder beruhen auf der großen Bedeutung der Geowissenschaften für die volkswirtschaftliche Weiterentwicklung der sozialistischen Staatengemeinschaft. Die Nutzung der Ergebnisse der geowissenschaftlichen Forschungen für die Rohstofferkundung auf dem Festland und in den Ozeanen sowie für die Umweltgestaltung ist vorrangig. Deshalb stützt sich unsere Kooperation auf die langfristige Planung der Hauptforschungsrichtungen des Forschungsbereiches Geo- und Kosmoswissenschaften, die in die einzelnen Forschungsrichtungen auch die geowissenschaftlichen Institutionen der Universitäten und Hochschulen einbezieht und für die wissenschaftlichen Einrichtungen des Ministeriums des Innern, des Ministeriums für Umweltschutz und Wasserwirtschaft sowie des Ministeriums für Geologie richtungsweisend ist. Damit wird gesichert, daß diese Kooperation die nationalen Belange jederzeit berücksichtigt.

Der weitere Ausbau der bi- und multilateralen Zusammenarbeit sieht vor, vorhandene Forschungslaboratorien mit modernsten Einrichtungen und unikalen Geräten bei uns, in der UdSSR und in den anderen KAPG-Teilnehmerländern durch langfristige Abordnung von Spezialisten gemeinsam zu nutzen und auf diese Weise Zentren höchster Leistungsfähigkeit, wissenschaftliche Schulen unter der Leitung hervorragender Geowissenschaftler zu schaffen. In weiter Sicht ist an die Errichtung eigener KAPG-Laboratorien gedacht zur Bearbeitung geowissenschaftlicher Forschungsprobleme, deren Lösung die Kapazität eines einzelnen Teilnehmerlandes übersteigt.

Im Rahmen der Veranstaltungen anläßlich der 275-Jahr-Feier unserer Akademie haben die Geowissenschaftler 1975 bereits mehrere wissenschaftliche Symposien und Seminare veranstaltet, von denen starke Impulse zu verstärkter theoretischer Forschung, zur interdisziplinären Interpretation und zur umfassenden Verarbeitung geophysikalischer Daten ausgegangen sind. Dazu gehört auch die Aktivierung des WDC B in Moskau und die breitere Nutzung der dort gespeicherten Informationen für unsere Arbeiten.

Es hat sich gezeigt, daß die Schulen oder Seminare unter Teilnahme der besten Spezialisten aus den sozialistischen Ländern den jüngeren Wissenschaftlern wertvolle Anregungen, auch direkte Anleitungen für ihre Arbeit gegeben haben, so daß diese Form der Kooperation in den kommenden Jahren planmäßig erweitert wird. Die wichtigste Erkenntnis aus den zurückliegenden Erfahrungen der geowissenschaftlichen Kooperation ist, daß sich die Zusammenarbeit kontinuierlich auf der Basis konkreter Arbeitsplätze zu vollziehen hat. Dabei müssen klare Vorstellungen über die wissenschaftliche Leistungsfähigkeit der mitarbeitenden Institute in den kooperierenden Ländern bestehen. Außerdem hat sich gezeigt, daß dort, wo die Verantwortlichkeit für die Koordinierung der arbeitsteiligen Leistungen nicht nur für das Land festgelegt wird, sondern Institut und Themenleiter konkret benannt werden, die besten Ergebnisse termingerecht erzielt werden. Die multilaterale Zusammenarbeit der Geowissenschaftler, wie sie von den Akademien der Wissenschaften der UdSSR, der DDR und der anderen sozialistischen Länder organisiert worden ist, hat mit ihren Ergebnissen großen Anteil an der Weiterentwicklung der Geowissenschaften. Es ist keine leichte Arbeit, sie verlangt hohen Einsatz, viel Geduld und Verständnis bei auftretenden Hemmnissen, ihre Erfolge sind aber der Lohn für die organisatorischen Mühen!

Das NKGG der DDR als koordinierendes Organ dieser internationalen sozialistischen Gemeinschaftsarbeit mit seinen etwa 130 Wissenschaftlern sieht den Schwerpunkt seiner Arbeit im weiteren Ausbau und in der Vertiefung der geowissenschaftlichen Kooperation, um ihre Effektivität noch wesentlich zu steigern.

Karl-Bernhard Jubitz, Aleksandr L. Janšin

Zur gemeinsamen Forschungsarbeit von Geologen der DDR und UdSSR auf dem Gebiet der theoretischen Tektonik, speziell vergleichend-regionaltektonischer Untersuchungen (Mitteleuropa, Ural, Tjan'-Šan')[1]

Vorbemerkungen

Die gemeinsam geologisch-tektonischen Forschungen der Akademien der Wissenschaften der DDR und UdSSR entwickeln sich zunehmend als Vorlaufforschung und damit als Beitrag zur theoretischen Basis für den Prozeß der Lagerstättenprognose, Suche und Erkundung nutzbarer mineralischer Rohstoffe der Geologischen Industrie beider Länder.

Die auf traditionellen Wurzeln beruhende und früher von einzelnen Forscherpersönlichkeiten beider Länder getragene Kooperation ist heute zum integrierenden Bestandteil gemeinsamer Forschungsarbeiten geworden, deren Spezifik – Vergleich geologisch-tektonischer Strukturen im Hinblick auf die Ableitung prinzipieller Strukturprozesse bei der Entwicklung der Erdkruste und damit der Lagerstättenbildung – unter den Bedingungen der entwickelten sozialistischen Gesellschaft neue Maßstäbe setzt, zugleich aber auch neue Formen bedingt.

In diesem Sinne soll der vorliegende Kurzbeitrag, gesehen vom allgemeinen wissenschaftstheoretischen Aspekt, einige Fragen der Systematik und damit auch notwendigen Langfristigkeit bei der Entwicklung der bi- und multilateralen Beziehungen skizzieren, die sich in ihrer Grundproblematik nur wenig von der analogen Entwicklung benachbarter Forschungsdisziplinen unterscheiden, jedoch die Spezifik geowissenschaftlicher Forschung charakterisieren.

1. Zur Grundproblematik und Zielfunktion gemeinsamer geotektonischer Forschungen

Über vergleichend-regionaltektonische Forschungen entwickelt sich die Geotektonik zunehmend als integrierende Disziplin der Geologischen Wissenschaften. Ziel ist die Ableitung allgemeiner *Gesetzmäßigkeiten* der Entstehung, Bildung und Entwicklung der Erdkruste sowie ihrer Strukturen nach Raum und Zeit.[2] Denn

[1] Verallgemeinerte Kurzfassung: K.-B. Jubitz, A. L. Janšin, Die gemeinsamen Arbeiten von Geologen der DDR und UdSSR auf dem Gebiet der theoretischen Tektonik und die Perspektiven ihrer Weiterentwicklung. In: 2. Geol. Wiss., 4, 1, S.49–58, Berlin 1976.

[2] G. D. Ashgirei, Strukturgeologie. 572 S., 369 Abb., 22 Taf., 1062 Lit., Berlin 1963 (Wiss. Redaktion: P. Bankwitz, R. Benek, K.-B. Jubitz, E. Schroeder und G. Möbus).

die Kenntnis des tektonischen Regimes der Erdkruste in Gegenwart und geologischer Vergangenheit ist heute eine der entscheidenden theoretischen Grundlagen des Geowissenschaftlers für die Klärung lagerstättengenetischer Beziehungen und damit letztlich für die Rohstoffprognose, -suche und -erkundung.[3] Theoretisches Denken und praktisches Umsetzen bilden hierbei eine dialektische Einheit.

Dabei ist vom wissenschaftstheoretischen Standpunkt zu beachten, daß die Entwicklung der Geologie während der letzten Jahrzehnte durch den Nachweis von *Raum-Zeit-Inhomogenitäten* aller geologischen Prozesse, einschließlich der tektonischen, gekennzeichnet wird. Sicher nachgewiesen ist hierbei einerseits die qualitative Evolution dieser Prozesse und der durch sie gebildeten Strukturen in der Erdgeschichte. Andererseits ist bekannt, daß sich Prozesse annähernd gleichen Alters und gleichen Typs im Charakter der von diesen gebildeten geologischen Strukturen in verschiedenen Gebieten der Erde erheblich unterscheiden können.[4]

Voraussetzung für den Nachweis von Rauminhomogenitäten tektonischer Prozesse sind entsprechend große Vergleichsgebiete der kontinentalen Kruste.[5]

Unter diesem generellen Aspekt der räumlichen Inhomogenität tektonischer Prozesse gleichen Typs und gleichen Alters entwickelten sich, langfristig gesehen, die gemeinsamen tektonischen Forschungen der Akademien der Wissenschaften der UdSSR und der DDR zunächst im Gebiet der Tafeln, d. h. geologischer Struktureinheiten mit einem stark deformierten Fundament und einem darüber liegenden schwach dislozierten Deckgebirge (Osteuropäische Tafel, Sibirische Tafel, Westeuropäische Tafel).[6] Später erfolgten in einer fortgeschrittenen Etappe Untersuchungen zum Vergleich der variszischen Tektogene Mitteleuropas und verschiedener Gebiete der UdSSR (Südural, Tom'-Kolyvan'-Zone bei Novosibirsk, Süd-Tjan'-Šan').

Der *Lösungsweg* derartiger tektonischer Komplexforschungen basiert auf Analogie- und Homologievergleichen; er beinhaltet nicht nur die Entwicklung regionaler Modelle der Krustenentwicklung, sondern setzt ein hohes Maß an methodischen Erfahrungen sowie – sicher noch wichtiger – gleichgerichtetem methodologischem Denken im Sinne tektonischer Schulen voraus.

Eine derartige wissenschaftliche Zusammenarbeit auf dem Gebiet der geologisch-tektonischen *Grundlagenforschung* bedarf daher eines etappenmäßigen, sehr systematischen Aufbaues, der – selbst wenn wir ihn zeitgeschichtlich betrachten – sehr weitreichende historische Wurzeln in der Verbindung beider Partnerländer hat.

[3] A. L. Janšin, V. E. Chain, M. V. Muratov, Regionalbau und Entwicklungsgesetze Eurasiens. Fortschr. sowjet. Geol. 8, 127 S., Berlin 1968.

[4] V. E. Chain, Über die gegenwärtige Situation in der theoretischen Geotektonik und zu den daraus resultierenden Aufgaben. In: Stockwerkbau und Felderteilung. Symposium 25 Jahre geotektonische Forschung an der Akademie der Wissenschaften der DDR. Veröff. Zentralinst. Phys. der Erde AdW DDR 14, 1, S. 35–50, Potsdam 1973.

[5] R. G. Gareckij, Tektonik der jungen Tafeln Eurasiens. Geol. Inst. AdW UdSSR, Trudy 226, 300 S., Moskva 1972 (russ.).

[6] A. L. Janšin, Tafeln und Randsenken Eurasiens. In: Ber. deutsch. Ges. geol. Wiss., A (Geol. Paläont.) 12, 1/2, S. 65–77, Berlin 1967. – Über sogenannte weltweite Transgressionen und Regressionen. In: Stockwerkbau und Felderteilung Symposium 25 Jahre geotektonische Forschung an der Akademie der Wissenschaften der DDR. Veröff. Zentralinst. Phys. der Erde AdW DDR 14, 1, S. 23–34, Potsdam 1973.

Hierbei zeigt sich, daß – wissenschaftshistorisch betrachtet – Problemgeschichte, Personengeschichte und Form der jeweiligen Arbeitsbeziehungen als Ausdruck der konkreten gesellschaftlichen Bedingungen unseres Erachtens untrennbar miteinander verbunden sind. Aber gerade diese Einheit ist der Ausdruck einer wissenschaftsgeschichtlichen Entwicklung, insbesondere unter den Bedingungen des Sozialismus.

2. *Zu einigen traditionellen Wurzeln der Gegenwartsbeziehungen gemeinsamer geotektonischer Forschungen (Vorläuferetappe)*

Beide Partner haben eine langfristige wissenschaftliche Tradition auf dem Gebiet der vergleichend-regionalen Tektonik sowie der Geotektonik. Sie bauen ihre Forschungen insbesondere auf den generellen historischen Erfahrungen bekannter Tektonikerschulen beider Länder (N. S. Šatskij, H. Stille, S. v. Bubnoff) auf, die sich in historischer Hinsicht prinzipiell gleich, im einzelnen jedoch – zeitlich oft parallel zueinander – unterschiedlich entwickelten. Charakteristisch ist hierbei die Herausarbeitung von geologischen Denkmodellen eines Zeit-Raum-Bildes (tektonische Phasenlehre H. Stilles), eines Stoff-Raum-Bildes (Formationen von N. S. Šatskij) und eines Zeit-Raum-Stoff-Bildes (Zyklizität S. v. Bubnoffs), die als wissenschaftliche *Problemorientierung* noch heute maßgeblich die wissenschaftlichen Untersuchungen beider Partner auf dem Gebiet der Geotektonik bestimmen.

So wurden schon in dieser Zeit theoretische Probleme erkannt und formuliert, die noch heute wesentliche Kernfragen der vergleichenden Regionaltektonik oder des theoretischen Denkens der Tektoniker beider Länder bilden: die zyklische Gliederung der Osteuropäischen Tafel im Phanerozoikum, die östliche Fortsetzung des Urals, die paläotektonische Entwicklung des Südwest-Randes der Osteuropäischen Tafel im skandinavisch-baltischen Bereich, die Entwicklung Fennosarmatiens u. a. m.

Dabei ist die *Personengeschichte* von der der Problemgeschichte praktisch nicht zu trennen, da gerade die Persönlichkeiten die konkreten Träger der Ideen, Vorstellungen sowie Verbindungen beider Länder sind. Besonders charakteristisch und damit beispielgebend ist in diesem Zusammenhang das Wirken S. v. Bubnoffs, der für sein theoretisches Denken sowie die Entwicklung seines regionalgeologischen Bildes von Europa maßgebliche Impulse durch die Untersuchungen der Osteuropäischen Tafel und der Ural-Variszíden seitens der sowjetischen Geologen erhielt und diese Impulse – das ist wesentlich – in einer ihm spezifischen Form der integrativen Verallgemeinerung (Kompilatorik) zurückgegeben hat.[7] Gerade von sowjetischer Seite wird in diesem Zusammenhang immer wieder die große Bedeutung dieser Arbeiten für die Entwicklung der Tektonik in der UdSSR während des ersten Jahrzehnts der jungen Sowjetmacht unterstrichen.

[7] S. v. Bubnoff, Fennosarmatia. Geologische Analyse des europäischen Kerngebietes. 450 S., 115 Abb., Berlin 1952.

3. *Zur systematischen Vorbereitung gemeinsamer geotektonischer Forschungen (Vorbereitungsetappe)*

Dieser Gesamtprozeß der Entwicklung kooperativer Beziehungen erfolgte ausgesprochen langfristig, denn er setzte – gesehen am Beispiel der Geologen der DDR – bereits Mitte der fünfziger Jahre unter dem direkten Einfluß v. Bubnoffs zunächst als *literarischer Prozeß* ein und formierte sich während der Folgejahre schrittweise, aber sehr konsequent (Abb. 2). So erfolgten z. B. 1958 die Herausgabe der Schriftenreihe „Fortschritte der sowjetischen Geologie" zur Vermittlung grundlegender methodischer und regionaler Arbeiten der UdSSR, darunter Werke von N. S. Šatskij[8], sowie die Bearbeitung von Fachlehrbüchern für die sozialistische Ausbildung an den Hochschulen der DDR[9] (u. a. A. N. Mazarovič[10], G. D. Ažgirej) von großer praktischer Bedeutung für die sprachliche Verständigung der Geologen beider Länder war in diesem Zusammenhang die Herausgabe des Wörterbuches der Geowissenschaften durch H.-J. Teschke.[11] Fachvorlesungen von Geologen der DDR an der Staatlichen Lomonosov-Universität Moskau – darunter auch S. v. Bubnoff – brachten erste persönliche Kontakte.[12]

Auf sowjetischer Seite gaben A. A. Bogdanov und V. E. Chain[13] z. B. die ausgewählten Werke Stilles heraus und förderten hierdurch das Verständnis der sowjetischen Fachkollegen für die wissenschaftlichen Ideen und Grundvorstellungen eines namhaften deutschen Tektonikers.

Etwa ab Mitte der sechziger Jahre wurde eine neue Teiletappe der gegenseitigen

[8] N. S. Šatskij, Vergleichende Tektonik alter Tafeln. Fortschr. sowjet. Geologie 4, 220 S., Berlin 1961.

[9] K.-B. Jubitz, H.-J. Teschke, Schwerpunkte, Wirkungsgrad und Entwicklungstendenzen strukturgeologischer Forschung der UdSSR. In: Oktoberrevolution und Wissenschaft, S. 415–437, Berlin 1967.

[10] A. N. Masarowitsch, Grundlagen der regionalen Geologie der Erdteile. Teil 1 Europa, Teil 2 Asien, Teil 3 Nordamerika. 530 S., 128 Abb., 43 Taf., 96 Lit., Berlin 1958 (Wiss. Redaktion: K.-B. Jubitz, G. Möbus).

[11] H.-J. Teschke, Wörterbuch der Geowissenschaften (russisch-deutsch). 424 S., Berlin 1964. – Wörterbuch der Geowissenschaften (deutsch-russisch). 508 S., Berlin 1968.

[12] K.-B. Jubitz, Gastvorlesung zur Geotektonik an der Geologischen Fakultät der Staatl. Lomonosov-Universität Moskau. In: Spektrum 12, 6, S. 211, Berlin 1966. – Beziehungen zwischen Stoffbestand und Bauformen im Tafeldeckgebirge. Methodische Gesichtspunkte und Probleme moderner tektonischer Grundlagenforschung im germanotypen Deckgebirge junger Tafeln. 20 Jahre Deckgebirgsforschung im Gebiet der DDR. In: Geologie 18, 8, S. 911–945, Berlin 1969. – Zu einigen Aspekten des geowissenschaftlichen Forschungs- und Erkenntnisprozesses unter den Bedingungen der wissenschaftlich-technischen Revolution. In: Ber. deutsch. Ges. geol. Wiss., A (Geol. Paläont.), 16, 3/5, S. 479–502, Berlin 1971. – Zu einigen allgemeinen Aspekten geotektonischer Forschung. – In: Stockwerkbau und Felderteilung. Symposium 25 Jahre geotektonische Forschung an der Akademie der Wissenschaften der DDR. Veröff. Zentralinst. Phys. der Erde AdW DDR 14, S. 17–21, Potsdam 1973.

[13] H.-J. Teschke, Gedanken zur Entwicklung der Zusammenarbeit von Geologen der DDR und UdSSR auf dem Gebiet der tektonischen Grundlagenforschung. In: Geologie 18, 8, S. 946–558, Berlin 1969.

wissenschaftlichen Beziehungen beider Länder mit der Aufnahme systematischer *bilateraler Aktivitäten* eingeleitet. Denn Grundlage aller seit ca. 1963 erfolgenden kollektiven Arbeiten war eine langfristige systematische informative Tätigkeit beider Partner als notwendige Voretappe der späteren bilateralen Kooperation, vor allem durch Vermittelung von geologisch-tektonischem Regionalwissen sowie von methodischem Denken (Durchführung kollektiver geologischer Arbeitsexkursionen in vergleichbare Gebiete alter und junger Tafeln sowie in Tektogenzonen (Faltungszonen): Osteuropäische Tafel mit Donbass, Ural, Sibirische Tafel mit Tom'-Kolyvan'-Zone, Baikaliden, Westeuropäische Tafel mit Varisziden; Abb. 1).[14]

Der besondere Sinn und damit Wert dieser wissenschaftlichen Vorbereitungs-

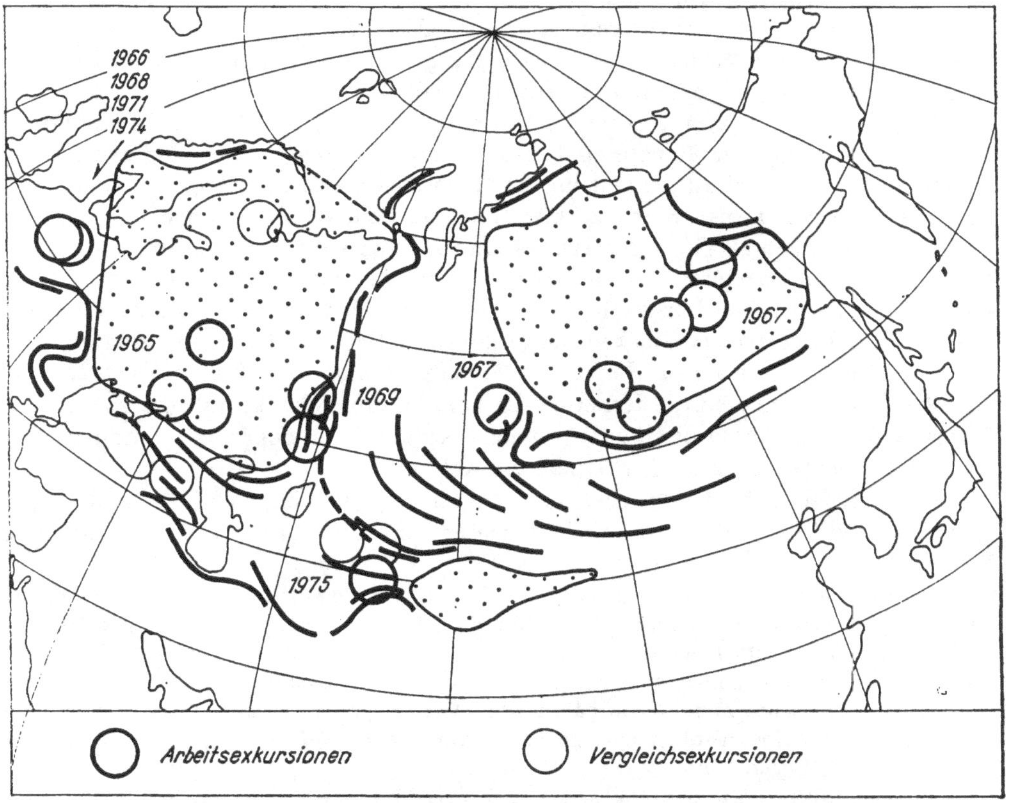

Abb. 1. Schema der im Rahmen vergleichender regionaltektonischer Forschungen durchgeführten Arbeits- und Vergleichsexkursionen im Gebiet der UdSSR sowie der DDR.

Zeichenerklärung: gepunktet – alte Tafeln (Gebiete mit präkambrischer Konsolidation, jüngere Gesteine flachgelagert), dicke Striche – Faltenzonen verschiedenen geologischen Alters (Kaledoniden, Varisziden, Alpiden), Zahlen – Jahresangaben.

[14] K.-B. Jubitz, H.-J. Teschke, Zwischen Moskau, Wolga und Donbass (Geologische Studienexkursion des Geotektonischen Institutes in den europäischen Teil der UdSSR. Sommerschule 1965). In: Spektrum 12, 2, S. 60–64, Berlin 1966.

etappe liegt in einer systematischen Angleichung des regionalen und methodischen Grundwissens beider Partner als Ausgangsbasis für kollektive Grundlagenforschungen während der Folgeetappen. Diese grundlegenden Voraussetzungen zu schaffen, war Haupterkenntnis aller einleitenden Arbeiten beider Partner für die wissenschaftliche Kooperation.

4. Zur arbeitsteiligen Kooperation auf dem Gebiet gemeinsamer geotektonischer Forschungen

Die wissenschaftlichen Hauptaufgaben, seit mehreren Jahren Bestandteil der bilateralen vertraglichen Vereinbarungen beider Akademien, konzentrierten sich auf folgende *Schwerpunktthemen*, deren Bearbeitung zeitlich nacheinander erfolgte und deren Thematik logisch aufeinander aufbaut (Abb. 2):

1. Vergleichende Tektonik alter und junger Tafeln, speziell unter dem Aspekt der Kratonisierung der Kruste und der Dynamik aufgelagerter Sedimentationsbecken bzw. von Tafelrandsenken und unter besonderer Beachtung des Baues von Tafelrändern sowie ihres Grenzcharakters zu benachbarten Tektogenen.

Hierzu erschienen als Grundmaterialien und Folgearbeiten u. a. zusammenfassende monographische Darstellungen des Südwest-Randes der Osteuropäischen Tafel[15] sowie zum prinzipiellen Vergleich junger Tafeln.[16] Über die Gesetzmäßigkeiten der Bildung von aufgelagerten Becken, dargestellt am Beispiel der Absenkungsetappen der Norddeutsch-Polnischen Senke als Tafelrandsenke, berichteten Schwab und Teschke.[17] – Erkannt wurde ferner in diesem Zusammenhang, daß die Saxonische Tektonik Stilles als mesozoisch-känozoische Tektonik des außeralpinen Europas einen Spezialfall der Tektonik junger Tafeln darstellt.[18]

Für alle Arbeiten beider Partner hat sich der Regionalvergleich alter und junger Tafeln als außerordentlich nützlich erwiesen, insbesondere zur Unterscheidung

[15] H.-J. Teschke, Entwicklung und tektonischer Bau des südwestlichen Randbereiches der Osteuropäischen Tafel. Schriftenr. geol. Wiss. 4, 151 S., 44 Abb., 4 Tab., Berlin 1975. – W. S. Žuravlev, Vergleichende Tektonik der Petschora-, Kaspi- und Polnisch-Norddeutschen Senke. Bau und Entwicklungsgeschichte. In: Geologie 14, S. 11–25, Berlin 1965. – Kulissenförmige Randnähte der Osteuropäischen Tafel (im Zusammenhang mit der wahrscheinlichen Lage der südwestlichen Tafelgrenze). In: Geologie 14, S. 1137–1147, Berlin 1965.

[16] V. N. Sobolevskaja, Zu den tektonischen Entwicklungsetappen geschützter epipaläozoischer Platten. In: Junge Tafeln, ihre Tektonik und Erdöl-Erdgashöffigkeit, Moskva 1965 (russ.). – Tektonik und generelle Gesetzmäßigkeiten der Bildung und Entwicklung von epipaläozoischen Tafeln. 258 S., Moskva 1973 (russ.).

[17] G. Schwab, H.-J. Teschke, Mobilisierung und Kratonisierung von Senkungsstrukturen. Ein Beitrag zur Mächtigkeitsanalyse des Deckgebirges in Europa. In: Veröff. Zentralinst. Phys. der Erde AdW DDR 29, S. 71–81, Potsdam 1974.

[18] H.-J. Teschke, Zu einigen Fragen der Entwicklung des Südwestrandes der Osteuropäischen Tafel. In: Stockwerkbau und Felderteilung. Symposium 25 Jahre geotektonische Forschung an der Akademie der Wissenschaften der DDR. Veröff. Zentralinst. Phys. der Erde AdW DDR 14, 3, S. 623–640. Potsdam 1973.

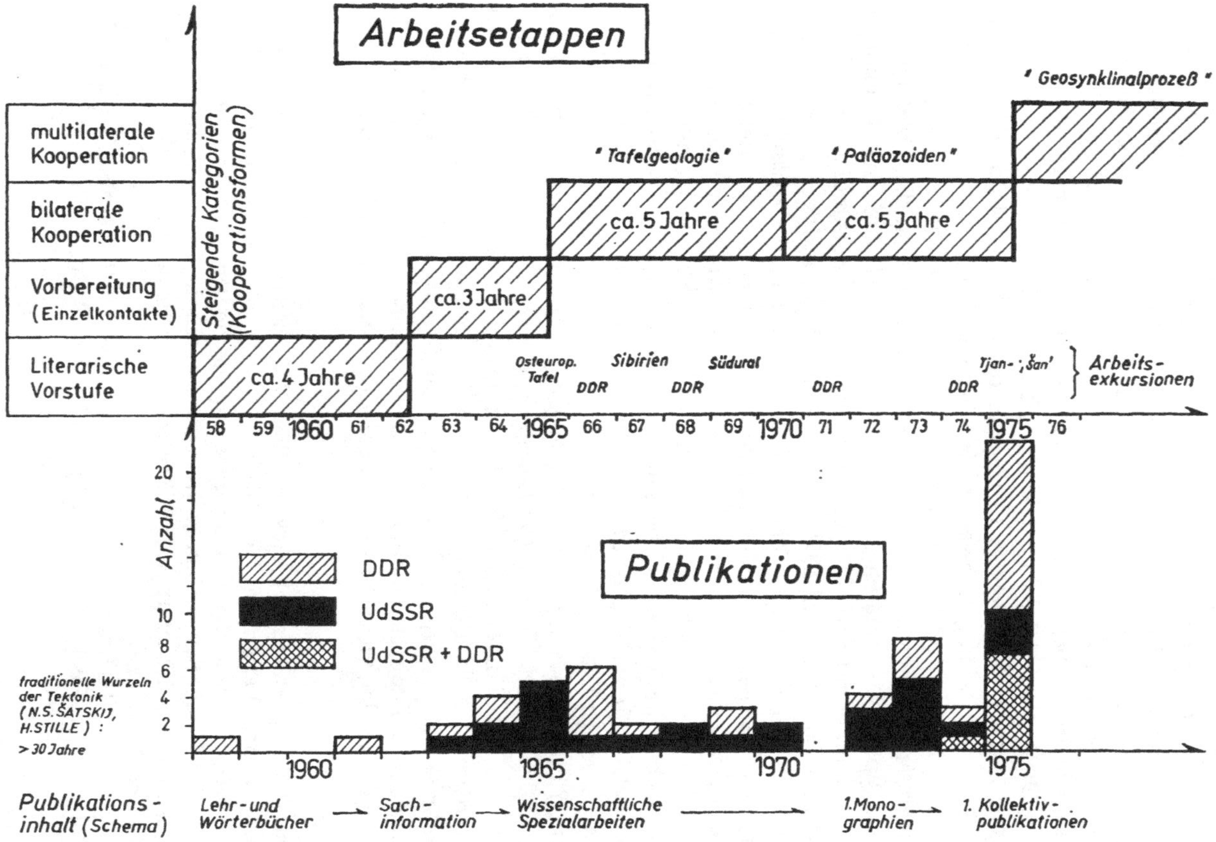

Abb. 2. Schema der Entwicklung und des Ablaufes der bilateralen Arbeiten auf dem Gebiet vergleichender regionaltektonischer und geotektonischer Forschungen der Akademien der Wissenschaften der UdSSR und der DDR, stark vereinfacht.

Arbeitsetappen: Der zunehmenden Komplexität der Forschungsthematik entsprechend auch eine steigende Form d Kooperationsbeziehungen beider Partner.
Publikationen: Der Publikationsinhalt entwickelt sich aus Sekundär- zu Primärinformationen, und zwar bezüglich der Anzahl der Publikationen zunehmend von den Zeitabschnitten der 5-Jahrpläne gesteuert. Kollektivpublikationen mit Ko-Autorenschaften beider Partner werden erst nach Durchläufen der Informationsetappen (s. oben) langfristig erreicht.

lokaler und regionaler Elemente sowie zur deduktiven Übertragung von Vorstellungen und Erfahrungen der Lagerstättenprognose (Erdöl-Erdgas, Salzgesteine, Erze).

2. Vergleichende Tektonik der variszischen *Paläozoiden* Eurasiens (Zentraleuropa, Ural, Tjan'-Šan') unter dem Aspekt des Werdeganges von Geosynklinalzonen (Vorentwicklung, Faltungsprozeß, Molassenetappe bis zur Tafeletappe), unter besonderer Beachtung der magmatischen Entwicklung, des Flyschstadiums, der Rotformationen der Molassenetappe einschließlich des subsequenten Magmatismus.

Diese seit 1972 systematisch durchgeführten Forschungen beinhalten Grundfragen der Entwicklung des *Geosynklinalprozesses* (Gebirgsbildung im weiteren Sinne) insbesondere seiner jüngeren Etappen, Probleme des *Übergangsstockwerkes* (Molassenstockwerk) und, ganz allgemein gesehen, der Kratonisierung der kontinentalen Kruste.[19] Als Hauptvergleichsgebiete boten sich zunächst die Varisziden des Urals und Zentraleuropas an, wobei allgemeine und spezielle Strukturprobleme (u. a. Deckenbau) zur Diskussion standen.[20] Hauptergebnis der kollektiven Forschungen in den Tektogenen ist der Nachweis, daß weniger die Zeit- und Räumlichkeit der Einzeletappen des Geosynklinalprozesses in den verschiedenen variszischen Tektogenen, als vielmehr die Abfolge des geotektonischen Gesamtgeschehens vergleichbar ist. Mit zunehmendem Reifegrad der Geosynklinalen wächst auch die Vergleichbarkeit (Formationstypen, Deformationsstil, Magmatismus). – Auf der Grundlage von etwa 65 Originalveröffentlichungen mit regionalen Forschungsergebnissen aus der UdSSR und der DDR wird 1975 zu Ehren des 30. Jahrestages der Befreiung Deutschlands vom Hitler-Faschismus ein Sammelband mit ca. 25 zusammenfassenden und verallgemeinernden Originalpublikationen abgeschlossen, in denen die in den verschiedenen Untersuchungsgebieten erzielten Ergebnisse miteinander verglichen und als erste Stufe der vergleichenden Gesamtarbeiten verallgemeinert werden sollen. Vorrangig werden Probleme des Überganges von der Geosynklinal- zur Molassen- und Tafeletappe behandelt, da hiermit theoretische Grundfragen für die Lagerstättenprognostik (u. a. Erdöl-Erdgas) verbunden sind.

Charakteristisch in arbeitsmethodischer Hinsicht ist hierbei bemerkenswerterweise die Erkenntnis, daß die unterschiedliche *Größenordnung* der geotektonischen Vergleichsgebiete der UdSSR bzw. DDR keinen Hinderungsgrund bildet, systematisch die großräumig-überregionalen Erfahrungen der sowjetischen Geologen mit den bevorzugt methodisch-regional angelegten Forschungen der Geologen der DDR im Sinne der gemeinsamen Zielstellung zu kombinieren. Beide Formen der Forschungsarbeit und -methodik ergänzen sich vielmehr sinnvoll und durchaus harmonisch zum Nutzen beider Partner.

[19] E. Schroeder, Grundaspekte eines geotektonischen Vergleiches zwischen Südural und dem mitteleuropäischen Variszikum. In: Geologie 21, 4/5, S. 368–388, Berlin 1972. – Probleme tektonischer Untersuchungen im Orogen, speziell in den Varisziden. In: Stockwerkbau und Felderteilung. Symposium 25 Jahre geotektonische Forschung an der Akademie der Wissenschaften der DDR. Veröff. Zentralinst. Phys. der Erde AdW DDR 14, 2, S. 273–302, Potsdam 1973.

[20] M. A. Kamaletdinov, T. T. Kazanceva, Überschiebungs- und Deckenbau an der W-Flanke des Südurals. In: Geologie 19, 5, S. 485–502, Berlin 1970.

5. Zur Perspektive gemeinsamer geotektonischer Forschungen

Die folgerichtige Erweiterung der Forschungsarbeiten auf *multilateraler Ebene* im Rahmen der Kooperation der Akademien der Wissenschaften sozialistischer Länder, speziell zur Problematik des „Geosynklinalprozesses und der Entwicklung der Erdkruste“ zeichnet sich schon heute als neue Etappe und damit zugleich auch als neue Qualität der Vorzüge sozialistischer Partnerschaft auf dem Gebiet der geologischen Wissenschaftskooperation ab.

Hierbei wird es im Vergleich zu den Vorjahren zu einer thematischen Verlagerung des Forschungsvorganges auf die Früh- und Voretappen des *Geosynklinalprozesses* kommen, d. h. in bezug auf die Anlage der Geosynklinalen im kontinentalen bzw. ozeanischen Bereich (ensialisch/ensimatisch). Hierin liegt ein wesentliches Kriterium zur kritischen Überprüfung des plattentektonischen Modells[21] im Sinne einer neomobilistischen Betrachtungsweise globaler geotektonischer Prozesse. Gleichzeitig ergeben sich Möglichkeiten, die Evolution unityper tektonischer Prozesse in der Erdgeschichte zu klären, indem in den Varisziden gewonnene Ergebnisse mit den Erfahrungen aus den jüngeren alpidischen Tektogenen (Karpaten, Balkan, Kaukasus, Pamir) bzw. aus älteren präriphäischen Tektogenen in Karelien, der Halbinsel Kola und anderen Teilen der UdSSR verallgemeinert werden können.

Alle diese theoretischen Arbeiten gelten gleichzeitig — das soll immer wieder betont werden — der gezielten Klärung tektonischer Gesetzmäßigkeiten bei der Bildung und Verteilung *nutzbarer Bodenschätze* in der Erdkruste.

6. Zur Erfahrung und Einschätzung gemeinsamer geotektonischer Forschungen (Ausblick)

Erstmalig wurden unter den konkreten politischen und ökonomischen Bedingungen einer sozialistischen Gesellschaftsordnung und damit auf der Basis sehr enger freundschaftlicher Beziehungen zwischen den Geologen der DDR und UdSSR Grundvorstellungen eines detaillierten regionaltektonischen Vergleiches wichtiger Bauelemente Eurasiens realisiert, deren Wurzeln bereits frühzeitig in den Ideen von A. v. Humboldt, F. v. Richthofen, N. S. Šatskij, H. Stille, besonders auch von S. v. Bubnoff und vieler anderer bedeutender Geowissenschaftler beider Länder zu suchen sind. Denn entsprechend dem ständig steigenden Datenfonds der Geologischen Wissenschaften, der heute nicht mehr von einer einzelnen Forscherpersönlichkeit nach Erfassung, Auswertung und Umsetzung zu bewältigen ist, erfolgen die Arbeiten auf *kollektiver Basis* und nach komplexen Aufgabenstellungen, und zwar unter voller Nutzung der nationalen Erfahrungen der Partnerländer.

Hierbei zeigt sich, daß die gegenseitige Angleichung der tektonischen Grundvorstellungen, der Schulen, zwar ein langfristiger Prozeß des gegenseitigen Gebens und Nehmens ist, aber die uneingeschränkten Möglichkeiten gegenseitiger wissenschaftlicher Befruchtung und Wechselwirkung einschließt. In diesem Zusammenhang

[21] B. Isacks, J. Oliver und L. R. Sykes, Seismology and the new global tectonics. In: Journ. geophys. res. 73, 18, S. 5855—5899, Richmond 1968.

sind wir uns voll bewußt, daß sich bisher keine der vorausgegangenen Tektoniker-Generationen beider Länder auf derartige Arbeitsvoraussetzungen für Regionalvergleiche stützen konnte, die uns heute unter den Bedingungen des Sozialismus real zur Verfügung stehen – das ist eine Feststellung aus zeithistorischer Sicht, die alle unsere Kollektive zu hohen wissenschaftlichen Leistungen verpflichtet hat.

Charakteristisch ist ferner, daß sich alle Arbeiten auf der Grundlage einer sich ständig vertiefenden freundschaftlichen Beziehung sowohl der einzelnen Forscher als auch der Wissenschaftlerkollektive in Moskau, Novosibirsk, Ufa, Irkutsk, Minsk und Dušanbe sowie in Berlin, Potsdam, Jena, Halle und Greifswald vollzogen, getragen von einem aus eigener Anschauung erworbenen gegenseitigen Verständnis der Denk-, Arbeits- und nicht zuletzt auch der Lebensweise des Partners. Gerade hierin sehen wir die allgemeine gesellschaftliche Bedeutung unserer gemeinsamen Arbeiten, die über die fachbezogenen Aufgabenstellungen zum Verständnis sowie zum Nutzen beider Länder weit hinausgeht.

Entsprechend den wissenschaftstheoretischen Erfahrungen steigt der Grad der Vergleichbarkeit der Daten mit zunehmendem wissenschaftlichen Erkenntnisstand und damit wissenschaftlicher Verallgemeinerung, so daß der allgemeine Fortschritt auf dem Wege über die Geotektonik als integrierende Disziplin der Geologischen Wissenschaften nicht zufällig, sondern – im Sinne gesellschaftsgeschichtlicher Betrachtungen und Erfahrungen – als Teil einer übergeordneten gesetzmäßigen Entwicklung betrachtet werden sollte.[22] Hierin scheint uns ein wichtiges Korrelat zu den anderen geologischen Arbeiten der UdSSR und DDR auf dem Gebiet der Erdöl-Erdgas-Geologie als angewandt-komplexe Forschungsrichtung zu liegen, die ebenfalls einen hohen Verallgemeinerungsgrad aller geologischen Daten voraussetzt.[23]

Selbst die kurze Zeitspanne einer zeitgeschichtlichen Analyse geotektonischer Forschungen beider Länder zeigt, daß diese sich gleichsam als Glieder einer Kette in eine längerfristige Entwicklung einordnen läßt, die einerseits durch die Tradition der gegenseitigen Beziehungen und andererseits durch die Perspektive sozialistischer Integration gekennzeichnet wird.

[22] M. V. Muratov, S. V. Černook, V. S. Petrenko, V. E. Chain, K.-B. Jubitz, H. Kölbel, Die Zusammenarbeit der Geologen der UdSSR und der DDR bei der Herstellung der Internationalen Tektonischen Karte von Europa (I. und II. Ausgabe 1956–1974). In: Z. Geol. Wiss. 4, 1, S. 101–112, 1 Abb., Berlin 1976.

[23] M. Bochmann, K. Schmidt, Der Einfluß der sowjetischen Geologie auf die Entwicklung der Erdöl- und Erdgasgeologie in der DDR. In: Z. angew. Geol. 18, 12, Beil. S. VII–X, Berlin 1972.

Wolfgang Mühlfriedel

Zur Rolle der sowjetischen Technischen Büros für den Neubeginn des wissenschaftlichen Lebens an der Bergakademie Freiberg und in der Grundstoffindustrie der DDR

Die wissenschaftliche Laufbahn der Akademiemitglieder und Professoren der Bergakademie Dr. techn. habil. Anton Lissner (Chemiker), Dr. phil. Otto Meißer (Geophysiker) und Dr. Ing. Dr. Ing. eh. Erich Rammler (Verfahrenstechniker) ist mit einer sowjetischen wissenschaftlich-technischen Institution verbunden, die in den Sommermonaten 1945 ihre Arbeit in Freiberg aufnahm.

Im Auftrag sowjetischer Ministerien organisierten Wissenschaftler im Offiziersrock der Sowjetarmee an der Bergakademie und am Staatlichen Braunkohlenforschungsinstitut in Freiberg Technische Büros. Die Technischen Büros waren, wie es in einer sowjetischen Verordnung vom Oktober 1945 heißt, „Organisationen, die wissenschaftliche Forschungsarbeiten und betriebstechnische Arbeiten sowie verschiedene Projekte, technische Beschreibungen und Übersichten für die Bedürfnisse"[1] verschiedener Ministerien der UdSSR anzufertigen hatten.

Es waren die Technischen Büros der Ministerien für Rüstungsindustrie, Kohlenindustrie, Schwarzmetallurgie, Buntmetallurgie und Baumaterialienindustrie.[2]

Darüber hinaus wurden einzelne Wissenschaftler noch zur Mitarbeit von sowjetischen wissenschaftlich-technischen Dienststellen herangezogen, die nicht in Freiberg ansässig waren. So arbeitete Prof. Otto Meißer für das Technische Büro „Erdölindustrie".[3]

Die Technischen Büros hatten den Auftrag, das wissenschaftlich-technische Potential in der sowjetischen Besatzungszone für die Reparation zu erschließen. Nach dem Sieg über den Hitlerfaschismus galt es für die UdSSR, die Kriegsfolgen in der Wirtschaft zu beseitigen.

Die sowjetischen Mitarbeiter der Technischen Büros begannen im Sommer 1945 mit ihrer neuen Aufgabe. Sie prüften an Ort und Stelle die personellen und materiellen Voraussetzungen für ihre Arbeit und versuchten, die Einheit zwischen der in Freiberg existierenden Forschungsstruktur und den Erfordernissen ihrer Heimat herzustellen.

Wie das Vorgehen der sowjetischen Wissenschaftler auf die deutschen Wissenschaftler wirkte, die zur Mitarbeit herangezogen worden waren, geht aus einem Brief Professor Brenthels, des damaligen Leiters des Metallhütteninstituts, hervor. Er

[1] Archiv der Bergakademie Freiberg (im folgenden ABF) Bst. Nr. 850, Bl. 19.

[2] Vgl. ABF, Bst.Nr. 756; 756 1.a.

[3] Vgl. Bergakademie Freiberg. Festschrift aus Anlaß der 200-Jahr-Feier, Leipzig 1965, Bd. 2, S. 40.

schrieb im Januar 1946: „Bereits seit August 1945 sind mir persönlich Forschungsaufgaben von seiten sowjetischer Dienststellen zugewiesen worden. Die zur Zeit in Moskau zur Genehmigung vorliegenden Planungen lassen eine gewaltige Ausweitung des Forschungsbetriebes mit Sicherheit erwarten, weil die veranschlagten Arbeiten zum weitaus größten Teil von dem sowjetischen Volkskommissariat für Buntmetalle aufgeworfene Probleme betreffen. Die Forschungsarbeiten sind auf meine spezielle Arbeitsrichtung und auf meine persönlichen Kenntnisse und Erfahrungen abgestellt . . . "[4]

Analysiert man nun den Charakter der im Mai 1946 laufenden Forschungsarbeiten für die Technischen Büros, so ergeben sich verschiedene Gruppen.[5]

Die erste Gruppe umfaßt Themen, die auf einen zusammenfassenden Bericht über allgemeine oder spezielle wissenschaftliche-technische Probleme ausgerichtet waren. Ihre Aufgabe bestand darin, die sowjetischen Dienststellen über die in den Jahren 1933 bis 1945 in Deutschland gewonnenen Erkenntnisse zu informieren. Diese Gruppe bildete den Schwerpunkt der Arbeiten im Jahre 1945.

Zu den berichtenden Themen gehören auch solche, die eine Übersicht über die apparative Grundlage eines Forschungsvorhabens geben.

Aus den Themen mit berichtendem Zuschnitt erwuchsen Forschungsaufträge unterschiedlichen Umfangs, die eine Weiterführung des Berichtsgegenstandes zum Inhalt hatten.

In der Gruppe der weiterführenden Arbeiten lassen sich Vorhaben, die ein Problem allgemein verfolgen, von solchen, die ihr Forschungsmaterial aus der Sowjetunion bezogen, unterscheiden.

Schließlich soll noch eine Gruppe von Aufträgen genannt werden, die die Klärung kleiner betriebstechnischer Probleme und die Erstattung von Gutachten zum Ziel hatte.

Über das Arbeitsklima in den Technischen Büros berichtete Professor Dr. Erich Rammler am Beispiel des Kohle-Büros: „Aus der Methode der Anweisung, die in den ersten Monaten herrschte, entwickelte sich bald ein Verhältnis des Vertrauens und der Freundschaft. Es kam zu echten Streitgesprächen über die Ergebnisse dieser oder jener Untersuchung und die Aussichten ihrer Anwendung in der Praxis der Sowjetunion oder Deutschlands oder beider Länder. Verschiedenheiten der Denkweise, die bei solchen Diskussionen hervortraten, erwiesen sich meist als fruchtbar."[6]

Welche Bedeutung hatte das Wirken der Technischen Büros für den Neubeginn des wissenschaftlichen Lebens an der Bergakademie Freiberg und damit für die Grundstoffindustrie der DDR?

1. Die wissenschaftliche Aufgabenstellung der Technischen Büros trug dazu bei, die theoretischen Erkenntnisse über die wissenschaftlich-technischen Gebiete, die von den Büros in Betracht gezogen wurden, zu vertiefen. Es waren vor allem die großangelegten Berichte, die durch die geforderte Gesamtschau des erreichten Wissens bei den deutschen Wissenschaftlern neue Erkenntnisse förderten. Das Beispiel Prof.

[4] ABF, Bst.Nr. I, Kd. 1515, Bl. 65.

[5] Vgl. ABF, Bst.Nr. 756.

[6] E. Rammler, Die freundschaftlichen Beziehungen zwischen der Sowjetunion und Deutschland – dargestellt am Beispiel der Entwicklung der Kohleindustrie, in: Oktoberrevolution und Wissenschaft, Berlin 1967, S. 350.

Dr. Erich Rammlers belegt, daß der Gelehrte durch Berichte über Feuerungstechnik, Schwelereiindustrie und Brikettierung nicht nur die Bedürfnisse der sowjetischen Seite befriedigte, sondern auch auf der Grundlage des zusammengestellten Materials in kurzer Zeit das akademische Lehrgebäude für die Fachrichtung Kohleveredlung errichten konnte.

Manche spätere Publikation Prof. Dr. Rammlers gründete sich auf die während des Berichtens erkannte Lücke im Wissen über den Berichtsgegenstand.[7]

Die Technischen Büros sorgten durch ihre Aufträge aber nicht nur dafür, daß die Anlage der Freiberger Forschung erhalten blieb, sondern sie drängten auf eine Veränderung, wenn die bisherige Thematik von der imperialistischen Wissenschaftsstrategie diktiert war.

Ein markanter Beleg dafür war die geologische Forschung, die bis 1940 ausschließlich auf die Untersuchungen über die nutzbaren Mineralvorkommen Afrikas in geologischer, bergbaulicher und wirtschaftlicher Beziehung ausgerichtet war. Die Leitung des Technischen Büros „Buntmetalle" orientierte die Geologen Freibergs auf theoretische Probleme der Erzlagerstätten und vor allem auf die einheimischen Vorkommen. Damit wurde der Grundstein für eine wichtige Forschungsrichtung der Freiberger Geowissenschaftler gelegt. Die radikale Umstellung der geologischen Forschung an der Bergakademie durch das Technische Büro bereitete die Freiberger Geowissenschaftler auf ihren Platz beim Aufbau einer sozialistischen Volkswirtschaft unseres Landes vor.[8]

Von besonderem Gewicht für die Gestaltung des wissenschaftlichen Lebens an der Bergakademie und für die Zusammenarbeit zwischen sowjetischen und deutschen Wissenschaftlern waren die Aufträge der Technischen Büros, die die Untersuchungen sowjetischer Rohstoffe zum Gegenstand hatten.

Die Analyse sowjetischer Braunkohlen führte zu einem engen Zusammenwirken von Wissenschaftlern verschiedener Disziplinen. Bergleute, Aufbereiter, Verfahrenstechniker und Chemiker arbeiteten zwischen 1945 und 1949 gemeinsam an dieser Aufgabe.

Die Untersuchungen der sowjetischen Braunkohle erweiterten die theoretischen Einsichten in den vielgestaltigen Charakter der Braunkohle und bereicherten die Experimentiertechnik. Es ist nur natürlich, daß die gewonnenen Erkenntnisse und Erfahrungen der Wissenschaftler dazu beitrugen, die Braunkohlenforschung auf die exponierte volkswirtschaftliche Stellung der Braunkohlenindustrie in der DDR mit vorzubereiten.

Aber auch die jungen sozialistischen Staaten, die ihre Braunkohlenvorkommen auszubeuten begannen, konnten sich auf die durch das Technische Büro „Kohle" geförderte Braunkohlenforschung stützen. Bereits 1948 übernahmen es Professor Karl Kegel und Professor Dr. Erich Rammler, nach dem ausgereiften Untersuchungsschema, das für sowjetische Braunkohle entwickelt worden war, bulgarische Braunkohle auf ihre Verwertungseigenschaften hin zu analysieren.[9]

[7] Vgl. E. Rammler, Aus meinem Berufsleben, Teil II, S. 4ff. Maschinenmanuskript. Archiv des Lehrstuhls für Wirtschaftsgeschichte und Geschichte der Produktivkräfte an der Bergakademie Freiberg, Sektion SBW.

[8] Vgl. ABF, Bst.Nr. 756, Bl. 138ff.

[9] Vgl. Bergakademie Freiberg, a. a. O., Bd. 1, S. 3.14ff.; E. Rammler, Aus meinem Berufsleben, Teil II, a. a. O.

2. Die deutschen Wissenschaftler erhielten von den Technischen Büros aber nicht nur inhaltliche Anregungen, sondern sie konnten sich auch mit den sowjetischen Methoden der Planung und Leitung wissenschaftlich-technischer Arbeiten vertraut machen. Professor Dr. Erich Rammler stellte dazu in seinen Berufserinnerungen fest: „Wir hatten die Methodik der Planung von Forschungsarbeiten, der regelmäßigen Berichterstattung über ihren Fortgang, der Abfassung von Forschungsberichten, – kurz gefaßt – der Forschungsmethodik, wie sie in der UdSSR seit dem ersten Fünfjahrplan entwickelt worden war, genau studiert und praktisch anzuwenden gelernt.“ [10]

Viele dieser methodologischen Erkenntnisse wurden in der Planung der wissenschaftlich-technischen Arbeit an der Bergakademie zur Selbstverständlichkeit.

3. Die Organisierung, Planung und Leitung der wissenschaftlich-technischen Arbeit in den Technischen Büros waren nur ein Teil des Aufgabenfeldes der sowjetischen Wissenschaftler. Der zweite Teil bestand in der politischen Führung der deutschen Mitarbeiter. Die sowjetischen Offiziere Osernoj, Kollodij, Andrejeva, Petrov, Beinov verwirklichten die sozialistische Besatzungspolitik. Als Internationalisten waren sie bestrebt, den antifaschistischen Kräften in der sowjetischen Besatzungszone einen großen Spielraum für ihre Entfaltung zu schaffen. Dazu gehörte es auch, den deutschen Wissenschaftlern den Weg in die antifaschistisch-demokratische Ordnung zu erleichtern.[11]

Die Wissenschaftler der Bergakademie konnten sich damals ein Bild von der Rolle der Wissenschaft in einer von der Ausbeutung des Menschen durch den Menschen befreiten Gesellschaft machen. Die sowjetischen Wissenschaftler personifizierten geradezu die Rolle der Wissenschaft im Sozialismus. Diese Erfahrungen der deutschen Wissenschaftler waren für viele von großer Bedeutung für ihren Weg an die Seite der von der SED geführten Arbeiterklasse.

Zusammenfassend läßt sich festhalten, daß in der wissenschaftlich-technischen Zusammenarbeit deutscher und sowjetischer Wissenschaftler in den Technischen Büros eine der Wurzeln mit zu finden ist, die zu einem politischen Miteinandergehen der DDR und der UdSSR führten. Die Entwicklung der deutsch-sowjetischen Wissenschaftsbeziehungen auf dem Montangebiet in den vergangenen drei Jahrzehnten bestätigte voll und ganz die Feststellung, die Oberstleutnant Professor Osernoj, Leiter des Technischen Büros „Kohle“, 1965 in der Festschrift der Bergakademie traf: „Es entstanden die Keimformen der internationalen Zusammenarbeit unter sozialistischen Bedingungen, die in dem RGW ihre Erfüllung gefunden hat.“ [12]

[10] E. Rammler, Aus meinem Berufsleben, a. a. O., S. 16.
[11] Vgl. Bergakademie Freiberg, a. a. O., Bd. 1, S. 314ff.
[12] Ebenda, S. 317.

Wolfgang Büttner

Über die Entwicklung marxistisch-leninistischer gesellschaftswissenschaftlicher Forschung an der Akademie der Wissenschaften der DDR

In keinem kapitalistischen Land haben die Gesellschaftswissenschaften als Wissenschaften zur Erforschung der objektiven Gesetzmäßigkeiten der Gesellschaft, als Anleitung zum revolutionären Handeln, wesentliche Entfaltungsmöglichkeiten. Das liegt in der Natur der Sache. Die Deutsche Demokratische Republik ist ein sozialistisches Land. Bei uns hat die gesellschaftswissenschaftliche Forschung einen hohen Stand erreicht. An der gesellschaftlichen Voraussetzung für diese Entwicklung und an ihr selbst haben sowjetische Soldaten, Politiker und Wissenschaftler entscheidenden Anteil. Und deshalb gehören ein paar Bemerkungen zur Entwicklung der gesellschaftswissenschaftlichen Forschung an der Akademie im vergangenen Vierteljahrhundert durchaus zu unserem Thema.

Es wurde angedeutet, daß gesellschaftswissenschaftliche Forschung, die theoretisch und methodologisch vom wissenschaftlichen Kommunismus ausgeht, unter kapitalistischen Verhältnissen nur in dem Umfange bestehen kann, den ihr die revolutionäre Arbeiterbewegung jeweils erkämpft. Als Ideologie der revolutionären Arbeiterklasse gehören die marxistisch-leninistischen Gesellschaftswissenschaften nicht zur Kultur der herrschenden Ausbeuterklassen. An einer Einrichtung wie der Akademie der Wissenschaften war für sie im deutschen Kaiserreich, in der Weimarer Republik und natürlich auch im faschistischen deutschen Staat kein Platz.

Aber es gab und gibt auch innerhalb der bürgerlichen gesellschaftswissenschaftlichen Forschung Arbeitsgebiete und Traditionen, auf die sich die marxistisch-leninistische Forschung stützt, die sie integriert und auf qualitativ neuer Ebene weiterführt. Traditionen in diesem Sinne gab es auch an der Akademie der Wissenschaften. Die Pflege des Wortschatzes der deutschen Sprache, man denke nur an das Deutsche Wörterbuch der Brüder Grimm, hatte hohe Anerkennung in aller Welt gefunden. Historisch-kritische Quellen- und Texteditionen, wie z. B. die Deutschen Texte des Mittelalters, die Corpora, verschiedene Werkausgaben und andere Unternehmen, wurden mit beispielhafter wissenschaftlicher Akribie bearbeitet. Diese Arbeiten, die in ihrer Mehrzahl bereits im 19. Jahrhundert begonnen worden waren, gehörten zu den wichtigsten wissenschaftlichen Projekten der Berliner Akademie und begründeten ihren angesehenen Platz im wissenschaftlichen Leben Deutschlands sowie ihren internationalen wissenschaftlichen Ruf.

Auf humanistische Traditionen, die auch die faschistische Kulturbarbarei nicht zu zerstören vermocht hatte, konnte und mußte in den ersten Jahren nach der Wiedereröffnung der Akademie aufgebaut werden. Es war zu dieser Zeit eine wichtige gesellschaftliche Aufgabe, zur Überwindung des faschistischen und militaristischen Ungeistes alle demokratischen und humanistischen Kräfte aus den Reihen der Intelligenz zu sammeln und mit ihnen den Aufbau einer neuen Kultur zu beginnen. Auch die Weiterführung humanistischer wissenschaftlicher Traditionsunternehmen an der Akademie der Wissenschaften diente diesem Ziel, und die Bemühungen vieler Wissenschaftler, ihre Arbeit auf diesen Gebieten wiederaufzunehmen, fanden die volle Unterstützung der sich in diesen Jahren herausbildenden demokratischen Machtorgane der Arbeiterklasse und der sowjetischen Besatzungsmacht.

In wenigen, wenngleich sehr schweren ersten Aufbaujahren wurden in der sowjetischen Besatzungszone die entscheidenden Machtgrundlagen des Imperialismus beseitigt, eine antifaschistisch-demokratische Ordnung geschaffen und damit ein revolutionärer Prozeß vollzogen, der mit der Bildung der Arbeiter-und-Bauern-Macht in die sozialistische Etappe unserer gesellschaftlichen Entwicklung hinüberführte. Die damit verbundenen historisch bedeutsamen Veränderungen stellten an die Wissenschaften, insbesondere auch an die Gesellschaftswissenschaften neue und höhere Anforderungen, die zugleich ganz neue, nie zuvor gebotene Entwicklungsmöglichkeiten in sich bargen. So wurde das Jahr 1945 auch speziell für die Gesellschaftswissenschaften zu einer Zäsur von historischer Bedeutung. Erstmals in der deutschen Geschichte eröffnete sich in den Jahren nach 1945 mit dem Aufbau einer neuen Gesellschaft unter der revolutionären Macht der Arbeiter und Bauern und mit Unterstützung der sozialistischen sowjetischen Besatzungsmacht die Möglichkeit, mehr noch, es ergab sich aus den neuen gesellschaftlichen Bedürfnissen die Notwendigkeit, neue revolutionäre Erkenntnisse auf allen Gebieten des gesellschaftlichen Lebens nicht nur ohne Behinderung durch eine reaktionäre herrschende Klasse, sondern im Gegenteil mit Unterstützung des Staates zu gewinnen und die Forschungsarbeit in voller Breite zu entfalten. Die Wissenschaft erhielt in der sich formierenden sozialistischen Gesellschaft einen neuen, durch humanistische Gesichtspunkte geprägten und damit zugleich höheren gesellschaftlichen Stellenwert. In der Festansprache des ersten Präsidenten der Deutschen Demokratischen Republik, Wilhelm Pieck, die er anläßlich des 250jährigen Jubiläums der Akademie im Jahre 1950 hielt, wird die gesellschaftliche Bedeutung und Verpflichtung der Wissenschaft hervorgehoben und zugleich die Überzeugung ausgesprochen, daß die Akademie „für unser Volk eine Quelle des Wohlstandes und eine Stütze des Friedens werden wird".[1] Ähnliche Worte fand aus dem gleichen Anlaß der Minister für Volksbildung, Paul Wandel. Er wünschte der Wissenschaft, eine solche gesellschaftliche Stellung einzunehmen, daß „nichts Wesentliches ohne sie geschieht", daß sie „in allen wichtigen Dingen, die den Menschen, die menschliche Gesellschaft betreffen, als erste Instanz befragt und ihr Urteil das gesellschaftliche Geschehen, die Entwicklung der Nation und der Völker bestimmt".[2]

Die hohe Wertschätzung, die die führenden Repräsentanten der Arbeiter-und-Bauern-Macht der Wissenschaft aussprachen, charakterisiert zugleich die große Verantwortung, die der Forschung übertragen wurde und ihre damit verbundene

[1] Jahrbuch der Deutschen Akademie der Wissenschaften zu Berlin 1950–1951, Berlin 1951, S. 58.
[2] Ebenda, S. 48.

gesellschaftliche Verpflichtung. Unter dieser historischen Voraussetzung ergab sich sehr bald und in zunehmendem Maße ein eigentümlicher Widerspruch für die nach der Wiedereröffnung der Akademie zunächst gepflogene gesellschaftswissenschaftliche Forschung. Die neuen gesellschaftlichen Erfordernisse veränderten objektiv die gesellschaftliche Stellung *der* wissenschaftlichen Arbeiten, die ausschließlich der Pflege und Bewahrung des humanistischen Erbes gewidmet waren. Wenn sich in früheren Jahren Gesellschaftswissenschaftler, bewußt oder nicht, staatspolitischen Forderungen verschlossen hatten, so diente diese Haltung ihrer wissenschaftlichen Arbeit insofern, als derartige gesellschaftliche Bedürfnisse und Forderungen von den Interessen reaktionärer herrschender Klassen diktiert worden waren. Unter diesem Gesichtspunkt waren Auffassungen und Haltungen verständlich und zeitweilig sogar berechtigt, die zum Ausdruck brachten, bestimmte, spezifische Aufgaben, so die Bearbeitung von Wörterbüchern im traditionellen Sinne, seien „überhaupt so recht Aufgaben für die von der Akademie gepflegte Gemeinschaftsarbeit." Und auch die „großen Textausgaben" galten in diesem Sinne als „ein altes Anliegen der Akademie".[3] Aber die gesellschaftlichen Verhältnisse hatten sich nach 1945 in einem Teil Deutschlands in wenigen Jahren grundlegend verändert. Das mußte sich auf die Forschung auswirken, denn das Festhalten an Wissenschaftskonzeptionen, die derartige Veränderungen unberücksichtigt ließen – und das war bei einigen Traditionsunternehmen der Fall – würde, sofern keine Korrektur erfolgt wäre, unter neuen gesellschaftlichen Bedingungen zum Hemmnis für die Wissenschaftsentwicklung geworden sein.

Als die Arbeiterklasse als Hauptkraft und Hegemon der revolutionären Umwälzung mit der Gründung der Deutschen Demokratischen Republik die sozialistische Etappe unserer gesellschaftlichen Entwicklung einleitete, konnten sich die Gesellschaftswissenschaften nicht weiterhin auf bisherige traditionelle Forschungsfelder beschränken. Deshalb war es Ende der vierziger und Anfang der fünfziger Jahre unaufschiebbar notwendig geworden, neben den alten Forschungs- und Arbeitsvorhaben auch an der Akademie neue Forschungsthemen und -projekte aufzugreifen und neue gesellschaftswissenschaftliche Disziplinen ins Leben zu rufen.

Von der Sozialistischen Einheitspartei Deutschlands wurden diese neuen Bedürfnisse erkannt und ausgesprochen.

Im ersten Jahr des ersten Fünfjahrplanes behandelte das Zentralkomitee der SED mehrfach Fragen der wissenschaftlichen Ausbildung und Forschung. Das 4. ZK-Plenum im Januar 1951 beschloß grundlegende politisch-ideologische und organisatorische Maßnahmen zur Weiterentwicklung des Hochschulwesens. Jeder Studierende hatte sich Grundkenntnisse des Marxismus-Leninismus anzueignen. Am Institut für Gesellschaftswissenschaften beim ZK der SED begann im gleichen Jahre die systematische Ausbildung marxistisch-leninistischer qualifizierter Kader. Auf dem 7. ZK-Plenum im Oktober 1951 gehörte zu den Gegenständen gründlicher und helfender Erörterung auch die gesellschaftswissenschaftliche Arbeit an der Akademie der Wissenschaften. Das Plenum des ZK der SED empfahl, „an der Deutschen Akademie der Wissenschaften den gesellschaftswissenschaftlichen Fächern jetzt

[3] Jahrbuch der Deutschen Akademie der Wissenschaften zu Berlin 1955, Berlin 1957, S. 110.

größere Aufmerksamkeit" zuzuwenden. Das Zentralkomitee hielt es, wie die Entschließung dieser Tagung dokumentiert, „für zweckmäßig, daß bei der Akademie neue Institute und Kommissionen für Geschichte, Philosophie, deutsche Sprache und Literatur, Rechts- und Staatslehre sowie für Wirtschaftswissenschaften ins Leben gerufen werden".[4]

Als unser junger zum sozialistischen Aufbau vorwärtsschreitender Staat die ersten erfolgreichen Schritte auf dem Felde geplanter Wirtschaft bilanzierte, stellte sich auch die Akademie die Frage, welcher Fortschritt auf wissenschaftlichem Gebiet in den ersten Aufbaujahren erreicht werden konnte. In dieser ersten Aufrechung gibt es, bei aller hohen Anerkennung, auch kritische Worte besonders im Hinblick auf die gesellschaftswissenschaftliche Forschung. Im Bericht über die Arbeit der Akademie in den Jahren 1950/51 wird festgestellt:

„Sicherlich ist der Aufschwung der naturwissenschaftlichen Arbeit innerhalb der Akademie unverkennbar, wohingegen in den gesellschaftswissenschaftlichen Fächern noch keine entscheidende Wendung innerhalb der Akademie erfolgt ist. In den Gesellschaftswissenschaften hat die Akademie noch nicht die Kraft aufgebracht, die notwendig wäre, um einen bedeutsamen Aufschwung zu nehmen . . . "[5] Es werden in diesem Bericht die Begriffe „entscheidende Wendung" und „bedeutsamer Aufschwung" verwendet. Sie verstehen sich als gesellschaftliches Anliegen an die Forschung und zielen auf den oben charakterisierten Widerspruch, der bei aller Anerkennung vorliegender Leistungen angesichts der Erfolge, die im Prozeß der demokratischen Umgestaltung auf gesellschaftlichem und wirtschaftlichem Gebiet erreicht worden waren, immer sichtbarer hervortrat. Im zitierten Bericht über die Tätigkeit der Akademie in den Jahren 1950/51 findet sich nicht nur die Forderung nach einem „bedeutsamen Aufschwung" der gesellschaftswissenschaftlichen Forschung, sondern auch der wichtige Hinweis, daß Beispiel und Vorbild für die Entwicklung der gesellschaftswissenschaftlichen Forschung in dem Land gesucht werden müsse, das uns seine großen Erfahrungen und seine Hilfe auf allen Gebieten des gesellschaftlichen Lebens uneigennützig zur Verfügung stellte: in der Union der Sozialistischen Sowjetrepubliken. Der Akademiebericht sagt diesbezüglich: „Der wichtigste Schritt, der in der Akademie zu einem Aufschwung der Gesellschaftswissenschaften getan werden muß, wird dadurch erfolgen, daß man die Errungenschaften des Auslandes auf dem Gebiet der Gesellschaftswissenschaften und insbesondere die unverkennbaren Erfolge der Sowjetunion in den entsprechenden Einrichtungen der Akademie zur Anwendung bringt."[6] Der Aufbau neuer gesellschaftswissenschaftlicher Institute erwies sich als eine komplizierte Aufgabe, denn es standen nur wenige marxistisch-leninistisch qualifizierte Kader zur Verfügung und die Erarbeitung des wissenschaftspolitischen Profils neuer gesellschaftswissenschaftlicher Disziplinen setzte einen entsprechenden Klärungsprozeß voraus. Erst in der Mitte der fünfziger Jahre waren an der Akademie der Wissenschaften die erforderlichen Voraussetzungen so weit gediehen, daß neue Institute gegründet werden konnten, die sowohl wertvolle traditionelle Unter-

[4] Dokumente der SED. Beschlüsse und Erklärungen des Parteivorstandes, des Zentralkomitees sowie seines Politbüros und seines Sekretariats, Bd. III, Berlin 1952, S. 583.

[5] Jahrbuch der Deutschen Akademie der Wissenschaften zu Berlin 1950–1951, a. a. O., S. 74/75.

[6] Ebenda, S. 75.

nehmen der Akademie weiterführten, als auch erste, aus unmittelbaren gesellschaftlichen Bedürfnissen hervorgegangene Forschungen aufnahmen. Mit diesen Forschungen begann, wenn auch in den einzelnen Disziplinen in noch unterschiedlichem Umfange, die Entwicklung marxistisch-leninistischer Gesellschaftswissenschaften an der Akademie.

Zu den Institutionen, die in den Jahren 1954 bis 1956 gegründet wurden, gehörten u. a. das Institut für Wirtschaftswissenschaften, die Arbeitsstelle für Geschichte der französischen und deutschen Aufklärung, das Institut für Geschichte und die Arbeitsgruppe philosophiehistorische Texte, aus der das spätere Institut für Philosophie hervorging.

Es war auch sehr wichtig für eine entscheidende Wendung in der gesellschaftswissenschaftlichen Arbeit, daß erstmalig an der Akademie der Wissenschaften zu Ende der vierziger und in den fünfziger Jahren sozialistische und marxistische Wissenschaftler zu Mitgliedern der Akademie gewählt wurden, z. B. Werner Krauss, Victor Klemperer, Alfred Meusel, Fred Oelßner, Werner Hartke, Jürgen Kuczynski, Leo Stern u. a.

Institutsneugründungen, die Aufnahme neuer Forschungsaufgaben und die beginnende Wirksamkeit sowohl jüngerer als auch wissenschaftlich ausgewiesener, erfahrener marxistisch-leninistischer Kader leiteten für die gesellschaftswissenschaftliche Forschung an der Akademie eine neue Etappe ein. Der Aufschwung der Gesellschaftswissenschaften an der Akademie verlief dabei nicht konfliktlos. Es entfaltete sich ein vielgestaltiger und zugleich fruchtbarer wissenschaftlicher Meinungsstreit, der bis zur Klärung weltanschaulicher Grundfragen vorstieß. Sehr treffend wurde das Kernproblem vieler Auseinandersetzungen im Bericht der Akademie auf dem Leibniztag 1957 über die Arbeit der gesellschaftswissenschaftlichen Klassen charakterisiert: „Dabei stehen fortschrittliche Auffassungen auf marxistisch-leninistischer Grundlage in mannigfachen Auseinandersetzungen mit bisher geltenden Anschauungen.“[7]

Es ist verständlich, daß der Meinungsstreit insbesondere um die Festlegung neuer Forschungsaufgaben entbrannte. Während mehrere bedeutende Traditionsunternehmen weitergeführt wurden, was sich folgerichtig aus der positiven Stellung der sozialistischen Gesellschaft zu dem fortschrittlichen und humanistischen Erbe aus der Geschichte des deutschen Volkes ergab, mußten dort Veränderungen vollzogen werden, wo traditionelle Aufgaben und Arbeitsweisen erstarrt und lebensfremd geworden waren. Am Beispiel der Auseinandersetzung über die Ausgabe der Werke Kants, die zu einem den Bedürfnissen der Wissenschaft entsprechenden Abschluß gelangt war, läßt sich dieser Prozeß sehr deutlich demonstrieren. Die historisch-kritische Ausgabe der Werke Kants, ein Projekt von 60jähriger Dauer, war von der Akademie veranstaltet worden. Viele Wissenschaftler hatten daran gearbeitet und die Texte mit großer wissenschaftlicher Akribie ediert. Die Aufgabe war gelöst. Doch um ihren endgültigen Abschluß und um den damit zwangsläufig verbundenen Übergang zu neuen Aufgabenstellungen gab es scharfe Auseinandersetzungen. Ihre Spuren sind in den Archivmaterialien noch erhalten. Gegen einen Versuch, die Aufgabe neuerlich zu erweitern, wendete sich die Arbeitsgruppe philo-

[7] Jahrbuch der Deutschen Akademie der Wissenschaften zu Berlin 1957, Berlin 1959, S. 19/20.

sophiehistorische Texte in einer Stellungnahme vom 31. März 1958, in der es u. a. heißt: „Man tut Kant wenig Ehre, wenn man, statt ganz in seinem Sinne für den philosophischen Fortschritt zu wirken, sich auf Editionsinsel(n) zurückzieht und Editionen veranstalten will, die a priori fragwürdig sind. Es geht nicht an, daß die schon ohnehin 60jährige Bearbeitung der Kant-Ausgabe um weitere 10 oder 20 Jahre durch die Herausgabe von Vorlesungsnachschriften verlängert wird, die zudem Kants Gedanken ... in sehr zweifelhafter Form bringen .... Im übrigen ist unsere Akademie ... eine Einrichtung, die in erster Linie Aufgaben zu lösen hat, die ihr die sozialistische Gesellschaft stellt."[8]

Es entsprach der politischen Reife dieser Arbeitsstelle, daß die Philosophen der Akademie zu den Gesellschaftswissenschaftlern gehörten, von denen Themen in das bereits 1958 unterzeichnete Protokoll über die wissenschaftliche Zusammenarbeit mit der Sowjetunion aufgenommen wurden, und die auf dieser Grundlage Verbindung mit ihrem sowjetischen Partnerinstitut aufnahmen.[9]

Es war charakteristisch für diesen Prozeß der Auseinandersetzung und wesentlich für seinen Erfolg, daß gemeinsam mit jüngeren Kadern viele profilierte und erfahrene Wissenschaftler daran teilnahmen und durch vorwärtsweisende Kritik die Entwicklung der Gesellschaftswissenschaften an der Akademie förderten. So gab Akademiemitglied Werner Hartke, seit 1958 Präsident der Akademie, in seinem Bericht zum Leibniztag 1959 wesentliche Hinweise zur Überwindung der Lücken in der aktuellen Aufgabenstellung der Gesellschaftswissenschaften.[10]

Akademiemitglied Steinitz forderte ein Jahr später die Verbesserung der Planung der Gesellschaftswissenschaften. Dies schien ihm „eine gesellschaftliche Notwendigkeit, um die wissenschaftliche Entwicklung mit den Erfordernissen der Gesellschaft in Übereinstimmung zu bringen".[11]

Anfang der sechziger Jahre begann eine neue Etappe der gesellschaftlichen Entwicklung der DDR. Die Aufgaben der Übergangsepoche vom Kapitalismus zum Sozialismus waren gelöst. Sozialistische Produktionsverhältnisse hatten sich in allen Bereichen der Volkswirtschaft durchgesetzt. Die Weltanschauung der Arbeiterklasse, der Marxismus-Leninismus, wurde zur herrschenden Ideologie. Dieser Prozeß äußerte sich an der Akademie in der gesellschaftswissenschaftlichen Forschung vor allem in den philosophischen, ökonomischen und historischen Disziplinen, wo bis zu Anfang der sechziger Jahre neue Forschungsergebnisse vorgelegt wurden, die der Verbreitung der wissenschaftlichen Weltanschauung der Arbeiterklasse und der Entlarvung der reaktionären bürgerlichen Ideologie dienten.

Den ständig wachsenden Anforderungen an die marxistisch-leninistischen Gesellschaftswissenschaften, die sich aus dem Übergang zum umfassenden Aufbau des Sozialismus ergaben, entsprachen indes die Arbeitsergebnisse der Akademieforschung noch nicht. Hinsichtlich ihrer Verbundenheit mit der gesellschaftlichen Praxis

[8] Stellungnahme der Arbeitsgruppe philosophiehistorische Texte v. 31. 3. 1958, Zentrales Archiv der Akademie der Wissenschaften der DDR, III/9/190.

[9] Vgl. ebenda.

[10] Vgl. Jahrbuch der Deutschen Akademie der Wissenschaften zu Berlin 1959, Berlin 1960, S. 6.

[11] Jahrbuch der Deutschen Akademie der Wissenschaften zu Berlin 1960, Berlin 1961, S. 180.

waren die Gesellschaftswissenschaften hinter den Naturwissenschaften zurückgeblieben. „Zwar hat sich", erklärte der Präsident der Akademie, Werner Hartke, auf dem Leibniztag 1962, „das geistige Leben in dem gesellschaftswissenschaftlichen Bereich der Akademie in einer neuen Richtung zu bewegen begonnen. Aber dies ist hier noch weit weniger der Fall als in der Naturwissenschaft."[12]

Ausgehend von den Beschlüssen des VI. Parteitages der SED wurde nach dem Beispiel der bereits seit einigen Jahren erfolgreich wirkenden Forschungsgemeinschaft der naturwissenschaftlichen Einrichtungen der Akademie eine Arbeitsgemeinschaft der gesellschaftswissenschaftlichen Institute und Einrichtungen an der Akademie gebildet.

Es war das Grundanliegen der Arbeitsgemeinschaft, die Forschung stärker auf die aktuellen gesellschaftlichen Bedürfnisse hinzulenken, in diesem Sinne auf ihre Planung langfristig Einfluß zu nehmen und die Zusammenarbeit der Wissenschaftler auf den verschiedenen Wissensgebieten und mit den entsprechenden wissenschaftlichen Institutionen in der Sowjetunion und in den anderen sozialistischen Bruderländern zu fördern.

Akademiemitglied Leo Stern, Vizepräsident und erster Vorsitzender der Arbeitsgemeinschaft, begründete die getroffene Maßnahme mit der „seit Jahren herangereifte(n) Notwendigkeit, die wissenschaftliche Forschung der Akademie auf dem gesellschaftswissenschaftlichen Gebiet enger als in der Vergangenheit mit den Erfordernissen unserer sozialistischen Gesellschaft zu verbinden. ... ". Die gesellschaftswissenschaftliche Forschung sollte sich unter dieser Voraussetzung auf „komplexe Forschungsvorhaben" einstellen, die „mehrere Fachrichtungen vereinigen ... und deren Fortgang ... verfolgen". Auch die „notwendige Verbindung zwischen den Natur- und Gesellschaftswissenschaften" wurde dabei betont.[13] Die Verwirklichung dieser Aufgaben, die im Interesse der Entwicklung der gesellschaftswissenschaftlichen Forschung gestellt wurden, konnte nur in einem längeren, komplizierten Prozeß erfolgen, für den die Arbeitsgemeinschaft die richtige Ausgangsorientierung gab.

In den Jahren nach ihrer Gründung wurden sichtbare Erfolge erzielt. Erstmalig wurden Aufgaben und Projekte umfassend geplant und dabei die Bedürfnisse der Gesellschaft weit stärker als vordem berücksichtigt. Die Gesellschaftswissenschaftler der Akademie rückten der gesellschaftlichen Praxis einen unverkennbaren Schritt näher. Über Arbeitsergebnisse wurde ständig umfassender und gründlicher jährliche Rechenschaft gegeben. Die Verbindungen zu den Akademien der sozialistischen Bruderländer, insbesondere zur Akademie der Wissenschaften der UdSSR, konnten erweitert und stabilisiert werden. So stellte die Arbeitsgemeinschaft gegenüber der gesellschaftswissenschaftlichen Forschung vorausgegangener Jahre eine neue Qualität dar, andererseits charakterisierte ihre Bildung im geschilderten Prozeß noch keinen Abschluß, denn es gab sehr viele Schwierigkeiten zu überwinden. Das Kaderpotential genügte noch nicht den gewachsenen Anforderungen. Ein Teil der Wissenschaftler war nicht ausreichend darauf vorbereitet, gesellschaftspolitisch aktuelle Aufgaben zu übernehmen. Engspezialisierte fachliche Kenntnisse und nicht ausreichende

[12] Jahrbuch der Deutschen Akademie der Wissenschaften zu Berlin 1962, Berlin 1963, S. 214.

[13] Jahrbuch der Deutschen Akademie der Wissenschaften zu Berlin 1963, Berlin 1964, S. 142.

Qualifikation vieler Wissenschaftler in den Grundlagen des Marxismus-Leninismus sowie ihrer methodologischen Anwendung in der speziellen Fachdisziplin schränkten ihre Disponibilität ein. Die Lösung der gesellschaftswissenschaftlichen Institute von den wissenschaftlichen Klassen der Akademie, ihre nunmehr erlangte Selbständigkeit als Forschungseinrichtungen und ihr Zusammenschluß zur gemeinsamen Lösung gemeinsamer Probleme in einer Arbeitsgemeinschaft halfen den Gesellschaftswissenschaften weiter, aber die nur relativ lose Verbindung der damals bestehenden 23 gesellschaftswissenschaftlichen Einrichtungen mit größtenteils unabhängig voneinander gewachsenen Forschungsunternehmen schuf noch nicht die günstigste Struktur für eine zentral gelenkte Planung, die notwendig war, um das Potential auf die gesellschaftlich vorrangigen Schwerpunktaufgaben zu konzentrieren. Darauf aber kam es ganz besonders in einer gesellschaftlichen Entwicklungsetappe an, in der der Aufbau der entwickelten sozialistischen Gesellschaft den Gesellschaftswissenschaftlern neue Aufgaben stellte, die – die Beherrschung des Marxismus-Leninismus vorausgesetzt – vor allem die Konzentration größerer Potentiale auf ihre Lösung erforderlich machten. Voraussetzungen für diesen nächsten Schritt schufen die Ende der sechziger Jahre eingeleiteten Maßnahmen zur Umgestaltung der Akademie der Wissenschaften in eine sozialistische Forschungseinrichtung der DDR, wie es in ihrem neuen Statut von 1969 unmißverständlich formuliert wird. Seit dieser grundlegenden Akademiereform bestehen im Forschungsbereich Gesellschaftswissenschaften nur neun Zentralinstitute bzw. Institute. Ausgehend von den Beschlüssen des VIII. Parteitages der SED erfolgt, entsprechend dem Zentralen Plan der gesellschaftswissenschaftlichen Forschung der DDR, die Konzentration der wissenschaftlichen Arbeit auf inhaltliche Schwerpunkte. Geforscht wird auf den Gebieten Philosophie, Wirtschaftswissenschaften, Theorie des Staates und des Rechts, Wissenschaftstheorie und -organisation, Geschichte des deutschen Volkes und Allgemeine Geschichte, Alte Geschichte und Archäologie, Wirtschaftsgeschichte, Literatur- und Sprachwissenschaft.

Die theoretische und methodologische Grundlage aller gesellschaftswissenschaftlichen Forschungen an der Akademie ist heute der Marxismus-Leninismus. Die Hauptaufgaben der Forschung und dementsprechend die wissenschaftlichen Vorhaben und Projekte werden von den Bedürfnissen bestimmt, die sich aus der sozialistischen Gesellschaft ergeben. Der Entwicklungsprozeß der gesellschaftlichen Praxis ist wesentlichster Untersuchungsgegenstand und zugleich Wirkungsfeld der marxistisch-leninistischen Gesellschaftswissenschaften. Die entwickelte sozialistische Gesellschaft stellt dem Gesellschaftswissenschaftler die Aufgaben, durch deren Lösung er selbst aktiv zu ihrer Gestaltung beiträgt.

Wertvolle Erfahrungen der sowjetischen Wissenschaft konnten im Prozeß des Aufbaues marxistisch-leninistischer Forschungsinstitutionen genutzt werden.

Und die Ergebnisse der Forschung, die heute vorgewiesen werden können, wären ohne die Kooperation mit den entsprechenden sowjetischen Partnerinstitutionen und mit den Akademien der anderen sozialistischen Bruderländer in Quantität und Qualität nicht möglich gewesen.

Eduard Winter

Erinnerungen an ein fruchtbares Dezennium der Zusammenarbeit der Akademien der Wissenschaften der DDR und der UdSSR auf dem Gebiet der Wissenschaftsgeschichte

Gestatten Sie einem alten Mann persönliche Erinnerungen, die aber, wie ich hoffe, zu weiterer erfolgreicher Zusammenarbeit der Akademien der Wissenschaften der DDR und der UdSSR anregen werden.

Im Zusammenhang mit meiner Reise zu den Feiern anläßlich des 100. Geburtstages von Ivan Franko in Kiev hatte ich im Sommer 1956 in Moskau eine für die Geschichtsforschung wichtige Begegnung, nämlich mit dem Institut für Geschichte der Naturwissenschaften und der Technik der Akademie der Wissenschaften der UdSSR. Direktor des Instituts war damals N. A. Figurovskij, der auf dem Gebiet der Chemie-Geschichte[1] Bahnbrechendes leistete. Für sein Forschungsgebiet war natürlich auch die Geschichte der deutsch-russischen Wechselseitigkeit von großer Bedeutung.[2] Wir fanden uns deswegen sehr rasch. Und in dem von ihm geleiteten Institut war ich wie einer seiner Mitarbeiter. Wir unterrichten uns heute noch über unsere gegenseitigen wissenschaftlichen Bemühungen.

Da für das Jahr 1957 die Wiederkehr des 250. Geburtstages des großen Mathematikers Leonhard Euler bevorstand, war klar, daß die Vorbereitung des Jubiläums im Mittelpunkt der Arbeit des Instituts stand. Euler hat von 1741 bis 1766 – also ein Vierteljahrhundert – in Berlin an der Akademie der Wissenschaften gearbeitet, nachdem er zunächst von 1727 bis 1740 in Petersburg gewirkt hatte, wohin er 1766 zurückkehrte und bis zu seinem Tode 1783 blieb. So waren die Euler-Feiern beider Akademien ein ausgezeichneter Einstieg in eine Untersuchung der Geschichte der deutsch-russischen Wechselseitigkeit auf dem Gebiet der Wissenschaft. Neben M. A. Lavrent'ev, dem späteren Organisator der Sibirischen Abteilung der AdW der UdSSR, war A. P. Juškevič – heute wohl der bedeutendste Mathematikhistoriker[3] – an der Vorbereitung und Durchführung der Euler-Feiern maßgebend beteiligt. Mit Juškevič arbeite ich bis heute in freundschaftlicher Verbundenheit zusammen.

1 Vgl. seinen kurz gefaßten Abriß Očerk obščej istorii chimii, Moskau 1969.

2 Vgl. N. A. Figurovskij, Leben und Werk des Chemikers Tobias Lowitz (1757–1804). Ein Beitrag zur Geschichte der Begegnung deutscher und russischer Wissenschaft im 18. Jh. Mit einem Anhang von Dokumenten und Briefen herausgegeben von E. Winter, Berlin 1959 (=Quellen und Studien zur Geschichte Osteuropas, Bd. IV).

3 Seine Istorija matematiki v srednie veka (Moskau 1961) wurde ins Polnische und ins Japanische übersetzt. Unter seiner Redaktion erschien 1970/72 eine dreibändige Istorija matematiki s drevnejšich vremen do načala XIX stoletija, außerdem schrieb er (Moskau 1968) eine Istorija matematiki v Rossii do 1917 goda.

Die Geschichte der Wissenschaft in der UdSSR hat große internationale Bedeutung gewonnen. Dafür nur einen überzeugenden Beleg: Präsident der Académie Internationale d'Histoire des Sciences (Sitz Paris) war von 1963 bis 1968 A. P. Juškevič und Vizepräsident ist gegenwärtig N. A. Figurovskij. Wie sehr diese Tatsache auch dem Forschungsstand in der UdSSR entspricht, offenbart schon ein kurzer Blick in die seit 1956 als Periodicum erscheinende Zeitschrift mit vielen wertvollen Beiträgen, die das Institut für Geschichte der Naturwissenschaften und der Technik herausgibt.[4] Zuvor und gleichzeitig waren 50 Bände der „Arbeiten"[5] des Instituts erschienen. Das Interesse für die Geschichte der Wechselseitigkeit zwischen der russischen und der deutschen Wissenschaft, das in diesem Institut herrschte, wurde sofort deutlich und beeindruckte mich sehr.

Eine weitere wichtige Brücke zwischen der deutschen und der russischen Wissenschaft war der mit Recht in der Sowjetunion besonders geschätzte M. V. Lomonosov. Ihm sind neben Zeitschriftenartikeln immer wieder neue monographische Arbeiten gewidmet, die sicher eine Bibliothek füllen würden. In Leningrad wurde in enger Verbindung mit dem Moskauer Institut für Geschichte der Naturwissenschaften und der Technik das Lomonosov-Museum geschaffen, dessen Leiter V. L. Čenakal mir rasch sehr nahe kam. Der gründliche Kenner der Wissenschaftsgeschichte, vor allem der Geschichte der Astronomie und der Optik, in Rußland im 18. Jh. hielt das tragende Referat auf dem Berliner Lomonosov-Symposium im Jahre 1960.

Dem späteren Direktor des Instituts und Akademiemitglied B. M. Kedrov brachte mich bereits in dieser Zeit eine Arbeit nahe, die dieser mit der inzwischen verstorbenen T. Čencova über die Beziehungen zwischen D. I. Mendeleev und B. Brauner verfaßt hatte.[6]

Sehr beeindruckt war ich von einem damals gerade vom Institut herausgegebenen Werk von V. P. Zubov.[7] Auf 576 Seiten wird darin – gestützt auf umfassendes Wissen – ein großartiger Überblick über die Geschichte der Naturwissenschaften in Rußland von 1700 bis 1860 gegeben, wobei der Begriff Naturwissenschaften bewußt weit gefaßt wurde. Das Werk ist eine unentbehrliche Quellenkunde. Im folgenden Jahr 1957 erschien unter der Chefredaktion Figurovskijs der erste Teil des ersten Bandes der Geschichte der Naturwissenschaften in Rußland.[8] Diese Kollektivarbeit leitete Zubov ein und seine ordnende Hand ist auch in dem gesamten Werk zu spüren. Zubov stand mir neben Juškivič und Figurovskij, die als Mathematik- und Chemie-Historiker neben zahlreichen weiteren Sowjetwissenschaftlern an diesem enzyklopädischen Werk mitarbeiteten, besonders nahe. Hinter großer Bescheidenheit im persönlichen Umgang suchte er seine umfassenden Kenntnisse zu verbergen. Von seiner

[4] Voprosy istorii estestvoznanija i techniki.

[5] Trudy Instituta istorii estestvoznanija AN SSSR, Bd. 1–5, Moskau 1947–1953; Trudy Instituta istorii estestvoznanija i techniki, Bd. 1–45, Moskau 1954–1962.

[6] B. Kedrov, T. Čencova, Brauner – spodvižnik Mendeleeva. K stoletiju so dnja roždenija Boguslava Braunera, Moskau 1955.

[7] V. P. Zubov, Istoriografija estestvennych nauk v Rossii (XVIII v. – pervaja polovina XIX v.), Moskau 1956.

[8] Istorija estestvoznanija v Rossii, Bd. I, Teil 1, Moskau 1957. Das Institut gab 1958 auch den ersten Band der Geschichte der Akademie (bis 1803) heraus: Istorija Akademii nauk SSSR, Bd. 1 (1724–1803), Moskau, Leningrad 1958.

Persönlichkeit war ich bei häufigen Begegnungen in der Sowjetunion und in der DDR immer fasziniert. Zubovs weitblickender, liebevoll sich versenkender Forscherblick äußerte sich wohl am besten in seiner umfassenden Biographie von Leonardo da Vinci, dessen schöpferischer Geist ihm so sehr entsprach.[9]

Eine ähnliche Faszination durch eine Persönlichkeit erlebte ich im Sommer 1956 in Leningrad im Archiv der Akademie der Wissenschaften der UdSSR. Die rechte Hand des damaligen Direktors G. A. Knjazev war Marija Vladimirovna Krutikova. Was habe ich dieser Frau an Quellenkenntnis zu verdanken! Sie kannte das Archiv in jeder Einzelheit genau und beriet mich in einer Weise, daß ich noch einmal auf die Welt kommen müßte, um die aufgezeigten Schätze zu heben. Ohne die Kenntnis und die Nutzung dieses Archivs läßt sich eine Geschichte der Wissenschaften in Europa nicht schreiben. Vor allem aber bezauberte mich die Persönlichkeit dieser Frau. Obwohl ihr Mann während der faschistischen Belagerung Leningrads verhungert war, kam sie mir mit einer Freundschaft entgegen, wie ich sie in meinem Leben nur selten traf. Sie war nicht nur die Erschließerin des Archivs, sondern ging selbst in der Forschung voran.[10] Vor allem wurde sie meine Lehrmeisterin auf dem Gebiet des proletarischen Internationalismus. Da die Zeit meiner Aufenthalte in der Sowjetunion immer knapp bemessen war, hielt sie mir das Archiv selbst an Sonntagen offen. In dieser Einrichtung fühlte ich mich stets wie ein leidenschaftlicher Pilzsucher in einem Wald, in dem man über die schönsten Pilze geradezu stolpert. Immer neue Entdeckungen zur Geschichte der deutsch-russischen Wechselseitigkeit entzückten mich.

Marija Vladimirovna vermittelte mir auch wertvolle wissenschaftliche Verbindungen. Hier sei nur der Literaturhistoriker P. N. Berkov genannt. Die Kontakte mit ihm sollten vielfache Frucht tragen. Gemeinsame Schüler in der DDR und in der Sowjetunion legen heute noch durch ihre Arbeiten Zeugnis ab für diese freundschaftliche Begegnung.[11] Berkovs Hauptinteresse galt der europäischen Aufklärung, vor allem natürlich der Aufklärung in Rußland. Auf diesem Gebiet war er ein souveräner Kenner. Da auch mich die Geschichte der Aufklärung stets besonders angezogen hat, war unsere geistige Gemeinsamkeit verständlich. Sein grübelnder, weitausschauender Blick und sein leidenschaftlicher Forscherfleiß regten mich zu eigenen Arbeiten gewaltig an.

Hatte mir meine Arbeit im Archiv der Franckeschen Stiftung in Halle eine Einführung in die russische Aufklärung vermittelt, so kam nun durch die Kenntnis des Akademie-Archivs in Leningrad und die vielen Gespräche mit Berkov erst das volle Verständnis hinzu. Es waren vielfach dieselben Gelehrten, die sein und mein Interesse schon vor unserem Kennenlernen geweckt hatten, so zum Beispiel J. W. Paus, F. Prokopovič, M. V. Lomonosov, N. I. Novikov und A. N. Radiščev. Vor allem bibliographische Hinweise und große Entwicklungslinien, die Berkov aufzuzeigen

[9] Leonardo da Vinči, Izbrannye estestvennonaučnye proizvedenija. Red., perev., stat'i i komment. V. P. Zubov, Moskau 1955; V. P. Zubov, Leonardo da Vinči. 1452–1519, Moskau, Leningrad 1961.

[10] Vgl. M. V. Krutikova, A. M. Černikov, Didro v Akademii nauk, in: Vestnik AN SSSR, 1947, Nr. 6, S. 69–73. Im Jahre 1962 gab sie in den Trudy Archiva AN SSSR, Bd. 17, eine musterhafte Aufbereitung des Euler-Nachlasses.

[11] Rol' i značenie literatury XVIII veka v istorii russkoj kul'tury, Leningrad 1966.

verstand[12], brachten mir wesentlichen Gewinn für meine eigenen Arbeiten. Sein Referat über deutsch-russische kulturelle Beziehungen im 18. Jh.[13] auf dem unter meiner Leitung 1957 zum Euler-Jubiläum in Berlin veranstalteten Symposium war richtungweisend für die Schriftenreihe „Quellen und Studien zur Geschichte Osteuropas", die mit dem Protokollband dieser Konferenz eingeleitet wurde. In den von Berkov seit 1956 weitergeführten Sammelbänden „XVIII Vek", an denen auch ich mitarbeiten konnte, offenbarten sich deutlich die Wechselseitigkeit zwischen Forschern der DDR und der UdSSR in der Wissenschaft und der international anerkannte Wert einer solchen Zusammenarbeit.

Mit Mitarbeitern Berkovs im Puškinskij dom in Leningrad, dem Institut für russische Literatur der AdW der UdSSR, so mit D. Lichačev[14] und Mojseeva[15], stehe ich heute noch — direkt oder durch meine Schüler — in Verbindung. Das ist ein eindrucksvolles Beispiel dafür, wie Schulen in der Sowjetunion und in der DDR sich begegnen und sich wechselseitig bereichern. Darüber könnte ein ganzes Buch geschrieben werden.

Nach dem Abschluß der „Hallischen Trilogie" im Jahre 1955 wurde so das Jahr 1956 durch meine Reise in die Sowjetunion zu einem neuen, vielversprechenden Anfang meiner historischen Studien. Die „zehn goldenen Jahre", wie meine Schüler die Zeit von 1956 bis 1965 nannten, nahmen ihren Anfang. Immer neue Anregungen ergaben sich in der Folgezeit durch die freundschaftliche Zusammenarbeit mit sowjetischen Kollegen und Kolleginnen.

Die Jubiläumsfeiern für Leonhard Euler im Jahre 1957 in der Sowjetunion und in der DDR boten Gelegenheit, die 1956 geknüpften wissenschaftlichen Beziehungen wesentlich zu vertiefen. Dies gilt natürlich ganz besonders für die Geschichte der Wissenschaften und hier der deutsch-russischen wissenschaftlichen Beziehungen, vor allem im 18. Jh. Mit A. P. Juškevič ging ich an die Herausgabe von Briefen L. Eulers, die die enge Wechselseitigkeit zwischen der Petersburger und der Berliner Akademie der Wissenschaften ins volle Licht rückten.[16] Den ersten beiden Bänden folgte 1976 noch ein dritter Band. Viel weiteres Material wartet noch auf eine Veröffentlichung.

Der Aufenthalt in der Sowjetunion anläßlich der Euler-Feiern im Jahre 1957 in Moskau und Leningrad diente nicht nur der Vertiefung der Beziehungen zum

[12] Vgl. z. B. seine Istorija russkoj žurnalistiki XVIII veka, Moskau, Leningrad 1952, die er mir als Abschluß unserer ersten Gespräche am 21. September 1956 in Leningrad widmete.

[13] P. N. Berkov, Deutsch-russische kulturelle Beziehungen im 18. Jahrhundert, in: Die deutsch-russische Begegnung und Leonhard Euler. Beiträge zu den Beziehungen zwischen der deutschen und der russischen Wissenschaft und Kultur im 18. Jahrhundert. Herausgegeben in Verbindung mit P. N. Berkov, N. A. Figurovskij und V. P. Zubov von E. Winter, Berlin 1958, S. 64–85 (=Quellen und Studien zur Geschichte Osteuropas, Bd. I).

[14] Vgl. Die Kultur Rußlands während der osteuropäischen Frührenaissance, Dresden 1962.

[15] Vgl. Lomonosov i drevnerusskaja literatura, Leningrad 1971.

[16] Die Berliner und die Petersburger Akademie der Wissenschaften im Briefwechsel Leonhard Eulers, Teil 1, 2. Herausgegeben und eingeleitet von A. P. Juškevič und E. Winter unter Mitwirkung von P. Hoffmann [bei Teil 2] und Ju. Ch. Kopelevič, Berlin 1959, 1961 (=Quellen und Studien zur Geschichte Osteuropas, Bd. III, 1, 2).

Institut für Geschichte der Naturwissenschaften und der Technik, sondern machte mich auch mit dem Institut für Geschichte der AdW der UdSSR bekannt. Ich konnte das Wachsen des Instituts deutlich verfolgen, es drückte sich auch sichtbar aus in der Übersiedlung aus den engen Räumen in der Volchonka in der Moskauer Altstadt in das neue Gebäude in der Nähe der Leninberge. Hier war ich bald ebenso vertraut wie im Institut für Geschichte der Naturwissenschaften und der Technik, wenn ich auch dem Direktor des Historischen Instituts, V. M. Chvostov, nicht so nahe kam wie Figurovskij. Chvostov war eben der Diplomat, vornehm zurückhaltend, aber immer auch unterstützend und fördernd.

Als Vorsitzender der sowjetischen Sektion (bis 1962) der Kommission der Historiker der DDR und der UdSSR stand mir A. S. Erusalimskij besonders nahe. Er war ein glänzender Darsteller der Geschichte des deutschen Imperialismus, aber auch der deutschen Arbeiterbewegung, und hat sich um die Pflege der Geschichtswissenschaft im antiimperialistischen Sinn große Verdienste erworben.[17] Er leitete im Institut für Geschichte der AdW der UdSSR in Moskau die Gruppe zum Studium der Geschichte Deutschlands. An der Gründung der Historikerkommission im Jahre 1957 war er wesentlich beteiligt. Sein früher Tod im Jahre 1966 war ein großer Verlust für die Beziehungen zwischen den Historikern der DDR und der UdSSR.

Sehr nahe kam mir im Historischen Institut der sowjetischen Akademie der Wissenschaften B. B. Kafengauz, der Herausgeber der Dokumente und Schriftstücke Peters I. (Akty i bumagi Petra Velikogo), die er für die Zeit von 1709 bis 1711 in fünf Bänden in den Jahren 1950 bis 1964 veröffentlichte. Es handelt sich um eine überaus fleißige und gewissenhafte Ausgabe, die mit Kafengauz' Tod leider vorläufig zum Erliegen kam. Wer hat noch das Detailwissen und die Geduld wie er? Zugleich war er ein sehr bescheidener Mensch.

Mit dem lebhaften, beweglichen V. T. Pašuto verband mich von Anfang an das Interesse für die Geschichte der päpstlichen Aggressionspolitik gegen Rußland, deren Träger der Deutsche Ritterorden und das katholisch gewordene Litauen waren.[18] In seinem Buch über die Außenpolitik der alten Rus'[19] gelang Pašuto eine großartige Rundschau über die Stellung des vormongolischen Rußlands, ein Werk, das die von bürgerlichen Ideologen im Kampf gegen die Sowjetunion so sehr in den Vordergrund gestellte Abendlandideologie überwinden hilft. Daß die grundlegenden Bücher Pašutos immer noch nicht in deutscher Sprache vorliegen – leider habe ich mich vergeblich darum bemüht –, halte ich für ein Hemmnis in der so notwendigen Zurückweisung der Abendlandideologie.

L. V. Čerepnin, einen der besten Kenner der Geschichte Rußlands in der Periode des Feudalismus[20], bewunderte ich nach nur flüchtigen Begegnungen. Dagegen kam ich dem Leiter der archäographischen Abteilung des Instituts für Geschichte der

[17] Vgl. A. S. Erusalimskij, Germanskoe rabočee dviženie v novoe vremja, Moskau 1962; ders., Germanskij imperializm. Istorija i sovremennost', Moskau 1964.

[18] Vgl. sein klassisches Werk: Obrazovanie litovskogo gosudarstva, Moskau 1959.

[19] Vnešnjaja politika Drevnej Rusi, Moskau 1968.

[20] Vgl. Očerki istorii SSSR. Period feodalizma, von denen sieben Bände erschienen (unter der Hauptredaktion von N. M. Družinin) und die sehr viel der Mitarbeit Čerepnins verdanken. Die sehr gehaltreiche Festschrift für Čerepnin erschien unter dem Titel: Feodal'naja Rossija, Moskau 1972.

AdW der UdSSR, S. O. Šmidt, auch persönlich nahe. Sein gründliches Buch über die Zeit Ivans IV. Groznyj gehört zu den Schätzen meiner Bibliothek.[21] Fachlich trat ich den Akademiemitgliedern N. M. Družinin und S. D. Skazkin näher. Der eine war der Erforscher der Aufhebung der Leibeigenschaft in Rußland im Jahre 1861[22], der andere der gründliche Kenner der Geschichte der Wirtschaft und des fortschrittlichen Denkens in Westeuropa.[23] Die Frau von Akademiemitglied Družinin, Elena Ioasafovna, die selbst eine ausgezeichnete Kennerin der Geschichte Rußlands, vor allem der Südukraine am Anfang des 19. Jh.[24] ist, war mir stets eine verständnisvolle Vermittlerin sowjetischer Geschichtswissenschaft.

Wie meine Begegnung mit der sowjetischen Geschichtswissenschaft mit wissenschaftlichen Konferenzen der Akademien zu Ehren großer Gelehrter Rußlands begann, so wurde sie auch fortgesetzt. Dem Genie Lomonosov galten Konferenzen in Berlin, Moskau und Leningrad in den Jahren 1960 und 1961. Gleichzeitig konnte auf der wissenschaftlichen Konferenz in Berlin im Jahre 1960 gerade im engen Zusammenhang mit Lomonosov auch A. L. Schlözer in ein neues Licht gerückt werden. Ein fruchtbarer, weiterführender Meinungsstreit zwischen Historikern der DDR und der UdSSR setzte ein.[25]

Die Zusammenarbeit zwischen Wissenschaftlern der DDR und der UdSSR bewährte sich ebenfalls in der Tschirnhaus-Forschung. E. W. v. Tschirnhaus, der Freund von G. W. Leibniz, wirkte durch seine genialen Erfindungen auch auf Rußland. An dem Symposium zum Gedächtnis des 250. Todestages von Tschirnhaus im Oktober 1958 in Berlin nahm deswegen eine Reihe sowjetischer Forscher mit Beiträgen zur Wirkungsgeschichte von Tschirnhaus in Rußland teil.[26] Im Zusammenhang mit diesem Symposium wurde eine eigene Tschirnhaus-Kommission an der Berliner Akademie der Wissenschaften gegründet, in der Figurovskij und Čenakal – die Mitglieder der Kommission waren – wesentliche Unterstützung boten.

Da sich die Zusammenarbeit zwischen Wissenschaftlern der DDR und der UdSSR auf dem Gebiet der Wissenschaftsgeschichte bewährt hatte, wurde 1961 eine gemeinsame Kommission der Berliner Akademie zur Herausgabe der wissenschaftlichen Tagebücher Daniel Gottlieb Messerschmidts gegründet. Der Arzt Messerschmidt hatte in den Jahren 1720 bis 1727 Sibirien bereist und über seine Untersuchungen auf beinahe allen damaligen Gebieten der Wissenschaft Tagebuch geführt. Diese Aufzeich-

[21] Stanovlenie rossijskogo samoderžavstva, Moskau 1973.

[22] Vgl. z. B. Gosudarstvennye krest'jane i reforma P. D. Kiseleva, Bd. 1, 2, Moskau 1946, 1958. Družinin übernahm nach Grekov die Hauptredaktion für die Očerki istorii SSSR.

[23] Vgl. Očerki po istorii zapadno-evropejskogo krest'janstva v srednie veka, Moskau 1968.

[24] Južnaja Ukraina 1800–1825 gg., Moskau 1970.

[25] Vgl. Lomonosov-Schlözer-Pallas. Deutsch-russische Wissenschaftsbeziehungen im 18. Jahrhundert. Herausgegeben in Zusammenarbeit mit C. Grau, P. Hoffmann und H. Lemke von E. Winter, Berlin 1962; August Ludwig von Schlözer und Rußland. Eingeleitet und unter Mitarbeit von L. Richter und L. Zeil herausgegeben von E. Winter, Berlin 1961 (=Quellen und Studien zur Geschichte Osteuropas, Bd. XII, IX).

[26] Vgl. E. W. von Tschirnhaus und die Frühaufklärung in Mittel- und Osteuropa. Herausgegeben in Zusammenarbeit mit N. A. Figurovskij, G. Harig, B. B. Kafengauz und A. Klíma von E. Winter, Berlin 1960 (=Quellen und Studien zur Geschichte Osteuropas, Bd. VII).

nungen sind Dokumente der wissenschaftlichen Erschließung Sibiriens. Angesichts der Wichtigkeit wurden eine DDR- und eine UdSSR-Sektion der Kommission gebildet, die ihre Arbeit an der Edition koordinierten und somit eine höhere Form der Zusammenarbeit erreichten. Die auf sechs Bände berechnete Ausgabe wurde 1962 mit einem Geleitwort der Vizepräsidenten beider Akademien, W. Steinitz und A. V. Topčiev, begonnen.[27]

So war es durchaus verständlich, daß ich, als die Kommission der Historiker der DDR und der UdSSR 1962 der Berliner Akademie zugeordnet wurde, in die DDR-Sektion kooptiert wurde. Der Vorsitzende der sowjetischen Sektion war der mir schon seit 1946 von einer Begegnung in Wien bekannte Historiker V. M. Chvostov.

Die Veranstaltungen zum 150. Geburtstag Taras Ševčenkos, des größten ukrainischen Dichters, im Jahre 1964 in Kiev vertieften meine Beziehungen zur sowjetukrainischen Geschichtswissenschaft, die 1956 durch die Konferenz zum 100. Geburtstag Ivan Frankos in Kiev begründet worden waren. Nun kam ich auch mit dem Institut für Geschichte der Akademie der Wissenschaften der Ukrainischen SSR in Verbindung, nachdem ich schon seit 1956 Kontakte zum Institut für Wirtschaftsgeschichte (V. A. Holobuckyj) und zum Institut für Literaturgeschichte (E. P. Kyryljuk) hatte. Ein Ševčenko-Symposium fand 1964 auch in Berlin statt.[28] Eine Reihe wertvoller Verbindungen, die anläßlich der Ševčenko-Feiern 1964 geknüpft wurden, bestehen bis heute. Hier sei vor allem des Korrespondierenden Mitglieds der AdW der Ukraine E. P. Kyryljuk gedacht. Auf freundschaftlichem Fundament findet der regste gegenseitige Austausch statt.

Der krönende Abschluß der schöpferischen Gemeinschaftsarbeit mit dem deutlichen Hinweis auf künftige Arbeiten war die Konferenz von Wissenschaftlern aus der DDR und der UdSSR zur Geschichte der Wechselseitigkeit in Kultur und Wissenschaft im April 1965; sie fand in der Humboldt-Universität statt, obwohl sie auch in der Akademie vorbereitet worden war. Es nahmen fünf Leninpreisträger daran teil – ein Zeichen, welches Gewicht dieser Zusammenkunft von sowjetischer Seite zugemessen wurde.[29]

Darf ich Ihnen zum Schluß noch die Formel für den Erfolg dieser wissenschaftlichen Zusammenarbeit verraten? Sie ist einfach, wie alles Echte und Große einfach ist – gemeinsames Ziel und echte Freundschaft!

[27] Vgl. D. G. Messerschmidt, Forschungsreise durch Sibirien 1720–1727. Teil 1. Herausgegeben von E. Winter und N. A. Figurovskij. Mit einem Vorwort von W. Steinitz und A. V. Topčiv. Teil 2–4. In Verbindung mit zahlreichen Fachgelehrten herausgegeben von E. Winter, G. Uschmann und G. Jarosch, Berlin 1962, 1964, 1966, 1968 (=Quellen und Studien zur Geschichte Osteuropas, Bd. VIII, 1–4).

[28] Vgl. Zeitschrift für Geschichtswissenschaft, XII, Jg., 1964, S. 1434–1436.

[29] Vgl. Deutschland – Sowjetunion. Aus fünf Jahrzehnten kultureller Zusammenarbeit, Berlin 1966.

David S. Davidovič

Die Zusammenarbeit der Akademien der Wissenschaften der UdSSR und der DDR auf dem Gebiet der Geschichtswissenschaft

Die Kommission der Historiker der UdSSR und der DDR ist die älteste unter den gemeinsamen Kommissionen, die die Historiker der Sowjetunion mit ihren Kollegen in anderen sozialistischen Ländern verbinden; sie wurde im Februar 1957 – bald nach dem Abschluß des Kulturabkommens zwischen den Regierungen der UdSSR und der DDR vom 26. April 1956 – gegründet.

Die vielseitige intensive wissenschaftliche Zusammenarbeit der Historiker beider Länder hat die Prüfung der Zeit bestanden. Unsere fruchtbare Zusammenarbeit basiert auf der gleichen Weltanschauung, auf dem gemeinsamen Kampf für den Sieg des Sozialismus und Kommunismus. In unserer stürmisch bewegten Zeit sind 18 Jahre eine beachtliche Zeitspanne, und wenn man berücksichtigt, daß die Kommission der Historiker der UdSSR und der DDR ihren nicht zu bestreitenden Beitrag zur Ausarbeitung wesentlicher Probleme der neuesten Geschichte geleistet hat, daß sie enge und schöpferische Kontakte zwischen den Wissenschaftlern der DDR und der UdSSR geknüpft hat, dann kann man sagen, daß die wissenschaftliche Zusammenarbeit unserer beiden Länder auf dem Gebiete der Geschichtswissenschaft es verdient hat, auf diesem wichtigen Forum mit gewürdigt zu werden. Wir stimmen den grundlegenden Schlußfolgerungen der Hauptreferenten zu, möchten in unserem Beitrag nur ergänzend über die Hauptrichtungen, über Formen, Erfolge und Perspektiven der Kommissionstätigkeit berichten.

Wenn wir über die wissenschaftliche Zusammenarbeit unserer beiden Länder sprechen, dann muß erwähnt werden, daß sie auf einer neuen, höheren Etappe die guten Traditionen fortsetzt, die sich mit dem Entstehen und der Entwicklung von Verbindungen zwischen fortschrittlichen Wissenschaftlern Rußlands und Deutschlands, später zwischen Wissenschaftlern der Sowjetunion und deutschen Gelehrten herausgebildet hatten.

Besonders enge wissenschaftliche Verbindungen entwickelten sich zwischen unseren beiden Ländern nach dem Sieg der Großen Sozialistischen Oktoberrevolution. Der Kurs des jungen Sowjetrußland auf friedliche Koexistenz und auf Zusammenarbeit von Staaten mit unterschiedlichen sozialökonomischen Verhältnissen, die stürmische Entwicklung der sozialistischen Gesellschaft auf dem gewaltigen Territorium der Sowjetunion boten für das Deutschland nach dem Versailler Vertrag ungeahnte Möglichkeiten kultureller und wissenschaftlicher Zusammenarbeit.

Andererseits entsprachen die kulturellen und wissenschaftlichen Verbindungen besonders mit solch hochentwickelten Staaten wie Deutschland zusammen mit der

Festigung der außenpolitischen Situation für den jungen Sowjetstaat den durch den sozialistischen Aufbau gestellten Anforderungen. Diese Verbindungen förderten die sozialistische Kulturrevolution.

Die kulturelle Zusammenarbeit der Sowjetunion mit der Weimarer Republik – also von Staaten unterschiedlicher Gesellschaftsordnung – bedeutete keinen Verzicht auf die ideologische Auseinandersetzung, im Gegenteil, diese Auseinandersetzung war ein notwendiges Element dieser Beziehungen. Der sowjetisch-deutsche Kulturaustausch vollzog sich damals in zwei Ebenen, einerseits gab es die Zusammenarbeit zwischen deutschen bürgerlichen Kreisen und der Sowjetunion, andererseits auf der Ebene des proletarischen Internationalismus die Zusammenarbeit der deutschen Arbeiterklasse mit der Sowjetunion.

Kein anderer als Lenin selbst trat als Initiator der deutsch-sowjetischen Wissenschaftsbeziehungen hervor. Unmittelbar nach Beendigung des ersten Weltkrieges gab Lenin die Anweisung, einen systematischen Überblick über alle deutschen wissenschaftlichen Werke zusammenzustellen, die während des ersten Weltkrieges erschienen waren. 1922/24 erschien im Berliner Verlag „Kniga" die siebenbändige „Systematische Bibliographie der deutschen wissenschaftlichen Literatur 1914–1923", die auf Kosten der Sowjetunion mit Hilfe deutscher Historiker unter der Leitung von Friedrich Braun erarbeitet worden war. 1921 wurde auf Anweisung Lenins in Berlin ein Büro für ausländische Wissenschaft und Technik beim Obersten Volkswirtschaftsrat eröffnet, das dem Austausch wissenschaftlicher Publikationen und der Realisierung wissenschaftlich-technischer Zusammenarbeit dienen sollte.

Der Austausch von Wissenschaftler-Delegationen begann. Der Historiker Otto Hoetzsch, Vertreter einer Ostorientierung Deutschlands und ein führender Vertreter der deutschen Gesellschaft zum Studium Osteuropas, besuchte mehrfach die Sowjetunion; 1923 führte er mit dem Volkskommissar für Auswärtige Angelegenheiten, G. V. Čičerin, ein Gespräch mit dem Ziel, die Zusammenarbeit zwischen deutschen und sowjetischen Historikern weiter auszubauen. Hoetzsch unterhielt enge Verbindung mit M. N. Pokrovskij, mit dem er gemeinsam die Reihenpublikation „Die Internationalen Beziehungen im Zeitalter des Imperialismus. Dokumente aus den Archiven der zaristischen und der provisorischen Regierung 1878–1917" herausgab, von der die ersten Bände 1931 erschienen. Hier ist die Bemerkung notwendig, daß Hoetzsch trotz seiner im Grund antikommunistischen Anschauung gemeinsam mit dem fortschrittlichen Flügel der deutschen Gesellschaft zum Studium Osteuropas und mit ständiger Unterstützung seitens der Sowjetunion dafür eintrat, daß sowjetische Wissenschaftler Vorträge halten konnten, daß Ausstellungen organisiert wurden, die wesentlich zu einer Korrektur des in Kreisen der deutschen Intelligenz verbreiteten Bildes über die Sowjetunion beitrugen. Bei den von dieser Gesellschaft organisierten Veranstaltungen traten hervorragende sowjetische Gelehrte auf, darunter Akademiemitglied E. S. Varga. Ausstellungen wurden über die Arbeitsschule in Moskau und zu verschiedenen kunstgeschichtlichen Themen durchgeführt. Im Juni 1927 fand in Berlin eine sowjetische Woche der Naturwissenschaften, 1932 eine deutsch-sowjetische Medizinerwoche statt, bei der viele bedeutende sowjetische und deutsche Wissenschaftler Gelegenheit zu nützlichen Gesprächen fanden. Einen Höhepunkt dieser Entwicklung bildete die deutsch-sowjetische Historikerwoche im Jahre 1928.

Mit der Machtübernahme Hitlers wurden diese Verbindungen leider zerrissen, sie konnten erst nach der Zerschlagung des deutschen Faschismus wieder aufgenommen werden.

Bekanntlich ist es die Aufgabe der Kommission der Historiker der UdSSR und der DDR, Grundfragen der Geschichte unserer Länder im Zusammenhang mit der Entwicklung der russisch-deutschen bzw. der sowjetisch-deutschen wirtschaftlichen, politischen und kulturellen Beziehungen sowie die revolutionären Verbindungen zwischen unseren beiden Völkern in der Vergangenheit, aber besonders unter den Bedingungen der gegenwärtigen Welt zu erforschen und gemeinsam zu erörtern. Die erfolgreiche Bearbeitung der hierher gehörenden Fragenkomplexe ist für die Historiker in beiden Ländern gleichermaßen wichtig, sie erfordert immer wieder als unabdingbare Bedingung die systematische Auseinandersetzung mit den reaktionären revanchistischen Konzeptionen und den verfälschenden Richtungen der bürgerlichen Geschichtsschreibung.

Der von unseren deutschen Kollegen unter der Leitung von Akademiemitglied Horst Bartel erarbeiteten Periodisierung unserer Zusammenarbeit kann man im wesentlichen zustimmen: Die erste Periode von 1945 bis zur Mitte der fünfziger Jahre. In dieser Zeit unterstützten die sowjetischen Historiker die fortschrittlichen deutschen Wissenschaftler bei der Liquidierung der faschistischen Überreste im Bewußtsein der Menschen und bei der Heranbildung marxistischer Historiker. Die zweite Periode beginnt in der Mitte der fünfziger Jahre und reicht bis zum Ende der sechziger Jahre. In dieser Periode suchten die Kollegen in der DDR – ausgehend von den Aufgaben des sozialistischen Aufbaus – engere Kontakte zu sowjetischen Historikern. Die Kommission der Historiker der UdSSR und der DDR wurde gegründet und entwickelte sich, gemeinsame historische Publikationen wurden herausgegeben, die deutschen marxistischen Historiker traten gemeinsam mit ihren sowjetischen Kollegen entschieden den Gegnern der marxistisch-leninistischen Geschichtswissenschaft entgegen; schließlich begann in den siebziger Jahren, nach dem VIII. Parteitag der SED eine dritte Periode, die bis heute währt. Charakteristisch für sie ist die Entwicklung der Kooperation zu wichtigen Forschungsschwerpunkten, die Verstärkung der gemeinsamen Auseinandersetzungen mit den gemeinsamen ideologischen Gegnern und Geschichtsfälschern.

Seit ihrer Gründung ist die Kommission ein wesentliches Bindeglied für die systematische Vertiefung der Zusammenarbeit und Freundschaft zwischen den Historikern der UdSSR und der DDR auf der gemeinsamen Grundlage des Marxismus-Leninismus.

Die Formen der Tätigkeit der Kommission sind vielfältig: wissenschaftliche Konferenzen, Symposien, Kolloquien der Historiker beider Länder, gemeinsame Publikationen, Vorlesungen, Referate, dann Diskussionen über offene Fragen der Geschichtswissenschaft, gemeinsame Erörterung und Begutachtung sowohl veröffentlichter als auch zum Druck vorbereiteter Werke, gegenseitige Konsultationen, Austausch wissenschaftlicher Materialien und Informationen, Dienstreisen von Wissenschaftlern zur Arbeit in Archiven und Bibliotheken unserer beiden Länder, längere Aufenthalte jüngerer Wissenschaftler im anderen Land. Die Kommission unterstützt weiterhin die Beteiligung von Historikern des einen Landes an wissenschaftlichen Editionen und Periodica des anderen Landes, die Übersetzung von Büchern und Aufsätzen.

Die Hauptform der schöpferischen Zusammenarbeit der Historiker unserer beiden Länder ist die wissenschaftliche Konferenz zur Erörterung wesentlicher, dringender und aktueller historischer Probleme, vor allem von Problemen der Zeitgeschichte im weitesten Sinne des Wortes, also von Fragen, die in der wissenschaftlichen Öffentlichkeit beider Länder auf größtes Interesse rechnen können. Solche wissenschaftlichen Zusammenkünfte führte die Kommission seit 1957 mindestens einmal im Jahr abwechselnd in diesem oder in jenem Lande durch. In den 18 Jahren ihres Bestehens wurden unter der Leitung der Kommission insgesamt 23 wissenschaftliche Konferenzen durchgeführt, außerdem noch verschiedene Symposien und Kolloquien zu zentralen Problemen der Geschichtswissenschaft. Die von der Kommission durchgeführten Konferenzen fanden immer breiten Widerhall und lebendiges Interesse in der wissenschaftlichen Öffentlichkeit. Die Ergebnisse dieser Konferenzen wurden in einer Reihe gemeinsamer Publikationen vorgelegt.

Seit 1969 wird von der Kommission in russischer Sprache das „Jahrbuch für deutsche Geschichte" (Ežegodnik germanskoj istorii) herausgegeben mit Beiträgen sowjetischer und deutscher Historiker. In den vergangenen sechs Jahren wurden 6 Bände vorgelegt im Umfang von je 35 Druckbogen (ca. 560 Seiten), die beiden folgenden Bände befinden sich in der Herstellung. Jeder Band des Jahrbuchs bietet Forschungsbeiträge zur deutschen Geschichte vom Mittelalter bis zur Gegenwart und zur Geschichte der Geschichtsschreibung, weiterhin eine laufende Bibliographie, Chronik des wissenschaftlichen Lebens in der Sowjetunion und in der DDR.[1]

In einem kurzen Bericht besteht natürlich keine Möglichkeit, die vielseitige Tätigkeit der Kommission in ihrem vollen Umfang und in ihrer ganzen Bedeutung herauszuarbeiten und zu analysieren. Es muß hier genügen, in knappe Form ein Fazit zu geben.

Die Erforschung der Geschichte des zweiten Weltkrieges, der von den aggressivsten und reaktionärsten Kräften des deutschen Imperialismus, Militarismus und Faschismus ausgelöst worden war, nimmt in der historischen Forschung der Sowjetunion und der DDR einen bedeutenden Platz ein und wurde dementsprechend in der Arbeit der Kommission von Anfang an in den Vordergrund gerückt. Echt wissenschaftliche zu diesem Problemkreis gehörende Fragestellungen waren in der Auseinandersetzung mit den verschiedenen Spielarten reaktionär-revanchistischer Fälschungen das Thema mehrerer Konferenzen der Kommission. Diese Konferenzen trugen wahrhaft internationalistischen Charakter und gaben wichtige Impulse für die weitere Erforschung von Ursachen, Charakter und Auswirkungen des Krieges.

In engem Zusammenhang mit dieser Richtung ihrer Arbeit beteiligte sich die Kommission aktiv am Kampf für Frieden und internationale Sicherheit; mehrfach nahm sie in den zentralen Presseorganen beider Länder, in der „Pravda", in der „Krasnaja Zvezda" und im „Neuen Deutschland" dazu Stellung; so in wissenschaftlich fundierten Erklärungen und Aufrufen zum 20. und zum 30. Jahrestag des Ausbruchs des zweiten Weltkrieges, zum 30. Jahrestag des Münchener Abkommens, zum 25. Jahrestages des Beginns des Nürnberger Prozesses gegen die Hauptkriegsverbrecher, zum 30. Jahrestag des Sieges über den Faschismus u. a.

[1] Vgl. die Rezension von W. Ruge, in: Zeitschrift für Geschichtswissenschaft, Jg. 1975, H. 4.

Ein zentrales Thema der Kommissionstätigkeit war seit ihrer Gründung die Große Sozialistische Oktoberrevolution, mit der eine neue Epoche in der Geschichte der Menschheit begann, die Epoche des Übergangs vom Kapitalismus zum Sozialismus. Diese Revolution reicht mit ihrer tiefgreifenden Wirkung in unsere Gegenwart hinein, sie beeinflußte die deutsche Arbeiterbewegung, die Novemberrevolution, die weitere Entwicklung Deutschlands bis zum Entstehen der Deutschen Demokratischen Republik, des ersten sozialistischen Staates auf deutschem Boden, im Ergebnis des Sieges über den Hitlerfaschismus.

Spezielle Zusammenkünfte der Kommission waren der Novemberrevolution 1918/1919 sowie dem sowjetisch-deutschen Rapallo-Vertrag, in dem das Leninsche Prinzip der friedlichen Koexistenz von Staaten unterschiedlicher Gesellschaftsordnung verwirklicht wurde, gewidmet. Das reiche sozialistische Erbe von Marx, Engels und Lenin, ihr außerordentlicher Beitrag für die Entwicklung der internationalen Arbeiterbewegung und speziell für die deutsche und die russische Arbeiterbewegung und für die Herausbildung revolutionärer Verbindungen und Traditionen zwischen der Bevölkerung unserer beiden Länder war das Grundthema von vier Konferenzen der Kommission.

Besondere und mit der Zeit ständig wachsende Aufmerksamkeit widmete die Kommission bis heute der Nachkriegsepoche, dem entscheidenden Umschwung in der Geschichte des deutschen Volkes als Ergebnis des Sieges der Sowjetunion im Großen Vaterländischen Krieg gegen den deutschen Faschismus, den grundlegenden Veränderungen in der Wirtschaft und in den gesellschaftlichen Verhältnissen der Ostzone, der Gründung der SED und ihrer brüderlichen Zusammenarbeit mit der KPdSU, der Gründung der Deutschen Demokratischen Republik, des sozialistischen Staates der Arbeiter und Bauern, als untrennbarem Bestandteil der sich um die Sowjetunion zusammenschließenden sozialistischen Staatengemeinschaft.

In diesem oder jenem Umfange werden hierher gehörende Fragen auf allen wissenschaftlichen Zusammenkünften der Historiker der DDR und der UdSSR berührt. Eingehender waren diese Probleme erörtert worden auf den Konferenzen, die der Befreiung der Völker Europas vom Hitlerfaschismus, der Vereinigung der KPD und der SPD, der Geschichte der russisch-deutschen revolutionären Verbindungen und der Beziehungen zwischen der UdSSR und der DDR, weiterhin dem Thema fünfzig Jahre sowjetisch-deutsche Beziehungen sowie dem Einfluß der Großen Sozialistischen Oktoberrevolution auf Deutschland, dem 25. Jahrestag der DDR, dem 30. Jahrestag der Befreiung des deutschen Volkes vom Faschismus und weiteren Themen gewidmet waren.

Von der ersten Konferenz der Historiker der UdSSR und der DDR an hat in den folgenden 18 Jahren die Kommission immer ihre Aufgabe darin gesehen, einen prinzipienfesten, konsequenten Kampf gegen alle Formen der Verfälschung der neuesten Geschichte der Sowjetunion und der Entstehung und Entwicklung zweier deutscher Staaten zu führen. Solche Themen waren: Die Geschichte der Großen Sozialistischen Oktoberrevolution und der Große Vaterländische Krieg des Sowjetvolkes gegen den Hitlerfaschismus; die Geschichte der kommunistischen und Arbeiterbewegung und die Novemberrevolution in Deutschland; die Geschichte des deutschen Imperialismus, Militarismus und Faschismus und der zweite Weltkrieg; die Geschichte der antifaschistischen Bewegung in Deutschland; die Geschichte der DDR und der BRD.

Eine spezielle Sitzung der Kommission war der „Ostforschung" gewidmet. Auf dieser Konferenz wurde die Tätigkeit der Institutionen untersucht, die sich der „Ostforschung" widmen; die verschiedenen Strömungen innerhalb der „Ostforschung" wurden analysiert.

Die Vorträge der sowjetischen und der DDR-Wissenschaftler auf den Konferenzen und Kolloquien waren getragen von den Leninschen Ideen des proletarischen Internationalismus und zeigten das völlige Übereinstimmen der Anschauungen der sowjetischen und der deutschen Historiker zu den erörterten Problemen.

Das sind die Ergebnisse der von der Kommission in den vergangenen 18 Jahren geleisteten Arbeit. Die Hauptrichtungen und die wichtigsten Probleme der Kommissionsarbeit in der nächsten Zeit werden sein:

- Die Geschichte der Entwicklung der Zusammenarbeit zwischen den fortschrittlichen Kräften Deutschlands und Rußlands, zwischen der DDR und der UdSSR, zwischen der SED und der KPdSU;
- die historische Rolle der Sowjetunion und der DDR im internationalen Kampf der fortschrittlichen und friedliebenden Kräfte gegen Imperialismus, Faschismus und Krieg, für Frieden, Demokratie und Sozialismus;
- die wachsende Rolle der marxistisch-leninistischen Partei als historische Gesetzmäßigkeit beim Aufbau des Sozialismus und Kommunismus;
- die führende Rolle der Sowjetunion bei der Entwicklung und Festigung der sozialistischen Staatengemeinschaft als wichtigster revolutionärer Kraft unserer Epoche;
- die Geschichte des zweiten Weltkrieges und die Befreiungsmission der UdSSR;
- Probleme der Geschichte der deutsch-russischen und deutsch-sowjetischen Wissenschaftsbeziehungen, Geschichte des Faschismus und Neofaschismus und des antifaschistischen Kampfes;
- Grundzüge der Außenpolitik der DDR und die gegenwärtige Etappe der Außenpolitik der UdSSR;
- Gesetzmäßigkeiten des Übergangs von einer gesellschaftlichen Formation zu einer anderen auf Grund der Erfahrungen des Übergangs vom Feudalismus zum Kapitalismus sowie des Übergangs vom Kapitalismus zum Sozialismus;
- Fragen der marxistisch-leninistischen Theorie und Methodologie der Geschichtswissenschaft, Fragen der Historiographie und des ideologischen Kampfes gegen die reaktionäre imperialistische Ideologie des Nationalismus und Antikommunismus, gegen den rechten und „linken" Opportunismus, gegen die Theorie und Praxis des Maoismus.

Der Vorsitzende der DDR-Sektion der Kommission der Historiker der UdSSR und der DDR war über viele Jahre ihres erfolgreichen Wirkens Akademiemitglied Leo Stern, der auch zu den Gründungsmitgliedern der Kommission gehörte. Mit seinem Namen verbinden sich wesentliche Erfolge in der Kommissionsarbeit und die sowjetischen Kollegen möchten ihm dafür aufrichtig danken. Jetzt ist Akademiemitglied Horst Bartel sein Nachfolger, die sowjetische Sektion der Kommission wünscht ihm vollen Erfolg.

Der erste Vorsitzende der sowjetischen Sektion war bis 1962 der zu den Gründern der Kommission gehörende Professor A. S. Erusalimskij, Korrespondierendes Mitglied der Akademie der Wissenschaften der DDR; ihm folgten bis 1965 Akademiemitglied S. D. Skazkin, dann Akademiemitglied V. M. Chvostov, Korrespondierendes

Mitglied der Akademie der Wissenschaften der DDR. In den letzten Jahren, seit 1972, liegt die Leitung der sowjetischen Sektion in den Händen von P. A. Žilin, Korrespondierendes Mitglied der Akademie der Wissenschaften der UdSSR.

Akademiemitglied Horst Bartel sagte über die Tätigkeit der sowjetischen Sektion der Kommission: „Unsere Wissenschaft hätte nie das gegenwärtige Niveau erreichen können, wenn nicht die Hilfe und Unterstützung der sowjetischen Historiker bei der Wiedergeburt und Entwicklung der marxistisch-leninistischen Geschichtswissenschaft in der DDR gewesen wäre. Nur dank dessen konnte sich eine so fruchtbare Zusammenarbeit unserer Länder entwickeln." Wir möchten dazu feststellen, daß die Kollegen in der DDR ihrerseits ebenfalls den sowjetischen Wissenschaftlern in ihrer Arbeit große Hilfe erwiesen haben und erweisen.

Wir sind davon überzeugt, daß die weitere Entwicklung der Tätigkeit der Kommission zur Ausdehnung und Vertiefung der Zusammenarbeit der Historiker unserer beiden Länder führen wird.

Die Freundschaft der Völker der Sowjetunion und der Deutschen Demokratischen Republik ist eine bemerkenswerte Erscheinung unserer historischen Epoche. Bei der Entwicklung und Festigung dieser Freundschaft kommt der Zusammenarbeit der Historiker unserer Länder ein fester Platz zu. Gegründet auf die Lehren ihrer genialen Söhne Marx, Engels und Lenin wächst diese Freundschaft und festigt sich zum Wohle der beiden verbündeten Länder, im Interesse der Festigung des Sozialismus und des Friedens in Europa und in der ganzen Welt.

Erika Stoecker

Gedanken zum Besuch des sowjetischen Historikers Arkadij Samsonovič Erusalimskij in der DDR (1955)

Die Geschichte der Akademie der Wissenschaften der DDR ist reich an Beispielen fruchtbarer Zusammenarbeit mit Gelehrten auswärtiger wissenschaftlicher Einrichtungen, insbesondere der Akademie, deren Jubiläum die Akademie der Wissenschaften der DDR gemeinsam mit dem ihrigen begeht. Die Ergebnisse gemeinsamen Forschens auszuwerten ist für jede Wissenschaftsdisziplin ebenso nützlich wie es für den Historiker reizvoll ist, den Motiven nachzuspüren, die die einzelnen Gelehrten veranlaßten, seit mehr als zwei Jahrhunderten diese Kontakte zu suchen.

In der Gegenwart ist die Zusammenarbeit der Wissenschaftler der DDR mit den Fachkollegen der UdSSR gewohnte Selbstverständlichkeit des wissenschaftlichen Alltages geworden. Ihr Werden und Wachsen ist bereits Bestandteil der Lehrbücher. Doch was oftmals die Statistik nur in nüchternen Daten wiederzugeben vermag, entschlüsselt der Historiker, und es werden Schicksale deutlich, Biographien der Menschen, die diese Entwicklung mitgestalteten.

Viele bedeutsame Persönlichkeiten wären hier zu nennen. Eine von ihnen hatte ich Gelegenheit, näher kennenzulernen, Professor A. S. Erusalimskij, Spezialist für deutsche Geschichte seit dem Ausgang des 19. Jahrhunderts.

So mancher, der ihn in Berlin oder in Moskau „erleben" konnte, mag sich die Frage gestellt haben, wer ist dieser Mann, was veranlaßte ihn zu einem derart lebhaften Engagement für die DDR? Ich konnte der Frage nachgehen, und langsam entstand das Bild eines Wissenschaftlers und Kommunisten, dessen Entwicklungsweg aufs engste mit dem seines sozialistischen Heimatlandes verbunden war. Erusalimskijs Verhältnis zur deutschen Geschichte und Gegenwart war schon sehr früh, mit seinem Verhältnis zur Geschichte überhaupt, entstanden. Er fühlte sich der Generation zugehörig, die, ich zitiere ihn, „erzogen wurde in den ersten Jahren der Revolution, in der Zeit der großen revolutionären Romantik, der Entstehung neuer sozialer und politischer Beziehungen im Lande. Wir kamen", so sagte er weiter, „zur Geschichtswissenschaft keineswegs auf Grund irgendwelcher akademischer Phantastereien. Wir wählten diesen Weg, weil wir Zeitgenossen und in gewisser Weise Teilnehmer der großen Revolution waren, weil wir auf eine neue Art die Vergangenheit überschauen wollten, um noch besser die Gegenwart und die Zukunft zu verstehen."[1] Unter

[1] A. S. Erusalimskij, unbearbeitetes Stenogramm der Rede anläßlich seines 60. Geburtstages, gehalten im Institut für Geschichte der Akademie der Wissenschaften der UdSSR, S. 3, zitiert nach: E. Stoecker, Leben und Wirken A. S. Erusalimskijs, phil. Diss. Berlin 1974, S. 151.

diesem Aspekt wird verständlich, daß der junge Student, der sich zu Beginn seiner Studien (1920) der alten Geschichte verschrieben hatte, dank seines lebhaften Engagements in den Auseinandersetzungen der Gegenwart seinen Forschungsgegenstand fand, dem er Zeit seines Lebens treu blieb: die Vergangenheit und Gegenwart des deutschen Imperialismus.

Der Kampf der jungen Sowjetunion um die Festigung ihrer internationalen Position, ihre Beziehungen zu den imperialistischen Mächten lenkten viele junge Forscher jener Generation auf die Geschichte der internationalen Beziehungen und, eingebettet in deren Rahmen, auf die Geschichte und Gegenwart des deutschen Imperialismus, auf die Geschichte der revolutionären Kräfte in Deutschland und deren Stellung in der internationalen revolutionären Bewegung. Gleich vielen Wissenschaftlern seiner Generation war Erusalimskij von Jugend an gewohnt, die Werke von Mozart, Goethe und Heine in seine geistige Welt einzubeziehen, gleich vielen seiner Altersgenossen hatte er sich bereits als Student die humanistischen Traditionen der deutschen Kultur erschlossen. Um so mehr fühlte er sich beunruhigt durch die Beobachtungen, die er 1924 in Deutschland machen konnte, prägten sich seine ersten Begegnungen mit faschistischen Elementen 1928 in Berlin, Frankfurt am Main, Hamburg und anderen Städten fest in sein Bewußtsein ein. Seitdem sah er seine Aufgabe darin, die Ideologie und Politik des zur Macht kommenden deutschen Faschismus als zutiefst inhuman, ja menschenfeindlich zu entlarven und deren historische Wurzeln bloßzulegen. Dieser Aufgabe widmete er seine wissenschaftliche, pädagogische und publizistische Tätigkeit in den dreißiger Jahren; die Erkenntnis des Wesens des Faschismus bestimmte ihn, als dieser seine Heimat überfiel, in den Reihen der Roten Armee als Offizier und als Chefkorrespondent der Armeezeitung „Krasnaja Zvezda“ am Kampf teilzunehmen.

Selten ist es einem Historiker vergönnt, die Konsequenzen seiner wissenschaftlichen Prämissen durch die Geschichte bestätigt zu sehen und aus unmittelbarer Nähe miterleben zu können. Als einziger Historiker wurde Erusalimskij Zeuge der Unterzeichnung der bedingungslosen Kapitulation am 8. Mai 1945 in Berlin-Karlshorst.

Dieses Datum, das zum Wendepunkt in der Entwicklung des einen Teiles Deutschlands führte, veranlaßte den Spezialisten für deutsche Geschichte, den erwählten Forschungsgegenstand um einen neuen Aspekt zu erweitern. Von nun an nahm neben der Geschichte des deutschen Imperialismus die Entwicklung der antiimperialistischen, demokratischen Kräfte, deren Unterstützung im weltweiten, sich festigenden System der sozialistischen Staaten breiten Raum in der wissenschaftlichen und publizistischen Tätigkeit des sowjetischen Forschers ein. Das Umsetzen seiner Erkenntnisse in wirksame Förderung der marxistisch-leninistischen Geschichtswissenschaft der DDR wurde dem Kommunisten und Internationalisten zum dringenden Anliegen und zur Bestätigung des eigenen bisherigen Wirkens.

So wird verständlich, daß der erste Besuch im demokratischen Berlin sowie in vielen Städten der DDR zu einem tiefen Erlebnis für Erusalimskij wurde und gleichzeitig, oder besser gesagt, gerade deshalb zu wichtigen Ergebnissen in der weiteren gemeinsamen Arbeit führte.

Wie seine ausführlichen Notizen bezeugen, nahm Erusalimskij während seines sechswöchigen Aufenthaltes in der DDR im Herbst 1955 mit größtem Interesse alles in sich auf, was über das gesellschaftliche, politische und kulturelle Leben unserer

Republik Aufschluß geben konnte. Seine Aufzeichnungen aus jener Zeit widerspiegeln in vielfältiger Weise sein aufmerksames Beobachten des Umdenkens in verschiedenen Bevölkerungsschichten der DDR. Dabei bestimmte ein Grundgedanke die Verarbeitung aller Eindrücke, wird in der Wiedergabe aller Gespräche, ob mit Vertretern der wissenschaftlichen Institute, der Partei- und Staatsführung oder mit Angehörigen gesellschaftlicher Organisationen, eines deutlich: als vordringlichste Aufgabe betrachtete er, in schöpferischer Verbindung mit den Auseinandersetzungen der Gegenwart, anhand der jetzt zugänglichen archivalischen Quellen eine marxistisch-leninistische Analyse der Wurzeln des deutschen Imperialismus vorzunehmen und diesen in den weltgeschichtlichen Rahmen einzuordnen. Gleichzeitig und untrennbar damit verbunden hielt er es für erforderlich, „auf der Grundlage des Marxismus-Leninismus die revolutionären Traditionen des deutschen Volkes zu popularisieren, das Selbstbewußtsein und den Stolz der deutschen Arbeiterklasse und der Werktätigen auf diese Traditionen und auf die von ihnen geschaffene demokratische Republik zu stärken.“ [2]

Wiederholter und eingehender Meinungsaustausch über Inhalt und Gestaltungsmöglichkeiten der Zusammenarbeit der Lehrenden und Forschenden auf dem Gebiet der Geschichtswissenschaft hatte während dieses Besuches auf beiden Seiten den Wunsch entstehen lassen, dieser Zusammenarbeit einen festen organisatorischen Rahmen zu geben, um somit zu einem engeren Kontakt zwischen den Wissenschaftlern beizutragen.

Erusalimskij hatte den Wunsch der deutschen Freunde mit Zustimmung zur Kenntnis genommen und für sich selbst daraus die Aufgabe abgeleitet, an deren Vorbereitung mitzuwirken. So initiierte und leitete er nach seiner Rückkehr nach Moskau seit Januar 1956 im Institut für Geschichte der Akademie der Wissenschaften der UdSSR eine Arbeitsgruppe, die, als „Germanisten-Gruppe“ bekannt, bald zum Zentrum der an der Geschichte und Gegenwart Deutschlands interessierten Gesellschaftswissenschaftler wurde. Hier standen Probleme der Politik und Ideologie des deutschen Imperialismus ebenso auf der Tagesordnung der Forschung und Diskussion wie Untersuchungen der progressiven Traditionen in der deutschen Geschichte und der Kampf der Arbeiterklasse gegen Imperialismus und Krieg. Viele bedeutsame Arbeiten zur deutschen Geschichte sind aus der Germanisten-Gruppe hervorgegangen; hier fanden Wissenschaftler der DDR, so Leo Stern und Albert Schreiner, Jürgen Kuczynski und Walter Bartel, einen interessierten fachkundigen Hörerkreis. Ohne Zweifel konnte die ein Jahr später gegründete gemeinsame Kommission der Historiker beider Länder sehr wesentlich durch diesen Arbeitskreis vorbereitet werden.

Als mit der Konstituierung der DDR- und der Sowjetischen Sektion unter dem gemeinsamen Vorsitz von Leo Stern und A. S. Erusalimskij die Historikerkommission ihre Arbeit aufnahm, begann damit eine neue Phase der Zusammenarbeit in dieser Fachdisziplin. Eine ausführliche Würdigung der fruchtbaren Tätigkeit der Historikerkommission bedarf einer gesonderten eingehenden Behandlung. Hier sei nur soviel angemerkt: Mit großem individuellen Einsatz und politischem Verantwortungsbewußtsein, fußend auf reichen wissenschaftlichen Kenntnissen und mit viel Initiative

[2] A. S. Erusalimskij, Aufzeichnungen über das Ergebnis der Reise in die DDR, S. 15, zitiert nach: E. Stoecker, a. a. O., S. 168.

hat es die Kommission verstanden, jene aktuellen Fragen aufzugreifen, zu deren Beantwortung die Historiker einen wichtigen Beitrag zu leisten hatten.

In einem Gespräch wertete der derzeitige Vorsitzende der Sowjetischen Sektion, P. A. Žilin, die erste Phase der Tätigkeit der Kommission, an deren Profilierung Erusalimskij hervorragenden Anteil hatte: „Die Bedeutung der ersten Tagungen bestand darin, daß sie im breitesten Rahmen jene an der Geschichtswissenschaft interessierten Kreise ansprachen und sie in die Diskussion um aktuelle und, mit der aktuellen politischen Diskussion verbundene, historische Themen einbezogen."[3] Heute kann ohne Übertreibung festgehalten werden, daß die beiden ersten Konferenzen der Kommission (1957 in Leipzig und 1959 in Berlin) in erster Linie der marxistisch-leninistischen Geschichtsforschung der DDR wichtige Impulse zur weiteren Erforschung und Klärung von Grundfragen der Geschichte des deutschen Imperialismus gaben.

Wenn Manfred Kossok aus heutiger Sicht Erusalimskijs Wirksamkeit in der DDR wertet, so hat er dabei sowohl dessen Anteil an der erfolgreichen Arbeit der Historikerkommission als auch die langjährige, ungemein nützliche Zusammenarbeit mit den jungen Historikern der DDR jener Zeit im Forschungsseminar zur Geschichte des deutschen Imperialismus im Auge, das A. S. Erusalimskij 1957 bis 1961 am Institut für Geschichte der Akademie zu Berlin leitete. Manfred Kossok sagte: „Unsere ganze Imperialismusforschung in der DDR seit den 50er Jahren ist ohne Erusalimskijs Beitrag undenkbar. Ihm lag besonders der Gedanke der deutsch-sowjetischen Gemeinschaftsarbeit nahe, die sich damals für uns vor allem in Form der unmittelbaren Diskussion als wertvoll erwies. Durch positive Provokationen zwang er zur Auseinandersetzung, zur Analyse der Quellen, zur Verarbeitung der positiven Erkenntnisse der bürgerlichen Forschung und zu deren kritischer Analyse. Durch diese anregende, faszinierende, fesselnde Atmosphäre, die Erusalimskij seinen Veranstaltungen zu geben verstand, wurde jede wissenschaftliche Begegnung mit ihm zu einem bereichernden Erlebnis."[4]

Langjährige Tätigkeit in der wissenschaftlichen Forschung und Publizistik, bereichert durch die politischen Erfahrungen insbesondere während des Großen Vaterländischen Krieges, und sein persönliches Engagement in der DDR und für die DDR befähigten, ja drängten Arkadij Samsonovič Erusalimskij dazu, ein wichtiges Kapitel in der Geschichte unserer marxistisch-leninistischen Historiographie mitzugestalten. Seine wissenschaftlichen Erkenntnisse gingen ein in den Erfahrungsschatz unserer Spezialisten; seine Leistungen fanden mit der Wahl zum Korrespondierenden Mitglied der Akademie der Wissenschaften der DDR (1956) ihre verdiente Würdigung.

[3] Gespräch mit P. A. Žilin, zitiert nach: E. Stoecker, a. a. O., S. 210.
[4] Gespräch mit M. Kossok, zitiert nach: E. Stoecker, a. a. O., S. 196.

Johannes Irmscher

Die „Bibliotheca classica orientalis" als Vermittlerin sowjetischer Altertumswissenschaft

Die Wissenschaft vom griechisch-römischen Altertum, welche sich mit den Sprachen, der Geschichte, der Kultur, der Literatur und Kunst der Antike befaßt – als Pendant für die Benennung Classics, Études classiques usw. bürgert sich neuerdings die russische Bezeichnung antikovedenie ein[1] –, hat für die Völker des vorrevolutionären Rußlands ebenso wie der heutigen Sowjetunion ein spezifisches Kolorit und eine besondere Bedeutung gewonnen insofern, als weite Bereiche des sowjetischen Territoriums wie zum Beispiel der Süden Rußlands und der Ukraine, das Kaukasusgebiet und Transkaukasien, aber auch Teile Turkestans dem Orbis antiquus zugehörten. Das heißt, sie waren selbst Bestandteile griechischer Staatsbildungen oder des römischen Reiches, oder aber sie standen mit jener griechisch-römischen Welt in wechselseitigem ökonomischen und kulturellen Austausch; in jedem Falle aber geben die klassischen Literaturen wichtige Quellen für ihre frühe Geschichte an die Hand. Bereits für die vorrevolutionäre russische Altertumsforschung erwuchsen von da her Schwerpunkte eigener Prägung, welche die sowjetische auf erweiterter, nämlich multinationaler, Basis aufgenommen und vertieft hat: die Geschichte, Archäologie und Epigraphik des Schwarzmeergebietes, die Beziehungen zwischen der klassischen Welt und Innerasien, die Geschichte von Byzanz. Von der ausländischen Altertumswissenschaft wurde die Bedeutung dieser Forschungen für die Überwindung klassizistischer Beschränkungen sowie bei der Herausbildung einer welthistorischen Sicht der Antike durchaus erkannt[2], jedoch blieben solche Erkenntnisse allein schon wegen der Sprachbarriere zumeist ohne tiefergreifende Wirkungen.

Aber nicht nur wegen der durch sie vermittelten Materialien gewann die sowjetische Altertumsforschung Bedeutung. Gleichgewichtig oder womöglich noch gewichtiger wurde vielmehr der methodologische Erfahrungsschatz, den sie zu vermitteln vermochte. In kritischer Aneignung und Weiterentwicklung des überkommenen Wissenschaftserbes war in den zwanziger Jahren in der Sowjetunion eine marxistisch-leninistische Altertumswissenschaft entstanden, welche völlig neue Fragen aufwarf wie die nach der weltgeschichtlichen Einordnung des griechisch-römischen Altertums, nach seinem sozialökonomischen Charakter, nach der Periodisierung seiner Entwicklung, nach der Rolle des Klassenkampfes in der Antike, nach der Sklaverei als der haupt-

[1] Belegt bei A. I. Nemirovskij, Programma speckursa „Istoriografija antičnosti", Voronež 1974, S. 2.

[2] Vgl. etwa H. Lamer, Wörterbuch der Antike, 6. Aufl., Stuttgart 1963, S. 492, und J. Irmscher, in: Bibliotheca classica orientalis, Jg. 13, 1968, S. 50ff.

sächlichen Ausbeutungsform im Altertum, nach der gesellschaftlichen Funktion von Philosophie, Literatur und Kunst, nach den Ursachen der Krise und des Untergangs der alten Welt, nach der Funktion des antiken Erbes in der sozialistischen Kultur.[3] Gegen Ausgang der dreißiger Jahre hatte sich die sowjetische Altertumsforschung nach gründlicher Selbstverständigung intra muros in dieser ihrer neuen Qualität konstituiert und vermochte sich, nachdem der Überfall Hitlerdeutschlands ihr quantitatives Wachstum für eine Zeitlang unterbrochen hatte, nunmehr von ihrem festen methodologischen Fundament her der Untersuchung der konkreten Erscheinungen und Formen in all ihrer Kompliziertheit, Vielschichtigkeit und Widersprüchlichkeit zuzuwenden und ihre Ergebnisse in Gestalt von Aufsätzen, Monographien, Lehr- und Handbüchern vorzulegen. Verständlicherweise suchte die ausländische Wissenschaft, insbesondere die in den Ländern der sich herausbildenden sozialistischen Staatengemeinschaft, an diesen Ergebnissen zu partizipieren und wiederum erwies sich neben der weithin unzulänglichen Information die Sprachbarriere als Hindernis.

Solchen offenkundigen Schwierigkeiten suchte die Kommission für griechisch-römische Altertumskunde bei der damaligen Deutschen Akademie der Wissenschaften zu begegnen, wenn sie in ihrer Sitzung vom 14. Januar 1955 auf Vorschlag des Berichterstatters beschloß, ein Organ der „Dokumentation der altertumswissenschaftlichen Literatur der Sowjetunion und der Länder der Volksdemokratie" ins Leben zu rufen. Rasch wurden die notwendigen Vorbereitungen getroffen, so daß bereits 1956 der erste Jahrgang der als Zweimonatsschrift konzipierten „Bibliotheca classica orientalis" erscheinen konnte.[4]

Was die Zeitschrift für die Vermittlung speziell der sowjetischen Altertumsforschung leistete, soll nachfolgend kurz zusammengefaßt werden.

1. Auf der Grundlage der sowjetischen Nationalbibliographie und anderer Informationsmittel wurden die einschlägigen Buchtitel und ein Großteil der Zeitschriftentitel bibliographisch erfaßt; dabei wurde jeweils verzeichnet, ob die betreffende Veröffentlichung von einem Resümee in einer anderen Sprache begleitet oder an anderer Stelle bereits übersetzt war. Besondere Aufmerksamkeit galt in diesem Zusammenhang den Dissertationen, die, da außerhalb des Buchhandels als Hochschulpublikationen erscheinend, auch in der Sowjetunion selbst nicht immer leicht zugänglich sind.

2. Arbeiten methodologischen Charakters, Aufsätze über Grundsatzfragen sowie Forschungsberichte wurden mit Bevorzugung ausführlich referiert, um die jeweils erreichten Fortschritte im Antikebild und Antikeverständnis zu markieren.

3. Durch die Dokumentation von Veröffentlichungen in estnischer, lettischer, ukrainischer, moldauischer, armenischer und georgischer Sprache wurde nicht nur der multinationale Charakter der sowjetischen Altertumsforschung ersichtlich gemacht, sondern zugleich für die sowjetischen Fachgenossen selbst Verständnishilfe geleistet.

4. Abhandlungen aus den sogenannten Hilfsdisziplinen wie Numismatik, Epigraphik und Papyrologie, die in der Sowjetunion traditionell mit Aufmerksamkeit gepflegt werden, wurden entsprechend berücksichtigt.

5. Ausführliche Sach- und Autorenregister dienten der Erschließung der dargebotenen Materialien und Informationen.

[3] Vgl. hierzu und zum Folgenden Bibliotheca classica orientalis, Jg. 14, 1969, S. 313ff.
[4] Vgl. J. Irmscher, in: Klio, Jg. 37, 1959, S. 287f.

Unzweifelhaft hat die „Bibliotheca classica orientalis" in den 14 Jahren ihres Bestehens nicht zuletzt dank der Unterstützung durch die sowjetischen Fachgenossen und ihre Institutionen[5] einen beachtlichen Beitrag zur Vermittlung und Propagierung von Ergebnissen der sowjetischen Altertumswissenschaft geleistet[6] und wurde umfassend als Informationsmittel innerhalb und vor allem auch außerhalb der sozialistischen Staatengemeinschaft genutzt; der Fundus an Kenntnissen und Erkenntnissen, den sie bereitstellte, ist bis heute noch keineswegs ausgeschöpft.

[5] Vgl. dazu W. Schmitt, in: Mitteilungsblatt für die Mitarbeiter der Deutschen Akademie der Wissenschaften zu Berlin, Jg. 3, 1957, S. 188ff.

[6] Vgl. dazu W. Schmitt, in: Sowjetwissenschaft. Gesellschaftswissenschaftliche Beiträge, Jg. 1961, S. 347f.

Ulrich Röseberg

Einige sowjetische Erfahrungen bei der Erforschung philosophischer Fragen der Wissenschaftsentwicklung

Der Bereich Philosophische Fragen der Wissenschaftsentwicklung, 1973 am Zentralinstitut für Philosophie der AdW der DDR gegründet, hat sich so gefestigt, daß wir es für sinnvoll erachten, direkten Arbeitskontakt zu der entsprechenden sowjetischen Leiteinrichtung aufzunehmen. Erste Absprachen mit der vom Korrespondierenden Mitglied der AdW der UdSSR Prof. M. E. Omeljanovskij geleiteten Abteilung für philosophische Fragen der Naturwissenschaften am Institut für Philosophie der AdW der UdSSR in Moskau lassen auf eine fruchtbare Zusammenarbeit hoffen, ohne die wir nicht in der Lage sind, die im Zentralen Forschungsplan für Gesellschaftswissenschaften festgelegte anspruchsvolle Aufgabe zu erfüllen.

Für uns geht es einerseits darum, die weltanschauliche und methodologische Bedeutung herauszuarbeiten, die dem dialektischen und historischen Materialismus bei der Entwicklung der einzelnen Wissenschaftsdisziplinen zukommt. Andererseits haben wir der marxistisch-leninistischen Weltanschauung philosophische Verallgemeinerungen natur- und gesellschaftswissenschaftlicher Forschungsarbeit theoretisch fundiert zu erschließen. Mit den sowjetischen Genossen sehen wir diese Forschungsaufgaben als Bestandteil der großen internationalen Offensive des Marxismus-Leninismus an. Unser eigener Beitrag wird dabei umso wirkungsvoller sein, je besser es uns gelingt, den reichen Erfahrungsschatz der Sowjetunion zu nutzen und die bisher in der DDR auf diesem Gebiet gesammelten Erfahrungen nicht zu vergessen. Dafür ist es auch erforderlich, sich stärker als bisher mit der Erforschung der Geschichte des Verhältnisses der marxistisch-leninistischen Philosophie und der anderen Wissenschaften zu beschäftigen.

Heute konstatieren selbst nichtmarxistische Wissenschaftler, daß die weltanschauliche Grundlage des Marxismus-Leninismus eine der wichtigen Voraussetzungen der international viel beachteten Erfolge der Sowjetwissenschaft war und ist. So drückt beispielsweise der Amerikaner Graham nach intensivem Studium sowjetischer Quellen seine Überzeugung aus, „daß der dialektische Materialismus die Arbeit von zahlreichen sowjetischen Wissenschaftlern beeinflußt hat und ihnen in bestimmten Fällen zu Ansichten verholfen hat, die ihnen internationale Anerkennung eingetragen haben".[1] Neben solchen bemerkenswerten Einsichten versucht die bürgerliche Propaganda aber nach wie vor, bestimmte Erscheinungen eines komplizierten Entwicklungsprozesses

[1] L. R. Graham, Dialektischer Materialismus und Naturwissenschaften in der UdSSR, Frankfurt/M. 1974, S. 14.

bei der Herstellung des Bündnisses marxistisch-leninistischer Philosophen und Naturwissenschaftler in der Sowjetunion zu nutzen, um einen Keil zwischen unsere Weltanschauung und die Entwicklung der Naturwissenschaften zu treiben. Diese Bestrebungen dienen letztlich dem Ziel, das Bündnis von Intelligenz und Arbeiterklasse in den sozialistischen Ländern zu stören.

Um derartigen Versuchen wirkungsvoll entgegentreten zu können, müssen wir selbst die Geschichte dieses Bündnisses und der für dieses Bündnis so wichtigen theoretisch-weltanschaulichen Diskussionen offensiv darstellen. Erste Versuche in dieser Richtung zeigen bereits, daß dabei nicht zu unterschätzende „Nebenprodukte" anfallen. Das Studium und die kritische Auswertung früherer Arbeiten sind der heutigen Forschung in vielen Fällen Anregung und kritisches Korrektiv. Diese Erfahrung haben die sowjetischen Genossen ebenso wie wir gemacht. Uns fällt die Verantwortung der Aufarbeitung unserer eigenen Geschichte zu. Dies ist zugleich die Geschichte der Zusammenarbeit sowjetischer und deutscher Wissenschaftler. Zum anderen müssen wir in stärkerem Maße als bisher die sowjetischen Untersuchungen zur Entwicklung des von Lenin geforderten[2] und heute in der Sowjetunion verwirklichten Bündnisses der marxistischen Philosophen mit den streitbaren Materialisten unter den Naturwissenschaftlern für unsere Arbeit erschließen. Damit können wir einen wichtigen Beitrag zur Popularisierung der Sowjetwissenschaft in der DDR leisten und zugleich zahlreichen außerordentlich interessierten Wissenschaftlern in den kapitalistischen Ländern zuverlässiges Informationsmaterial liefern. Die Wirksamkeit dieser Arbeiten in der internationalen ideologischen Auseinandersetzung wird entscheidend davon abhängen, wie es uns gelingt, die Entstehung der heute in der Sowjetunion, in der DDR und den anderen sozialistischen Ländern ausgeprägten Ansätze einer vertrauensvollen Zusammenarbeit von Natur- und Gesellschaftswissenschaftlern zu erklären, ohne Widersprüche und Rückschläge zu beschönigen. Wir müssen verstehen, wie es dazu kam, daß die Leninsche Forderung des Bündnisses heute in den sozialistischen Ländern eine durch die Wissenschaftsentwicklung überholte Minimalforderung ist. Es geht jetzt vor allem um die Förderung der Zusammenarbeit von Natur- und Gesellschaftswissenschaftlern, eingeschlossen die Zusammenarbeit der Philosophen mit den Vertretern der anderen Wissenschaften. Diese Zusammenarbeit ist erforderlich, um die Vorzüge des Sozialismus in allen Bereichen unseres gesellschaftlichen Lebens immer stärker auszuprägen.

Auf einen Aspekt der *Zusammenarbeit* von Naturwissenschaftlern und Philosophen möchte ich ausgehend von den sowjetischen Erfahrungen gesondert eingehen. Es handelt sich um die seit vielen Jahren an natur- und gesellschaftswissenschaftlichen Akademieeinrichtungen der Sowjetunion laufenden philosophisch-methodologischen Seminare. Diese Seminare werden in Verantwortung des Direktors des jeweiligen Instituts bestritten. Ziel der Seminare ist es, ausgehend von gesicherten marxistisch-leninistischen Grundlagenerkenntnissen, die methodologischen Probleme der Forschungsarbeit des jeweiligen Instituts in geeigneter Form regelmäßig zu diskutieren. Dabei werden notwendigerweise auch die grundsätzlichen weltanschaulichen und ideologischen Probleme behandelt. Dem Leiter dieses Seminars stehen wissenschaftliche

[2] Vgl. W. I. Lenin, Über die Bedeutung des streitbaren Materialismus, in: W. I. Lenin, Werke, Bd. 33.

Berater zur Verfügung, die sich intensiv mit den philosophischen Fragen der Wissenschaftsentwicklung beschäftigen. Zwar werden bei diesen regelmäßig abgehaltenen methodologischen Seminaren auch Gastreferenten geworben; die Mehrzahl der Referenten soll aber – so lauten die entsprechenden Orientierungen – aus dem jeweiligen Institut selbst kommen. Dadurch will man gewährleisten, daß im Mittelpunkt der Arbeit dieses Seminars tatsächlich die philosophischen Fragen des eigenen Forschungsprozesses stehen.

Diese Form der Zusammenarbeit von Naturwissenschaftlern und Philosophen hat sich an vielen sowjetischen Forschungsinstituten gut bewährt. Es gibt ein reichhaltiges Material publizierter Vorträge. Einige größere Publikationen sind aus diesen Seminaren hervorgegangen. Von mehreren Instituten werden auf gemeinsamen Konferenzen die Ergebnisse der philosophisch-methodologischen Seminare zusammengetragen[3]. Beim Präsidium der Akademie der Wissenschaften der UdSSR existiert ein zentrales Büro für philosophisch-methodologische Seminare in den Naturwissenschaften und ein solches zentrales Büro für methodologische Seminare in den Gesellschaftswissenschaften. Diese Einrichtungen koordinieren die Tätigkeit der einzelnen Seminare. Von Vertretern dieser Büros wurde uns gegenüber geäußert, daß sie gern bereit wären, die bisher mit den philosophisch-methodologischen Seminaren gesammelten Erfahrungen zu vermitteln.

An der Akademie der Wissenschaften der DDR gibt es eine Reihe von Versuchen, weltanschauliche, erkenntnistheoretische und methodologische Fragen des naturwissenschaftlichen Forschungsprozesses durch Naturwissenschaftler und Philosophen gemeinsam zu bearbeiten. Neben zahlreichen Einzelkontakten hat sich unser Bereich dabei bisher vor allem auf ein regelmäßig stattfindendes Bereichs-Kolloquium konzentriert. Das wollen wir auch beibehalten. Es ist aber die Frage zu stellen, ob es nicht an der Zeit wäre, in *einem* naturwissenschaftlichen Forschungsinstitut unserer Akademie versuchsweise ein solches philosophisch-methodologisches Seminar in Verantwortung des Institutsdirektors des naturwissenschaftlichen Instituts und unter unserer wissenschaftlichen Beratung über einen längeren Zeitraum nach dem Vorbild sowjetischer Einrichtungen einzurichten. Einen Modellfall würden wir in der über ein Jahr bestehenden Zusammenarbeit unseres Bereiches mit dem Naturkundemuseum sehen. In einem Forschungsseminar werden dort philosophische Fragen der Evolutionsbiologie behandelt.

Bei der Prüfung dieses Vorschlages müßten zwei Extreme vermieden werden. Erstens wäre es angesichts des erreichten Standes marxistisch-leninistischer Grundkenntnisse unter den Naturwissenschaftlern der Akademie falsch, dieses neu zu schaffende Seminar auf eine propagandistische Vermittlung von Grundlagen des

[3] Im Perspektivplan der Forschungsarbeit philosophischer und methodologischer Seminare wissenschaftlicher Einrichtungen der Akademie der Wissenschaften der UdSSR für 1973–1976 sind 23 Symposien zu komplexen philosophischen Problemen (z. B. Dialektik und erkenntnistheoretische Fragen der Wissenschaften, Erkenntnistheoretische, methodologische und sozialökonomische Fragen der wissenschaftlich-technischen Revolution, Methodologische Grundlagen der Wechselwirkung von Natur und Gesellschaft, Gesetze der Wissenschaftsentwicklung, Mathematisierung der Wissenschaften u. a.), 11 Symposien zu philosophischen Fragen der Gesellschaftswissenschaften und 8 Symposien zu philosophischen Fragen der Naturwissenschaften aufgeführt.

Marxismus-Leninismus zu orientieren. Die Kunst wird darin bestehen, Grundlagenerkenntnisse zu vertiefen und gleichzeitig anstehende Forschungsfragen zu erörtern.

Zweitens kann die Behandlung methodologischer Fragen naturwissenschaftlicher Forschung den naturwissenschaftlichen Forschungsprozess nicht ersetzen. Insofern wäre also die Einrichtung eines solchen Seminars keinesfalls ein Zauberstab in der naturwissenschaftlichen Grundlagenforschung. Nach ein- oder zweijähriger Tätigkeit müßte die Frage der Effektivität eines solchen Seminars gestellt werden und es müßte geprüft werden, welche der gewonnenen Erfahrungen für andere Akademieinstitute verallgemeinerungsfähig sind.

Wir hoffen, daß es mit einem solchen Seminar gelingt, einen Beitrag zur Vertiefung des theoretischen Niveaus der naturwissenschaftlichen Forschung zu leisten, Anregungen für die philosophische Forschung zu erhalten und unter den Naturwissenschaftlern Propagandisten unserer Weltanschauung zu qualifizieren, ohne dabei die entsprechende naturwissenschaftliche Forschungskapazität zu verringern.

Hans Schulze

Zur Entwicklung und zu den Perspektiven der Arbeit der multilateralen Problemkommission der Akademien sozialistischer Länder „Fragen des ideologischen Kampfes im Zusammenhang mit der Koexistenz zweier Weltsysteme"

Die Gründung der Problemkommission „Fragen des ideologischen Kampfes im Zusammenhang mit der Koexistenz zweier Weltsysteme" erfolgte im Jahre 1967, das heißt in einer Zeit schärfster ideologischer Auseinandersetzungen mit dem Imperialismus. In dieser Phase bediente sich der Imperialismus zur Durchsetzung seiner Ziele, der Spaltung der Einheit der internationalen Arbeiterbewegung im allgemeinen und der Spaltung der Einheit der Länder der sozialistischen Staatengemeinschaft im besonderen sowie der ideologischen Aufweichung der sozialistischen Länder, in starkem Maße des „linken" und rechten Revisionismus. Ihren Höhepunkt erreichten die Auseinandersetzungen mit dem internationalen Revisionismus im Jahre 1968, in welchem dem Imperialismus mit der Vereitelung seines Plans, den Kapitalismus in der ČSSR vor allem mit Hilfe revisionistischer Elemente unter der Maske einer „Erneuerung des Sozialismus", der Errichtung eines „Sozialismus mit menschlichem Antlitz" zu restaurieren, durch die einheitliche Aktion der im Warschauer Vertrag vereinigten sozialistischen Staaten eine entschiedene Abfuhr erteilt wurde.

Mit der Vereitelung dieses und weitergehender Pläne des Imperialismus waren die ideologischen Auseinandersetzungen, insbesondere die mit dem „linken" und rechten Revisionismus, natürlich nicht abgeschlossen. Die Aufgabe, dem Gegner eine gründliche theoretische Niederlage zu bereiten, stand auch weiterhin vor den Gesellschaftswissenschaftlern und Propagandisten der sozialistischen Länder sowie der internationalen Arbeiterbewegung überhaupt.

Diesem Ziel war die gesamte Tätigkeit der Problemkommission „Fragen des ideologischen Kampfes im Zusammenhang mit der Koexistenz zweier Weltsysteme" von Anfang an untergeordnet. Durch die auf ihren Tagungen vorgenommene Erarbeitung einheitlicher Standpunkte zu den aktuellen Problemen des ideologischen Kampfes, zur Einschätzung und Widerlegung gegnerischer Theorien und Konzeptionen, insbesondere zur Widerlegung des „linken" und rechten Revisionismus, wurde ein wesentlicher Beitrag zur Festigung der ideologischen Einheit jener Kader der Akademien der sozialistischen Länder geleistet, die auf dem Gebiet der Kritik der bürgerlichen Ideologie tätig sind.

Erstes sichtbares Ergebnis dieser Anstrengungen war die im Januar 1970 in Moskau durchgeführte große internationale Konferenz „Die wachsende Rolle des Leninismus in der gegenwärtigen Epoche und die Kritik des Antikommunismus". Diese Konferenz, bei deren Organisierung die Problemkommission aktiv von den Parteiführungen der in der Problemkommission vertretenen Länder unterstützt wurde, führte zu einem allgemeinen Aufschwung in der theoretischen Auseinandersetzung mit der bürgerlichen Ideologie. Die Kritik des Antikommunismus erfuhr sowohl in wissenschaftlicher als auch in propagandistischer Hinsicht eine Vertiefung und Verbreiterung. Der Problemkommission, der anfangs nur Mitarbeiter der philosophischen Institute der Akademien sozialistischer Länder angehörten, gelang es, Vertreter aller gesellschaftswissenschaftlichen Disziplinen zur Mitarbeit an dieser Konferenz heranzuziehen, wodurch eine allseitige Kritik des Antikommunismus gewährleistet werden konnte. Damit war gleichzeitig der überzeugende Nachweis dafür erbracht, daß diese Problemkommission die Effektivität ihrer Arbeit durch eine interdisziplinäre Zusammenarbeit bedeutend zu erhöhen vermag. Diese Art des Herangehens an die Lösung der auf dem Gebiet des ideologischen Kampfes vor uns stehenden Aufgaben ist heute bereits zu einer Selbstverständlichkeit geworden, wie die Arbeitsprogramme und die thematischen Konzeptionen der verschiedenen nationalen Arbeitsgruppen beweisen. Ein nicht zu unterschätzendes Ergebnis dieser Konferenz, an der über den Akademierahmen hinaus Vertreter aller auf diesem Gebiet arbeitenden Institutionen der beteiligten Länder, z. B. Vertreter von Universitäten, von Parteihochschulen usw., teilnahmen, bestand schließlich darin, daß auf ihr die theoretische und ideologische Einheit der sozialistischen Länder überzeugend demonstriert wurde.

Ein weiteres sichtbares Ergebnis dieser Arbeit war die ein Jahr darauf, im Jahre 1971, erfolgte Herausgabe des Buches „Zeitgenössische ausländische Marxisten im Kampf gegen die bürgerliche Ideologie".

Ein wichtiger Meilenstein in der Entwicklungsgeschichte unserer Problemkommission war schließlich die auf Anregung der sowjetischen Arbeitsgruppe von der Dresdener Tagung der Problemkommission im Mai 1971 beschlossene und im Herbst desselben Jahres durchgeführte zweiwöchige Sommerschule in Suchumi zum Thema „Der XXIV. Parteitag der KPdSU und Fragen des derzeitigen ideologischen Kampfes". Sie vermittelte uns nicht nur wertvolle Erfahrungen, wie die Arbeit eines aus Wissenschaftlern aller in der Problemkommission integrierten Akademien bestehenden Autorenkollektivs künftighin organisiert werden muß, um in relativ kurzer Zeit Früchte zu tragen, sondern leistete auch durch die Veröffentlichung der Kollektiv-Monographie „Aktuelle Probleme des Kampfes gegen den Antikommunismus" einen unmittelbaren Beitrag zu der vom XXIV. Parteitag der KPdSU gestellten Aufgabe, einen ständigen Kampf gegen die Ideologie des Antikommunismus und Antisowjetismus, des rechten und des „linken" Revisionismus sowie des Nationalismus zu führen.

Wenngleich eine zweite Sommerschule mit einer analogen Zielstellung von der Problemkommission bislang noch nicht wieder organisiert worden ist, so haben sich doch die hier gesammelten Erfahrungen sehr positiv auf die Organisierung der kollektiven Zusammenarbeit von Wissenschaftlern verschiedener Länder bei der Bearbeitung der von den einzelnen Arbeitsgruppen übernommenen Themen ausgewirkt.

Mit der Vergabe und Übernahme von speziellen Themen durch die einzelnen nationalen Arbeitsgruppen der Problemkommission, von Themen, die zur Lösung der allgemeinen Aufgaben des ideologischen Kampfes gegen die bürgerliche Ideologie beitragen, wurde Anfang der siebziger Jahre ein neuer Entwicklungsabschnitt in der Arbeit der Problemkommission eingeleitet. Zielten die bisherigen Aktivitäten in erster Linie auf die Organisierung gemeinsamer Veranstaltungen und die Herausgabe gemeinsamer Publikationen ab, bei denen die Akademie der Wissenschaften der UdSSR stets die Initiative und den Großteil der organisatorischen Arbeit übernahm, so wurde nunmehr einzelnen nationalen Gruppen jeweils eine bestimmte Thematik zur eigenverantwortlichen Bearbeitung übertragen.

Diese Verantwortung schließt die Organisierung einer multilateralen Zusammenarbeit, die Veranstaltung von Konferenzen, Symposien, die Herausgabe von Monographien etc. ein.

Ein weiterer Fortschritt in der Arbeit der Problemkommission besteht darin, daß von einer kurzfristigen Planung zu einer langfristigen auf fünf Jahre berechneten Planung übergegangen wurde. Dieser Plan wurde auf der letzten Sitzung unserer Problemkommission im Januar dieses Jahres in Moskau ausgearbeitet. Er wird Bestandteil des „Programms der multilateralen wissenschaftlichen Zusammenarbeit der Akademien der Wissenschaften sozialistischer Länder“ (mit Präzisierungen und Ergänzungen für den Zeitraum 1976 bis 1980) sein, welches der IX. Konferenz der Vertreter der Akademien der Wissenschaften sozialistischer Länder zur Bestätigung vorgelegt wird.

Die Entwicklung der Arbeit unserer Problemkommission spiegelt sich auch in der Herausgabe des Informationsbulletins dieser Problemkommission wider. Erschienen in den ersten Jahren des Bestehens der Problemkommission nur 2 oder 3 Nummern im Jahr, so werden jetzt regelmäßig 6 Nummern herausgegeben. Informierte das Bulletin anfangs nur über den Inhalt der Tagungen der Problemkommission sowie über die in den einzelnen an der Arbeit der Problemkommission teilnehmenden Ländern zur Kritik der bürgerlichen Ideologie erschienenen Literatur und veranstalteten Symposien, Konferenzen usw., so werden jetzt hauptsächlich theoretische Artikel zur Kritik der bürgerlichen Ideologie gedruckt, die nach einem vom inzwischen aus Vertretern aller Akademien im Jahre 1972 gebildeten Redaktionskollegium erarbeiteten, vom Plenum der Problemkommission bestätigten thematischen Plan gezielt in den ideologischen Klassenkampf der Gegenwart eingreifen. Gleichzeitig dient dieses Bulletin dazu, die von einzelnen nationalen Arbeitsgruppen der Problemkommission zu den von ihnen übernommenen Themen zu veranstaltenden internationalen theoretischen Symposien durch vorherigen Abdruck der Vorträge und Diskussionsbeiträge vorzubereiten. Diese Praxis ermöglicht es, daß auf diesen Symposien sofort in den wissenschaftlichen Meinungsstreit zu den von den Autoren im Informationsbulletin dargelegten Auffassungen eingetreten werden kann, was sich, um nur zwei Beispiele zu nennen, bei dem von der tschechoslowakischen Arbeitsgruppe der Problemkommission im vergangenen Jahr in Liblice veranstalteten Symposium zum Thema „Kritik der bürgerlichen und revisionistischen Interpretationen des wissenschaftlich-technischen Fortschritts“ als sehr fruchtbar erwies und auch für die Vorbereitung des im Jahre 1973 von der DDR und der UdSSR in Rostock veranstalteten Symposiums zum Thema „Kritik des Sozialdemokratismus sowie des ‚linken‘ und rechten Opportunismus“ von großem Nutzen war.

Das Niveau, das die Entwicklung des Bulletins inzwischen erreicht hat, vermag nach Ansicht unserer Problemkommission – zumindest von dieser Seite her – den Vorschlag zu rechtfertigen, es in eine theoretische Zeitschrift umzuwandeln.

Wenn hier – zumal noch in gedrängter Kürze – auch nur einige Seiten der umfangreichen Tätigkeit dieser Problemkommission dargestellt werden konnten, dürfte diese Darlegung dennoch gezeigt haben, daß die bisherige Entwicklung erfolgreich verlaufen ist und daß sie die in die Gründung einer solchen Problemkommission gesetzten Erwartungen gerechtfertigt hat. Daß zur Realisierung des jetzt im Entwurf vorliegenden Fünfjahrplanes noch eine große Arbeit zu leisten sein wird, steht außer Frage.

Die erfolgreiche Lösung der vor uns stehenden Aufgaben macht es vor allem erforderlich, daß die zwischen den nationalen Arbeitsgruppen der Problemkommission getroffenen Vereinbarungen über die Ausarbeitung bestimmter Teilprobleme eines komplexen Themas künftighin vertraglich abgesichert werden. Nur so kann gewährleistet werden, daß die von den einzelnen nationalen Arbeitsgruppen übernommenen Verpflichtungen auch termingerecht eingehalten werden. Die erfolgreiche Lösung der sich aus dem Arbeitsprogramm der multilateralen Problemkommission ergebenden Aufgaben macht es ferner erforderlich, daß sich künftighin ausnahmslos alle gesellschaftswissenschaftlichen Disziplinen der AdW der DDR an der Arbeit unserer Kommission beteiligen, was die Heranziehung von Fachleuten aus anderen gesellschaftswissenschaftlichen Einrichtungen der DDR nicht ausschließt. Die Erfüllung dieser Forderungen wird uns befähigen, die Arbeit unserer Problemkommission noch effektiver als bisher zu gestalten.

Günter Klimaszewsky

Zur Entwicklung der Theorie der materialistischen Dialektik (Auswertung der theoretischen Standpunkte in sowjetischen Forschungsergebnissen)

Die Erforschung und Vermittlung der materialistischen Dialektik als philosophischer Theorie der Entwicklung und des Zusammenhangs im Rahmen der Lehre sind in der DDR stets durch die theoretische und praktische Hilfe von Forschungsergebnissen aus der Sowjetunion entscheidend beeinflußt worden. Von den zahlreichen Monographien – insbesondere von M. M. Rozental' – zu den verschiedensten Aspekten der materialistischen Dialektik über eine Reihe hervorragender Kollektivarbeiten von Philosophen und Einzelwissenschaftlern zur Dialektik in der Natur und den naturwissenschaftlichen Grunddisziplinen bis zu den Streitschriften von P. N. Fedoseev, P. V. Kopnin und I. Narskij reicht die Kette neuester Forschungsergebnisse zur Dialektik, die allein als Übersetzung und Bearbeitung unmittelbar durch uns als DDR-Philosophen genutzt werden konnten. Sie sind heute auch eine der unabdingbaren Voraussetzungen für unsere eigenen Forschungen zur Theorie der materialistischen Dialektik.

I.

Der hohe Stellenwert von Forschungen zur Theorie und Methode der materialistischen Dialektik leitet sich heute insbesondere aus der Vielfalt, Komplexität und Kompliziertheit von gesellschaftlichen Prozessen ab, die wir in allen Bereichen gegenwärtig zur Kenntnis nehmen. Ihre Beherrschung setzt ihre Analyse voraus, für die das dialektisch-materialistische Instrumentarium zum Einsatz gebracht und in ihm auch einer Präzisierung und Konkretisierung zugänglich gemacht werden muß.

Natürlich sind und bleiben die Einzelwissenschaften ein wichtiger Anwendungs- und Indikator-Bereich für die materialistische Dialektik. Die Wissenschaften sind für die Weiterentwicklung der Dialektik eine der wesentlichsten Quellen, nur darf das nicht dazu führen, daß die Analyse dieses Bereiches ausschließlich auf das Gebiet der Naturwissenschaften reduziert wird und daß vor allem die anderen Bereiche menschlicher Tätigkeit aus dem Blickfeld notwendiger dialektisch-materialistischer Analyse und Verallgemeinerung geraten. Materialistische Dialektik hat es stets mit dem Sein in seiner Ganzheit zu tun und muß daher die dialektischen Beziehungen in allen Bereichen der Wirklichkeit analysieren und theoretisch verallgemeinern. Genau das taten Marx, Engels und Lenin; mit deren in sich geschlossener philosophischer Entwicklungskonzeption ist die Anwendung auf neue objektive Prozesse vorzunehmen, und auf dieser Grundlage – und nur auf ihr – ist eine schöpferische Weiterentwicklung der Dialektik als Theorie und Methode möglich. Da die materialistische Dialektik als Theorie Widerspiegelungscharakter trägt, ist ihre Weiterentwicklung auf der Grundlage neuer Prozesse und Zusammenhänge in der objektiven Realität, insbesondere dem gesellschaftlichen Leben, und im Denken ein Prozeß, dessen Quellen und Triebkräfte in der Widersprüchlichkeit, Unendlichkeit und Unerschöpflichkeit der Materie in ihren konkreten Erscheinungsformen selbst liegen. Die materialistische Dialektik kann ihre Aufgabe als Theorie und Methode nur lösen, wenn sie auf der Höhe der Aufgaben steht: ihre theoretischen Aussagen müssen durch die philosophische Verarbeitung der neueren und neuesten Erkenntnisse bei der Analyse der gesellschaftlichen Wirklichkeit, der ganzen Kompliziertheit des Klassenkampfes und der einzelwissenschaftlichen Ergebnisse weiterentwickelt werden. Diese Überlegungen führen uns in völliger Übereinstimmung mit sowjetischen Grundpositionen zu folgenden Thesen: *Erstens* verstehen wir die Aufgabe zur Vertiefung und Präzisierung des weltanschaulichen und methodologischen Gehalts der materialistischen Dialektik vor allem als eine konsequente Realisierung des Leninschen Programms, das wiederum eine Reihe konzeptioneller Ansätze umfaßt, *zweitens* darf man sich bei der Weiterentwicklung der Dialektik weder von einer undialektischen Identifizierung von Weiterentwicklung und Anwendung noch einer metaphysischen Entgegensetzung beider leiten lassen; *drittens* muß die Vorrangigkeit bei der dialektisch-materialistischen Analyse von gesellschaftlichen Prozessen bis zur notwendigen Breite und Tiefe der Nutzung gesellschaftswissenschaftlicher Ergebnisse geführt werden; *viertens* ist bei der Analyse aller neuen wissenschaftlichen Erkenntnisse die gesellschaftliche Determiniertheit derselben als wesentliches Moment mit zu untersuchen.

II.

Die Forschungen zur materialistischen Dialektik haben in der UdSSR in den fünfziger und sechziger Jahren einen bis dahin nicht gekannten Umfang erreicht, was seinen besonderen Ausdruck auch in der Schaffung neuer wissenschaftlicher Zentren (Novosibirsk, Alma-Ata, Rostov am Don und Erevan) und der Durchführung der I. Allunionskonferenz zur materialistischen Dialektik (1965) fand.

Zu den Prinzipien, Grundgesetzen und Kategorien der materialistischen Dialektik wurden wertvolle Forschungsergebnisse in Form von Teilarbeiten zur Dialektik erzielt. Die Arbeit „Geschichte der marxistischen Dialektik" – Die Leninsche Etappe" gibt zu den erzielten Ergebnissen einen guten und auch differenzierten Überblick.[1] Zur gleichen Zeit wurden bei uns in der DDR intensive Diskussionen zur Widerspruchsproblematik geführt, die unmittelbar von den sowjetischen Diskussionen beeinflußt waren, und relativ unabhängig von der sowjetischen Forschung verliefen wesentliche Arbeiten, Diskussionen und Symposien zum dialektischen Determinismus.

In Auswertung der in der Sowjetunion bis zum Ende der sechziger Jahre erzielten Ergebnisse und in Anbetracht der objektiv höheren Anforderungen an die Theorie und Methode der materialistischen Dialektik stellte der XXIV. Parteitag der KPdSU

[1] Geschichte der marxistischen Dialektik – Die Leninsche Etappe, Berlin 1976.

den Philosophen eine Aufgabe von großer Tragweite für die gesamte Theorie des Marxismus-Leninismus. „Bei der Erforschung der Dialektik darf man sich nicht mehr nur darauf beschränken, ihre einzelnen Probleme, Gesetze und Kategorien zu untersuchen. Gestützt auf die durchgeführten Forschungen, müssen die sowjetischen Philosophen eine von der Wissenschaft und Praxis mit allem Nachdruck gestellte komplizierte und schwierige Aufgabe lösen: die Entwicklung der Theorie der materialistischen Dialektik und die Ausarbeitung des einheitlichen Systems ihrer Gesetze und Kategorien."[2]

Hier sei vor allem hervorgehoben, daß die Aufgabenstellung der sowjetischen Philosophen nach dem XXIV. Parteitag der KPdSU hinsichtlich der Grundorientierung zur weiteren Ausarbeitung der Theorie der materialistischen Dialektik von neuer und höherer Qualität ist: es wird die Aufgabe in Angriff genommen, die Theorie der materialistischen Dialektik als eines in sich geschlossenen Systems ihrer Prinzipien, Gesetze und Kategorien auszuarbeiten.

Diese Aufgabe kann sicher nicht so aufgefaßt werden, als ob es möglich wäre, sie mit einigen wenigen Grundlagenarbeiten als gelöst zu betrachten. Zu vielfältig sind die notwendigen und möglichen Ansätze und zu groß ist die Zahl jener Diskussionsprobleme, um deren Klärung man sich im Arbeitsprozeß dieser generellen Aufgabenstellung bemühen muß, um ihr im Ansatz voll gerecht zu werden.

Gleichzeitig ist die Absage an die ausschließliche Erforschung einzelner Kategorienpaare der materialistischen Dialektik und die Hinwendung zu integrativen philosophisch-weltanschaulichen Fragestellungen zum Gegenstand, zur Struktur und Funktion der materialistischen Dialektik als Ganzes ein potentiell höheres Entwicklungsniveau der Dialektikforschung.

B. M. Kedrov machte Ende 1973 in einem problemreichen Beitrag in der Zeitschrift „Fragen der Philosophie" auf die ganze Kompliziertheit dieses Programms aufmerksam und umriß einige Konzeptionen, von denen gegenwärtig die Realisierung dieser Aufgabenstellung in Angriff genommen wird.[3]

Dem Wesen nach realisieren nun einige Forschungskollektive in der Sowjetunion Pläne W. I. Lenins zur Theorie der materialistischen Dialektik, die er insbesondere in den „Philosophischen Heften" skizziert hatte. So wird in einem Kollektiv auf der Basis von erforschten Grundlagen der Theorie der materialistischen Dialektik die Dialektik der Natur und ihrer Wissenschaften, die Dialektik der gesellschaftlichen Entwicklung und die Dialektik der wissenschaftlichen Erkenntnis dargestellt. Hierbei wird also die von den Klassikern generell entwickelte Auffassung von der Dialektik als Wissenschaft von den allgemeinen Gesetzen in Natur, Gesellschaft und im Denken zur theoretischen Entfaltung gebracht.

Lenin äußerte im Rahmen seiner Analyse der Hegelschen Auffassungen zum universellen Zusammenhang die Idee, diesen und seine vielfältige Widerspiegelung umfassend zu untersuchen. Hieraus entsprang folgende Aufgabenstellung: „Die Fortführung des Werks von Hegel und Marx muß in der *dialektischen* Bearbeitung der Geschichte des menschlichen Denkens, der Wissenschaft und der Technik bestehen."[4]

[2] P. N. Fedossejew, Der XXIV. Parteitag der KPdSU und die Grundrichtungen der Forschung auf dem Gebiet der Gesellschaftswissenschaften, in: Einheit, 1972, H. 4, S. 461.

[3] B. M. Kedrov, O rasrabotke materialističeskoj dialektiki, in: Voprosy filosofii, 1973, H. 9, S. 3–14.

[4] W. I. Lenin, Konspekt zur „Wissenschaft der Logik", in: Werke, Bd. 38, S. 137.

Diesem Plan Lenins zur Theorie der Dialektik folgend, erforscht ein weiteres Kollektiv die Dialektik als Resultat der gesamten Geschichte des menschlichen Denkens, aller Wissenschaften, der Technik und der gesamten praktischen revolutionären Tätigkeit der Menschen auf der Grundlage der Einheit des Historischen und Logischen. Dieser Plan ist ohne weitgehende interdisziplinäre Arbeit nicht realisierbar. „Es geht darum", hebt B. M. Kedrov mit Nachdruck hervor, „daß wir, wenn die Leninschen Pläne nicht unrealisiert bleiben sollen, die theoretische Forschung zur Dialektik auf dem Niveau der zeitgenössischen gesellschaftlich-historischen Entwicklung und der Entwicklung der Wissenschaft betreiben müssen."[5]

Schließlich entwickelt Lenin im Rahmen der Analyse des Plans der Dialektik Hegels die Idee, die ganze Theorie der materialistischen Dialektik mit Hilfe der Methode des Aufsteigens vom Abstrakten zum Konkreten auszuarbeiten.[6] Eine Gruppe von sowjetischen Wissenschaftlern hat sich seit einigen Jahren dieser Idee angenommen und wertvolle erste Ergebnisse in dieser Richtung publiziert.[7]

Diese Arbeitsrichtungen sind u. E. in ihren Ergebnissen in vielerlei Hinsicht von der vertieften Erforschung und intensiven Diskussion einer Reihe von Grundproblemen der Theorie der materialistischen Dialektik abhängig.

Die Ende des Jahres 1974 in der Redaktion der Zeitschrift „Fragen der Philosophie" durchgeführte Arbeitstagung mit Spezialisten für Fragen der materialistischen Dialektik bestätigt unseren Standpunkt sehr nachdrücklich.[8]

Wir haben uns im Bereich „Dialektischer Materialismus" des Zentralinstituts für Philosophie der AdW der DDR in den letzten Jahren bemüht, entsprechend unseren Möglichkeiten ebenfalls einige integrative Problemstellungen zur Theorie der materialistischen Dialektik zu formulieren, deren Lösung alle unsere Kräfte in den nächsten fünf bis zehn Jahren erfordern dürfte. Ergänzend sei zunächst vermerkt, daß wir Forschungen zur Dialektik nicht als Domäne unseres Bereiches betrachten, wir uns mit den anderen systematischen und den historischen Bereichen unseres Zentralinstituts entsprechend der Spezifik des philosophischen Teilgebietes in gleicher Weise für Forschungen zur materialistischen Dialektik verantwortlich fühlen.

Ein *erster Problemkomplex*, den wir weiter zu bearbeiten gedenken, umfaßt das *Verhältnis von dialektischer und metaphysischer Denkweise*, seine Charakteristik durch die Klassiker des Marxismus-Leninismus, seine Evolution bis in die Gegenwart und vor allem die Darstellung der wesentlichen Bestandteile der dialektisch-materialistischen Denkweise. Hierbei soll auch die philosophische Methodenkritik und die Auseinandersetzung mit spontanen und bewußten metaphysischen Denk- und Verhaltensweisen einen gebührenden Platz einnehmen. Ein Teilergebnis wird 1975 fertiggestellt werden, weitere sind wesentliche Leistungen des Bereiches im 2. Zentralen Forschungsplan.

Ein *zweiter Problemkomplex* umfaßt die *drei Grundgesetze* der materialistischen Dialektik, ihren Zusammenhang, ihre Stellung in Entwicklungsprozessen und die methodische Funktion entsprechender Gesetzesaussagen bei der Analyse von Entwicklungsprozessen. Bei aller relativen Eigenständigkeit jedes der Grundgesetze ver-

[5] B. M. Kedrov, a. a. O., S. 4.

[6] W. I. Lenin, a. a. O., S. 314–317.

[7] Vgl. Problema načala v teoretičeskom poznanii, Alma-Ata 1967; Dialektika i logičeskie principy postroenija teorii, Alma-Ata 1973.

[8] Vgl. Voprosy filosofii, 1975, H. 3, S. 98–107, und H. 4, S. 92–102.

mag keines von ihnen allein einen Entwicklungsprozeß zu erfassen; ihre gegenseitige Ergänzung ist notwendig und für die Schlüssigkeit der philosophischen Analyse wesentlich. U. E. liegt in der konsequenten Ausarbeitung der These von der Einheit der drei Grundgesetz ein wichtiger Beitrag zur Theorie und auch die Loslösung von allerhand Schematismen.

III.

Die konkrete und direkte Beziehung zur sowjetischen Dialektik-Forschung wird gegenwärtig im wesentlichen in vier Formen gesucht und auch schrittweise realisiert. *Erstens* werden sowjetische Forschungsergebnisse von *allen* wissenschaftlichen Mitarbeitern kontinuierlich verfolgt (alle besitzen jetzt die erforderlichen Sprachkenntnisse) und für die eigene Forschung berücksichtigt. Hierbei spielen auch solche produktiven, aber sehr aufwendigen Formen wie *Literaturberichte* eine entsprechende Rolle; leider ist ihr Nutzeffekt über das Institut hinaus nicht hoch genug. *Zweitens* werden durch das Kollektiv des Bereiches Grundlagenforschungsergebnisse aus der Sowjetunion übersetzt und bearbeitet; hierbei spielt die Qualifizierung im Fach und in der Sprache schon eine große Rolle; beide Momente, vor allem die inhaltliche Diskussion, müssen noch vertieft genutzt und vor allem durch geeignete Rezensionen für den Meinungsstreit unter DDR-Philosophen ausgewertet werden. *Drittens* sollen nun jährlich Problemdiskussionen zu schon erzielten Forschungsergebnissen der Kollektive aus dem Bereich „Dialektischer Materialismus" in Moskau und Berlin durchgeführt werden; diese Form hat den nötigen Grad der Verbindlichkeit und trägt andererseits dem Umstand Rechnung, daß eine kollektive Arbeit gegenwärtig noch nicht möglich ist, will man sie nicht auf die generell nicht als perspektivisch anzusehende Form des Sammelbandes beschränken. Diese Diskussionen haben in jedem Fall das Ziel, geeignete gemeinsame Ansatzpunkte und Ergebnisse zu suchen, zu mehren und zu synthetisieren, die eine gediegene gemeinsame Publikation zwingend möglich und notwendig machen.

Viertens wird bei uns die Form gemeinsamer Kolloquien zu komplexen Problemstellungen der materialistischen Dialektik gemeinsam mit anderen Bereichen unseres Instituts und philosophischen Kadern aus den Universitäten und Hochschulen der DDR praktiziert. 1972 und 1973 wurden solche Kolloquien, die einen ausgeprägten Arbeitscharakter trugen, zum Problem der dialektisch-materialistischen Konzeption des gesellschaftlichen Gesetzes durchgeführt. Durch sie erhielten wir zweifelsohne wichtige Impulse für die Vorbereitung unseres Philosophie-Kongresses 1974. Sie wiesen uns auch in bezug auf jene Thematik als integrationswürdige wissenschaftliche Forschungspartner gegenüber unseren sowjetischen Genossen aus.

Zu den dringlichsten Aufgaben der weiteren Zusammenarbeit rechnen wir die Stabilisierung und inhaltliche Vorbereitung der beiden letzten Formen der Zusammenarbeit und den *kontinuierlichen* Austausch von Nachwuchswissenschaftlern.

Harry Maier

Ergebnisse der Zusammenarbeit bei der Erforschung von ökonomischen Problemen des wissenschaftlich-technischen Fortschritts

Verglichen mit den 275 Jahren seit der Gründung unserer Akademie ist das Zentralinstitut für Wirtschaftswissenschaften eine relativ junge Institution. Ohne jede Übertreibung kann man sagen, daß die Entwicklung des Zentralinstituts für Wirtschaftswissenschaften zu einer wichtigen Stätte wirtschaftswissenschaftlicher Forschung in unserer Republik nur möglich gewesen ist durch die schöpferische Zusammenarbeit mit unseren sowjetischen Freunden, durch ihre freundschaftliche Hilfe und Unterstützung.

Den erreichten Stand dieser Zusammenarbeit, die hierbei gemachten Erfahrungen und aufgetretenen Probleme möchte ich an zwei Grundproblemen unserer Forschung: der Erforschung der Gesetzmäßigkeiten der intensiv erweiterten Reproduktion und der Prozesse der sozialistischen Akkumulation, darstellen.

Eine direkte, abgestimmte Zusammenarbeit auf dem Gebiet der marxistisch-leninistischen Reproduktionstheorie mit dem Kollektiv des Gen. Prof. Aleksandr Il'ič Notkin begann im Jahre 1969; dem Kollektiv gehörten eine Reihe erfahrener Wirtschaftswissenschaftler an, die sich teilweise schon seit den dreißiger Jahren mit Fragen der Reproduktionstheorie beschäftigten.

Wir stellten drei Grundfragen der intensiv erweiterten Reproduktion in den Vordergrund unserer Arbeit. Die Frage nach dem sozialökonomischen Inhalt der Prozesse der intensiv erweiterten Reproduktion unter unseren heutigen Bedingungen, nach den Kriterien und Faktoren dieses Reproduktionstyps.

Beim ersten Problem hatten wir uns mit Auffassungen auseinanderzusetzen, die den Übergang zur vorwiegend intensiv erweiterten Reproduktion als eine mögliche wirtschaftspolitische Orientierung unter verschiedenen anderen ansahen und sie nur auf einzelne Bereiche und Elemente beschränken wollten. Wir sahen gerade in solchen einseitigen Auffassungen eine der Ursachen für theoretische und praktische Unsicherheiten, die beim Beschreiten des Weges der intensiv erweiterten Reproduktion immer wieder auftraten.

Unsere Analyse zeigte, daß – wenn auch in den einzelnen sozialistischen Ländern entsprechend den spezifischen Bedingungen in unterschiedlichem Maße – die vorwiegend extensiv erweiterte Reproduktion im wesentlichen mit der Lösung der Aufgaben der Übergangsperiode vom Kapitalismus zum Sozialismus verbunden ist. Obwohl auch in dieser Periode in nicht geringem Umfange bereits intensive Prozesse, die mit dem wissenschaftlich-technischen Fortschritt, der Erhöhung des Qualifikationsniveaus der Werktätigen verknüpft sind, eine wichtige Rolle spielen, war in dieser Zeit die extensiv erweiterte Reproduktion der vorherrschende Reproduktionstyp, da der Sozialismus damals erst den Raum für die Schaffung der materiell-technischen Basis des Sozialismus erobern mußte durch die Durchführung der sozialistischen Umwälzung in Industrie, Landwirtschaft, Bildung und Wissenschaft und die im Kapitalismus entstandenen Disproportionen zwischen einzelnen Bereichen der Volkswirtschaft überwunden werden mußten.

Es ist daher völlig aus der Luft gegriffen, wenn revisionistische Theoretiker und bürgerliche „Ostforscher" die Periode vorwiegend extensiver Entwicklung der sozialistischen Wirtschaft als uneffektiv und Ausdruck einer verfehlten Wirtschaftspolitik darzustellen suchen.

Mit dem Sieg der sozialistischen Produktionsverhältnisse, der Festigung der materiell-technischen Basis des Sozialismus, mußte sich zwangsläufig das Gewicht der intensiv erweiterten Reproduktion im Wachstum der sozialistischen Wirtschaft verstärken, bis die objektive Notwendigkeit entstand – in der DDR seit Beginn der sechziger Jahre –, die intensiv erweiterte Reproduktion zum vorherrschenden Reproduktionstyp zu machen. Es zeigt sich nämlich, daß die intensiv erweiterte Reproduktion sowohl der für die Schaffung der entwickelten sozialistischen Gesellschaft wie für die Durchführung der wissenschaftlich-technischen Revolution adäquate Reproduktionstyp ist, daß die mit der Schaffung der entwickelten sozialistischen Gesellschaft verbundenen Probleme nur gelöst werden können, wenn die intensiv erweiterte Reproduktion zum vorherrschenden Reproduktionstyp wird.

Es ist bekannt, welche praktischen Erfahrungen wir sammeln mußten und welches Lehrgeld zum Teil gezahlt werden mußte, bis der VIII. Parteitag der umfassenden Intensivierung des volkswirtschaftlichen Reproduktionsprozesses in unserer Wirtschaftspolitik jenes Gewicht geben konnte, welches ihr angesichts des erreichten Standes der Entwicklung objektiv zukommt.

Ein weiteres wichtiges Problem unserer gemeinsamen Arbeit war die Bestimmung des grundlegenden Kriteriums der intensiv erweiterten Reproduktion. Die richtige Bestimmung des Kriteriums der intensiv erweiterten Reproduktion ist von großer praktischer und theoretischer Bedeutung, da es uns hilft, schärfer die beiden Typen der intensiv erweiterten Reproduktion voneinander zu unterscheiden und mehr Sicherheit in den Entscheidungsprozeß beim Übergang zur intensiv erweiterten Reproduktion zu bringen. Hierbei gab es heftige Diskussionen über vereinfachte und simplifizierte Auffassungen. Etwa solche, die meinten, daß die Erhöhung der Kennziffer Arbeitsproduktivität – also Nationaleinkommen ohne Gesamtprodukt – oder die Erhöhung der Fondsquote je Beschäftigten – also das Verhältnis von Gesamtprodukt zu den eingesetzten Fonds – schon hinreichende Kriterien der intensiv erweiterten Reproduktion seien. Obwohl Übereinstimmung darüber erzielt wurde, daß nur die Steigerung der gesellschaftlichen Arbeitsproduktivität als politökonomische Kategorie – also die Senkung des Aufwandes an lebendiger und vergegenständlichter Arbeit pro Einheit des bedarfs- und qualitätsgerecht produzierten Nationaleinkommens – das grundlegende Kriterium der intensiv erweiterten Reproduktion sein kann, bedürfte es einer umfangreichen Arbeit, um zu zeigen, daß der Inhalt dieser politökonomischen Kategorien in einzelnen Kennziffern der Effektivitätsrechnung nur unvollkommen widergespiegelt wird und es daher falsch wäre, von einer positiven Entwicklung dieser Kenn ziffern unmittelbar auf den erreichten Grad der Intensivierung zu schließen. So kann die Steigerung der Kennziffer Arbeitsproduktivität als Verhältnis von Warenproduktion zu den eingesetzten Arbeitskräften sowohl extensive wie intensive Prozesse zum Ausdruck bringen. Das Volumen der Warenproduktion kann z. B. allein durch die Erhöhung des Materialverbrauchs „erhöht" werden. Eine solche „Erhöhung" der Arbeitsproduktivität in einer Stufe kann vom Standpunkt der Volkswirtschaft in Wirklichkeit eine Vergabe von Möglichkeiten zur Steigerung der Arbeitsproduktivität sein; denn volkswirtschaftlich kommt die Senkung des Materialverbrauchs um 1% einer Steigerung der Kennziffer Arbeitsproduktivität von 1,5% gleich.

Von großer Bedeutung in unserer Arbeit war daher die Erkenntnis, daß nicht abstrakte Wachstumsraten einiger Kennziffern der Effektivitätsrechnung die vorwiegend intensiv erweiterte vom extensiven Typ der erweiterten Reproduktion unterscheiden, sondern vor allem die neuen Wege und Quellen, die die intensiv erweiterte Reproduktion für die Steigerung der gesellschaftlichen Arbeitsproduktivität eröffnet.

Damit war die Frage nach den Intensivierungsfaktoren aufgeworfen. Mit der Herausarbeitung des Wirkungsmechanismus solcher Intensivierungsfaktoren, wie wissenschaftlich-technischer Fortschritt, der Erhöhung und effektiven Nutzung des Bildungs- und Qualifikationsniveaus der Werktätigen, der sozialistischen ökonomischen Integration, Material- und Rohstofföokonomie, der effektiven Nutzung der Grundfonds und ihrer rationellen Reproduktion, konnten wir zeigen, daß es falsch ist, den Prozeß der Intensivierung lediglich auf die bessere, effektivere Nutzung des bereits Vorhandenen zu beschränken, obwohl dies ohne Zweifel eine wichtige Seite der Intensivierung ist. Aufdeckung und Nutzung der neuen Quellen für die Steigerung der volkswirtschaftlichen Effektivität, wie sie durch den wissenschaftlich-technischen Fortschritt, die sozialistische ökonomische Integration, die Bildung und Qualifikation, Vervollkommnung der Leitung, Planung und wirtschaftlichen Rechnungsführung geschaffen werden, wurde daher von uns in das Zentrum aller Überlegungen zur intensiv erweiterten Reproduktion gestellt.

Ein Spezialproblem, das hierbei auftrat, war die Messung des Beitrages des wissenschaftlich-technischen Fortschritts zur Intensivierung. Wir haben hierzu verschiedene Methoden getestet. Das Ergebnis war: Die mehrdimensionalen Wirkungen des wissenschaftlich-technischen Fortschritts können im bisher angewandten Kennziffernsystem nur unvollkommen erfaßt werden. Daher hielten wir die Ausarbeitung von Aufwand-Nutzen-Analysen für die Bewertung von Entwicklungslinien des wissenschaftlich-technischen Fortschritts und der Überführung von Forschungsergebnissen in die Produktion für erforderlich. Kollege H. J. Fischer hat in seinem Beitrag ähnliche Vorstellungen entwickelt. Besonders interessant sind seine Ausführungen über die Beziehungen von primärem zu sekundärem Nutzen.

Wir haben in unserer Arbeit vier Komponenten der Aufwand-Nutzen-Rechnung ausgearbeitet:

1. Aufwand für das Forschungsergebnis;
2. Qualitäts- und Leistungsparameter;
3. Zeitpunkt der Verfügbarkeit des Forschungsergebnisses;
4. Sonstiger gesellschaftlicher Nutzen.

Der rechtzeitige Beginn der Zusammenarbeit zu Grundfragen der intensiv erweiterten Reproduktion ermöglichte es uns, unmittelbar nach dem VIII. Parteitag ein gemeinsames Werk über die „Faktoren und Kriterien der intensiv erweiterten Reproduktion im Sozialismus“ [1] zu veröffentlichen, das uns half, die strategische Orientierung des VIII. Parteitages, in unserer Wirtschaft den Übergang zur vorwiegend intensiv erweiterten Reproduktion in kürzester Zeit zu vollziehen, zu unterstützen. Gleichzeitig hatten wir uns mit dieser Arbeit eine wichtige theoretische Ausgangsposition geschaffen, um einzelne Spezialprobleme der Intensivierung tiefgründiger zu untersuchen.

So stellten wir uns nach Abschluß der Arbeiten die Aufgabe, die neuen Wirkungsbedingungen des Gesetzes der sozialistischen Akkumulation unter den Bedingungen der intensiv erweiterten Reproduktion näher zu untersuchen. Hierbei erwies sich als notwendig, den in unserer Literatur und im ökonomischen Sprachgebrauch eingebürgerten Akkumulationsbegriff einer kritischen Analyse zu unterziehen. Hierbei zeigte es sich, daß dieser weitgehend durch die Praxis der extensiv erweiterten Reproduktion geprägt war, da man hier unter Akkumulation vor allem die Ausweitung der materiellen Elemente des Reproduktionsprozesses verstand. Mit einem solchen Begriff ist es schwer, die neuen Prozesse der intensiv erweiterten Reproduktion zu erfassen. Da wir aber davon ausgingen, daß die Akkumulation nichts anderes – wie Marx sagt – als die Erweiterung der produktiven Potenzen der Gesellschaft ist, hielten wir es für notwendig, bei der Analyse des Akkumulationsprozesses bei der intensiv erweiterten Reproduktion die Rolle solcher Intensivierungsfaktoren, wie wissenschaftlich-technischen Fortschritt, Bildungs- und Qualifikationsniveau dei Werktätigen, sozialistische ökonomische Integration, effektive Reproduktion der natürlichen Umwelt usw. näher zu untersuchen und zu zeigen, daß bei Nichtbeachtung dieser Intensivierungsfaktoren in der Akkumulation sich zwar die Akkumulationsmasse und -rate erweitern läßt, aber eine sinkende Effektivität der Akkumulation unvermeidbar ist. Die Ergebnisse dieser Arbeit sind vor kurzem als Buch unter dem Titel „Das Gesetz der sozialistischen Akkumulation“ [2] in Moskau und Berlin erschienen.

Gegenwärtig planen wir ein neues Projekt zu „Grundfragen der Effektivitätsentwicklung in der sozialistischen Wirtschaft“, das wir bis 1978 abschließen wollen.

Die gemeinsame Arbeit an den hier dargestellten Projekten ermöglichte es uns:

- Erfahrungen unserer beiden Länder bei der theoretischen Durchdringung von zwei Grundproblemen unserer ökonomischen Entwicklung voll zu nutzen.
- Sie führte zur Herausbildung von gemeinsamen theoretischen Grundpositionen auf diesem zentralen Gebiet der politischen Ökonomie des Sozialismus, ohne eine künstliche Konfektionierung der Standpunkte herbeizuführen. Zu einer Reihe von Problemen gibt es durchaus noch unterschiedliche Auffassungen, wobei es sich nicht um unterschiedliche Institutsmeinungen handelt, sondern um Meinungsunterschiede, die durch die Institute hindurchgehen.
- Die Arbeit war ein großer Ansporn für uns, höchste Anforderungen an unsere Arbeit zu stellen, um echte Partner in der Gemeinschaftsarbeit sein zu können und mit neuen Erkenntnissen den Ertrag der gemeinsamen Arbeit reicher werden zu lassen.

[1] K. Bichtler, H. Maier (Hrsg.), Faktoren und Kriterien der intensiv erweiterten Reproduktion, Berlin 1972.

[2] A. I. Notkin, H. Maier (Hrsg.), Das Gesetz der sozialistischen Akkumulation, Berlin, Moskau 1974.

Dies war nur möglich, weil wir ein

- tragfähiges Grundproblem in den Mittelpunkt unserer Arbeit stellten,
- weil diese Arbeit im Zentrum unserer Planaufgaben stand und die besten Kräfte hierauf konzentriert wurden,
- weil kompetente Fachleute unserer Republik und der Wirtschaftspraxis in die Arbeit einbezogen wurden.

Meine Überzeugung ist, daß unsere Zusammenarbeit immer dann Erfolg haben wird, wenn wir uns hohe, anspruchsvolle Aufgaben stellen, die uns ins Neuland unserer Theorie und Praxis führen und uns befähigen, zur Lösung der großen historischen Aufgaben des sozialistischen und kommunistischen Aufbaus in unseren Ländern beizutragen.

Helmut Kintzel

Zu einigen Erfahrungen der Zusammenarbeit mit dem Institut für Staat und Recht der Akademie der Wissenschaften der UdSSR

Seit Gründung des Instituts für Theorie des Staates und des Rechts an der AdW der DDR vor nunmehr ca. zweieinhalb Jahren besteht vom ersten Tage an eine enge, sich inhaltlich und in den Formen und Methoden ständig vertiefende Zusammenarbeit mit unserem Bruderinstitut in Moskau. Die auf echte Wissenschaftskooperation hinzielende und sich zunehmend effektiver gestaltende Zusammenarbeit ist eine wesentliche Ursache dafür, daß unser Institut die ihm übertragenen Aufgaben bisher erfüllen konnte.

Ich möchte aus der Sicht unserer, im Vergleich zu den „älteren" Einrichtungen der AdW sicher bescheidenen Erfahrungen zu drei Aspekten der Beziehungen zum Institut für Staat und Recht der AdW der UdSSR sprechen.

Es handelt sich *erstens* um die Aneignung der Erkenntnisse der Sowjetwissenschaft als wesentliche Voraussetzung für die Erhöhung des theoretischen Niveaus und der gesellschaftlichen Wirksamkeit unserer Arbeit; *zweitens* um einige Gedanken zur gemeinsamen Forschung als der wichtigsten Form der wissenschaftlichen Zusammenarbeit zur Lösung neu heranreifender Probleme und *drittens* um die Wahrnehmung unserer internationalistischen Verantwortung gegenüber der sowjetischen Staats- und Rechtstheorie, durch die Herausgabe wichtiger neuer Arbeiten zur Erhöhung der Ausstrahlungskraft der Sowjetwissenschaft beizutragen.

Das Institut für Theorie des Staates und des Rechts der AdW der DDR wurde in Auswertung des VIII. Parteitages der SED gegründet. Dieser Parteitag leitete bekanntlich eine neue Etappe der sozialistischen Staats- und Rechtsordnung in der DDR ein. Ausgehend von der Einschätzung des erreichten Standes der gesellschaftlichen Entwicklung in der DDR und in Auswertung der Erkenntnisse des XXIV. Parteitages der KPdSU begründete der VIII. Parteitag die wachsende Rolle des sozialistischen Staates als Hauptinstrument der Arbeiterklasse und ihrer Partei beim Aufbau der sozialistischen und kommunistischen Gesellschaft, charakterisierte er die diesen Prozeß bewirkenden objektiven Gründe und bestimmte die Hauptrichtung der Entwicklung des sozialistischen Staates. Damit waren zugleich die Erwartungen an und die Maßstäbe für die staats- und rechtstheoretische Forschung markiert.

Das bezog sich zunächst auf die dem Institut übertragene Gesamtverantwortung für die Ausarbeitung und Herausgabe des ersten Lehrbuchs der marxistisch-leninistischen Staats- und Rechtstheorie in der DDR. Beim Bestimmen und Umsetzen der konzeptionellen Leitlinien des Lehrbuchs stellten sich die Aneignung und schöpferische Verwertung der Erkenntnisse der sowjetischen Staats- und Rechtstheorie auf neue Weise als entscheidende Voraussetzung für die zu bewältigenden theoretischen Probleme.

Dabei ging es vor allem um die eindeutige marxistisch-leninistische Beantwortung theoretischer Grundfragen. Die klare Bestimmung des internationalistischen Wesens der Staats- und Rechtstheorie und, davon abgeleitet, die exakte Formulierung ihres Gegenstandes und der hauptsächlichen Kategorien in ihrer Bedeutung für die theoretische Durchdringung der Staats- und Rechtspraxis und in der Auseinandersetzung mit antimarxistischen Auffassungen erwiesen sich als die entscheidenden Kernfragen.

Das erforderte, die vom VIII. Parteitag der SED in Übereinstimmung mit dem XXIV. Parteitag der KPdSU dargestellte Dialektik von Nationalem und Internationalem, von Allgemeinem und Besonderem, bezogen auf die Staats- und Rechtsentwicklung in der DDR, im Lehrbuch konkret anzuwenden.

Da die Arbeiterklasse ihrem Wesen und dem Ziel ihres Wirkens nach zutiefst internationalistisch ist, muß auch der sozialistische Staat, über den die von der marxistisch-leninistischen Partei geführte Arbeiterklasse wesentlich ihre gesamtgesellschaftliche Führungsrolle verwirklicht und ihre historische Mission realisiert, seinem Charakter nach internationalistisch sein. Von hier aus wird auch das internationalistische Wesen der marxistisch-leninistischen Staats- und Rechtstheorie bestimmt.

Es konnte also bei der Ausarbeitung des Lehrbuchs nicht darum gehen, gewissermaßen eine DDR-spezifische Staats- und Rechtstheorie zu kreieren. Vielmehr galt es, den allgemeingültigen Inhalt der marxistisch-leninistischen Staats- und Rechtstheorie, die der Entwicklung von Staat und Recht zugrundeliegenden allgemeinen Gesetzmäßigkeiten und, auf den sozialistischen Staat der DDR bezogen, ihr Wirken unter den konkreten historischen Bedingungen herauszuarbeiten.

Weil der Sowjetstaat der erste und historisch am höchsten entwickelte sozialistische Staat ist, in dessen Wirken sich die seine Entwicklung bestimmenden allgemeinen Gesetzmäßigkeiten am reifsten entfaltet haben, ergab und ergibt sich, daß die staats- und rechtstheoretische Durchdringung unserer eigenen Staats- und Rechtspraxis ganz wesentlich vom Erfassen und schöpferischen Verwerten der Erkenntnisse über die Entwicklung des Sowjetstaates und seines Rechts abhängt. Insofern stellen das Eindringen in die Erkenntnisse der sowjetischen Staats- und Rechtstheorie und ihre Nutzbarmachung für unsere eigene Staats- und Rechtspraxis einen wesentlichen Aspekt der Einheit von Theorie und Praxis unserer Tätigkeit dar.

Es hat sich für die Ausarbeitung des Lehrbuchs als außerordentlich fruchtbar erwiesen, daß die Genossen unseres Bruderinstituts in Moskau nicht nur bereit, sondern auch echt daran interessiert waren, die konzeptionellen Leitlinien, die Gliederung, den Entwurf der tragenden Kapitel und schließlich auch den vorliegenden Gesamtentwurf mit den für die Ausarbeitung verantwortlichen leitenden Mitarbeitern unseres Instituts zu diskutieren. Hierbei gab es einen fruchtbaren Gedankenaustausch zu wichtigen theoretischen und methodologischen Fragen der Darstellung der staats- und rechtstheoretischen Probleme im Lehrbuch. Ich erwähne hier nur solch bedeutsame Probleme wie die Formulierung des allgemeinen Staats- und Rechtsbegriffs, die Bestimmung der wesentlichen Merkmale des sozialistischen Staates in seinen vielgestaltigen Formen sowie die Herausbildung der verschiedenen Etappen der Entwicklung des einheitlichen sozialistischen Staatstyps.

Gleichzeitig wurde die Erkenntnis erhärtet, daß die Zusammenarbeit zwischen unseren Instituten aus den objektiven Anforderungen heraus, die die gesellschaftliche

Entwicklung in unseren Ländern im Rahmen der sozialistischen Staatengemeinschaft stellt, zunehmend an Bedeutung gewinnt.

Das ist so, weil die Vertiefung der theoretischen Einsichten in die Entwicklungstendenzen des sozialistischen Staates und der sozialistischen Demokratie unter den Bedingungen der weiteren Annäherung der sozialistischen Staaten nur durch gemeinsame und auf die entscheidenden Hauptprobleme konzentrierte Forschungsarbeit gewonnen werden kann.

Das Lehrbuch der marxistisch-leninistischen Staats- und Rechtstheorie ist inzwischen erschienen. Damit liegt erstmals eine in sich geschlossene Darstellung der marxistisch-leninistischen Staats- und Rechtstheorie unter Verwertung des gegenwärtigen Erkenntnisstandes auch der Sowjetwissenschaft vor. Als anerkanntes Hochschullehrbuch ist es Grundlage für die einheitliche Aus- und Weiterbildung auf diesem Gebiet. Ohne die enge Zusammenarbeit mit dem Moskauer Bruderinstitut — das ist die übereinstimmende Auffassung des Autorenkollektivs — wäre die Ausarbeitung des Lehrbuches in einer doch relativ kurzen Zeit nicht möglich gewesen.

Einige Gedanken zum zweiten Aspekt. Die gesellschaftliche Entwicklung rückt zunehmend stärker Fragen in den Vordergrund, die einer gemeinsamen Untersuchung bedürfen. Es ist kein Zufall, daß die vom VIII. Parteitag der SED für die Entfaltung der sozialistischen Demokratie herausgearbeiteten Problemstellungen, darunter das weitere Wachstum der führenden Rolle der Arbeiterklasse und ihrer Partei, die Erhöhung der Rolle des sozialistischen Staates und seines Rechtes, die Vervollkommnung der staatlichen Leitung auf der Grundlage des demokratischen Zentralismus, die Verbesserung der Arbeit der Volksvertretungen, ihrer Organe und der Abgeordneten, die Intensivierung der Beziehungen zwischen staatlichen und nichtstaatlichen Formen der sozialistischen Demokratie, die wachsende Bedeutung der Gewerkschaften sowie der Arbeitskollektive, um nur einige zu nennen, prinzipiell mit der vom XXIV. Parteitag der KPdSU gegebenen Orientierung übereinstimmen.

Das immer engere Zusammenwirken im Rahmen der sozialistischen ökonomischen Integration, das gemeinsame Nutzen der dem Sozialismus eigenen Potenzen und Möglichkeiten bei der wissenschaftlich-technischen Revolution führen auf der Grundlage der allgemeinen Gesetzmäßigkeiten der sozialistischen Staatsentwicklung zur weiteren Festigung der Zusammenarbeit und zur allmählichen Annäherung der sozialistischen Staaten.

Es erhöht sich mit dem mehr oder weniger gleichzeitigen Auftreten einheitlicher Problemstellungen der Staats- und Rechtsentwicklung objektiv die Möglichkeit, aber auch die Notwendigkeit, gemeinsam anstehende Probleme auch gemeinsam, mit einer einheitlichen Zielsetzung zu untersuchen, um theoretischen Vorlauf für die heranreifenden bzw. herangereiften Fragen der Staats-und Rechtspraxis zu schaffen und damit zugleich die Wirksamkeit der Staats- und Rechtstheorie im ideologischen Klassenkampf zu erhöhen.

Ein theoretisch wie praktisch gleichermaßen bedeutsames Kernproblem der weiteren Entwicklung der sozialistischen Demokratie und der Stärkung der sozialistischen Staatsmacht besteht, wie die Erfahrungen aller sozialistischen Länder zeigen, in der Untersuchung der weiteren Entwicklungsperspektiven und der Entfaltung der sozialpolitischen Funktion des sozialistischen Vertretungssystems.

Die Volksvertretungen verkörpern als die gewählten Machtorgane, die auf vielfältige Weise mit den Bürgern verbunden sind und in ihrem Territorium die Durchsetzung der einheitlichen Staatspolitik organisieren, am vollständigsten den demokratischen Charakter der sozialistischen Staatsmacht. Mit der weiteren Entwicklung und der Tätigkeit der Volksvertretungen ist eine Vielzahl Fragen verbunden.

Ich verweise nur auf die notwendige weitere Verstärkung des unmittelbaren Einflusses der Arbeiterklasse auf die Arbeit der Volksvertretungen und ihrer Organe, auf die Rolle der Volksvertretungen bei der Intensivierung der Zusammenarbeit zwischen staatlichen und nichtstaatlichen Formen der sozialistischen Demokratie sowie auf die erforderliche Erhöhung der sozialen Qualität der komplexen Leitung der gesellschaftlichen Prozesse im jeweiligen Territorium.

Bei diesen und anderen Fragen geht es letztlich um das Herausarbeiten gesetzmäßiger Zusammenhänge, die sich aus dem Wachstum der Rolle der Arbeiterklasse und der Festigung ihres Bündnisses mit den anderen Werktätigen für die staatlichrechtliche Leitung der gesellschaftlichen Entwicklung, aber auch für die Entfaltung des Wesens, der Funktionen und des Wirkungsmechanismus des sozialistischen Staates ergeben, damit er seine aktive Rolle als Hauptinstrument, den gegenwärtigen und künftigen gesellschaftlichen Erfordernissen entsprechend, erfüllen kann.

Unter Federführung unseres Bruderinstituts in Moskau begannen Ende 1972 gemeinsame, parallele Untersuchungen in der Sowjetunion, der VR Polen und der DDR zur Rolle der Volksvertretungen und der Entfaltung ihrer sozialpolitischen Funktion. Die Forschungen werden nach einem einheitlichen Programm in annähernd vergleichbaren Territorien durchgeführt. Im Programm sind konkrete Festlegungen über die Etappen der Untersuchungen, den Austausch der Forschungsergebnisse und die Ausarbeitung einer gemeinsamen Monographie vorgesehen.

Bei der Realisierung des Untersuchungsprogramms hat sich die gemeinsame Beratung sachlich inhaltlicher und zunehmend auch methodologischer Fragen der staats- und rechtstheoretischen Arbeit weiter intensiviert.

Wir betrachten die auf Grundprobleme gerichtete gemeinsame Forschung als die wichtigste Form der Zusammenarbeit und zugleich als den Hauptweg für uns, um echt kooperationsfähig zu werden. Das unlängst von unserem Institut gemeinsam mit der Bergakademie in Freiberg unter Teilnahme von namhaften Wissenschaftlern der Bruderinstitute in Moskau, Warschau, Budapest, Prag und Bratislava sowie Wissenschaftlern verschiedener Institutionen der DDR und nicht zuletzt zahlreicher Praktiker durchgeführte wissenschaftliche Kolloquium, auf dem Erkenntnisse aus dem gemeinsamen Untersuchungsprogramm ausgetauscht wurden, war ein wichtiger Schritt zur weiteren Vertiefung der Wissenschaftskooperation.

Die Beratung konzentrierte sich auf Probleme der Rolle der Arbeiterkollektive im System der sozialistischen Demokratie und auf die Wechselbeziehungen zwischen Volksvertretungen und Arbeitskollektiven. Sie erbrachte weiterführende Erkenntnisse, die Berücksichtigung in den perspektivischen Forschungsplänen aller beteiligten Institute finden werden. Nach dem Beispiel des gemeinsamen Untersuchungsprogramms zur Problematik der Volksvertretungen wird gegenwärtig ein weiteres Projekt, und zwar zur Entwicklung des sozialistischen Rechtsbewußtseins, begonnen.

Einige Gedanken möchte ich noch zum eingangs erwähnten dritten Aspekt äußern.

Ich habe einleitend bereits zur Bedeutung gesprochen, die die umfassende Aneignung der Ergebnisse der Sowjetwissenschaft für die theoretische Durchdringung unserer Staats- und Rechtspraxis besitzt. Es wäre jedoch einseitig und trüge der tatsächlichen Lage nicht Rechnung, würde die Herausgabe der sowjetischen Werke nur in ihrer Bedeutung für uns in der DDR gesehen. Bekanntlich stehen Fragen der Demokratie und des Staates im Mittelpunkt des ideologischen Klassenkampfes. Daraus resultiert das außerordentlich starke Interesse, das, aus welchen Motiven auch immer, jeder Arbeit zu Grundfragen des Staates, des Rechts und der Demokratie, besonders aus der Feder sowjetischer Autoren, nicht nur bei uns entgegengebracht wird.

Mit der verstärkten Herausgabe sowjetischer Arbeiten versuchen wir, die Ausstrahlungskraft der Sowjetwissenschaft generell und der sowjetischen Staats- und Rechtstheorie insbesondere erhöhen zu helfen. Deshalb nimmt diese Aufgabe in der Tätigkeit unseres Instituts seit seiner Gründung einen dominierenden Platz ein. Den Schwerpunkt bildete zunächst die vierbändige Arbeit unseres Moskauer Bruderinstituts zur marxistisch-leninistischen allgemeinen Theorie des Staates und des Rechts. Zwei Bände sind bereits im Buchhandel. Der dritte Band wird noch Ende dieses Jahres erscheinen. Band vier wird gegenwärtig redaktionell bearbeitet. Die Besorgung der deutschen Ausgabe dieses vierbändigen Werkes war vor allem deshalb so wertvoll, weil zur gleichen Zeit an unserem Lehrbuch gearbeitet wurde.

Es ist beispielsweise nicht nur für die wissenschaftliche Forschung sowie für Lehre und Praxis, sondern auch in der Auseinandersetzung mit den verschiedensten antimarxistischen Staats-, Rechts- und Demokratieauffassungen bedeutsam, daß in beiden Werken mit einem einheitlichen Begriffsapparat gearbeitet wird, der von den DDR-Autoren im wesentlichen aus der sowjetischen Monographie übernommen wurde.

Auch was die Herausgabe sowjetischer Arbeiten anbetrifft, entwickelt sich eine neue Form der Zusammenarbeit. So bereitet unser Institut gegenwärtig ein wissenschaftliches Kolloquium zur erwähnten vierbändigen Arbeit vor, das Ende 1975 in Berlin stattfinden wird. Auf ihm werden führende sowjetische Staats- und Rechtstheoretiker Erkenntnisse darlegen, die zu ausgewählten Problemkreisen seit Herausgabe des Werkes in der Sowjetunion gewonnen wurden. Unsererseits werden Überlegungen zur Diskussion gestellt, die sich aus seinem Studium bei der Ausarbeitung des Lehrbuchs und in der Forschung ergeben haben. Da die Direktoren der staats- und rechtswissenschaftlichen Sektionen der Universitäten ebenfalls teilnehmen, können auch Aussagen zur Wirksamkeit der Monographie im Lehr- und Ausbildungsprozeß getroffen werden.

Die Ergebnisse des Kolloquiums sollen für die weitere Profilierung der Forschung sowie für die Vorbereitung der zweiten Auflage des vierbändigen Werkes in der Sowjetunion und auch unseres Lehrbuches genutzt werden.

Aus dem Gesagten ergeben sich einige Schlußfolgerungen, die ich abschließend vortragen möchte:

1. Die fortschreitende Annäherung der sozialistischen Staaten bewirkt eine verstärkte Gleichzeitigkeit im Heranreifen einheitlicher Fragestellungen zu Grundproblemen der Staats- und Rechtsentwicklung in unseren Ländern. Das erleichtert die Wissenschaftskooperation und macht sie zugleich zwingender. Insbesondere wird eine noch sorgfältigere Auswahl und exakte inhaltliche Bestimmung gemeinsamer langfristiger Forschungslinien bei gleichzeitiger Vervollkommnung der forschungsmethodischen und wissenschaftsorganisatorischen Voraussetzungen notwendig.

2. Die seit 1968 regelmäßig stattfindenden Beratungen der Direktoren der staats- und rechtswissenschaftlichen Institute der Akademien der sozialistischen Länder haben sich als eine zweckmäßige Form zur Information und zur Koordinierung der Zusammenarbeit erwiesen. Fruchtbar für die Ausarbeitung des Perspektivplans 1976 bis 1980 hat sich insbesondere die Beratung der Hauptrichtungen der Forschung für die nächsten fünf Jahre ausgewirkt, womit ein wichtiger Schritt hinsichtlich gemeinsamer, langfristiger Vorhaben auf dem Gebiet der Grundlagenforschung getan wurde.

3. Die Erfahrungen lehren, daß die gemeinsame Forschung uns hilft, tiefere Einsichten sowohl zu den aus den konkreten Bedingungen resultierenden Besonderheiten der Staats- und Rechtsentwicklung der beteiligten sozialistischen Länder als auch zu den in ihnen wirkenden und ihnen zugrunde liegenden allgemeinen Gesetzmäßigkeiten zu gewinnen. Das erhöht die gesellschaftliche Wirksamkeit der Staats- und Rechtstheorie beim Aufbau der kommunistischen Gesellschaft und ihre Ausstrahlungskraft auf die revolutionären Prozesse unserer Zeit.

4. Die kooperative Forschung erweist sich zunehmend als bedeutende inhaltliche Komponente für das abgestimmte Auftreten der Staats- und Rechtstheoretiker der sozialistischen Länder in internationalen Gremien, Organisationen und Veranstaltungen. Das wiederum bewirkt eine Erhöhung der Wirksamkeit der marxistisch-leninistischen Staats- und Rechtstheorie im ideologischen Klassenkampf.

Gerhard Ziegengeist

Erfahrungen aus drei Jahrzehnten literaturwissenschaftlicher Zusammenarbeit mit der Sowjetunion

Die Entwicklung unseres Instituts, des Zentralinstituts für Literaturgeschichte der Akademie der Wissenschaften der DDR, seine wissenschaftlichen Ergebnisse und seine Leistungen sind entscheidend geprägt durch die langjährige enge Zusammenarbeit mit der sowjetischen Literaturwissenschaft.

Der heute erreichte hohe Stand des wissenschaftlichen wie wissenschaftspolitischen Zusammenwirkens mit den sowjetischen Akademieinstituten gründet sich wesentlich auf die Kontinuität und Stabilität der beiderseitigen Verbindungen, die bis in die ersten Jahre nach der Befreiung zurückreichen. Unsere Erfahrungen weisen schlüssig aus, daß Kontinuität und Stabilität in den wissenschaftlichen Direktbeziehungen — und zwar von den Leitungen der Institute bis zu den einzelnen Arbeitskollektiven — zu den unabdingbaren Voraussetzungen für die Vertiefung und Intensivierung der internationalen sozialistischen Forschungskooperation zählen.

Ich möchte hier als Slawist ein persönliches Wort der Rückschau einfügen.

Für viele meiner Generation war das Jahr 1945 Wendepunkt unseres Lebens nach der Nacht des Faschismus. Seit jener Zeit ist unser persönliches und wissenschaftliches Werden und Wirken unlösbar verbunden mit jenem Land, das uns allen den Neubeginn ermöglichte. Als junge Studenten in Jena, Leipzig oder Berlin erschlossen uns Kulturoffiziere der SMAD wie Aleksandr Dymšic den ersten Zugang zu sowjetischer Geschichte und Literatur, aber auch zu den revolutionären Traditionen unseres eigenen Volkes.

Slawist zu werden, bedeutete damals für uns: Partei ergreifen für die neue Welt und Kultur des Sozialismus. In der Folgezeit — etwa seit Beginn der fünfziger Jahre — sind für mich und andere das Gor'kij-Institut für Weltliteratur, das Institut für Slawistik und Balkanistik in Moskau, das Institut für russische Literatur in Leningrad zur zweiten wissenschaftlichen Heimat geworden. Als wir dann Mitte der fünfziger Jahre als junge Assistenten mit dem Aufbau der marxistisch-leninistischen Literaturforschung, darunter auch der literaturwissenschaftlichen Slawistik, an unserer Akademie begannen, haben wir von Anfang an die Zusammenarbeit mit den sowjetischen Akademieinstituten in das Zentrum unserer Anstrengungen gerückt.

Gerade auf dieser Konferenz sei nachdrücklich betont: Wir wollen und dürfen nicht die Geschichte jenes Weges vergessen, den wir seit nunmehr fast drei Jahrzehnten gemeinsam mit der sowjetischen Wissenschaft zurückgelegt haben, der uns geformt, der uns immer enger zusammengeführt hat.

Es kann hier nicht Aufgabe sein, die Stationen des geschichtlich bewährten Weges unserer Gemeinsamkeit seit 1945 im einzelnen nachzuzeichnen. Hinlenken möchte ich lediglich auf einige Erfahrungspunkte, die vielleicht allgemeineres Interesse verdienen.

Eines der wesentlichen Momente des Zuwachses an Produktivität und Wirksamkeit, den wir im letzten Jahrzehnt in der Zusammenarbeit mit der sowjetischen Literaturwissenschaft erreicht haben, liegt in der kontinuierlichen Ausweitung der interphilologischen Basis unserer Arbeitsbeziehungen. Nachdem die wissenschaftlichen Verbindungen in der Anfangszeit natürlicherweise vor allem von den Slawisten angebahnt und getragen worden waren, sind seit Beginn der sechziger Jahre Germanisten, Romanisten, Anglisten und Literaturtheoretiker schrittweise in die bilaterale Zusammenarbeit einbezogen worden. Die dadurch bewirkte Verbreiterung der eigenen Leistungsmöglichkeiten stieß jedoch immer spürbarer an die Grenzen der veralteten Struktur unserer Akademie.

Von weittragender positiver Bedeutung war in diesem Zusammenhang die 1969/70 vollzogene Zusammenführung des bis dahin in einzelne kleine philologische Institute aufgesplitterten literaturwissenschaftlichen Potentials unserer Akademie in das heutige Zentralinstitut für Literaturgeschichte. Stimuliert durch die klare Grundorientierung des VIII. Parteitages der SED, führte dieser wissenschaftspolitisch notwendige Konzentrationsprozeß zu einer fortschreitenden Vertiefung der marxistisch-leninistischen weltanschaulichen, theoretischen und methodologischen Grundlagen unserer literaturgeschichtlichen Forschung. Die Erfahrungen unseres Zentralinstituts bestätigen überzeugend, daß nicht einzeldisziplinäre Absonderung oder prononcierte Hervorkehrung fachphilologischer Begrenzung – sondern ausgewogenes interdisziplinäres Zusammenwirken, ständiger interphilologischer Austausch und internationale sozialistische Zusammenarbeit unverzichtbare Grundelemente des weiteren theoretischen Fortschritts der Literaturwissenschaft bilden. Die Komplexität der vor uns stehenden Aufgaben erfordert ein sachliches, problemorientiertes, gleichberechtigtes Zusammenwirken der verschiedenen literaturwissenschaftlich-philologischen Teildisziplinen.

Gerade durch die zielstrebige Ausbildung seines neugewonnenen interphilologischen und internationalistischen Profils formierte sich unser Zentralinstitut in den letzten Jahren zunehmend zu einem echten, leistungsstarken Partner der sowjetischen Literaturwissenschaft.

Unter den veränderten wissenschaftspolitischen wie strukturellen Voraussetzungen seit Beginn der siebziger Jahre konnte unser Institut die vorwärtsweisenden theoretisch-strategischen Impulse sowjetischer Literaturforschung nunmehr in qualitativ neuer Weise schöpferisch verarbeiten und weiterführen.

Verwiesen sei hier nur auf einen der bahnbrechenden Arbeitsimpulse sowjetischer Forschung, der den Gesamtfortschritt der Literaturwissenschaft unseres Landes seit dem VIII. Parteitag maßgeblich mitgeprägt hat. Wir meinen den vor allem vom Gor'kij-Institut für Weltliteratur und dem Institut für Slawistik und Balkanistik der Sowjetischen Akademie getragenen konzeptionellen Vorstoß zu einer konsequenten Historisierung der Geschichte und Theorie des Realismus. An den intensiven Bemühungen um eine vertiefte historisch-materialistische Fundierung und dialektische Differenzierung der Entwicklung und Wandlung des Realismus in der Weltliteratur haben uns eng verbundene Moskauer Gelehrte wie M. Chrapčenko, B. Sučkov, D. Markov, J. Barabaš und D. Zatonskij einen hervorragenden Anteil. Der weitgreifende sowjetische Vorstoß zu einer historischen Realismuskonzeption bildet einen wesentlichen Ausgangspunkt auch für die international anerkannten literaturgeschichtlichen und theoretischen Studien, die Mitarbeiter unseres Instituts wie R. Weimann, M. Naumann, W. Mittenzwei und andere in den letzten Jahren vorgelegt haben. Allein dieses Beispiel macht deutlich, daß die Entwicklung unseres Instituts undenkbar ist ohne jene grundlegenden Leistungen, die die sowjetische Literaturwissenschaft auf theoretischem, methodologischem und literaturgeschichtlichem Felde in Vergangenheit und Gegenwart erarbeitet hat.

Das produktive Zusammenwirken mit den sowjetischen Partnerinstituten spiegelt sich auch in der Reihe „Literatur und Gesellschaft", die unser Institut seit 1972 im Akademie-Verlag herausgibt und von der wir den 30. Band zum IX. Parteitag der SED vorlegen werden. An der Ausprägung des internationalistischen Gehalts und Profils der Reihe, die heute einen wichtigen Platz im kulturpolitischen Leben unserer Republik einnimmt, sind sowjetische Wissenschaftler in hohem Maße beteiligt. So haben in den letzten beiden Jahren führende sowjetische Gelehrte wie A. Dymšic, M. Chrapčenko, D. Markov und G. Lomidze ihre Forschungsergebnisse der interessierten Öffentlichkeit unseres Landes in vier Bänden der Reihe „Literatur und Gesellschaft" vorgestellt.

Leninpreisträger Prof. Dr. M. B. Chrapčenko, Mitglied des Präsidiums der Akademie der Wissenschaften der UdSSR, hat 1974 in unserer Reihe „Literatur und Gesellschaft" den Auswahlband „Schriftsteller – Weltanschauung – Kunstfortschritt" veröffentlicht. Die Fragestellungen dieses Werkes zielen auf das Verhältnis der sozialistischen Gesellschaft zum vorsozialistischen Erbe, zur sozialistischen und modernen bürgerlichen Literatur, auf Wirkung, Funktion und Wertung von Literatur in unserer Zeit, auf Einheit von historisch-genetischer und historisch-funktionaler Betrachtungsweise der Literatur. Grundanliegen des Buches ist die kritisch-konstruktive Überprüfung und schöpferische Weiterentwicklung bisher errungener marxistisch-leninistischer literatur-theoretischer Positionen. Prof. Chrapčenko, der als Sekretar der Klasse für Literatur und Sprache der Akademie der Wissenschaften der UdSSR an der Spitze der sowjetischen akademischen Literaturforschung steht, hat durch diesen Reihenband die derzeitige Selbstverständigungsdebatte unter den Literaturwissenschaftlern der DDR über den notwendigen weiteren Ausbau des theoretischen und methodologischen Instrumentariums unserer Disziplin außerordentlich gefördert.

Prof. Dr. D. F. Markov, Direktor des Instituts für Slawistik und Balkanistik der Akademie der Wissenschaften der UdSSR, hat 1975 in unserer Reihe eine neubearbeitete Ausgabe seines international vielbeachteten Standardwerkes unter dem Titel „Zur Genesis des sozialistischen Realismus. Erfahrungen und Leistungen süd- und westslawischer Literaturen in den zwanziger und dreißiger Jahren" vorgelegt. Mit diesem Band leistet Prof. Markov einen fundamentalen Beitrag zu den gegenwärtigen Bestrebungen, Grundfragen des Erbes, der Geschichte und Theorie der sozialistisch-realistischen Literatur in den Ländern der europäischen sozialistischen Gemeinschaft in vergleichender Sicht aufzuhellen. Er gewinnt seine anregenden theoretischen Schlußfolgerungen aus der detaillierten und differenzierten Untersuchung literaturgeschichtlicher Entwicklungsprozesse in Ost- und Südosteuropa, die in der internationalen Forschung unter übergreifenden komparativen Gesichtspunkten bislang nur in Ansätzen bearbeitet worden sind. Die wissenschaftliche Betreuung der deutschen Ausgabe dieses anspornenden Versuches der synthetischen Zusammenfassung einer markanten Phase und Region internationaler sozialistischer Literaturentwicklung lag in den bewährten Händen der Mitarbeiter unseres Instituts Dr. H. Olschowsky und Dr. L. Richter.

Ausgehend von dem jetzt erreichten Erfahrungsstand, werden wir die Reihe „Literatur und Gesellschaft" durch langfristige bi- und multilaterale Abstimmung noch umfassender zu einem wirksamen „Umschlagplatz" eingreifender neuer Forschungsergebnisse der marxistisch-leninistischen Literaturwissenschaft aus der Sowjetunion und anderen sozialistischen Bruderstaaten für die wissenschaftlich und literarisch interessierte Öffentlichkeit unseres Landes ausgestalten.

Als wichtige Intensivierungsfaktoren der internationalen sozialistischen Zusammenarbeit haben nach unseren Erfahrungen die Rechtzeitigkeit und Langfristigkeit der bi- und multilateralen Forschungskoordinierung und Forschungsplanung zu gelten. Die qualitativen Fortschritte, die wir in dieser Hinsicht erreicht haben, lassen sich deutlich an der Entwicklung der Jahreskolloquien ablesen, die unser Institut seit 1970 in regelmäßiger Folge veranstaltet. Durch die aktive Mitwirkung vieler namhafter Literaturwissenschaftler aus der Sowjetunion und anderen sozialistischen Ländern haben die Berliner Kolloquien des Zentralinstituts für Literaturgeschichte zunehmend eine stabile internationalistische Funktion gewonnen — und zwar als Forum des freimütigen wechselseitigen Austauschs von Erfahrungen und Überlegungen zu neu herangereiften Fragestellungen und ihren Lösungswegen.

Eine der Voraussetzungen für die internationalistische Profilierung unserer Berliner Kolloquien war die rechtzeitige und zugleich langfristige Übereinkunft über die Fixierung solcher theoretischen und literarhistorischen Problemkomplexe, an deren Erörterung von seiten der beteiligten Partnerinstitute der sozialistischen Länder ein gemeinsames strategisches Interesse bestand. In den Mittelpunkt unserer Kolloquien rückten deshalb nicht zufällig ausgesuchte Fragestellungen eines einzelnen Instituts, sondern gemeinsam bewegende und gemeinsam zu lösende Probleme und Aufgaben der marxistisch-leninistischen Literaturwissenschaft im Rahmen der europäischen sozialistischen Staatengemeinschaft.

So wurde auf dem Kolloquium 1974 mit dem Thema „Funktion der Literatur in unserer Epoche" ein wissenschaftstheoretisch wie kulturpolitisch kardinales Problemfeld zur internationalen Diskussion gestellt. Die vielgefächerten, unterschiedlich geprägten Argumentationen, Überlegungen und Anregungen erbrachten für alle Beteiligten vertiefte Einsicht in die Komplexität und Historizität der Funktionsproblematik, in die neuen Aspekte und Differenzierungen der Literaturfunktion und des Funktionsverständnisses in der entwickelten sozialistischen Gesellschaft.

Das Kolloquium 1973 behandelte unter dem Thema „Welt im sozialistischen Gedicht" aktuelle Entwicklungsprobleme der internationalen sozialistischen Lyrik der Gegenwart. Es erkundete vorwärtsweisende Tendenzen und Richtungen, fruchtbare Ansätze und wirkende Traditionsbeziehungen in den Prozessen heutiger sozialistischer Nationalliteraturen, vor allem unter dem übergreifenden Blickpunkt ihrer gegenseitigen Bereicherung und Annäherung.

Den bisherigen Höhepunkt in dieser angedeuteten Entwicklung bildete das Kolloquium zum Thema „Verantwortung für die Welt" vom April 1975, das den weltliterarischen Aspekten bei der Gestaltung des antifaschistischen Kampfes und des sozialistischen Aufbaus in der multinationalen Sowjetliteratur und in anderen Literaturen der europäischen sozialistischen Gemeinschaft gewidmet war. Durch langfristig getroffene multilaterale Abstimmungen erhielt das Berliner Kolloquium, das als Gemeinschaftskonferenz mit dem sowjetischen Gor'kij-Institut für Weltliteratur veranstaltet wurde, den wissenschaftspolitischen Rang einer literaturwissenschaftlichen Hauptkonferenz der befreundeten Akademien zu Ehren des 30. Jahrestages der Befreiung vom Faschismus. Es war zudem unsere erste Tagung, die unter der Schirmherrschaft der UNESCO stattfand.

Die Thematik der Konferenz umspannte einen weiträumigen theoretischen und geschichtlichen Problemkreis. Gefragt wurde nach Funktion und Funktionswandel, nach internationalistischer Verantwortung, nach ideell-ästhetischen Positionen und Leistungen sozialistischer, antifaschistischer Literatur in geschichtlichen Entscheidungssituationen, wie sie sich in den frühen Etappen des sozialistischen Aufbaus in der Sowjetunion, im beginnenden antifaschistischen Bündnis – etwa in Bulgarien –, im Kampf gegen Faschismus und Krieg im Zeichen der Einheits- und Volksfrontpolitik der dreißiger Jahre, im Großen Vaterländischen Krieg der Sowjetunion und dem damit untrennbar verbundenen Widerstandskampf in den faschistisch besetzten Ländern, in der Befreiung der Völker vom faschistischen Joch darstellten. Gefragt wurde nach den produktiven, weiterwirkenden antifaschistischen Traditionen im Entfaltungsprozeß herrschender sozialistischer Nationalliteraturen in den Etappen der Herausbildung und Entwicklung der sozialistischen Staatengemeinschaft, nach Traditionsverständnis und Traditionsbewußtsein in den Literaturprozessen der entwickelten sozialistischen Gesellschaft unserer Länder.

Einen übergreifenden theoretischen Konzentrationspunkt bildeten in den Diskussionen die Zusammenhänge und Wechselbeziehungen zwischen der Entwicklung sozialistischer, antifaschistischer Literaturen – vorrangig im Raum der europäischen sozialistischen Gemeinschaft – und dem weltliterarischen und weltrevolutionären Prozeß unseres Jahrhunderts.

In mehr als achtzig Referaten und Diskussionsbeiträgen wurden eine Vielzahl neuer Materialien, Informationen und Erkenntnisse über die von den sozialistischen Kräften geführte antifaschistische Literaturbewegung Europas ausgebreitet, wurden neue, weiterführende theoretische wie kulturpolitische Ansatzpunkte gewonnen, um das Erbe dieser Literatur noch intensiver wissenschaftlich aufarbeiten und für die Gegenwart ausschöpfen zu können.

Es wurde die kollektive Einsicht befördert, die Traditionen und Leistungen der antifaschistischen Literaturbewegung über das Bezugs- und Wirkungsfeld der jeweiligen eigenen Nationalliteratur und Nationalgeschichte hinaus verstärkt als unser *gemeinsames* Erbe zu erfassen und zu nutzen. Bildet dieses Erbe doch das geschichtlich-ideelle Fundament und die unmittelbare Vorstufe der heutigen geistigen und kulturellen Annäherung der Völker der sozialistischen Gemeinschaft. In diesem geschichtlichen Traditionsfeld und konstitutiven Grundbestand der Literaturen unserer Länder ist die Einheit von Nationalem und Internationalem, von sozialistischem Patriotismus und Internationalismus als ein immanenter Wesenszug unauslöschlich vorgeprägt.

Die Traditionen und Errungenschaften der internationalen sozialistischen und antifaschistischen Literaturbewegung zu erschließen, zu bewahren und schöpferisch weiterzuführen, erweist sich mehr denn je als gemeinsame internationalistische und humanistische Pflicht der Literaturwissenschaftler der sozialistischen Bruderländer.

Die besondere Bedeutung der Gemeinschaftskonferenz mit dem Gor'kij-Institut für Weltliteratur anläßlich des 30. Jahrestages der Befreiung vom Faschismus sehen wir darin, daß sie konzeptionellen Vorlauf geschaffen hat für eine neue, höhere Stufe der multilateralen Kooperation bei der weiteren Erforschung der Geschichte der sozialistischen Literaturen unserer Staatengemeinschaft in der Dialektik von Nationalem und Internationalem.

Wir betrachten es in diesem Zusammenhang auch als einen beachtlichen Erfolg, daß die Thematik der Berliner Kolloquien des Zentralinstituts für Literaturgeschichte im Zuge der langfristigen Plankoordinierung mit den Partnerinstituten der Sowjetunion und anderer sozialistischer Staaten bereits bis zum Jahre 1980 gemeinsam festgelegt worden ist.

Hier möchte ich noch auf einen speziellen Punkt in der wissenschaftspolitischen Unterstützung durch unsere sowjetischen Freunde in den zurückliegenden Jahren hinweisen. Ich meine ihre konzeptionelle und praktische Hilfe für unser internationalistisches Anliegen vor allem nach dem VIII. Parteitag, die bilateralen Wissenschaftsbeziehungen zu Partnerinstituten in anderen Ländern der sozialistischen Gemeinschaft umfassend auszubauen. So haben uns zum Beispiel die Moskauer Akademieinstitute ihre langjährigen reichen Erfahrungen bei der Vorbereitung und Durchführung bilateraler theoretisch-methodologischer Symposien sorgsam vermittelt. In jüngster Zeit hat sich unser Institut mit Erfolg bemüht, an diese Erfahrungen konstruktiv anzuknüpfen.

Lehrreiches Beispiel für eine solche wissenschaftlich und ideologisch ertragreiche bilaterale Arbeitsberatung war das Symposium über Grundfragen der marxistisch-leninistischen Literaturwissenschaft, dargestellt an Problemen der slowakischen und der deutschen Literatur im 19. umd 20. Jahrhundert, das zu Ehren des 30. Jahrestages des Slowakischen Nationalaufstandes gemeinsam vom Institut für Literaturwissenschaft der Slowakischen Akademie der Wissenschaften und von unserem Zentralinstitut im Herbst 1974 in Smolenice veranstaltet worden ist. Dieser produktive Arbeitsdialog führte alle namhaften slowakischen Literaturwissenschaftler und eine Delegation von zwanzig Wissenschaftlern unseres Akademieinstituts zusammen.

Die vorgetragenen Forschungsergebnisse machten exemplarisch deutlich, daß der Vorstoß der slowakischen Nationalliteratur zu europäischer Geltung, in die internationale Gemeinschaft der sozialistischen Bruderliteraturen untrennbar verbunden ist mit dem revolutionären, antifaschistischen Kampf des eigenen Volkes, mit dem Slowakischen Nationalaufstand, der an Ausmaß und Bedeutung zu den größten Aktionen in der Geschichte der europäischen antifaschistischen Widerstandsbewegung im zweiten Weltkrieg zählt. Er war geschichtliches Prüffeld des proletarischen Internationalismus: Die Sowjetunion gewährte dem tapferen slowakischen Volk allseitige Hilfe, Antifaschisten zahlreicher Länder wurden zu Kampfgenossen.

Im Feuer dieses antifaschistischen Kampfes des slowakischen Volkes, geführt von der Kommunistischen Partei, formten und bewährten sich Dichter und Schriftsteller, Vertreter unterschiedlicher poetischer Konzeptionen und weltanschaulicher Positionen. In diesem Kampf reifte z. B. das dichterisch-publizistische Werk Novomeskýs, der heute zu den herausragenden Gestalten der sozialistischen Weltliteratur zählt. In ihm verkörpert sich vorbildhaft die Einheit von dichterischem Wort und politischer Tat. Novomeský war zusammen mit Karol Šmidke und Gustáv Húsak einer der führenden Organisatoren des Slowakischen Nationalaufstandes. Die Problematik des Aufstandes bildet auch in den Folgejahren einen zentralen Gegenstand sozialistischer slowakischer Literaturentwicklung, aus ihm erwachsen Leistungen sozialistischer slowakischer Erzählprosa von internationalem Rang.

Die Arbeitskonferenz der beiden Institute hat einen beachtlichen Beitrag zur vertieften Erforschung des gemeinsamen Erbes der antifaschistischen Literatur und seiner gegenwärtigen Bedeutung erbracht. Ähnliche bilaterale Arbeitsberatungen mit Partnerinstituten befreundeter sozialistischer Länder werden künftighin beim weiteren systematischen Ausbau unserer internationalen Kooperationsbeziehungen einen wichtigen Platz einnehmen. In verstärkten gemeinsamen Bemühungen um die strategisch angelegte Verknüpfung von bilateraler und multilateraler Zusammenarbeit sehen wir eine der Kernaufgaben auf dem Wege zu einer noch engeren Verflechtung des literaturwissenschaftlichen Potentials der Akademien der sozialistischen Länder im neuen Planjahrfünft.

Anton Hiersche

Zu einigen Fragen der Zusammenarbeit der Literaturwissenschaftler der UdSSR und der DDR bei der Erforschung von Literaturen sozialistischer Länder

Die Kooperation der literaturwissenschaftlichen Akademieinstitute der UdSSR und der DDR hat im letzten Jahrzehnt, vor allem seit der Akademiereform, einen solchen Umfang und eine solche Vielfalt erreicht, daß ein kurzer Beitrag darüber, wie er hier nur möglich ist, sich in der bloßen Aufzählung der Gebiete und Projekte erschöpfen muß. Waren die ersten wissenschaftlichen Kontakte in den fünfziger Jahren im wesentlichen auf die Slawistik beschränkt, so erfolgte gegen Ende der sechziger Jahre die Ausweitung auf die Geschichte der deutschen, französischen und englischen Literatur. Schließlich wurde dann auch die Theorie der Literatur zum Objekt der Zusammenarbeit. Aus diesem weiten Feld durchaus unterschiedlicher, einfacher und komplizierter Formen der Kooperation erlauben wir uns, die Erforschung der Sowjetliteratur und der Literaturen anderer sozialistischer Länder Europas herauszugreifen. An diesem Gegenstand lassen sich bestimmte qualitative Fortschritte in den Wissenschaftsbeziehungen unserer Länder deutlicher als anderswo markieren. Gewiß wäre das Vorführen der Masse des auf allen Gebieten Geleisteten imposant, aber daß sehr viel gemeinsam getan wird, bedarf ja keines Beweises mehr. Es kommt jetzt und künftig darauf an, die inhaltliche, qualitative Seite der Beziehungen weiterzuentwickeln. In diesem Sinne seien einige Erfahrungen vermittelt.

Es gibt einen offensichtlichen Zusammenhang zwischen dem Erscheinen wissenschaftlicher Veröffentlichungen in der DDR über literarische Gegenwartsprozesse in der Sowjetunion und dem Beginn der Zusammenarbeit von Forschern und Instituten auf diesem Gebiet in der DDR und der UdSSR. Bevor diese Zusammenarbeit zustande gekommen war, gab es in der DDR nur recht spärliche Publikationen zu dieser Problematik, was nicht ausschließt, daß die Literaturkritik recht rege war. Erst in den sechziger Jahren zeichnet sich ein deutlicher quantitativer und auch qualitativer Sprung ab. Die Spezifik wissenschaftlicher Forschungsarbeit zum laufenden oder soeben durchlebten Literaturprozeß erklärt dieses zeitliche Miteinander von beginnender Kooperation und intensiverer Publikationstätigkeit.

Bis zu den sechziger Jahren, teilweise noch bis zum Ende dieses Jahrzehnts, betrieb die literaturwissenschaftliche Slawistik der DDR vorwiegend Rezeptionsforschung, hier lag auf Grund der Entwicklung bis 1945 großer Nachholebedarf vor. Es war ein erstrangiges kulturpolitisches Erfordernis, den wissenschaftlichen Nachweis zu erbringen, daß seit Jahrhunderten deutsch-russische bzw. seit 1917 deutsch-sowjetische Literaturbeziehungen bestehen, die von der bürgerlichen Wissenschaft entweder völlig ignoriert oder verfälscht dargestellt wurden. Bei dieser Arbeit stützten sich die Slawisten im wesentlichen auf Materialien aus Archiven und Bibliotheken der DDR. Je umfangreicher und tiefgründiger diese Forschungen jedoch wurden, um so weniger konnte man der Konsultation und der Archivbesuche in der Sowjetunion entraten. So drängte diese Arbeit bereits Ende der fünfziger Jahre objektiv zur Kooperation.

Parallel zu diesem Prozeß entwickelte sich das gesellschaftliche Bedürfnis nach gründlicherem Kennenlernen der sowjetischen Literaturgeschichte selbst, vor allem auch der wissenschaftlichen Darstellung der gegenwärtigen Probleme sowjetischer Literatur. Diese Arbeit nun war ohne intensivstes Miteinander mit der Sowjetunion schlechterdings nicht zu leisten, denn sie setzte den ständigen, unmittelbaren Gedankenaustausch, das kulturpolitische Sich-ins-Einvernehmen-Setzen bei schwierigen Entscheidungen, mit denen der Gegenwartsforscher stets konfrontiert ist, voraus. Eine solche Arbeit ist undenkbar ohne politische wie wissenschaftsmethodologische Übereinstimmung nicht nur in grundsätzlichen, sondern auch in abgeleiteten Fragen, die nur in dialektischer Einheit mit tieferem gegenseitigen Vertrauen immer wieder hergestellt werden kann. Daher also die relative Gleichzeitigkeit der verstärkten Kontakte mit sowjetischen Institutionen und der größeren Dichte literaturwissenschaftlicher Publikationen über Gegenwartsprozesse am Anfang der sechziger Jahre.

Die direkten Beziehungen zur Akademie der Wissenschaften der UdSSR reichen in das Jahr 1956 zurück, als mit dem Maksim-Gor'kij-Institut für Weltliteratur in Moskau und dem Institut für Russische Literatur in Leningrad (Puškin-Haus) die ersten Besucher ausgetauscht wurden. Erst 1960 aber begannen Gespräche über Literaturgeschichte und aktuelle Literaturentwicklung in der Sowjetunion, es waren zunächst Konsultationen, der Beginn persönlicher Bekanntschaft mit sowjetischen Spezialisten usw. Diese Phase währte bis etwa Mitte der sechziger Jahre.

Als 1967 im damaligen Institut für Slawistik der Akademie in Berlin eine große Gemeinschaftskonferenz mit dem Gor'kij-Institut organisiert wurde, wuchsen die Einzelkonsultationen hinüber in intensive kollektive Beratungen, in denen die Literaturwissenschaftler unserer Akademie mit eigenständigen Leistungen als gleichberechtigte Partner auftreten konnten. Aus dieser Konferenz ging später der Band „Begegnung und Bündnis" (1970) hervor, der die deutsch-russischen bzw. deutsch-sowjetischen Literaturbeziehungen von den Anfängen bis zur Gegenwart umfaßt. Eine weitere Stufe bildete der Sammelband „Konturen und Perspektiven" (1969), der Probleme des Menschenbildes in der Gegenwartsliteratur der Sowjetunion und der DDR typologisch vergleichend behandelt. An beiden Bänden beteiligten sich namhafte Spezialisten der Partnerinstitute.

Nach der Akademiereform, der Gründung des Zentralinstituts für Literaturgeschichte 1969 und der gleichzeitigen Konzipierung zweier neuer Forschungsprojekte zum Menschenbild in der Sowjetliteratur und in Literaturen anderer europäischer sozialistischer Länder wurde die Beratung verschiedener Ausarbeitungsstufen von Konzeptionen und dann des Manuskripts selbst zu einer ständigen Einrichtung. Das war ein entscheidender qualitativer Schritt in der Zusammenarbeit. Mit Hilfe der sowjetischen Kollegen wurde dieser mit einem weiteren Qualitätssprung in unserer Forschung verknüpft: Wir — das Kollektiv des Zentralinstituts für Literaturgeschichte — bezogen jetzt nicht nur die russische, sondern mehr und mehr die multinationale Sowjetliteratur in die Arbeiten mit ein. Davon legt das Buch „Multinationale Sowjetliteratur. Kulturrevolution – Menschenbild – Weltliterarische Leistung" (1975) Zeugnis ab. Die Erforschung der Literaturen europäischer sozialistischer Länder außerhalb der Sowjetunion machte 1970 die Aufnahme der Partnerschaftsbeziehungen zum Institut für Slawistik und Balkanistik der Akademie der Wissenschaften der UdSSR erforderlich. Mit diesem Partnerinstitut wurde in kürzester Zeit eine sehr gute Zusammenarbeit entwickelt; ohne die freundschaftliche Hilfe und Kritik seines wissenschaftlich erfahrenen Kollektivs wäre mit den damals noch sehr schwachen Kräften des Zentralinstituts für Literaturgeschichte der Band „Literaturen europäischer sozialistischer Länder" (1975) nicht entstanden.

Anfang der siebziger Jahre wurde damit begonnen, Bücher der Freunde aus den Partnerinstituten zu theoretischen Problemen und zur Gegenwartsentwicklung der Literatur zu übersetzen bzw. Übersetzungen wissenschaftlich zu betreuen. In der Reihe „Literatur und Gesellschaft" des Akademieverlages sind Publikationen so namhafter Wissenschaftler wie Michail Chrapčenko, Aleksandr Dymšic, Dmitrij Markov, Leonid Timofeev und Georgij Lomidze erschienen. Neue Perspektiven der Zusammenarbeit eröffnete die 1972 beginnende Delegierung von Wissenschaftlern des Zentralinstituts für Literaturgeschichte an das Gor'kij-Institut zu einjähriger Arbeit an Buchmanuskripten oder Qualifikationsschriften. Die Betreuung des ersten Wissenschaftlers hatte der stellvertretende Direktor des Instituts, Aleksandr Dymšic, übernommen. Das während dieses Jahres entstandene Manuskript „Sowjetliteratur und wissenschaftlich-technische Revolution", das die sowjetische Literaturentwicklung vom Anfang der siebziger Jahre zum Gegenstand hat, erschien 1976 als Buch der Reihe „Literatur und Gesellschaft". Inzwischen sind weitere Mitarbeiter des Zentralinstituts in den Genuß eines solchen Aufenthaltes in Moskau gekommen. Es steht zu hoffen, daß die Kette der Delegierungen nicht abreißen wird. Der umgekehrte Vorgang, die Arbeit sowjetischer Kollegen am Zentralinstitut für Literaturgeschichte, hat ebenfalls – wenn auch spät – seinen Anfang genommen.

Seit den sechziger Jahren beteiligen sich sowjetische Wissenschaftler regelmäßig an Konferenzen des Zentralinstituts für Literaturgeschichte bzw. der vor der Akademiereform existierenden Institute. In der Art und Weise, wie diese Teilnahme inhaltlich vorbereitet wurde und wird, zeigen sich ebenfalls stetige Fortschritte. In früheren Jahren beschränkte sich die Vorbereitung meist auf den Versand der Tagungskonzeptionen an das Partnerinstitut. Seit 1966/67 wird über die Teilnahme mit der Institutsleitung und delegierten sowjetischen Kollegen vorher gründlich beraten. Es hat sich inzwischen ein Vertrauensverhältnis zwischen den Partnern herausgebildet, das gegenseitige Kritik als etwas Normales erscheinen läßt. Mit sehr offiziellen, steifen Beziehungen wäre Arbeit dieser Art nicht zu bewältigen. Ein solches Vertrauensverhältnis kann man nicht dekretieren, nicht künstlich herbeiführen, dazu gehört eine lange intensive Vorbereitung.

Bisheriger Höhepunkt in der Reihe der Gemeinschaftskonferenzen war die des Jahres 1975, die dem 30. Jahrestag der Befreiung gewidmet war und unter dem Thema „Verantwortung für die Welt" stand. Ihr Anliegen war es, weltliterarische Aspekte der Gestaltung des antifaschistischen Aufbaus in der multinationalen Sowjetliteratur und in den Literaturen anderer europäischer sozialistischer Länder zu untersuchen. Auf der Konferenz wurde erstmalig in so großem Rahmen der Versuch unternommen, die internationalen Erfahrungen dieses wichtigen gemeinsamen Erbes der sozialistischen Kulturen zusammenzutragen und zu resümieren. Voraussetzung für den Erfolg dieses Versuchs auf diesem Gebiet war der relativ gute Forschungsstand, den beide Partnerinstitute wie auch die übrigen beteiligten wissenschaftlichen Institutionen des sozialistischen Auslandes erreicht haben. Diese Veranstaltung wurde von der Konzeption bis zu einzelnen Beiträgen mit dem Maksim-Gor'kij-Institut vorbereitet. Als wichtigste Erfahrung ergibt sich aus ihr, daß die Wahl des Gegenstandes so groß angelegter Konferenzen aus den dringenden Erfordernissen der Forschungen beider Institute erwachsen und auf international bedeutsame Hauptrichtungen wissenschaftlicher Arbeit orientiert sein muß. Solche Zusammenkünfte sollten nur in größeren Zeiträumen stattfinden. Die zweite, nicht weniger relevante Erfahrung ergibt sich logisch daraus: Wir brauchen in Zukunft mehr kleinere gemeinsame Arbeitsberatungen zu ungelösten Problemen aus dem Bereich großer Hauptforschungstrends. Die Parallelität und Abgestimmtheit der Pläne erlauben diese fruchtbare Form der Zusammenarbeit nicht nur, sie drängen förmlich darauf. Von der Vertrauensbasis, die gerade für diesen Typ von wissenschaftlichen Veranstaltungen nötig ist, war schon die Rede. Im Hinblick auf die koordinierte Wissenschaftspolitik der sozialistischen Länder nach Helsinki wird die Suche nach so vielfältigen Möglichkeiten zu einem erstrangigen Erfordernis.

Für die Perspektive der Zusammenarbeit ist entscheidend, ob wir von den Konsultationen, Informationen, Sammelbänden, Manuskriptberatungen, gegenseitigem Konferenzbesuch oder auch gemeinschaftlich organisierten Konferenzen bei ausgewählten Gegenständen zu wirklich gemeinsamen Forschungsvorhaben übergehen können, wobei die eben genannten Formen selbstverständlich ihre Bedeutung behalten. Das Maksim-Gor'kij-Institut für Weltliteratur hatte hierzu am Anfang der siebziger Jahre eine wichtige Initiative ergriffen und vorgeschlagen, alle Akademien der sozialistischen Länder Europas sollten sich an einem Unternehmen beteiligen, das aktuelle Literaturprozesse dieser Länder parallel und vergleichend darstellt. Dieses Vorhaben trägt die thematische Bezeichnung „Das Allgemeine und das Besondere in Literaturen europäischer sozialistischer Länder", und es hat in nahezu allen Bruderinstituten Widerhall gefunden. Das Zentralinstitut für Literaturgeschichte beteiligte sich mit einer synthetischen Darstellung der Literatur der DDR des letzten Jahrzehnts. Nach mehreren Konferenzen, auf denen Ausarbeitungsstufen beraten wurden, ist eine gemeinsame Buchpublikation vorgesehen. Es war die Absicht der Initiatoren, daß die Abhandlungen zu einzelnen Literaturen nicht isoliert erarbeitet, sondern dabei die Prozesse in den anderen Literaturen berücksichtigt, eben die allgemeinen literarischen Tendenzen in ihrer nationalspezifischen Ausprägung erfaßt werden. Es fanden zu diesem Zweck gemeinsame Sitzungen der internationalen Redaktionskommission statt. Heute zeichnet sich allerdings ab, daß dieses Unternehmen der anfänglichen Absicht noch nicht voll gerecht wird, daß der Grad des gegenseitigen Sichaufeinanderbeziehens noch relativ gering ist. Es wird aber von allen Beteiligten als ein erster und notwendiger Schritt zu dem gesteckten Ziel, die Literaturentwicklung sozialistischer Länder heute komplex und gemeinsam zu erforschen, angesehen. Diesem Band sollen daher weitere folgen, und zwar hauptverantwortlich getragen von jeweils einem Bruderinstitut. Einen der nächsten wird dann auch das Zentralinstitut für Literaturgeschichte übernehmen. Ähnliche Ziele wie dieses Vorhaben stellt sich ein bilaterales Unternehmen zwischen dem Institut für Slawistik und Balkanistik und dem Zentralinstitut für Literaturgeschichte zu theoretischen Problemen der vergleichenden Erforschung von Literaturen sozialistischer Länder Europas. Auch hier sind auf allen Etappen gemeinsame Konzeptionen, Vorlage von Probekapiteln, des Gesamtrohmanuskripts, Beratungen bzw. Arbeitskonferenzen vorgesehen.

Weitere wichtige, nur in Kooperation zu lösende Aufgaben des gegenwärtigen Planjahrfünfts erwachsen aus den Forschungen zur multinationalen Sowjetliteratur. Die sowjetische Seite hat hier unvergleichlich größeren Vorlauf, der am deutlichsten in der sechsbändigen Geschichte der multinationalen Sowjetliteratur, die vom Gor'kij-Institut erarbeitet wurde, zum Ausdruck kommt. Die Literaturgeschichte ist gewissermaßen noch traditionell aufgebaut: Jede Periode wird durch ein umfangreiches Einleitungskapitel charakterisiert, und danach folgen gesonderte Abschnitte zu jeder Literatur. Ein solches methodologisches Verfahren ist für eine Darstellung kleineren Umfangs nicht tauglich. Es gibt in der Literaturwissenschaft aller Länder und Zeiten keine Erfahrungen dafür, wie man die Geschichte von 76 Literaturen als Einheit, im Komplex, darstellen soll. Hier erwächst der Sowjetwissenschaft und bis zu einem gewissen Grade auch dem Zentralinstitut für Literaturgeschichte eine schwere, aber auch sehr reizvolle und kulturpolitisch wichtige Aufgabe – eine Darbietungsmethode zu finden, die der Funktion, welche einem bestimmten Projekt zugedacht wird, adäquat ist. Die hier noch zu leistende Forschungsarbeit ist ohne ständige Beratung und bestes gegenseitiges Einvernehmen nicht zu verwirklichen.

Die Zusammenarbeit der Literaturwissenschaftler der Akademieinstitute der DDR und der UdSSR bietet sich in ihrer mehr als zwei Jahrzehnte währenden Kontinuität als ein Prozeß dar, an dessen Anfang die Konsultation, die gegenseitige Information stand, der sich fortsetzte in sehr repräsentativen, aber noch zu weitgefächerten gemeinsamen Unternehmungen – Konferenzen, Sammelbänden usw. – und der seit den siebziger Jahren hinüberzuwachsen beginnt in äußerlich möglicherweise unscheinbare, im Inneren aber um so wertvollere Formen – ständige intensive, kameradschaftliche Diskussion über gemeinsame langfristige Forschungsstrategie, schöpferischen Meinungsstreit um komplizierte Probleme der Literaturentwicklung im 20. Jahrhundert u. a. m. Nur auf diesem Wege kann die marxistisch-leninistische Literaturwissenschaft beider Länder die ihr gestellten Aufgaben im Rahmen der entwickelten sozialistischen Gesellschaft wie auch auf dem Felde des ideologischen Kampfes bewältigen.

Günter Feudel

Zur Zusammenarbeit auf dem Gebiet der Sprachgeschichtsforschung und zur Bedeutung sowjetischer sprachtheoretischer Konzeptionen für die Entwicklung der Germanistik in der DDR

Zu den Schlüsselproblemen der Sprachwissenschaft, denen die Linguisten, die sich auf den dialektischen und historischen Materialismus stützen, stets ihre besondere Aufmerksamkeit geschenkt haben und bei deren Lösung sie zu grundsätzlich anderen Ergebnissen gekommen sind als positivistische oder neopositivistische Sprachtheorien, gehört der wichtige Fragenkomplex, der den Zusammenhang von Sprache und Gesellschaft betrifft.

Zwar ist die Beschäftigung mit der Geschichte der Sprache und das Bemühen, durch die Erforschung der sprachlichen Entwicklung zur Erforschung der Geschichte der Gesellschaft, die diese Sprache spricht, beizutragen, ein wichtiges Anliegen sprachwissenschaftlicher Forschungen bereits seit dem Entstehen der historisch-vergleichenden Sprachwissenschaft. Die hohe Wertschätzung, die Engels im „Anti-Dühring" der „seit sechzig Jahren so gewaltig und erfolgreich entwickelten historischen Sprachforschung"[1] zuteil werden ließ, ist allgemein bekannt. Doch erst mit der Ausarbeitung des dialektischen und historischen Materialismus durch die Klassiker des Marxismus wurden die Voraussetzungen geschaffen, um tief in das Wesen der Sprache einzudringen und ihre Rolle für die geschichtliche Entwicklung der Gesellschaft voll zu erkennen. K. Marx und F. Engels brachten sprachlichen Problemen stets großes Interesse entgegen, und es bleibt für uns marxistische Sprachwissenschaftler ein vorrangiges Anliegen, den ganzen Reichtum ihrer Auffassungen voll auszuschöpfen.

Friedrich Engels beherrschte nicht nur, ebenso wie Karl Marx, eine große Zahl von Fremdsprachen, sondern er betrieb auch intensive eigene sprachhistorische Forschungen. „In Engels' Person" – so heißt es im Vorwort zu dem Sammelband „Engels und die Sprachwissenschaft", der anläßlich des 150. Geburtstages von Engels in Moskau 1972 erschienen ist – „haben wir es nicht nur mit einem Philosophen und Historiker zu tun, der bei der Ausarbeitung der dialektisch-materialistischen Theorie der gesellschaftlichen Entwicklung linguistisches Material verwertete, sondern mit einem Sprachwissenschaftler und Forscher im weitesten Sinne dieses Wortes. Für die Entwicklung der Theorie der sowjetischen Sprachwissenschaft hat das Erbe von Engels daher besondere Bedeutung."[2]

Zu einer Zeit, als der Atomismus der Junggrammatiker seinem Höhepunkt entgegenstrebte, lieferte Friedrich Engels mit seiner tiefschürfenden Arbeit über den

[1] K. Marx, F. Engels, Werke, Bd. 20, S. 299.
[2] Ėngel's i jazykoznanie, Moskau 1972, S. 5f.

„Fränkischen Dialekt“ (1881–1882)[3] ein klassisches Vorbild für die Methode sprachgeschichtlicher Untersuchungen, klassisch, weil Engels in dieser – leider unvollendet gebliebenen – Schrift den historischen Materialismus beispielhaft auf die Sprachwissenschaft angewandt hat. Dadurch vermochte er unter anderem die damals – und zum Teil bis in die Gegenwart – dominierende schematische Einteilung der deutschen Mundarten nach den Merkmalen der 2. Lautverschiebung zu überwinden und die wahren historischen Zusammenhänge zwischen den verschiedenen deutschen Dialektgruppierungen aufzuzeigen. Es ist gerade für unseren Kreis hier gewiß nicht uninteressant, daran zu erinnern, daß diese für uns Linguisten außerordentlich wichtige Arbeit 1935 erstmals in der Sowjetunion veröffentlicht wurde und daß es ein bedeutender sowjetischer Sprachwissenschaftler war, der sie als erster der internationalen Germanistik zugänglich machte, nämlich das 1971 verstorbene Mitglied der sowjetischen und unserer Akademie der Wissenschaften, Viktor Maksimovič Žirmunskij, in seinem Aufsatz „Frankskij dialekt F. Ėngel'sa“[4]. Eine eingehende Würdigung von Engels' Arbeit enthält Žirmunskijs auch in unserem Akademie-Verlag erschienenes Standardwerk „Deutsche Mundartkunde“[5].

Auf die tiefschürfenden theoretischen Erkenntnisse W. I. Lenins über die Rolle der Sprache sowohl in der Epoche der Herausbildung der bürgerlichen Nation als auch beim Aufbau der sozialistischen Gesellschaft, insbesondere in einem multinationalen Staat wie der Sowjetunion, kann ich im Rahmen dieses Beitrags nicht eingehen. Es ist allgemein bekannt, welche beispiellosen Leistungen die sowjetische Sprachwissenschaft – gestützt auf diese Erkenntnisse – bei der Schaffung von über vierzig Literatursprachen für Völker vollbracht hat, die vor der Oktoberrevolution kein eigenes Schrifttum hatten. Weniger bekannt aber ist die gewaltige Arbeit, die sie dabei auf theoretischem Gebiet, bei der Entwicklung einer marxistischen Theorie über den Zusammenhang von Gesellschafts- und Sprachentwicklung geleistet hat. Im Gegensatz zu spätbürgerlichen Sprachtheorien, die wie bestimmte Schulen des Strukturalismus das Sprachsystem als ein sich selbst genügendes, autonomes Gebilde betrachten, die Sprachstruktur willkürlich verabsolutieren, die Sprache aus ihren gesellschaftlichen Bindungen lösen und den Zusammenhang zwischen Sprache und Gesellschaft völlig vernachlässigen, hat die sowjetische Sprachgeschichtsforschung stets die Sprache als eine zutiefst gesellschaftliche Erscheinung betrachtet und dem Zusammenhang zwischen Sprache und Gesellschaft ihre vorrangige Aufmerksamkeit geschenkt. Insbesondere waren die Forschungen der sowjetischen Sprachhistoriker darauf gerichtet, das Verhältnis zwischen der geschichtlichen Entwicklung eines Volkes und der Entwicklung seiner Sprache aufzuhellen, die wichtigsten Etappen sprachlicher Entwicklungen mit bestimmten Knotenpunkten der gesellschaftlichen Entwicklung in Beziehung zu setzen und Gesetzmäßigkeiten der Sprachentwicklung aufzudecken.

Dabei soll nicht verschwiegen werden, daß die Ausarbeitung der heute in der sowjetischen Sprachgeschichtsforschung geltenden Theorie über den Zusammenhang zwischen Sprache und Gesellschaft durchaus nicht gradlinig verlief. So stellten in den zwanziger Jahren einzelne sowjetische Sprachwissenschaftler unter dem Einfluß der

[3] K. Marx, F. Engels, Werke, Bd. 19, S. 494–518.
[4] Izvestija AN SSSR, Otdelenie obščestvennych nauk, 1936, Nr. 4.
[5] V. M. Žirmunskij, Deutsche Mundartkunde, Berlin 1962, S. 25–55.

Ideen des Proletkults auch linksradikale Forderungen nach einer völligen Umgestaltung der alten russischen Sprache, die angeblich der Bourgeoisie gedient hatte, nach dem Aufbau einer völlig neuen, revolutionären Sprache, nach der Schaffung einer proletarischen Klassensprache auf und verkannten damit die Kontinuität in der Sprachentwicklung. In den dreißiger Jahren verstärkten sich diese vulgärmaterialistischen Auffassungen noch unter dem Einfluß von N. J. Marr, der mit seiner neuen Lehre von der Sprache jeder Gesellschaftsformation eine qualitativ neue Sprache zuzuschreiben versuchte. So forderte er zum Beispiel zu Beginn der dreißiger Jahre die Umgestaltung der „Literatursprache, die vor dem Oktober ihre Blüte erreicht hatte", da diese Sprache „ihrem Inhalt nach nicht den Bedürfnissen des zu errichtenden Sozialismus entspricht, ihrer Form nach aber im Widerspruch zum Denken der proletarischen werktätigen Massen steht".[6]

Diese vulgärsoziologischen Theorien von der Klassensprache wurden aber bereits in den zwanziger und zu Beginn der dreißiger Jahre von so bedeutenden sowjetischen Linguisten wie G. V. Vinokur, J. D. Polivanov, V. V. Vinogradov kritisiert. Und für die heute in der sowjetischen Sprachwissenschaft herrschende Theorie wurden diejenigen Auffassungen entscheidend, die davon ausgingen, daß der Zusammenhang zwischen Gesellschaftsformation und Sprachentwicklung überaus kompliziert und vielschichtig ist. Mit der schöpferischen Auswertung der Arbeiten der Klassiker des Marxismus, vor allem der Arbeiten W. I. Lenins zur nationalen Frage, und mit der Ausarbeitung der Theorie von der Nationalsprache wurde den vulgärmarxistischen Auffassungen in der sowjetischen Sprachgeschichtsforschung der Boden entzogen. Es war der hervorragende sowjetische Sprachforscher L. P. Jakubinskij, der Lenins berühmten Ausspruch über die Herausbildung der sprachlichen Einheit als Bedingung für die ungehinderte Entwicklung der kapitalistischen Produktionsweise für die Lösung der Frage nach dem Zusammenhang von Sprache und Gesellschaft nutzbar machte. In seinem Artikel „Über das Selbstbestimmungsrecht der Nationen" hatte W. I. Lenin festgestellt: „In der ganzen Welt war die Epoche des endgültigen Sieges des Kapitalismus über den Feudalismus mit nationalen Bewegungen verbunden. Die ökonomische Grundlage dieser Bewegungen besteht darin, daß für den vollen Sieg der Warenproduktion die Eroberung des inneren Marktes durch die Bourgeoisie erforderlich, die staatliche Zusammenfassung von Territorien mit Bevölkerung gleicher Sprache notwendig ist, bei Beseitigung aller Hindernisse für die Entwicklung dieser Sprache und ihre Entfaltung in der Literatur."[7]

Die Theorie von der Nationalsprache und der Rolle der nationalen Literatursprache im Gefüge der sprachlichen Existenzformen der Nationalsprache, die beginnend mit den dreißiger Jahren von so hervorragenden sowjetischen Gelehrten wie L. P. Jakubinskij und V. V. Vinogradov am Material der russischen Sprache und von V. M. Žirmunskij[8] am Material der deutschen Sprache ausgearbeitet wurde und die mit einem verstärkten Interesse für sozialökonomische Faktoren verbunden war, bedeutete einen

[6] Zitiert nach A. V. Desnickaja, Kak sozdavalas' teorija nacional'nogo jazyka, Moskau 1974, S. 398–415.

[7] W. I. Lenin, Werke, Bd. 20, S. 398.

[8] Hervorgehoben sei Žirmunskijs bedeutsame Arbeit aus dem Jahre 1936 „Nacional'nyj jazyk i social'nye dialekty", von der Leipziger Germanisten gegenwärtig eine deutsche Ausgabe vorbereiten.

grundlegenden Umschwung in den Auffassungen über den Zusammenhang zwischen Sprache und Gesellschaft. Diese Auffassungen setzten sich in den vierziger und fünfziger Jahren in der sowjetischen Linguistik durch und haben heute in der Sowjetunion und zum größten Teil auch in unserer Republik allgemeine Anerkennung gefunden.[9] Einen Markstein in dieser Entwicklung stellte vor allem der 1960 erschienene Sammelband des Moskauer Instituts für Sprachwissenschaft „Voprosy formirovanija i razvitija nacional'nych jazykov" dar, in dem die sowjetischen Sprachhistoriker die Herausbildung der Norm verschiedener europäischer und außereuropäischer Literatursprachen erforschten und allgemeine, über die jeweilige Einzelsprache hinausgehende Entwicklungsgesetzmäßigkeiten zu ermitteln versuchten.

Von den deutschen Germanisten, die dem Zusammenhang von Sprachentwicklung und der Geschichte des Sprachträgers besondere Aufmerksamkeit schenkten, ist vor allem unser 1968 verstorbenes Akademiemitglied Theodor Frings zu nennen, der drei Bänden seiner Arbeiten zu der genannten Problematik den bezeichnenden Titel „Sprache und Geschichte" gab. Bei seinen Bemühungen, die verschlungenen Wege der historischen Entwicklung unserer Sprache zu erforschen, traf sich Th. Frings nach Kriegsende mit dem bedeutenden sowjetischen Gelehrten V. M. Žirmunskij und dessen Schülern und vereinbarte mit ihnen bereits Mitte der fünfziger Jahre eine systematische Zusammenarbeit zwischen dem Institut für Sprachwissenschaft der Akademie der Wissenschaften der UdSSR und dem damaligen Institut für deutsche Sprache und Literatur unserer Akademie zur Erforschung der Geschichte der deutschen Sprache.

Diese nunmehr schon fast zwei Jahrzehnte währende Zusammenarbeit, der die theoretischen Erkenntnisse unserer sowjetischen Kollegen zugrunde liegen, hat meiner Auffassung nach bereits reiche Früchte getragen und die Entwicklung der Germanistik in unserer Republik nachhaltig beeinflußt. Die aus dieser Zusammenarbeit erwachsenden Untersuchungen werden in einer speziellen Reihe unseres Instituts, „Bausteine zur Sprachgeschichte des Neuhochdeutschen", veröffentlicht, in der bisher dreizehn Bände erschienen sind. Die Reihe wurde 1964 mit der deutschen Fassung einer zweibändigen Monographie „Der Weg zur deutschen Nationalsprache" von der bedeutenden Moskauer Germanistin und Žirmunskij-Schülerin, M. M. Guchman, eröffnet, durch die die Germanisten unserer Republik mit den theoretischen und methodologischen Grundlagen der sowjetischen Sprachgeschichtsforschung bekannt gemacht wurden. Die Monographie von M. M. Guchman erlangte für die weitere Entwicklung der germanistischen Sprachgeschichtsforschung in der DDR nicht nur deshalb erstrangige Bedeutung, weil sie dank der Aufarbeitung eines umfangreichen und vielschichtigen Quellenmaterials unsere konkrete Kenntnis von dem komplizierten Entwicklungsgang der Sprachgeschichte in Deutschland erheblich bereicherte, sondern vor allem deshalb, weil sie den unmittelbaren Anstoß zu zahlreichen intensiven und fruchtbaren Diskussionen über theoretische Probleme der Sprachgeschichtsforschung, insbesondere über Grundbegriffe einer materialistischen Sprachgeschichtsauffassung, gab. In einem sich über Jahre erstreckenden schöpferischen wissenschaftlichen Meinungsstreit eigneten sich unsere Germanisten die großen Errungenschaften der sowjetischen Sprachgeschichtsforschung an und waren fortan bestrebt, diese zum Ausgangspunkt ihrer eigenen empirischen Forschungsarbeit zu machen.

[9] Vgl. dazu den Artikel von V. N. Jarceva, Razvitie literaturnych jazykov, in: Teoretičeskie problemy sovetskogo jazykoznanija, Moskau 1968, S. 50–70.

Einige dieser theoretischen Grundsätze seien hier genannt: Das ist vor allem die Theorie von dem spezifischen Gefüge der sprachlichen Existenzformen (Dialekt, städtischer Halbdialekt bzw. städtische Koine, Umgangssprache, Literatursprache) in den verschiedenen Gesellschaftsformationen und die unter diesem Blickwinkel durchgeführten konkreten Untersuchungen einzelner dieser Existenzformen und ihrer wechselseitigen Beziehungen in den verschiedenen historischen Entwicklungsetappen. Ganz entscheidende Bedeutung scheint uns dabei die fundamentale Erkenntnis zu haben, daß jede Gesellschaftsformation durch ein ganz spezifisches Gefüge sprachlicher Existenzformen gekennzeichnet ist, durch das sie sich von den anderen Gesellschaftsformationen unterscheidet. Allein diese Erkenntnis liefert den Schlüssel für das richtige Verständnis des Zusammenhangs zwischen gesellschaftlicher und sprachlicher Entwicklung, nur sie ermöglicht die endgültige Überwindung jedweder vulgärmaterialistischer Tendenzen. Die Erkenntnis der sowjetischen Sprachgeschichtsforscher, daß sich mit der Ablösung der verschiedenen sozialökonomischen Formationen (vermittelt über die sich entsprechend ändernden gesellschaftlichen Kommunikationsbedürfnisse, die es im einzelnen noch zu erforschen gilt) der Charakter des Gefüges sprachlicher Existenzformen, ihre soziale Basis und ihr Geltungsbereich ändern, ist zweifellos eine hervorragende wissenschaftliche Errungenschaft von bleibendem Wert, die zugleich ein solides Fundament für alle künftigen empirischen Forschungen auf diesem Gebiet abgeben wird.

Von nicht geringerer Bedeutung erscheint uns die in der sowjetischen Sprachwissenschaft entwickelte Theorie der Literatursprache, ihrer Rolle und Stellung im System der Existenzformen auf einer gegebenen historischen Entwicklungsetappe, ihres Verhältnisses zu den anderen, nicht literatursprachlichen Kommunikationsformen. Damit sind solche grundlegenden, von den sowjetischen Sprachhistorikern vorrangig erforschten theoretischen Probleme verbunden wie: das Verhältnis zwischen mündlicher und schriftlicher Variante der Literatursprache, das Problem der eigenen bzw. fremden Literatursprache in der Periode des Feudalismus, die Frage der Dialektbasis der Literatursprache, die Loslösung der überregionalen schreibsprachlichen Varianten von ihrer Dialektgrundlage, die Frage der räumlichen Kontinuität und des Verhältnisses von sprech- und schreibsprachlichen Traditionen im Prozeß der Herausbildung der nationalen Literatursprache, die hervorragende Rolle der Normierung und Kodifizierung in diesem Prozeß und schließlich solche gerade gegenwärtig höchst aktuellen Probleme wie das Verhältnis von Invarianz und Varianz der Norm, die Rolle der territorialen und sozialen Varianten, die funktional-stilistische Differenzierung der nationalen Literatursprache, ihre zunehmende Polyfunktionalität, die Erweiterung ihrer sozialen Basis und ihres Geltungsbereichs, ihre Liberalisierung und Demokratisierung. Die Herausarbeitung eindeutiger Kriterien für die Wesensbestimmung der Literatursprache (Geformtheit, bewußte Auswahl, Normierung, Kodifizierung u. a.) erlaubt es, sowohl die Identität und Kontinuität dieser für die Entwicklung des Gefüges sprachlicher Existenzformen entscheidenden Form seit den frühesten Zeiten der Überlieferung als auch die neue Qualität, die sie im Zusammenhang mit der Ablösung der einzelnen Gesellschaftsformationen in ihrem Verhältnis zu den anderen Existenzformen annimmt, angemessen zu beschreiben und die wesentlichen Etappen ihrer Entwicklung auf materialistischer Grundlage darzustellen. Von nicht zu unterschätzender Bedeutung ist auch, daß diese Wesensbestimmung der Literatursprache es ermöglicht, dem bisher vor allem in der deutschen Germanistik herrschenden terminologischen Wirrwarr – Schriftsprache, Hochsprache, Gemeinsprache, Einheitssprache, Standardsprache in neuhochdeutscher Zeit, Geschäftssprache, Dichtersprache, Schriftsprache, überlandschaftliche (überregionale) Verkehrssprache in mittelhochdeutscher Zeit – endlich ein Ende zu setzen. Viel wesentlicher aber erscheint uns noch, daß diese, auf der Position des historischen Materialismus entwickelte Konzeption der Literatursprache die wissenschaftliche Grundlage liefert, um die große Rolle, die die Literatursprache bei der Herausbildung der bürgerlichen Nation und des bürgerlichen Nationalbewußtseins spielt, aber auch die Konsequenzen, die eine unterschiedliche Entwicklung ihrer sozialen Basis und ihres Geltungsbereichs in einer bürgerlichen und in einer sozialistischen Nation hat, richtig einzuschätzen. Diese marxistische Konzeption der Literatursprache ist gerade deshalb von so brennender Aktualität, weil in der weltweiten Auseinandersetzung zwischen Kapitalismus und Sozialismus die nationale Literatursprache in den Konzeptionen bürgerlicher Theoretiker nicht selten dazu herhalten muß, um von den wahren gesellschaftlichen Kräften und Bewegungsgesetzen in den kapitalistischen Ländern abzulenken. So wird die Rolle der nationalen Literatursprache als Faktor der gesellschaftlichen Entwicklung bewußt verfälscht, wenn bürgerliche Soziolinguisten mit ihrer „Theorie" von den Sprachbarrieren die wirklichen Klassenschranken der kapitalistischen Gesellschaftsordnung verschleiern. In noch höherem Maße gilt das für die SPD-Führung in der BRD, die die deutsche Literatursprache zu einer entscheidenden Triebkraft der gesellschaftlichen Entwicklung erhebt und demagogisch behauptet, dank des „einigenden Bandes" der deutschen Sprache könne der objektive Prozeß der Entwicklung von zwei deutschen Nationen mit entgegengesetzter Gesellschaftsordnung aufgehalten oder gar rückgängig gemacht werden.

Und noch auf einen dritten Problemkomplex möchte ich hier eingehen, der mit den Termini „Nationalsprache", „Nationalitäts- (oder Völkerschafts-)sprache" und „Stammessprache" zu umschreiben ist. Die in der sowjetischen Sprachwissenschaft ausgearbeitete Theorie von der Nationalsprache beruht auf der marxistischen Konzeption, daß sich im Zusammenhang mit der Herausbildung der Nation das Gefüge der sprachlichen Existenzformen von Grund aus verändert, und zwar in der Richtung, daß sich aus einer objektiven Notwendigkeit heraus eine einheitliche, für die gesamte Nation verbindliche Existenzform der Sprache, eben die nationale Literatursprache, entwickelt, die in der Tendenz die anderen sprachlichen Kommunikationsformen verdrängt, zugleich aber Elemente von ihnen in sich aufnimmt und damit das System ihrer Stilmittel wesentlich bereichert.

Der Begriff der Nationalsprache schließt also die Literatursprache in ihrer schriftlichen und mündlichen Form ein, aber er ist nicht mit ihr identisch, vielmehr bezeichnet er die Summe der sprachlichen Existenzformen in der Epoche der Nation, die mit der Herausbildung und Entfaltung kapitalistischer Produktionsverhältnisse zusammenfällt. Er umfaßt also das gesamte komplizierte und sich verändernde Wechselverhältnis zwischen den verschiedenen sprachlichen Existenzformen in der nationalen Epoche, wobei die nationale Literatursprache – im Unterschied zur vornationalen Epoche – unter den anderen Existenzformen die dominierende Stellung erringt. Dabei nimmt die Entwicklung des Verhältnisses der Literatursprache zu den anderen Existenzformen in der sozialistischen Nation einen qualitativ anderen Verlauf als in der bürgerlichen Nation, ebenso wie sich die soziale Basis und der Geltungsbereich der Literatursprache im Sozialismus und im Kapitalismus unterschiedlich entwickeln. Die Konzeption von der Nationalsprache liefert auch die Grundlage für eine gerechte Beurteilung der Entwicklung der deutschen Sprache unter den Bedingungen der Existenz zweier deutscher Staaten mit unterschiedlicher Gesellschaftsordnung. Diese Entwicklung ist nicht nur dadurch gekennzeichnet, daß die Divergenzen in der Literatursprache zunehmen (ohne daß wir etwa gegenwärtig von zwei verschiedenen deutschen Literatursprachen sprechen würden), sondern vor allem dadurch, daß sich das Wechselverhältnis zwischen den verschiedenen Existenzformen der deutschen Sprache verändert, daß sich die soziale Basis und der Geltungsbereich der Literatursprache sowie ihr Verhältnis zu den anderen Existenzformen bei uns ganz anders entwickeln als in der BRD.

Auf den bei uns noch sehr umstrittenen Begriff der „Nationalitätssprache" oder „Völkerschaftssprache" kann ich im Rahmen meines Diskussionsbeitrags nicht eingehen, möchte aber doch zum Schluß noch hervorheben, daß die sowjetische Konzeption von der Entwicklung der Sprache von der Stammessprache über die Nationalitätssprache zur Nationalsprache eine sinnvolle Periodisierung der Sprachgeschichte im Einklang mit der Geschichte des Volkes ermöglicht. Sie bedeutet die Überwindung der heute noch in der bürgerlichen Germanistik herrschenden willkürlichen Einteilung z. B. des Deutschen in Althochdeutsch – Mittelhochdeutsch – Frühneuhochdeutsch – Neuhochdeutsch auf Grund einzelner Lautentwicklungen, die im Grunde genommen nichts über die Entwicklung der Sprache als Ganzheit auszusagen vermögen.

Diese von der sowjetischen Sprachgeschichtsforschung erarbeiteten theoretischen Grundsätze sind heute, nach dem mehr als zehnjährigen intensiven Meinungsstreit, den wir um sie geführt haben, fester Bestandteil in Forschung und Lehre der DDR-Germanistik. Sie bilden zugleich die Grundlage für unsere gemeinsamen Forschungsarbeiten mit den sowjetischen Germanisten, die auf dem Gebiet der Sprachgeschichte schon im abgelaufenen Planjahrfünft die Form arbeitsteiliger Kooperation angenommen haben. Die aus dieser Kooperation hervorgegangenen Untersuchungen zur Herausbildung der Norm der deutschen Literatursprache werden in den Jahren 1975 bis 1977 in fünf Bänden der bereits erwähnten Reihe „Bausteine zur Sprachgeschichte des Neuhochdeutschen" veröffentlicht.

Einen wesentlichen Faktor der Zusammenarbeit stellt auch die wechselseitige Teilnahme an wissenschaftlichen Konferenzen dar. So nahmen unsere Germanisten stets aktiv an den wissenschaftlichen Tagungen teil, die der Sektor für germanische Sprachen des Moskauer Partnerinstituts alle zwei, drei Jahre durchführt, wie selbstverständlich unsere sowjetischen Kollegen auf unseren wissenschaftlichen Veranstaltungen vertreten sind.

Es ging in meinem Beitrag nur um die Zusammenarbeit auf dem Gebiet der Erforschung der Geschichte der deutschen Sprache. Nicht weniger enge Beziehungen bestehen auf dem Gebiet der Soziolinguistik und Psycholinguistik, sowie in letzter Zeit auch bei der Lösung philosophischer Probleme der Sprachwissenschaft. Im kommenden Planjahrfünft werden wir unsere Zusammenarbeit auf die Erforschung methodologischer Probleme der Sprachwissenschaft ausdehnen und zu Ehren des 160. Geburtstags von Karl Marx 1978 in Berlin eine gemeinsame Konferenz durchführen.

Autorenverzeichnis*

BARTEL, HORST, Prof. Dr. phil. habil., Ordentliches Mitglied der Akademie der Wissenschaften der DDR, Direktor des Zentralinstituts für Geschichte der AdW der DDR, Vorsitzender der DDR-Sektion der Kommission der Historiker der DDR und der UdSSR, Berlin

BÜTTNER, WOLFGANG, Dr. phil., Zentralinstitut für Geschichte der AdW der DDR, Berlin

DAVIDOVIČ, DAVID SAMOJLOVIČ, Dr. der Geschichtswissenschaften, Institut für allgemeine Geschichte der AdW der UdSSR, Stellvertretender Vorsitzender der UdSSR-Sektion der Kommission der Historiker der UdSSR und der DDR, Moskau

EICHLER, HELGA, Dr. phil., Zentralinstitut für Geschichte der AdW der DDR, Berlin

ENDERLEIN, ROLF, Prof. Dr. sc. nat., Sektion Physik der Humboldt-Universität zu Berlin

FEUDEL, GÜNTER, Prof. Dr. phil., Direktor des Zentralinstituts für Sprachwissenschaft der AdW der DDR, Berlin

FISCHER, HANS JOACHIM, Dr. rer. nat., Direktor des Instituts für Elektronik der AdW der DDR, Berlin

FRICKE, DIETER, Prof. Dr. phil. habil., Sektion Geschichte der Friedrich-Schiller-Universität, Jena

FRIEDRICH, WALTER, Dr. rer. nat., Forschungsbereich Chemie der AdW der DDR, Berlin

GRASSHOFF, HELMUT, Prof. Dr. phil. habil., Zentralinstitut für Literaturgeschichte der AdW der DDR, Berlin

GRAU, CONRAD, Dr. phil. habil., Forschungsstelle für Akademiegeschichte der AdW der DDR, Berlin

GROTE, CLAUS, Prof. Dr. rer. nat. habil., Ordentliches Mitglied der Akademie der Wissenschaften der DDR, Generalsekretär der AdW der DDR, Berlin

HAMMER, DIETER, Dr. rer. nat., Zentrum für Rechentechnik der AdW der DDR, Berlin

HECHT, KARL, Prof. Dr. sc. med., Zentralinstitut für Herz- und Kreislauf-Regulationsforschung der AdW der DDR, Berlin

HEINIG, KARL, Dr. rer. nat., Sektion Wissenschaftstheorie und Wissenschaftsorganisation, Bereich Wissenschaftsgeschichte, der Humboldt-Universität zu Berlin

HEYDENREICH, JOHANNES, Prof. Dr. rer. nat. habil., Institut für Festkörperphysik und Elektronenmikroskopie der AdW der DDR, Halle

HIERSCHE, ANTON, Prof. Dr. sc. phil., Zentralinstitut für Literaturgeschichte der AdW der DDR, Berlin

HOFFMANN, PETER, Dr. phil., Zentralinstitut für Geschichte der AdW der DDR, Berlin

IRMSCHER, JOHANNES, Prof. Dr. sc. phil., Korrespondierendes Mitglied der Akademie der

* Stand vom Juni 1975.

Wissenschaften der DDR, Direktor des Bereichs Griechisch-römische Kulturgeschichte im Zentralinstitut für Alte Geschichte und Archäologie der AdW der DDR, Honorarprofessor an der Humboldt-Universität zu Berlin

JANŠIN, ALEKSANDR LEONIDOVIČ, Prof. Dr. sc., Ordentliches Mitglied der Akademie der Wissenschaften der UdSSR, Geologisches Institut der AdW der UdSSR, Moskau, Institut für Geologie der Sibirischen Abteilung der AdW der UdSSR, Novosibirsk

JUBITZ, KARL-BERNHARD, Dr. sc. nat., Zentralinstitut für Physik der Erde der AdW der DDR, Institutsteil Berlin

KALWEIT, WERNER, Prof. Dr. rer. oec. habil., Ordentliches Mitglied der Akademie der Wissenschaften der DDR, Vizepräsident der AdW der DDR, Leiter des Forschungsbereichs Gesellschaftswissenschaften der AdW der DDR, Berlin

KARER, FRANK, Dipl.-Ing. oec., Institut für Elektronik der AdW der DDR, Berlin

KINTZEL, HELMUT, Dr. phil., Institut für Theorie des Staates und des Rechts der AdW der DDR, Berlin

KLARE, HERMANN, Prof. Dr. phil., Dr. h. c., Ordentliches Mitglied der Akademie der Wissenschaften der DDR, Präsident der AdW der DDR, Berlin

KLIMASZEWSKY, GÜNTER, Dr. phil., Zentralinstitut für Philosophie der AdW der DDR, Berlin

KRÖBER, GÜNTER, Prof. Dr. phil., Direktor des Instituts für Wissenschaftstheorie und -organisation der AdW der DDR, Berlin

KUMANEV, VIKTOR ALEKSANDROVIČ, Prof. Dr. sc., Wissenschaftlicher Sekretär der Sektion Gesellschaftswissenschaften beim Präsidium der AdW der UdSSR, Moskau

LANGE, BERNHARD, Dr. phil., Institut für Wissenschaftstheorie und -organisation der AdW der DDR, Berlin

LAUTER, ERNST AUGUST, Prof. Dr. sc. nat., Ordentliches Mitglied der Akademie der Wissenschaften der DDR, Direktor des Zentralinstituts für solar-terrestrische Physik der AdW der DDR, Berlin

LEHMANN, ULF, Dr. phil. habil., Forschungsbereich Gesellschaftswissenschaften der AdW der DDR, Berlin

LEONHARDT, JÜRGEN, Dr. sc. nat., Zentralinstitut für Isotopen- und Strahlenforschung der AdW der DDR, Leipzig

MAIER, HARRY, Prof. Dr. sc. oec., Zentralinstitut für Wirtschaftswissenschaften der AdW der DDR, Berlin

MIKULINSKIJ, SEMEN ROMANOVIČ, Prof. Dr. sc., Korrespondierendes Mitglied der Akademie der Wissenschaften der UdSSR, Direktor des Instituts für Geschichte der Naturwissenschaften und der Technik der AdW der UdSSR, Moskau

MÜHLFRIEDEL, WOLFGANG, Prof. Dr. phil. habil., Friedrich-Schiller-Universität, Jena

MÜLLER, HANS-HEINRICH, Dr. rer. oec. habil., Institut für Wirtschaftsgeschichte der AdW der DDR, Berlin

PESCHEL, HORST, em. Prof. Dr.-Ing., Technische Universität Dresden, Präsident des Nationalkomitees für Geodäsie und Geophysik der DDR bei der AdW der DDR, Dresden

REINISCH, GERHARD, Prof. Dr. sc. nat., Institut für Polymerenchemie der AdW der DDR, Teltow-Seehof

RICHTER, JOCHEN, Dipl. phil., Institut für Wissenschaftstheorie und -organisation der AdW der DDR, Berlin

RÖSEBERG, ULRICH, Dr. phil., Zentralinstitut für Philosophie der AdW der DDR, Berlin

ROSENFELD, GÜNTER, Prof. Dr. phil. habil., Sektion Geschichte, Bereich Geschichte der UdSSR und des sozialistischen Weltsystems, der Humboldt-Universität zu Berlin

RUMJANCEV, ALEKSEJ MATVEEVIČ Prof. Dr. sc., Ordentliches Mitglied der Akademie der Wissenschaften der UdSSR, Mitglied des Präsidiums der AdW der UdSSR, Leiter der sowjetischen Sektion der Kommission der Wirtschaftswissenschaftler der DDR und der UdSSR, Moskau

SCHLICKER, WOLFGANG, Dr. phil., Forschungsstelle für Akademiegeschichte der AdW der DDR, Berlin

SCHÜTZLER, HORST, Dozent Dr. phil., Sektion Geschichte, Bereich Geschichte der UdSSR und des sozialistischen Weltsystems, der Humboldt-Universität zu Berlin

SCHULZE, HANS, Dr. phil., Zentralinstitut für Philosophie der AdW der DDR, Berlin

SONNEMANN, ROLF, Prof. Dr. habil., Technische Universität Dresden

STERN, LEO, em. Prof. Dr. phil. habil., Dr. h. c. mult., Ordentliches Mitglied der Akademie Wissenschaften der DDR, Direktor der Forschungsstelle für Akademiegeschichte der AdW der DDR, Berlin

STOECKER, ERIKA, Dr. phil., Zentralinstitut für Geschichte der AdW der DDR, Berlin

VOIGT, GERD, Dr. phil., Zentralinstitut für Geschichte der AdW der DDR, Berlin

WINTER, EDUARD, em. Prof. Dr. phil. habil., Dr. theol., Ordentliches Mitglied der Akademie der Wissenschaften der DDR, Berlin

ZEIL, LIANE, Dr. phil., Forschungsstelle für Akademiegeschichte der AdW der DDR, Berlin

ZIEGENGEIST, GERHARD, Prof. Dr. phil. habil., Direktor des Zentralinstituts für Literaturgeschichte der AdW der DDR, Berlin

FSC
www.fsc.org
MIX
Papier | Fördert gute Waldnutzung
FSC® C083411

Kolibri 360 GmbH
Ferdinand-Jühlke-Straße 7
99095 Erfurt, Deutschland
produktsicherheit@kolibri360.de